智能电网关键技术研究与应用丛书

新能源发电过程的动态建模、仿真和控制

[英] 兰詹·文帕（Ranjan Vepa）著
周蓉　滕婧　张莹　等译

机械工业出版社

本书讨论了对一系列能源系统进行动态建模、仿真和控制的核心问题，包括燃气轮机、风力机、燃料电池和电池等。这些建模和控制原理也同样适用于其他非常规发电系统，如太阳能和波浪能发电。本书的主要特点在于，涉及了热力学、流体力学、传热学、电化学、电网和电机等主题，并着重讨论了它们在发电、控制和调节等领域的应用。本书将帮助读者理解能源系统的建模方法以应用于控制器的设计，并掌握控制系统和调节器的基本设计过程。它也将对能源系统的动态仿真和监测系统的实现提供有益的指导。通过对可观测系统变量的量测来估计系统内部变量，从而实现对系统的监测。对于混合发电系统的设计者们而言，本书也将提供有效的帮助。本书介绍了混合发电系统中涉及的先进技术，例如浮动或近海风力机以及燃料电池等。本书通过真实案例分析介绍了基于非线性动态模型的各种发电系统的实际控制规则，在这些控制规则中并不需要对非线性动态模型进行线性化。同时，本书还向读者介绍了基于非线性模型的估计方法及其在能源系统中的应用。

本书适合从事新能源发电技术的工程技术人员阅读，也可供从事常规能源发电技术的工程技术人员和大专院校相关专业师生参考。

译者序

随着近代工业发展对传统化石燃料能源的开采和大量使用，环境恶化已成为全球共同关注的重大问题。此外，传统能源储量的急剧减少，也使得人类不断探寻新的出路。这种迫切需求推动着学术界和工业界积极探索，一方面尽可能提高传统能源的利用效率，另一方面加大对新能源的利用，优化能源结构。

本书从现代自动控制技术的角度出发，通过对发电系统，尤其是新能源发电系统中，能量产生和转化的动态过程进行有效建模，既便于利用现代估计方法对系统内部变量进行持续监测，又能以此为基础调节和控制发电过程，从而确保系统运行于最佳效率，将能源，特别是新能源以最优的方式向其可利用形式转化。

本书的作者 Ranjan Vepa 博士毕业于斯坦福大学，获应用力学博士学位，曾在 NASA Langley 研究中心工作，现就职于伦敦大学。Vepa 博士在动态建模和控制领域有 5 本著作，他的主要研究领域包括控制系统设计及相关信号处理在机械系统、能源系统、生物医学工程等方面的应用，尤其精通各类线性及非线性动态系统参数的自适应估计和动态控制，包括航天、能源和生物系统等。正是 Vepa 博士扎实的学术和工业背景，使得他既能从热力学、流体力学、传热学、电化学等的基础知识出发，从物理角度为读者详尽而系统地分析、介绍能源系统的基本原理，又能从实际应用角度，通过真实案例分析给读者以建议和指导。本书的主要特色在于:

1）突出基本原理。在建模领域，人们常提“数学建模”，把系统看作一个黑盒，只关注建立输入与输出之间的数学模型，而忽视其内部运行机理。本书开篇即深入浅出地介绍了对于后续内容理解所必需的电机、流体力学、热力学以及传热学的基本知识。接着聚焦于这些原理在电力过程中的应用，涵盖所有电动机和发电机的基本原理和控制系统的关键要素。通过深入浅出的原理介绍，使得读者对各类能源系统，包括燃气轮机、风力机、燃料电池和电池等，都在基本原理层面有了深入、细致的了解。

2）非线性动态模型真实案例分析。针对线性系统的研究已经非常成熟，相应的控制规则设定也更为简单。因此，哪怕实际系统为非线性系统，常规的做法往往是将其线性化，然后套用线性系统建模和控制方法。本书通过真实案例分析介绍了基于非线性动态模型的各种发电系统的实际控制规则，在这些控制规则中并不需要对非线性动态模型进行线性化。此外，本书还向读者介绍了基于非线性模型的估计方法及其在能源系统中的应用。

3）内容全面、系统、实用。正如作者在原书前言中提到的那样，本书汇集了一系列关于发电系统的设计、调节和控制等不同主题。本书着重阐述了天然气发电、风力发电、燃料电池等能源系统新兴领域的动态建模、仿真与控制方法，而这些建模和控制的原理同样适用于其他像太阳能、海浪能等非传统、非常规能源的开发利用。书中还介绍了混合发电系统所涉及的先进技术，例如浮动或近海风力机以及燃料电池等，将为混合发电系统的设计提供有益指导。本书的最后一章主要讨论了非常规发电方法。可以预见，本书的出版将对我国提高传统能源利用效率、优化能源结构以及加大新能源的利用具有重要的理论意义。

本书主要由3位译者合译完成，其中滕婧承担了原书前言和第1～3章的翻译工作，张莹承担了第4章和第5章的翻译工作，周蓉承担了第6～8章以及缩略语部分的翻译工作。周蓉和滕婧共同对全书的译文进行了必要的审校和润色。另外，吴梦华、杜婧、高雅弟、文丰、刘少文也参与了部分内容的翻译。

感谢翻译过程中家人的支持和理解以及朋友的帮助和指点。由于水平和时间所限，译者对原书中的知识和原作者的本意可能理解传达不够到位，若有不妥和错误之处，敬请读者指正。

周　蓉
2018年1月

原书前言

在过去的十年间，人们已经见证了全世界化石燃料资源的逐渐枯竭，这促使人们更加迫切要求提高电力生产及利用的效率，而且人们关注的重点逐渐转向风能、太阳能、水能等不会造成环境污染的可再生能源的利用。这种迫切需求促使了一系列基于自动控制技术的应用，以尽可能最优地将能源向其可利用形式转化。为了在能量生产过程中应用现代自动控制器设计技术，必须要对能量产生和转化的动态过程中最重要的环节进行有效的建模。而这种建模不仅方便了自动控制系统的设计，以用于调节能量的生产过程，而且有利于确保该系统运行于最佳效率。此外，它将便于利用现代估计方法对相关系统变量进行持续监测。

本书涉及一系列关键问题，包括动态建模、仿真和某些能源系统的控制问题，例如燃气轮机、风力机、燃料电池和电池等。这些建模和控制的原理也同样适用于其他非常规发电方法，如太阳能和波浪能。本书的主要特点在于，它汇集了一系列关于发电系统的设计、调节和控制等不同主题。

本书帮助读者掌握能源系统的建模方法，以实现控制器的设计，并理解控制系统和调节器的基本设计过程。它也将对能源系统的动态仿真和监测系统的实现提供有益的指导，即通过对可观测系统变量的量测来估计系统内部变量，从而实现对系统的监测。

本书的一个核心特征是，它汇集了热力学、流体力学、传热学、电化学、电网和电机等主题，并着重讨论了它们在发电、控制和调节等领域的应用。它也将为混合发电系统的设计提供有效帮助，书中介绍了混合发电系统所涉及的先进技术，例如浮动或近海风力机以及燃料电池等。本书通过真实案例分析介绍了基于非线性动态模型的各种发电系统的实际控制规则，在这些控制规则中并不需要对非线性动态模型进行线性化。本书还向读者介绍了基于非线性模型的估计方法及其在能源系统中的应用。

本书的第 1 章介绍了对于理解后续第 3 ~8 章内容所必需的电机、流体力学、热力学以及传热的基本原理。第 2 章的主题是能量向可利用的电能形式转换的原理，第 2 章还涵盖了所有电动机和发电机的基本原理。此外，第 2 章还有一节关于电动机的扩展部分，这是控制系统的关键要素。第 3 章的重点是交流电机的动态特征，主要介绍感应和同步发电机的特性。第 4 章着重于风力发电，包括典型的水平轴线风力机的部件，风力发电的基本原理，风场的特性和范围，以及风轮、塔、浮子或支撑结构的动态特征。第 5 章涉及燃气轮机和压缩机的动态建模，包括燃烧室、涡轮机、喷嘴和扩散器。第6章是关于燃料电池的电化模型，第7章介绍了高性能电池。最后一章主要讨论了非常规发电方法。

我要感谢我的同事，以及过去和现在那些在伦敦大学工程与材料科学学院的学生对我的支持。

我要感谢我的妻子Sudha，感谢她的爱、她的理解和耐心。她的鼓励是激励我完成本书的主要动力。我还想感谢我们的孩子Lullu、Satvi和Abhinav，感谢她们在本书撰写过程中对我的理解。

R. Vepa

目　　录

缩 略 语

AC	Alternating Current	交流
BEM	Blade Element Momentum	叶素动量
CCM	Catalyst – Coated Membrane	催化剂涂层膜
CS	Control Surface	控制面
CV	Control Volume	控制容积
DC	Direct Current	直流
DFIG	Doubly Fed Induction Generator	双馈感应发电机
EMF	Electro Motive Force	电动势
EKF	Extended Kalman Filter	扩展卡尔曼滤波
EnKF	Ensemble Kalman Filter	集合卡尔曼滤波
FACTS	Flexible AC Transmission System	柔性交流输电系统
FADEC	Full Authority Digital Engine Controller	发动机全权限数字控制器
FC	Fuel Cell	燃料电池
GDL	Gas Diffusion Layer	气体扩散层
IGBT	Insulated – Gate Bipolar Transistor	绝缘栅双极型晶体管
JONSWAP	JOint North Sea WAve Project	北海联合海浪计划
KBM	Kinetic Battery Model	动力电池模型
KF	Kalman Filter	卡尔曼滤波
kVA	kiloVolt – Amperes	千伏安
kW	kiloWatt	千瓦
LPV	Linear Parameter Varying	线性参数变化
MCFC	Molten Carbonate Fuel Cell	熔融碳酸盐燃料电池
MMF	Magneto Motive Force	磁动势
MPP	Maximum Power Point	最大功率点
MPPT	Maximum Power Point Tracking	最大功率点跟踪
MVA	MegaVolt – Amperes	兆伏安
MW	MegaWatt	兆瓦
NACA	National Advisory Committee on Aeronautics	美国国家航空咨询委员会
NARMAX	Nonlinear AutoRegressive Moving Average Models With eXogenous Inputs	非线性自回归滑动平均模型
PAFC	Phosphoric Acid Fuel Cell	磷酸燃料电池
PEMFC	Proton Exchange Membrane Fuel Cell	质子交换膜燃料电池
PMSG	Permanent Magnet Synchronous Generator	永磁同步发电机
PV	Photo Voltaic	光伏
RC	Resistive Capacitive	阻容

SHE	Standard Hydrogen Electrode	标准氢电极
SOC	State Of Charge	荷电状态
SOFC	Solid Oxide Fuel Cell	固体氧化物燃料电池
STATCOM	STATic Synchronous COMpensators	静止同步补偿器
SVC	Static Var Compensator	静止无功补偿器
UKF	Unscented Kalman Filter	无迹卡尔曼滤波

第 1 章

发电基本原理介绍

1.1 流体力学

在着手对能源系统建模的具体研究之前，本章将着重讨论流体力学和热力学的基本原理，以及与能源系统相关的气体动力学基本原理。针对这些内容更详细的论述参见 White（2003）、Liepmann 和 Roshko（2002）以及 Babu（2008）的研究。

1.1.1 质量、动量和能量守恒

一种便捷且统一的流控制方程表达形式是采用一个通用变量 Φ 表示传输标量或者向量值，它与某一预定流体［通常被称为控制容积（Control Volume，CV）］的质量相关联。设某一特定流体值 Φ 的单位质量为 ϕ，材料密度为 ρ，则使用体积的无穷小元素 $\mathrm{d}\boldsymbol{x}$ 可建立 Φ 和 ρ 之间的基本积分关系如下所示：

$$\Phi = \int_{CV} \rho\phi \mathrm{d}\boldsymbol{x}$$

如果 $\boldsymbol{u}$ 表示 CV 中流体的速度矢量，$\boldsymbol{n}$ 表示包围 CV 的控制面（Control Surface，CS）上定义的向外绘制的单位法线，则变量 Φ 的时间变化率为

$$\frac{\mathrm{d}\Phi}{\mathrm{d}t} = \int_{CV} \frac{\partial(\rho\phi)}{\partial t}\mathrm{d}\boldsymbol{x} + \int_{CS} \rho\phi(\boldsymbol{u}\cdot\boldsymbol{n})\mathrm{d}s \tag{1.1.1}$$

式中，$\boldsymbol{u}\cdot\boldsymbol{n}$ 是矢量 $\boldsymbol{u}$ 和 $\boldsymbol{n}$ 的点积。

从式（1.1.1）中可看出，Φ 的变化速率为两个部分之和：其一是整个控制内容积的流体 ϕ 的变化率；其二是通过边界表面的流体 ϕ 的净流出量。通用变量 Φ 通常可以表示总质量，在这种情况下，$\phi=1$；Φ 也可以表示动量，在这种情况下，ϕ 对应矢量 $\boldsymbol{u}$；或者 Φ 还可以是总能量，在这种情况下，ϕ 对应特定能量值 e。

考虑到 CV 内总质量的时间变化率，式（1.1.1）所表达的流体变量传动方程可一般化为

$$\frac{\mathrm{d}\Phi_{\mathrm{m}}}{\mathrm{d}t} = \int_{CV} \frac{\partial\rho}{\partial t}\mathrm{d}\boldsymbol{x} + \int_{CS} \rho(\boldsymbol{u}\cdot\boldsymbol{n})\mathrm{d}s = 0 \tag{1.1.2}$$

式（1.1.2）表示质量守恒原理。尤其在式（1.1.2）中，可以调用高斯散度

定理，并将表面积分表达为

$$\int_{CS}\rho(\boldsymbol{u}\cdot\boldsymbol{n})\,\mathrm{d}s=\int_{CV}\nabla\cdot(\rho\boldsymbol{u})\,\mathrm{d}\boldsymbol{x}$$

因此，任何 CV 的质量守恒方程可表示为

$$\int_{CV}\frac{\partial\rho}{\partial t}\mathrm{d}\boldsymbol{x}+\int_{CV}\nabla\cdot(\rho\boldsymbol{u})\,\mathrm{d}\boldsymbol{x}=0 \tag{1.1.3}$$

质量守恒方程也可以用其他形式表示为

$$\frac{\partial\rho}{\partial t}+\nabla\cdot(\rho\boldsymbol{u})=0 \tag{1.1.4}$$

考虑到 CV 内的总动量变化率，并应用牛顿第二运动定律，则流体变量的传动方程式（1.1.1）又可以表示为

$$\frac{\mathrm{d}\boldsymbol{\Phi}_{\mathrm{f}}}{\mathrm{d}t}=\int_{CV}\frac{\partial(\rho\boldsymbol{u})}{\partial t}\mathrm{d}\boldsymbol{x}+\int_{CS}\rho\boldsymbol{u}(\boldsymbol{u}\cdot\boldsymbol{n})\,\mathrm{d}s=\boldsymbol{F} \tag{1.1.5}$$

式中，$\boldsymbol{F}$ 表示作用在 CV 内的总外力，它由两个分量所组成：其一是 CV 内分布的本体力 $\boldsymbol{\chi}$；其二是作用于 CV 表面的分布应力 $\boldsymbol{\sigma}$。

因此，$\boldsymbol{F}$ 又可以表示为

$$\boldsymbol{F}=\int_{CV}\boldsymbol{\chi}\,\mathrm{d}\boldsymbol{x}+\int_{CS}(\boldsymbol{n}\cdot\boldsymbol{\sigma})\,\mathrm{d}s \tag{1.1.6}$$

同理，调用高斯散度定理，有

$$\int_{CV}\left(\frac{\partial(\rho\boldsymbol{u})}{\partial t}+\boldsymbol{\nabla}\cdot(\rho\boldsymbol{u}\boldsymbol{u})\right)\mathrm{d}\boldsymbol{x}=\int_{CV}(\boldsymbol{\chi}+\boldsymbol{\nabla}\cdot\boldsymbol{\sigma})\,\mathrm{d}\boldsymbol{x}$$

应用质量平衡公式（1.1.3），可得

$$\int_{CV}\rho\left(\frac{\partial\boldsymbol{u}}{\partial t}+\boldsymbol{u}\cdot\boldsymbol{\nabla}\boldsymbol{u}\right)\mathrm{d}\boldsymbol{x}=\int_{CV}(\boldsymbol{\chi}+\boldsymbol{\nabla}\cdot\boldsymbol{\sigma})\,\mathrm{d}\boldsymbol{x} \tag{1.1.7}$$

动量守恒方程的微分形式表达如下所示：

$$\rho\left(\frac{\partial\boldsymbol{u}}{\partial t}+\boldsymbol{u}\cdot\boldsymbol{\nabla}\boldsymbol{u}\right)=\boldsymbol{\chi}+\boldsymbol{\nabla}\cdot\boldsymbol{\sigma} \tag{1.1.8}$$

式（1.1.8）是关于各分量 $\boldsymbol{u}$ 的矢量方程。由于矢量梯度 $\boldsymbol{\nabla}$ 也是矢量，所以 $\boldsymbol{\nabla}\boldsymbol{u}$ 为二阶张量，而 $\boldsymbol{u}\cdot\boldsymbol{\nabla}\boldsymbol{u}$ 仍然是矢量。

考虑到 CV 内总能量的时间变化率，通用流体变量的传动方程式（1.1.1）还可以表示为

$$\frac{\mathrm{d}\boldsymbol{\Phi}_{\mathrm{e}}}{\mathrm{d}t}=\int_{CV}\frac{\partial(\rho e_{\mathrm{t}})}{\partial t}\mathrm{d}\boldsymbol{x}+\int_{CS}\rho e_{\mathrm{t}}(\boldsymbol{u}\cdot\boldsymbol{n})\,\mathrm{d}s\equiv\int_{CV}\left(\frac{\partial(\rho e_{\mathrm{t}})}{\partial t}+\boldsymbol{\nabla}\cdot(\rho e_{\mathrm{t}}\boldsymbol{u})\right)\mathrm{d}\boldsymbol{x} \tag{1.1.9}$$

在式（1.1.9）中，e_{t} 是前面提及的单位质量总能量值。总能量产生率 = $\mathrm{d}\boldsymbol{\Phi}_{\mathrm{e}}/\mathrm{d}t$ 来自三个方面：一是整个 CV 内部所生成的能量；二是由 CV 通过边界向外传导

的热能；三是来自于控制体表面应力场所作的机械功。总能量的产生速率可表示为

$$\frac{\mathrm{d}\boldsymbol{\Phi}_{\mathrm{e}}}{\mathrm{d}t} = \int_{\mathrm{CV}} Q\mathrm{d}\boldsymbol{x} - \int_{\mathrm{CS}} \boldsymbol{q} \cdot \boldsymbol{n}\mathrm{d}s - \left(-\int_{\mathrm{CS}} \boldsymbol{u} \cdot (\boldsymbol{\sigma} \cdot \boldsymbol{n}))\mathrm{d}s\right)$$

利用高斯散度定理可得

$$\frac{\mathrm{d}\boldsymbol{\Phi}_{\mathrm{e}}}{\mathrm{d}t} = \int_{\mathrm{CV}} (Q - \nabla \cdot \boldsymbol{q} + \nabla \cdot (\boldsymbol{u} \cdot \boldsymbol{\sigma}))\mathrm{d}\boldsymbol{x}$$

它遵循

$$\frac{\mathrm{d}\boldsymbol{\Phi}_{\mathrm{e}}}{\mathrm{d}t} = \int_{\mathrm{CV}} \left(\frac{\partial(\rho e_{\mathrm{t}})}{\partial t} + \nabla \cdot (\rho e_{\mathrm{t}}\boldsymbol{u})\right)\mathrm{d}\boldsymbol{x} = \int_{\mathrm{CV}} (Q - \nabla \cdot \boldsymbol{q} + \nabla \cdot (\boldsymbol{u} \cdot \boldsymbol{\sigma}))\mathrm{d}\boldsymbol{x} \tag{1.1.10}$$

微分形式的能量守恒方程为

$$\frac{\partial(\rho e_{\mathrm{t}})}{\partial t} + \nabla \cdot (\rho e_{\mathrm{t}}\boldsymbol{u}) = Q - \nabla \cdot \boldsymbol{q} + \nabla \cdot (\boldsymbol{u} \cdot \boldsymbol{\sigma}) \tag{1.1.11}$$

根据质量守恒原理：

$$\rho\left(\frac{\partial e_{\mathrm{t}}}{\partial t} + \boldsymbol{u} \cdot \nabla e_{\mathrm{t}}\right) = Q - \nabla \cdot \boldsymbol{q} + \nabla \cdot (\boldsymbol{u} \cdot \boldsymbol{\sigma}) \tag{1.1.12}$$

通常用比焓 h，而不是具体的总能量 e_{t} 来表示能量守恒方程更方便。这样就得到了热能方程。焓等于系统的内部能量 e 加上系统中流体的压力和其体积的乘积。因此，当系统所受外部压力保持恒定时，焓的变化导致了系统内部能量的变化，而系统体积也会随着系统与外部交换能量而变化。因此，焓是系统的内部能量的部分量度，也是衡量系统所能做机械功的量值。单位质量总能 e_{t} 与比焓 h 的关系可用下式来表示：

$$h = e + pv$$

$$e_{\mathrm{t}} = h + gz + (\boldsymbol{u} \cdot \boldsymbol{u})/2 \tag{1.1.13}$$

其中第二项表示重力势能，第三项表示动能。根据比焓 h，热能方程可表示为

$$\rho\left(\frac{\partial h}{\partial t} + \boldsymbol{u} \cdot \nabla h\right) = Q - \nabla \cdot \boldsymbol{q} + \nabla \cdot (\boldsymbol{u} \cdot \boldsymbol{\sigma}) - \boldsymbol{u} \cdot (\nabla \cdot \boldsymbol{\sigma}) \tag{1.1.14}$$

当热传递和机械做功可以互相转换时，该过程被称为可逆的和等熵的。对于这种过程，考虑到无穷小的变化可得

$$\mathrm{d}q \equiv \mathrm{d}e + p\mathrm{d}v \equiv \mathrm{d}h - v\mathrm{d}p = 0 \tag{1.1.15}$$

1.1.2 应力应变率和黏度的关系

从动量守恒方程中可以方便地消除应力张量 $\boldsymbol{\sigma}$。流体材料对均匀同质且各向同性的流体的施加力场的响应由应变张量速率表示，应力张量 $\boldsymbol{\sigma}$ 与应变张量速率之间的关系可以表示为

$$\sigma_{ij} = (-p_{\mathrm{th}} + \lambda\varepsilon_{kk})\delta_{ij} + 2\mu\varepsilon_{ij} \tag{1.1.16}$$

式中，ε 是应变张量的速率，定义为

$$\varepsilon = \frac{1}{2}[(\nabla \boldsymbol{u}) + (\nabla \boldsymbol{u})^{\mathrm{T}}] \tag{1.1.17}$$

此外，$\sum_{k=1}^{3} \varepsilon_{kk} = \nabla \cdot \boldsymbol{u}$ 被简化为 ε_{kk}，该重复的下角意味着求和。由此

$$\frac{\sigma_{kk}}{3} = (-p_{\mathrm{th}} + \lambda\varepsilon_{kk}) + \frac{2}{3}\mu\varepsilon_{kk} \tag{1.1.18}$$

式中，p_{th}为压力。

因此，若σ_{kk}表示 $-3p_{\mathrm{s}}$，其中p_{s}是静压力，则

$$p_{\mathrm{th}} - p_{\mathrm{s}} = \left(\lambda + \frac{2}{3}\mu\right)\nabla \cdot \boldsymbol{u} \tag{1.1.19}$$

因此，当$\nabla \cdot \boldsymbol{u}=0$ 或 $\lambda+\left(\frac{2}{3}\right)\mu=0$ 时，p_{th}和 p_{s} 之间的差异将消失。基于气体动力学理论，第二个假设对于大部分流体而言往往成立，也被称作 Stokes 假说。因此，通常假设 $\lambda=-(2/3)\mu$，由此可得

$$\sigma_{ij} = -p\delta_{ij} + \mu\left(2\varepsilon_{ij} - \left(\frac{2}{3}\right)\nabla \cdot \boldsymbol{u}\delta_{ij}\right) \tag{1.1.20}$$

式中，μ 表示流体的动态黏度；p 表示流体中的静态压力。

根据式（1.1.20）和式（1.1.9），动量守恒方程可简化为

$$\rho\left(\frac{\partial \boldsymbol{u}}{\partial t} + \boldsymbol{u} \cdot \nabla \boldsymbol{u}\right) = \boldsymbol{\chi} - \nabla p + 2\nabla \cdot \mu\left(\varepsilon_{ij} - \left(\frac{1}{3}\right)\nabla \cdot \boldsymbol{u}\delta_{ij}\right) \tag{1.1.21}$$

式（1.1.21）被称为 Navier－Stokes 等式或动量守恒方程，可用多种形式表达。尤其对于非黏性流而言，当 $\mu=0$ 时，式（1.1.21）的最后一项不存在，此时式（1.1.21）被称为 Euler 方程。

1.1.3 理想气体和声波

在绝对温度 T 和压力 p 下，占据体积 V 且质量为 m 的限定体积的气体组成的系统的状态方程，可以由相对分子质量M_{w}和通用常数$\mathcal{R}$表示为

$$pV = \frac{m}{M_{\mathrm{w}}}\mathcal{R}T = n\mathcal{R}T \tag{1.1.22}$$

气体质量与分子量之比是体积 V 中气体的物质的量。由于每单位体积的质量即气体的密度ρ，若设气体的体积为 $v=1/\rho$，则有

$$\frac{p}{\rho} = pv = \frac{\mathcal{R}}{M_{\mathrm{w}}}T = RT$$

其中

$$R = \mathcal{R}/M_{\mathrm{w}} \tag{1.1.23}$$

单位质量焓或称之为比焓则可以表示为

$$h = e + pv = e + RT \tag{1.1.24}$$

因此

$$\begin{aligned} \frac{\partial(pv)}{\partial T} &= R \\ \frac{\partial h}{\partial T} &= \frac{\partial e}{\partial T} + R \end{aligned} \tag{1.1.25}$$

考虑体积固定的情况，可得

$$\mathrm{d}q \equiv \mathrm{d}e + p\mathrm{d}v = \mathrm{d}e = C_{\mathrm{v}}\mathrm{d}T \tag{1.1.26}$$

因此，在体积恒定的情况下，服从

$$\frac{\partial e}{\partial T}=\frac{\partial e}{\partial T}\Big|_{v=\text{常数}}=C_{\mathrm{v}} \tag{1.1.27}$$

在压力恒定的情况下，服从

$$\frac{\partial h}{\partial T}=\frac{\partial h}{\partial T}\Big|_{p=\text{常数}}=C_{\mathrm{p}} \tag{1.1.28}$$

恒定压力下的比热容 C_{p} 和恒定体积下的比热容 C_{v} 可通过下式相互关联：

$$C_{\mathrm{p}}-C_{\mathrm{v}}=R \tag{1.1.29}$$

因此，对于可逆或者等熵的过程，有

$$\frac{\mathrm{d}q_{\mathrm{rev}}}{T}\equiv C_{\mathrm{v}}\frac{\mathrm{d}T}{T}+R\frac{\mathrm{d}v}{v}\equiv C_{\mathrm{p}}\frac{\mathrm{d}T}{T}-R\frac{\mathrm{d}p}{p}=0 \tag{1.1.30}$$

对于不可逆的过程而言，式（1.1.30）左边部分可以被看作熵的变化，且服从

$$\frac{\mathrm{d}\,q_{\mathrm{irrev}}}{T}\equiv \mathrm{d}s=C_{\mathrm{p}}\frac{\mathrm{d}T}{T}-R\frac{\mathrm{d}p}{p}\geqslant 0 \tag{1.1.31}$$

然而，因为

$$\frac{\mathrm{d}p}{p}+\frac{\mathrm{d}v}{v}=\frac{\mathrm{d}T}{T} \tag{1.1.32}$$

服从

$$\begin{aligned}C_{\mathrm{v}}\frac{\mathrm{d}p}{p}+C_{\mathrm{p}}\frac{\mathrm{d}v}{v}&=0\\ \frac{\mathrm{d}p}{\mathrm{d}v}=-\frac{C_{\mathrm{p}}}{C_{\mathrm{v}}}\frac{p}{v}&=-\gamma\frac{p}{v}\end{aligned} \tag{1.1.33}$$

因此，整理式（1.1.33）可得

$$pv^{\gamma}=p_0v_0^{\gamma}=\text{常数}$$

因为 $v=1/\rho$，$\frac{\mathrm{d}\rho}{\rho}+\frac{\mathrm{d}v}{v}=0$，并且

$$p\left(\frac{1}{\rho}\right)^{\gamma}=p_0\left(\frac{1}{\rho_0}\right)^{\gamma}=\text{常数} \tag{1.1.34}$$

式（1.1.33）也可以表示为

$$\frac{\mathrm{d}p}{\mathrm{d}\rho}=\frac{C_{\mathrm{p}}}{C_{\mathrm{v}}}\frac{p}{\rho}=\gamma\frac{p}{\rho}=\gamma RT \tag{1.1.35}$$

根据比热容比的定义 $\gamma=C_{\mathrm{p}}/C_{\mathrm{v}}$，式（1.1.29）也可以表示为

$$C_{\mathrm{p}}-C_{\mathrm{v}}=(\gamma-1)C_{\mathrm{v}}=R$$

或者

$$\begin{aligned}C_{\mathrm{v}}&=\frac{R}{\gamma-1}\\ C_{\mathrm{p}}&=\frac{\gamma R}{\gamma-1}\end{aligned} \tag{1.1.36}$$

考虑声波在静态气体中传播的情况。尽管波阵面在三维坐标系中往往是球形的，且通常情况下，波阵面上任何一点的流在本质上是一维的，因为波阵面的曲率

半径远大于流体特性的变化。在随波阵面移动的参考系中，波显示为静止，而流体以等于移动参考系中的波速接近波，但以不同的速度远离波。在流体穿越声波的过程中，流体的特性也随之以无穷小量改变。将质量和动量守恒原理应用于波阵面两侧的任意点，可得

$$\rho_1 u_1 = (\rho_1 + d\rho_1)(u_1 + du_1)$$

$$p_1 + \rho_1 u_1^2 = p_1 + dp_1 + (\rho_1 + d\rho_1)(u_1 + du_1)^2 = p_1 + dp_1 + \rho_1 u_1(u_1 + du_1)$$

忽略高阶无穷小项，上面第一个式子就演变为

$$\rho_1 du_1 + u_1 d\rho_1 = 0$$

根据这个关系式，第二个方程就可简化为：

$$dp_1 + \rho_1 \mu_1 du_1 = dp_1 - u_1^2 d\rho_1 = 0$$

由于声波阵面必须以声速移动，因此

$$u_1^2 = a^2 = \frac{dp_1}{d\rho_1}$$

根据式（1.1.35）可得

$$a = \sqrt{dp_1 / d\rho_1} = \sqrt{\gamma RT} \tag{1.1.37}$$

该关系式的意义在于，它表示流体中的扰动行波的速度，由绝热环境下相对不同于压力的密度的导数的二次方根给出。当热导率足够大和快速以便于保持整个流体的温度恒定时，声音公式计算得出的速度有所不同。声波的等温速度可以表示为

$$a_i = \sqrt{p_1 / \rho_1} = \sqrt{RT} \tag{1.1.38}$$

1.1.4 参考状态

在与发电系统相关的流体的研究中，往往需要定义一组参考状态。尽管在系统的动力学分析中往往需要定义若干个参考状态，但是有两类参考状态在分析中反复出现。其一是流速等于声音的当地速度时的流体状态，有时也被称为音速状态。由于音速状态下流速等于当地声音速度，由此定义一个无量纲变量，马赫数 M 就极为重要了，它的含义是某一点的流速与当地声音速度的比率，当$M=1$时表示处于音速状态。音速状态的重要性在于它分隔了以 $M<1$ 为特征的亚音速流域和以 $M>1$ 为特征的超音速流域。事实上，两个流域的划分往往也不是绝对的，通常更重要的是 $M\approx1$ 或者由 $1-\varepsilon\leqslant M\leqslant 1+\varepsilon$ 所定义的区域，其中 ε 通常是跟 0.02 同数量级的非常小的数，其精确值取决于具体的应用问题。该区域通常被称为跨音速流动区域，其特征在于存在多个异常行为。

第二类经常出现的参考状态是停滞状态。考虑流体的流动状态，其中描述该状态的所有状态变量是已知的，即压力、密度、温度和在某个已知点的速度。理论上，假定流体缓慢地减速并且在没有任何损失的情况下到达所有速度分量等于零的状态。这种状态被称为停滞状态。也就是说，流体从完全已知的状态到停滞状态的减速过程是等熵的，即没有任何能量损失。如果使用下角“0”表示在特定流场中停滞状态下的压力、密度和温度，则可以导出流场中特定点的静态压力和相应温度，与停滞压力和温度之间的关系。

为了推导静态压力和在流场中的特定点处的相应温度和停滞压力之间的关系，考虑在对应于两个流动状态的流动中的任何两个点处的单位质量总能量e_t相等。当流体从一种状态转换到另一种状态而没有任何能量损失时，单位质量总能量保持不变，从而

$$e_t = h_1 + gz_1 + \frac{\boldsymbol{u}_1 \cdot \boldsymbol{u}_1}{2} = h_2 + gz_2 + \frac{\boldsymbol{u}_2 \cdot \boldsymbol{u}_2}{2} \tag{1.1.39}$$

令状态“1”对应于没有下角的静止状态，而状态“2”表示停滞状态，并且这两个状态之间的重力势能没有变化，则

$$e_t = h + gz + \frac{\boldsymbol{u} \cdot \boldsymbol{u}}{2} = h_0 + gz \tag{1.1.40}$$

因此

$$h_0 - h = \Delta h = (\boldsymbol{u} \cdot \boldsymbol{u})/2 \tag{1.1.41}$$

$$T_0 - T = \frac{\boldsymbol{u} \cdot \boldsymbol{u}}{2C_p} = \left(\frac{\gamma - 1}{2}\right) TM^2 \tag{1.1.42}$$

由此，可以得到与静压相对应的停滞温度与静态温度的比值为

$$\frac{T_0}{T} = 1 + \left(\frac{\gamma - 1}{2}\right) M^2 \tag{1.1.43}$$

根据式（1.1.30）并积分，停滞压力P_0与静压的比值$\frac{P_0}{p}$和停滞温度与静态温度的比值$\frac{T_0}{T}$之间的关系为

$$\frac{P_0}{p} = \left(\frac{T_0}{T}\right)^{\frac{\gamma}{\gamma-1}} \tag{1.1.44}$$

从而，最终得到停滞压力与静压的比值为

$$\frac{P_0}{p} = \left(1 + \left(\frac{\gamma - 1}{2}\right) M^2\right)^{\frac{\gamma}{\gamma-1}} \tag{1.1.45}$$

1.1.5 正则冲击波关系式

现在可以准确地区分两种不同类型的流：其中一种与膨胀相关；另一种与压缩有关。它们一起构成了可以在一个维度上发生的所有类型的流的基础，而它们彼此之间也具有显著差别。由于声速的持续降低，膨胀流中的行波信号不可能超越流域传播。虽然一连串的膨胀波可以产生不断扩大的扇形区域，而一连串压缩波在传输过程中，总是后续的波比其前身传播得更快，这样最终导致波在前面某处“堆积”，在流体中形成几乎中断的部分，被称为“冲击波”。除了“冲击波”，还有另一种类型的中断可能发生，即接触中断。接触中断随流体移动并且通常发生在两种不同流体之间的边界处，接触中断也可能在其中一处流体中产生。此外，冲击波相对于流体移动，在经过每一个流体时都会改变其状态。考虑到一维流场，冲击波可以被看作一个无穷平面，它将具有不同的性质流体分为两个“半无穷”的均匀区域。并且，冲击波平面的相对速度与整个流体平面是正交的。一般来说，冲击波平

面的速度 v_s 通常大于冲击波平面之后的流体速度 u_- 和冲击波平面之前的流体速度 u_+。此外，$u_- > u_+$，这是因为所有冲击波都是压缩的。冲击波的速度 v_s 也是超音速，因为它比声音传播得更快。除了状态方程外，根据冲击波平面上的质量、动量和能量三大守恒定律能得到三个关系式，称为 Rankine – Hugoniot 关系式。冲击波和声波之间的关键区别在于冲击波的特性变化是巨大且不可逆的，而声波的性质变化是无穷小的和等熵的。此外，声波总是以本地的声速传播，而冲击波行进得更快。由于人们对冲击波平面上的质量、动量和能量守恒感兴趣，因此假设一个与冲击波一起移动的参考系，并应用守恒条件：

$$\rho_1 u_1 = \rho_2 u_2 \tag{1.1.46a}$$

$$p_1 + \rho_1 u_1^2 = p_2 + \rho_2 u_2^2 \tag{1.1.46b}$$

$$h_1 + \frac{u_1^2}{2} = h_2 + \frac{u_2^2}{2} \tag{1.1.46c}$$

式中，$u_1 = u_- - v_s$；$u_2 = u_+ - v_s$；$\rho_1 = \rho_-$；$\rho_2 = \rho_+$；$p_1 = p_-$；$p_2 = p_+$；$h_1 = h_-$；$h_2 = h_+$；下角“-”指冲击波上游的半无限区域；下角“+”指冲击波下游的半无限区域。

冲击波平面上熵的变化为

$$s_2 - s_1 = C_p \ln\left[\frac{T_2}{T_1}\right] - R\ln\left[\frac{p_2}{p_1}\right] = C_p \ln\left[\frac{v_2}{v_1}\right] + C_v \ln\left[\frac{p_2}{p_1}\right] \tag{1.1.46d}$$

从上述控制方程和在半无限区域各自独立满足的状态方程式 $pv = RT$ 可以得到

$$M_2 = +\sqrt{\frac{(\gamma-1)M_1^2 + 2}{2\gamma M_1^2(\gamma-1)}} \tag{1.1.47}$$

$$\frac{T_2}{T_1} = \frac{\left(1 + \frac{(\gamma-1)}{2}M_1^2\right)\left(\frac{2\gamma}{\gamma-1}M_1^2 - 1\right)}{\left(\frac{(\gamma+1)^2}{2(\gamma-1)}\right)M_1^2}$$

$$\frac{p_2}{p_1} = \frac{2\gamma M_1^2}{\gamma+1} - \frac{\gamma-1}{\gamma+1} \tag{1.1.48}$$

$$\frac{\rho_2}{\rho_1} = \frac{(\gamma+1)M_1^2}{(\gamma-1)M_1^2 + 2}$$

1.1.6 一维流动：Rayleigh 流

在本节中，讨论恒定或变化的管道区域中的一维流动，且处在要么热量增加，要么绝热但在管道壁处有摩擦的情况。这种类型的流动可能在喷气式发动机燃烧器中出现，这些燃烧器中存在大量可观的热量增加。此外，从高压燃烧室出来的虽然绝热，但在管道和喷嘴的壁处具有摩擦的流动也属于这类流。这类流两端的一维流动边界条件与恒定区域管道相关的控制方程式有

$$\rho_1 u_1 = \rho_2 u_2 \tag{1.1.49a}$$

$$p_1 + \rho_1 u_1^2 = p_2 + p_2 u_2^2 \tag{1.1.49b}$$

$$h_1 + q_{\text{h\_in}} + \frac{u_1^2}{2} = h_2 + \frac{u_2^2}{2} \tag{1.1.49c}$$

$$s_2 - s_1 = C_p \ln\left[\frac{T_2}{T_1}\right] - R\ln\left[\frac{p_2}{p_1}\right] = C_p \ln\left[\frac{v_2}{v_1}\right] + C_v \ln\left[\frac{p_2}{p_1}\right] \tag{1.1.49d}$$

此外，流两端的温度与各自的停滞条件相关，因此

$$T_{01} = T_1 + \frac{u_1^2}{2C_p}$$

$$T_{02} = T_2 + \frac{u_2^2}{2C_p}$$

假设恒压下的比热系数 C_p 为常数，则能量守恒方程可以表示为

$$T_{02} - T_{01} = \frac{q_{\text{h\_in}}}{C_p} = \Delta T_0 \tag{1.1.50}$$

恒定压力下的比热系数 C_p 为常数的流被称为量热完美流。在试图求解控制方程式（1.1.49a～d）之前，应该尝试对流的动态进行物理观察。为了做到这一点，前两个方程式（1.1.49a）和式（1.1.49b）可以表示为

$$\rho_1 u_1 = \rho_2 u_2 = G = \text{常数} \tag{1.1.51a}$$

或者表示为

$$p_1 - p_2 = G^2(v_2 - v_1) \tag{1.1.51b}$$

式（1.1.51a）描述了一个基本事实，即单位质量流速是一个常数，而式（1.1.51b）可以用（p，v）图中的一条直线表示。在（p，v）图上描述压力下降与体积增大之间关系的直线称为 Rayleigh 线。用（p，v）图和（T，s）图表示方程，可以让人们对 Rayleigh 流的动态有一个物理的了解。然而，为了用（p，v）图或（T，s）图表示方程式，控制方程必须与状态变量的差异变化相关，因为它们从流的一端演变到另一端。

从式（1.1.49c）中可以得出

$$\frac{\gamma R}{\gamma - 1} T_1 + q_{\text{h\_in}} + \frac{G^2 {v_1}^2}{2} = \frac{\gamma R}{\gamma - 1} T_2 + \frac{G^2 {v_2}^2}{2} \tag{1.1.52}$$

式（1.1.51b）进行重新排列并消去 G^2：

$$\frac{\gamma R}{\gamma - 1} T_1 \left(1 - \frac{T_2}{T_1}\right) + q_{\text{h\_in}} = \frac{p_1 - p_2}{v_2 - v_1} \frac{({v_2}^2 - {v_1}^2)}{2} = \frac{(p_1 - p_2)(v_1 + v_2)}{2}$$

使用状态方程，$p_i v_i = RT_i$：

$$\frac{\gamma}{\gamma - 1}\left(1 - \frac{p_2 v_2}{p_1 v_1}\right) + \frac{q_{\text{h\_in}}}{RT_1} = \frac{1}{2}\left(1 - \frac{p_2}{p_1}\right)\left(1 + \frac{v_2}{v_1}\right)$$

重新排列并求解压力比

$$\frac{p_2}{p_1} = \frac{\left\{\frac{\gamma + 1}{\gamma - 1} + \frac{2\, q_{\text{h\_in}}}{RT_1} - \frac{v_2}{v_1}\right\}}{\left\{\left(\frac{\gamma + 1}{\gamma - 1}\right)\left(\frac{v_2}{v_1}\right) - 1\right\}} \tag{1.1.53}$$

式（1.1.53）被称为 Rankine – Hugoniot 方程，可通过（p，v）图上类似于双曲线的一族曲线表示，其中不同的热输入值 q_{h_in}对应于不同曲线。这个族中的典型曲线通常被称为 H 曲线。与 Rayleigh 线一起，Rankine – Hugoniot 方程可用于确定某一特定状态是否在物理上可实现。

式（1.1.49a）的微分形式为

$$d(\rho u) = \rho du + u d\rho = 0$$

因此

$$d\rho = -\frac{G}{u}\frac{du}{u} \tag{1.1.54}$$

由于 $G=\rho u$ 是一个常数，式（1.1.49b）可整理为

$$d\rho = -G du \tag{1.1.55}$$

根据状态方程 $p=\rho RT$，且由于 $u^2=M^2\gamma RT$，可得

$$dT = T\frac{dp}{p} - T\frac{d\rho}{\rho} = -u^2\frac{du}{Ru} + T\frac{du}{u} = (1-\gamma M^2)T\frac{du}{u}$$

根据式（1.1.49d），熵的变化可以表示为

$$ds = C_v\frac{dp}{p} - C_p\frac{d\rho}{\rho} = (C_p - \gamma M^2 C_v)\frac{du}{u} = \gamma C_v(1-M^2)T\frac{du}{u} \tag{1.1.56}$$

此外，从停滞温度的定义［式（1.1.43）］可得

$$dT_0 = dT + \frac{u}{C_p}du = dT + \frac{M^2\gamma RT}{C_p}\frac{du}{u} \tag{1.1.57}$$

后者可以表示为

$$dT_0 = dT + \frac{M^2\gamma RT}{C_p}\frac{du}{u} = \{(1-\gamma M^2) + M^2(\gamma-1)\}T\frac{du}{u} = (1-M^2)T\frac{du}{u} \tag{1.1.58}$$

最后，因为 $u=M\sqrt{\gamma RT}$和

$$\frac{dM}{M} = \frac{du}{u} - \frac{1}{2}\frac{dT}{T} \tag{1.1.59}$$

$$dM = M\left(\frac{1+\gamma M^2}{2}\right)\frac{du}{u} \tag{1.1.60}$$

因此，这六个状态方程可以用如下形式表示：

$$\frac{du}{u} = \frac{dM}{M} + \frac{1}{2}\frac{dT}{T} \tag{1.1.61a}$$

$$dx_i = a_i\frac{du}{u} \tag{1.1.61b}$$

其中状态 M 和 T 发挥基础作用，首先更新它们，其余的可以按顺序更新。六个系数 a_i，$i=1$，2，…，6 总结在表 1.1 中。从表 1.1 可以看出，由于 du 的增加或者减少会导致六个状态变量的相应增减。

考虑式（1.1.50）所描述的热能增量，将导致停滞温度 T_0的增加，此外，随着热能的增加，熵也相应以一定比例增长。

表1.1　六个系数 a_i

i	1	2	3	4	5	6
x_i	M	T	p	ρ	T_0	s
a_i	$M\left(\frac{1+\gamma M^2}{2}\right)$	$(1-\gamma M^2)T$	$-G$	$-\frac{G}{M\sqrt{\gamma RT}}$	$(1-M^2)T$	$\gamma C_v(1-M^2)T$

现在需要考虑两种完全不同的情况，因为在亚音速流域（$M<1$）对应于 du 的增加，而在超音速的情况下（$M>1$）对应于 du 的减小。随着 du 的增加，压力和密度均下降，而马赫数增加。且随着 du 的增加，当 $M<\sqrt{\frac{1}{\gamma}}$时，静态温度升高，当 $M>\sqrt{\frac{1}{\gamma}}$时，静态温度降低。随着 d$u$ 的减少，压力和密度都将增加，而马赫数减少。且随着 du 的减少，当 $M<\sqrt{\frac{1}{\gamma}}$时，静态温度降低，当 $M>\sqrt{\frac{1}{\gamma}}$时静态温度升高。这些对应情形可在（$T$，$s$）图上看到。如果某一流以亚音速加热的情况开始，静态温度和熵都将增加，直到 $M=\sqrt{\frac{1}{\gamma}}$，其后，静态温度将随着熵的增加而下降直到 $M=1$。当某一流超音速时（即 $M>1$），对其加热，则静态温度和熵都增加，但是与此同时，马赫数在减少，直到 $M=1$。由于该流的质量流速恒定，其轨迹对应于（p，v）图上的 Rayleigh 直线，在（T，s）图上相应地称其为 Rayleigh 曲线（见图1.1）。

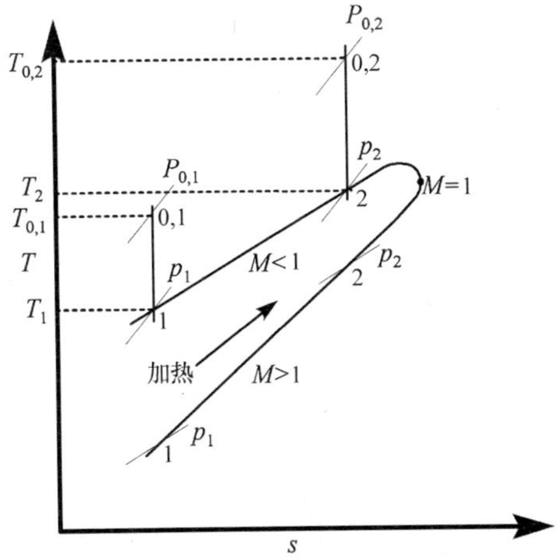

图1.1　（T，s）坐标系下描述加热过程的 Rayleigh 曲线

在音速条件下，$M=1$，熵变化为零，此时熵达到最大值。在实践中，这表示对于初始状态为亚音速或超音速的流的限制状态。在亚音速情况下，流从初始状态达到音速状态所需的热量是有限的，且进一步增加热量是无意义的。事实上，在以喷气发动机为例的实际应用中，过多的热增可能导致不可预见的后果，像是向上游移动的正则冲击波以及压力振荡等。此外，热增过程总是伴随着停滞压力的损失。事实上，这也可以从下式看出：

$$\frac{dP_0}{P_0}=-\frac{\gamma M^2}{2}\frac{d\,T_0}{T_0} \tag{1.1.62}$$

因此，停滞压力的损失是加热过程所固有的，无论对超音速还是亚音速流而言。此外，不可逆性进一步增加了停滞压力的损失，因而考虑停滞压力的损失对于喷气发动机燃烧器的设计很重要。

现在需要在（p，v）坐标系下考虑同时满足 Rayleigh 曲线和 Rankine – Hugoniot 方程所施加的约束。如果初始状态被视为（p，v）图的原点，考虑亚音速流，则典型的 Rayleigh 线为通过原点且斜率为负的一条直线，在图 1.2 的第四象限中。而对于超音速流而言，该直线位于第二象限中。其他两个象限被认为是禁区，因为位于这两个象限中的任何状态都不能在物理上实现。绝热过程的 H 曲线通过原点，而具有固定热增的 H 曲线位于通过原点的 H 曲线的上方且与之平行。音速条件（$M=1$）可从亚音速侧或超音速侧逼近，并由亚音速或超音速 Rayleigh 线与 H 曲线的切点表示。当 $M=1$ 时，在管道出口处流速达到峰值，即本地声速。该过程中对应的热增量是一个临界值，流从热学角度上来说被扼制。当热增量大于临界值时，Rayleigh 线也不可能与相应的 H 曲线相交。因此，在临界热输入的 H 曲线上除了 $M=1$的相切点之外的其他状态是不可访问的。反之，若热增量小于临界值，则 Rayleigh 线在两点与 H 曲线相交。而其中只有第一点可以通过连续加热的方式到达；哪怕在燃烧室中可进行局部放热，第二点也需要在某些条件下才能到达。其中一种使得 Rayleigh 线与 H 曲线相交于两点的操作方式是减小 G，从而降低 Rayleigh 线的斜率。然而，这意味着改变入口条件，进而会导致（T，s）图上的 Rayleigh 曲线发生改变。在诸如飞机燃气轮机的实际应用中，当热增过量时必须非常小心地调节质量流速，以避免难以预测的压力振荡。而在超音速应用包括冲压式喷气发动机或超音速燃烧冲压喷气发动机中，则有可能引起正则冲击波。改变 Rayleigh 线的斜率能尽量避免上述这些情况，具体操作上，仅需改变管道的横截面积，而不必改变其他入口状态条件。

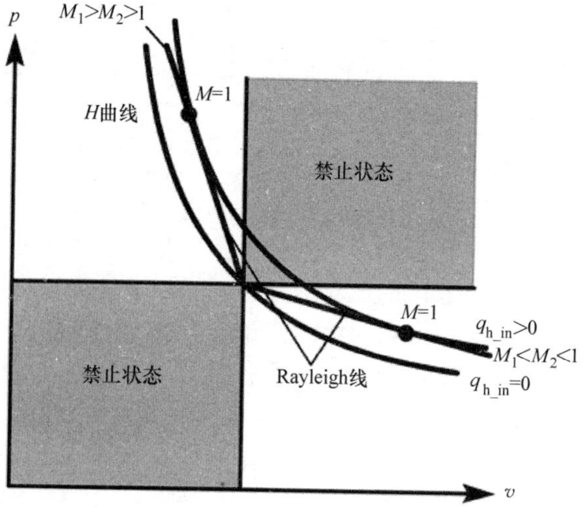

图 1.2 （p，v）图中 Rayleigh 线和 H 曲线所描述的随热量增加而产生的相应变化趋势

1.1.7 一维流动：Fanno 流

典型的 Fanno 流，描述的是在恒定管道区域内流动的，于管道壁处具有摩擦损失的一维绝热流。对 Fanno 流的建模不同于对 Rayleigh 流那样修改能量平衡方程，而是通过将摩擦力建模为外部所施加的力从而改变动量平衡方程来实现的。建模过程中，Fanno 流仍然被认为是无黏性的，并且忽略诸如黏性耗散和边界层的影响。与 Fanno 流两端的边界条件相关的控制方程是

$$\rho_1 u_1 = \rho_2 u_2 \tag{1.1.63a}$$

$$p_1 + \rho_1 u_1^2 = p_2 + p_2 u_2^2 + \frac{P}{A}\int_0^L \tau_{\text{wall}} \mathrm{d}x \tag{1.1.63b}$$

$$h_1 + \frac{u_1^2}{2} = h_2 + \frac{u_2^2}{2} \tag{1.1.63c}$$

$$s_2 - s_1 = C_{\text{p}} \ln\left[\frac{T_2}{T_1}\right] - R\ln\left[\frac{p_2}{p_1}\right] = C_{\text{p}} \ln\left[\frac{v_2}{v_1}\right] + C_{\text{v}} \ln\left[\frac{p_2}{p_1}\right] \tag{1.1.63d}$$

在上述方程式（1.1.63b）中，P是润湿周长，A 是管道的横截面积，L 是管道长度，τ_{wall}是壁切应力。简化动量平衡方程的一种方法是假定壁切应力与动压成比例，并引入摩擦系数f，使得

$$\tau_{\text{wall}} = f \times \frac{1}{2}\rho u^2$$

对于直径为 D_{h} 的等效圆形管道：

$$\frac{P}{A} = \frac{4}{D_{\text{h}}}$$

摩擦系数f通常被称为 Darcy 摩擦因数，其范围为$0 \leqslant f \leqslant 0.05$。式（1.1.63b）可以表示为

$$p_1 + \rho_1 u_1^2 = p_2 + \rho_2 u_2^2 + \frac{2}{D_{\text{h}}}\int_0^L f\rho u^2 \mathrm{d}x \tag{1.1.64}$$

为了更方便地用图来表示这些方程式，将它们转换为微分形式。由此，从式（1.1.54）和式（1.1.57）可得下列式子，其中，因为该过程是绝热的，所以$\mathrm{d}T_0 = 0$：

$$\mathrm{d}\rho = -\frac{G}{u}\frac{\mathrm{d}u}{u} \tag{1.1.54}$$

$$\mathrm{d}T = -M^2(\gamma - 1)T\frac{\mathrm{d}u}{u} \tag{1.1.65}$$

从状态方程 $p = \rho RT$ 可得

$$\mathrm{d}p = \frac{p\mathrm{d}\rho}{\rho} + \frac{p\mathrm{d}T}{T} = -p(1+(\gamma-1)M^2)\frac{\mathrm{d}u}{u} \tag{1.1.66}$$

因此，从式（1.1.56）和式（1.1.59）可得

$$\mathrm{d}s = C_\mathrm{v}\frac{\mathrm{d}p}{p} - C_\mathrm{p}\frac{\mathrm{d}\rho}{\rho} = R(1-M^2)\frac{\mathrm{d}u}{u} \tag{1.1.67}$$

$$\mathrm{d}M = M\left(1+\frac{\gamma-1}{2}M^2\right)\frac{\mathrm{d}u}{u} \tag{1.1.68}$$

所以，这五个状态方程式（1.1.54）和式（1.1.65）~式（1.1.68）可以用下式表示：

$$\mathrm{d}x_i = b_i\frac{\mathrm{d}u}{u} \tag{1.1.69}$$

表 1.2 总结了这五个系数 b_i，i=1，2，…，5 的取值。

表 1.2　五个系数 b_i

i	1	2	3	4	5
x_i	M	T	p	ρ	s
b_i	$M\left(1+\frac{\gamma-1}{2}M^2\right)$	$-M^2(\gamma-1)T$	$-p(1+(\gamma-1)M^2)$	$-\frac{G}{M\sqrt{\gamma RT}}$	$R(1-M^2)T$

由于流动是绝热的，因此 $\mathrm{d}s \geqslant 0$，$\mathrm{d}u$（和 $\mathrm{d}M$）对于亚音速流取正值，对于超音速流取负值。因此，对于亚音速流，ρ、p 和 T 必然会减小，而在超音速流的情况下增加。这些规律都可从（T，s）图上看出。该图中绘制了所有可能状态的轨迹，该轨迹被称为 Fanno 曲线（见图 1.3）。此外，由于摩擦使得过程不可逆转，停滞压力总是减少。

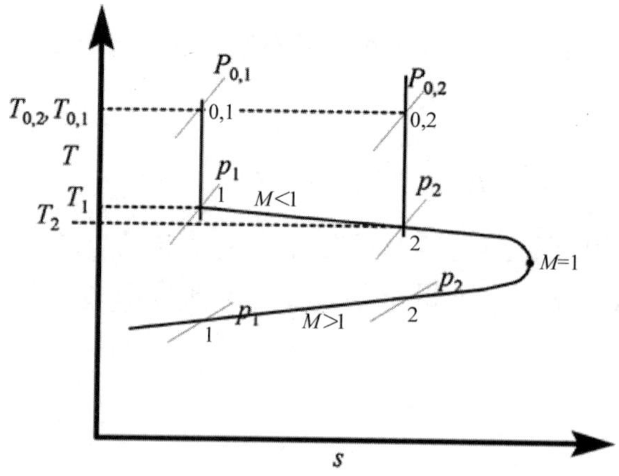

图 1.3　（T，s）图中的 Fanno 曲线

可以表示为

$$\frac{\mathrm{d}P_0}{P_0}=\frac{\mathrm{d}p}{p}-\frac{\gamma}{\gamma-1}\frac{\mathrm{d}T}{T} \tag{1.1.70a}$$

因此，它服从

$$\frac{\mathrm{d}P_0}{P_0}=(M^2-1)\frac{\mathrm{d}u}{u}=\frac{(M^2-1)}{\left(1+\frac{\gamma-1}{2}M^2\right)}\frac{\mathrm{d}M}{M} \tag{1.1.70b}$$

在亚音速流中，马赫数增加，而在超音速情况下马赫数减小。因此，式（1.1.70b）总是负的，停滞压力总是降低。Fanno流中遇到的阻塞类型被称为摩擦阻塞，如果管道中出现这种阻塞，则需要在避免压力波动或正则冲击波的同时小心地降低质量流速，从而尽可能消除阻塞的可能性。当管道长度为某一临界值时极有可能出现阻塞，因此，必须尽量确保管道长度低于该临界值。此外，增加管道面积会相应地增加其临界长度，这也是避免摩擦阻塞的一种方法。

1.1.8 准一维流

在前两节所讨论的流中，管道的面积被认为是恒定的。而考虑管道面积可变的情况，其困难在于，流将不再是一维的，由于与流动方向正交方向上的流体速度分量往往幅度较小，可以被忽略，故称这样的流为准一维流。可变管道中的流动通常接近于一维，并且横截面积的变化必须与加热和壁摩擦一起考虑。一般没有加热或摩擦的准一维流的不稳定平衡动力学损失可以由连续性、动量守恒和能量守恒方程表示：

$$\frac{\partial}{\partial t}(\rho A)+\frac{\partial}{\partial x}(\rho Au)=0 \tag{1.1.71a}$$

$$\frac{\partial}{\partial t}(\rho Au)+\frac{\partial}{\partial x}(\rho Au^2)=-A\left(\frac{\partial p}{\partial x}+\rho g_{\mathrm{u}}\right) \tag{1.1.71b}$$

$$\frac{\partial}{\partial t}(\rho Ae_{\mathrm{t}})+\frac{\partial}{\partial x}(\rho Aue_{\mathrm{t}})=0 \tag{1.1.71c}$$

式中，e_{t}是总能量［见式（1.1.13）］；g_{u}是由地球重力在流动方向上所产生的加速度分量，而其他变量如前所述。

在本节中，将考虑不会造成影响的面积变化，进一步假定流是等熵的。因此，在这些情况下：

$$s_2-s_1=\mathrm{d}s=0 \tag{1.1.72a}$$

由此，与可变面积管道中流动两端的一维流动边界条件相关的其他控制方程式可以从式（1.1.71a～c）中获得：

$$\rho_1u_1A_1=\rho_2u_2A_2 \tag{1.1.72b}$$

$$(p_1+\rho_1u_1^2)A_1+\int_1^2 p\mathrm{d}A=(p_2+\rho_2u_2^2)A_2 \tag{1.1.72c}$$

$$h_1+\frac{u_1^2}{2}=h_2+\frac{u_2^2}{2} \tag{1.1.72d}$$

式（1.1.72b）中所描述的管道中的流体质量，其本质是质量流速。动量方程式（1.1.72c）中的附加项是管壁压力所产生的。在试图求解控制方程之前，首要的是评估流体流动对管道壁所施加的力。为此，定义冲量方程为

$$I = \int_A \mathrm{d}(pA) + \int_A \mathrm{d}(\rho u^2 A) \tag{1.1.73}$$

根据牛顿力学定理，在流体两端所测得的冲量的净变化等于施加在管道上的净力，因此

$$T = I_2 - I_1 \tag{1.1.74}$$

由此，从式（1.1.72c）、式（1.1.73）和式（1.1.74）可得

$$T = I_2 - I_1 = \int_1^2 p\mathrm{d}A \tag{1.1.75}$$

因此，式（1.1.75）可用于计算T。

考虑以均匀速度 U_∞ 飞行的飞机，并假设参考系固定在飞机上。那么可认为，气流以速度 U_∞ 接近飞机，因此喷气发动机的进气速度也是 U_∞。本情况中下角“1”是指入口，下角“2”是指出口。如果把质量流速标示为$\dot{m}$，那么

$$\dot{m} = \rho_1 u_1 A_1 = \rho_2 u_2 A_2 \tag{1.1.76}$$

假设相对于自由流测量静态压力，并且 $p_1 = p_\infty$，则推力为

$$T = \dot{m}(u_2 - u_1) + (p_2 - p_\infty)A_2 - (p_1 - p_\infty)A_1 = \dot{m}(u_2 - u_1) + (p_2 - p_\infty)A_2 \tag{1.1.77}$$

式中，第一项是出口动量和入口动量之间的差异；第二项所示推力源于出口压力大于环境压力。

为了有效求解整个控制方程组，将它们转化为微分形式表达如下：

$$\mathrm{d}\dot{m} = \mathrm{d}(\rho u A) = 0 \tag{1.1.78a}$$

$$\mathrm{d}p + \rho u \mathrm{d}u = 0 \tag{1.1.78b}$$

$$\mathrm{d}h + \mathrm{d}(u^2/2) = 0 \tag{1.1.78c}$$

从式（1.1.78a）得出

$$\frac{\mathrm{d}\dot{m}}{\dot{m}} = \frac{\mathrm{d}\rho}{\rho} + \frac{\mathrm{d}u}{u} + \frac{\mathrm{d}A}{A} = 0 \tag{1.1.79}$$

从式（1.1.78b）得出

$$\frac{\mathrm{d}p}{\rho} + u^2 \frac{\mathrm{d}u}{u} = 0 \tag{1.1.80}$$

此外

$$\frac{\mathrm{d}\rho}{\rho} = \frac{\mathrm{d}p}{\rho}\frac{\mathrm{d}\rho}{\mathrm{d}p} = \frac{\mathrm{d}p}{\rho}\frac{1}{a^2} = -\frac{u^2}{a^2}\frac{\mathrm{d}u}{u} = -M^2\frac{\mathrm{d}u}{u} \tag{1.1.81}$$

因此，面积变化与速度变化之间的关系是

$$\frac{dA}{A} = -(1 - M^2)\frac{du}{u} \tag{1.1.82}$$

从式（1.1.82）可以得出结论，亚音速流在汇聚管道或喷嘴中加速，并在发散管道或扩散器中减速，而超音速流与之相反，在汇聚管道或喷嘴中减速，并在发散管道或扩散器中加速。

式（1.1.82）也意味着当 $dA = 0$ 时，要么 $M = 1$，要么 $du = 0$，要么 $u = \infty$。因此，当 $M = 1$ 时，dA 必须等于零，尽管反过来不一定成立。这意味着在横截面积发生变化的管道里的等熵流，其声速状态只能在管道面积恒定处达到。这可能是喷嘴末端的喉部或是扩散器末端的最大面积处。当流的马赫数接近单位数时，流会发生阻塞。当阻塞是由于面积变化引起时，它被称为几何阻塞，相对于之前的热和摩擦阻塞而言。

将流在任何点的状态与声速状态相关联是非常关键的。考虑当面积为 A、马赫数为 M、密度为 ρ、速度为 u 且温度为 T 的情况，所有这些量在声速状态时用上角“ * ”表示，且 $M^* = 1$。则质量流速满足

$$\dot{m} = \rho u A = \rho^* u^* A^* \tag{1.1.83}$$

因此

$$\frac{A}{A^*} = \frac{\rho^* u^*}{\rho u} = \frac{\rho_0}{\rho}\frac{\rho^*}{\rho_0}\frac{u^*}{u} \tag{1.1.84}$$

从式（1.1.45）得出，密度与其停滞值的比值为

$$\frac{\rho_0}{\rho} = \left(\frac{P_0}{p}\right)^{\frac{1}{\gamma}} = \left(1 + \left(\frac{\gamma - 1}{2}\right)M^2\right)^{\frac{1}{\gamma-1}} \tag{1.1.85}$$

当 $M = M^* = 1$、$\frac{\rho_0}{\rho} = \left(\frac{\gamma+1}{2}\right)^{\frac{1}{\gamma-1}}$ 时

$$\frac{\rho^*}{\rho} = \frac{\rho_0}{\rho}\frac{\rho^*}{\rho_0} = \left(\left(\frac{2}{\gamma+1}\right)\left(1 + \left(\frac{\gamma-1}{2}\right)M^2\right)\right)^{\frac{1}{\gamma-1}} \tag{1.1.86a}$$

类似地

$$\frac{T^*}{T} = \frac{T^*}{T_0}\frac{T_0}{T} = \left(\frac{2}{(\gamma+1)}\left(1 + \frac{\gamma-1}{2}M^2\right)\right) \tag{1.1.86b}$$

因为 $u = M\sqrt{\gamma RT}$：

$$\frac{u^*}{u} = \frac{1}{M}\sqrt{\frac{T^*}{T}} = \frac{1}{M}\left(\frac{2}{(\gamma+1)}\left(1 + \frac{\gamma-1}{2}M^2\right)\right)^{\frac{1}{2}} \tag{1.1.86c}$$

因此

$$\frac{A}{A^*} = \frac{1}{M}\left(\left(\frac{2}{\gamma+1}\right)\left(1 + \left(\frac{\gamma-1}{2}\right)M^2\right)\right)^{\frac{\gamma+1}{2(\gamma-1)}} \tag{1.1.86d}$$

当已知面积 A 与停滞面积 A^* 的比率时，可以找到与面积 A 对应的马赫数。式（1.1.86d）产生马赫数的两个解，其中一个对于超音速流有效，另一个对于亚音

速流有效。

停滞流的质量流速可以从式（1.1.86a ~ d）得出，表示为

$$\dot{m} = P_0 A_{\text{throat}} \sqrt{\frac{\gamma}{RT_0}} \left(\frac{2}{\gamma + 1}\right)^{\frac{\gamma+1}{2(\gamma-1)}} \tag{1.1.87}$$

式（1.1.87）是进气口和喷嘴设计的一个非常重要的方程。在考虑通过喷嘴和扩散器的流动时，可以使用式（1.1.86a ~ d）和（1.1.87）结合 Rayleigh 流和 Fanno 流，以建立流动状态。

1.1.9 倾斜冲击波

冲击反射的最简单的例子是一维冲击波。在考虑正则冲击波的反射时，使用了四个方程：第一个是状态方程，而其他三个来源于冲击平面上质量、动量和能量守恒的三个相关定律 。由此推导得出一组能够预测冲击强度的冲击关系式。与正则冲击波的情况不同，在倾斜冲击波的情况下，流动方向在通过冲击波之后会产生变化。由于速度的法向分量总是小于速度本身的大小，在给定速度和温度时，真正与冲击波相互作用的流的实际马赫数在倾斜冲击的情况下相对小些。从而直接造成，在倾斜冲击波的情况下的停滞压力损失要小于正则冲击波的相应损失。因为考虑到倾斜冲击波对固体边界的反射不同于正则冲击波，存在有限入射角。假设冲击波平面在可忽略黏度的理想流体中行进，并且具有可忽略的热传导，以角度 α 入射无限平面刚性壁，从而产生冲击波的反射。倾斜冲击反射存在两种质的不同形式：其一是正则反射，这种情况下冲击波以小角度 α 入射且冲击强度较弱，因此冲击后的波相对于壁的移动比冲击波本身的移动更缓慢；其二是与较大入射角度 α 和强烈冲击相关的马赫反射，这些反射波相对于壁是超音速移动的，并且附着到冲击波前缘形成弓形波。只有倾斜冲击波的法向分量经历“冲击”。切线分量不会改变，因为它不会在冲击线上“移动”。因此，正则冲击波情况下的质量和动量平衡方程适用于描述冲击前沿的上游和下游的前向速度取代其法向分量。从而得到与式（1.1.46a~ d）形式相同的控制方程如下：

$$\rho_1 u_{1n} = \rho_2 u_{2n} \tag{1.1.88a}$$

$$p_1 + \rho_1 u_{1n}^2 = p_2 + \rho_2 u_{2n}^2 \tag{1.1.88b}$$

$$h_1 + u_{1n}^2/2 = h_2 + u_{2n}^2/2 \tag{1.1.88c}$$

切向分量满足

$$u_{1t} = u_{2t} \tag{1.1.88d}$$

假设热力学角度下的理想流体，从能量方程可以看出，冲击前沿的停滞温度是恒定的，而且 $T_{02} - T_{01} = \Delta T_0 = 0$。重要的是注意与冲击波相关的方向。由于切向分量保持相同，而法向分量在整个冲击范围内减小，所以流体在通过冲击后向冲击前锋偏转角 θ。故在冲击前后速度的法向和切向分量分别是

$$\begin{aligned} u_{1n} &= u_1 \sin\alpha \\ u_{2n} &= u_2 \sin(\alpha - \theta) \end{aligned} \tag{1.1.89a}$$

$$
\begin{aligned}
u_{1t} &= u_1\cos\alpha \\
u_{2t} &= u_2\cos(\alpha-\theta)
\end{aligned}
\tag{1.1.89b}
$$

从式（1.1.88a）、式（1.1.89a）和式（1.1.89b）得出，法向速度分量的比值为

$$\frac{u_{1n}}{u_{2n}} = \frac{\tan\alpha}{\tan(\alpha-\theta)} = \frac{\rho_2}{\rho_1}$$

但从式（1.1.48）得出

$$\frac{\rho_2}{\rho_1} = \frac{(\gamma+1)M_{1n}^2}{(\gamma-1)M_{1n}^2+2} \tag{1.1.90}$$

它服从

$$\frac{u_{1n}}{u_{2n}} = \frac{\tan\alpha}{\tan(\alpha-\theta)} = \frac{\rho_2}{\rho_1} = \frac{(\gamma+1)M_{1n}^2}{(\gamma-1)M_{1n}^2+2} \tag{1.1.91}$$

考虑到

$$M_{1n} = M_1\sin\alpha, M_{2n} = M_2\sin(\alpha-\theta) \tag{1.1.92}$$

$$\frac{\tan\alpha}{\tan(\alpha-\theta)} = \frac{(\gamma+1)M_1^2\sin^2\alpha}{(\gamma-1)M_1^2\sin^2\alpha+2} \tag{1.1.93}$$

经过一些代数变换，式（1.1.93）可以表示为

$$\tan\theta = 2\cot\alpha\left(\frac{M_1^2\sin^2\alpha-1}{M_1^2(\gamma+\cos2\alpha)+2}\right) \tag{1.1.94}$$

在给定 M_1 和 α 的条件下，式（1.1.94）决定了 θ。由式（1.1.48）可得

$$
\begin{aligned}
\left(\frac{T_2}{T_1}\right) &= \frac{\left(1+\frac{(\gamma-1)}{2}M_{1n}^2\right)\left(\frac{2\gamma}{\gamma-1}M_{1n}^2-1\right)}{\left(\frac{(\gamma+1)^2}{2(\gamma-1)}\right)M_{1n}^2} \\
\frac{p_2}{p_1} &= \frac{2\gamma M_{1n}^2}{\gamma+1}-\frac{\gamma-1}{\gamma+1}
\end{aligned}
\tag{1.1.95}
$$

给定 θ 和 M_1，式（1.1.94）可以重新排列为 $x=\sin^2\alpha$ 的三次方程如下：

$$x^3+a_1x^2+a_2x+a_1 = 0 \tag{1.1.96}$$

其中

$$a_1 = -\frac{M_1^2+2}{M_1^2}-\gamma\sin\theta$$

$$a_2 = \frac{2M_1^2+1}{M_1^4}+\left(\frac{(\gamma+1)^2}{4}+\frac{\gamma-1}{M_1^2}\right)\sin^2\theta$$

$$a_3 = -\frac{\cos^2\theta}{M_1^4}$$

然而，该三次方程的解导致三个可能的 α 值，其中一个没有物理意义，而另

外两个分别对应于弱冲击和强冲击。为了获得分别对应于弱冲击和强冲击的解，将该三次方程用 $\tan\alpha$ 表示：

$$\left(1+\frac{\gamma-1}{2}M_1^2\right)\tan\theta\tan^3\alpha-(M_1^2-1)\tan^2\alpha+\left(1+\frac{\gamma+1}{2}\right)\tan\theta\tan\alpha+1=0 \tag{1.1.97}$$

弱冲击和强冲击的解分别满足：

$$\tan\alpha_{\text{weak}}=\frac{M_1^2-1+2f_1(M_1,\theta)\cos\left(\dfrac{4\pi+\cos^{-1}(f_2(M_1,\theta))}{3}\right)}{3\left(1+\dfrac{\gamma-1}{2}M_1^2\right)\tan\theta} \tag{1.1.98a}$$

$$\tan\alpha_{\text{strong}}=\frac{M_1^2-1+2f_1(M_1,\theta)\cos\left(\dfrac{\cos^{-1}(f_2(M_1,\theta))}{3}\right)}{3\left(1+\dfrac{\gamma-1}{2}M_1^2\right)\tan\theta} \tag{1.1.98b}$$

其中

$$f_1(M_1,\theta)=\sqrt{(M_1^2-1)^2-3\left(1+\frac{\gamma-1}{2}M_1^2\right)\left(1+\frac{\gamma+1}{2}M_1^2\right)\tan^2\theta} \tag{1.1.99a}$$

$$f_2(M_1,\theta)=\frac{(M_1^2-1)^3-9\left(1+\dfrac{\gamma-1}{2}M_1^2\right)\left(1+\dfrac{\gamma-1}{2}M_1^2+\dfrac{\gamma+1}{2}M_1^4\right)\tan^2\theta}{f_1(M_1,\theta)^3} \tag{1.1.99b}$$

式（1.1.90～1.1.99b）中给出的关系式用于解决超音速流动中与翼和体相关的分离和反射冲击的应用问题。

1.1.10 Prandtl – Meyer 流

考虑一个平行于平坦表面流动并流向表面角落的非黏性、绝缘、半无限多变多相流体。如果表面向流体的流动方向弯曲，则可以应用前面部分中提到的倾斜冲击理论。然而，如果表面向反方向弯曲，则流发生稳定的膨胀，这被称为 Prandtl – Meyer 流。

当流超音速时，$M>1$，意味着流过物体的自由流中任意点的速度大于音速。当具有适当轮廓（例如机翼）的物体以亚音速流动时，流会在物体到达流动点之前接收到物体即将到达的信号。而在物体以超音速移动的情况下，流完全不会提前预知物体到达，物体将穿过一个完全不受扰动和“不知情”的流。图 1.4 绘制了球面扰动波在不同情况下的传播：①不可压缩流；②亚音速可压缩流；③跨音速；④超音速，可以用于描述这种情况。

如图 1.4a 所示，当扰动源相对于流场静止时，扰动以匀速各向传播，波前以同心圆（二维情况）的形式传播。当干扰源以低于声速运动时，波前沿着干扰运动的方向继续传播，其速度等于声速和扰动速度之间的差异。在相反位置，扰动以两个速

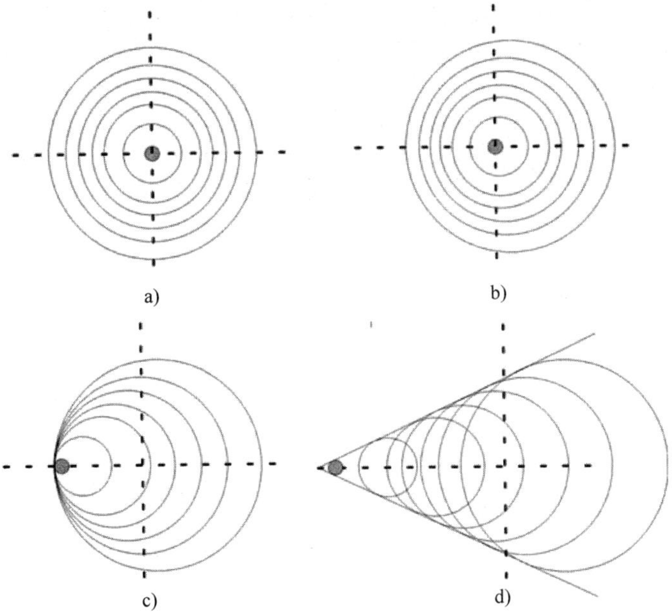

图1.4 a）点源球形扰动在不可压缩流中的传播 b）亚音速下的可压缩流 c）跨音速 d）超音速

度的和传播，而波前不再是同心圆。这种情况如图1.4b所示。当扰动以声速移动时，如图1.4c所示，波前相对于源是静止的，并随时间演变为正则冲击的边界：一个压力和密度离散变化的不连续表面。最后，当扰动源移动速度超过声速时，将超越波前，形成如图1.4d所示的斜冲击边界。圆锥半角的正弦称为马赫角，等于马赫数的倒数。锥体的表面形成冲击边界。冲击边界将自由未扰动流和扰动流的区域分开。

超音速膨胀和等熵压缩是马赫锥概念的延伸。马赫线表明，超音速流场中的扰动以角度μ移动（同样的符号也表示动态黏度，请注意不要混淆），其定义为

$$\mu = \sin^{-1}(1/M) = \tan^{-1}(1/\sqrt{M^2-1}) \tag{1.1.100}$$

当超音速流经平滑凸角时，可以推断出随着转动流从拐角产生一系列的冲击边界，其中每个都相对于流转动无穷小。因此，冲击边界不仅合并，而且随着冲击阵线的发散，形成扩张过程。在特殊情况下，当凸角很锋利时，产生以该角为中心的膨胀风扇，并且流经过风扇时膨胀。尽管膨胀和压缩过程都是等熵的，但凸角的情况并不同于以倾斜冲击为特征的凹角的情况。

考虑两个扩展波前之间的角度等于$\mathrm{d}\nu$，而初始扇角为ν。对应于方向$\mathrm{d}x$上的速度变化为

$$\mathrm{d}u_x = (u+\mathrm{d}u)\cos v - u \approx \mathrm{d}u$$

对应于方向$\mathrm{d}y$的速度变化为

$$\mathrm{d}u_y = (u+\mathrm{d}u)\sin \mathrm{d}v \approx u\mathrm{d}v$$

因此

$$\tan\mu = \frac{1}{\sqrt{M_1^2 - 1}} = \frac{\mathrm{d}u_y}{\mathrm{d}u_x} = \frac{1}{u}\frac{\mathrm{d}u}{\mathrm{d}v}$$

调整得

$$\mathrm{d}v = \sqrt{M_1^2 - 1}\frac{\mathrm{d}u}{u} \tag{1.1.101}$$

停滞温度由下式给出：

$$T_{01} = T_1 + u_1^2/(2C_p) \tag{1.1.102}$$

因此

$$\gamma RT_{01} = \gamma RT_1 + \frac{(\gamma - 1)}{2}u_1^2 = a_1^2 + \frac{(\gamma - 1)}{2}u_1^2 = u_1^2\left(\frac{1}{M_1^2} + \frac{\gamma - 1}{2}\right) \tag{1.1.103}$$

由于 T_{01} 是恒定的，微分方程式（1.1.103）中

$$2u_1\mathrm{d}u_1\left(\frac{1}{M_1^2} + \frac{\gamma - 1}{2}\right) - 2u_1^2\frac{\mathrm{d}M_1}{M_1^3} = 0$$

因此

$$\mathrm{d}v = \sqrt{M_1^2 - 1}\frac{\mathrm{d}u_1}{u_1} = \frac{1}{2M_1^2}\frac{\sqrt{M_1^2 - 1}}{\left(1 + \frac{\gamma - 1}{2}M_1^2\right)}\mathrm{d}M_1^2$$

对 dv 积分

$$v = v(M) = \int_0^{M^2}\mathrm{d}v = \frac{1}{2}\int_0^{M^2}\frac{1}{M_1^2}\frac{\sqrt{M_1^2 - 1}}{(1 + \frac{\gamma - 1}{2}M_1^2)}\mathrm{d}M_1^2$$

由马赫数增加超过单位数引起的马赫线角度变化，用偏转角 v 标示，由 Prandtl - Meyer 函数定义为

$$v(M) = \sqrt{\frac{\gamma + 1}{\gamma - 1}}\tan^{-1}\left(\sqrt{\frac{\gamma - 1}{\gamma + 1}}\sqrt{M^2 - 1}\right) - \tan^{-1}(\sqrt{M^2 - 1}) \tag{1.1.104}$$

偏转角度 v 是马赫数 M 的单调函数，并且如果超音速流在扩张角处偏转角度为

$$\theta = v(M_2) - v(M_1) \tag{1.1.105}$$

当这三个量，M_1 和 M_2 中的任意两个已知时，则第三个可以用式（1.1.104）和式（1.1.105）中所给出的 Prandtl - Meyer 函数来估计。

1.2 热力学

热力学关注将任何一种形式的机电能转化为热能，或者反之，将热能转化为有用的机电能。热力学是处理热和功及其相关物质属性的科学。其动力学分支是在应用基本定律（被称为热力学四定律）的基础上建立的，这些定律最初是从实验观察中得出的“经验性的”，并最终被“第一性原理”证明成立。热力学研究的基础在于长期以来收集的观察和证据，这一点已经通过热力学定律的形式进行了简要的

总结。热力学研究预测某一给定的热能转换或转换为热能（系统的热力学演化）的过程是否可能发生，若该过程发生了，则是否自发或可逆。它还允许人们获得系统的物理热力学性质或这些热力学性质（热容、密度、熔融温度、能量、膨胀系数等）的变化和实验条件（扰动）的变化对系统（温度、压力）施加的影响之间的特定关系。关于热力学基本定律的更多细节，读者可以参考 Fermi（1956）的文章，而热力学在能源系统的应用参见 Hill 和 Peterson（1992）以及 Mattingly（2005）的文章。

任何热力学计算中最重要方面是①所要研究的系统热力学相关性质的精确定义以及②确定该系统周围环境的热力学相关性质。环境通常被定义为仅包括与系统进行能量交换的那一部分（和与能量有关的物质）。若考虑"较大"的环境，显然可以在给定过程中对系统的热力学相关性质的行为进行更准确的预测，但也同样会导致引入更广泛和复杂的动态变化。

为了形象化描述何谓系统，以及其周围环境和相关的热力学过程，应该考虑一些例子，例如保温瓶、化学反应器、内燃机、汽车、便携式计算机、人体、便携式计算机的中央处理器或人体内的活细胞。在上述所有例子中，可以观察到"系统边界"是系统与周围环境相互作用的关键。对于任何给定的问题，当人们定义热力学系统和周围环境时，对热力学系统与周围环境之间"边界"的性质的理解变得尤为重要。这些边界可以是人造的，也可以是真实存在的，像上面大多数例子里所提及的。热力学系统及其周围环境之间可能发生的交换类型和热力学系统本身可以由不同的限定词描述。开放的热力学系统是指物质和能量可以在热力学系统及其周围环境之间交换。封闭的热力学系统是指物质不能流入或流出的系统（封闭的热力学系统的特征在于质量固定，然而在封闭的热力学系统的某一过程中，物质的量和组成不一定是恒定的，人们可以设想该过程是物质的量总和以及浓度都在变化的化学反应）。孤立的热力学系统是质量和能量都不能流入或流出的系统。

系统的状态被定义为一组状态变量或状态。状态变量的外延与所考虑的物质的量（例如体积、总 C_p）成比例，而状态变量的内涵与数量（浓度、黏度、密度、物质的量 C_p）无关。因此，复合系统的外延属性等于组件子系统的对应属性值的总和。若定义系统状态的那些状态变量不再随时间变化，则称此时热力学系统处于平衡状态。若系统处于平衡状态，即使被干扰后也将恢复到该状态。

当能量从热力系统转换到另一个机械系统时，即做功。所做的功等效于通过系统边界流动的能量，这些能量源自于使系统移动一段距离的外力或施加在系统边界上导致体积改变的压力。即使没有做功能量也可以转换。像热能的转换是由于温差导致的。此时，能量转换是因温度梯度产生而非机械做功。这种能量的转换是自发的。热容定义为因单位温度梯度而导致的跨越系统边界的能量的大小。系统焓的增加等于在恒定压力下吸收的热量，假设系统仅受到压力分布的影响，并且只能通过其体积变化才能做功。熵用来衡量热力学系统做功能力的损失程度。当由于温度梯度导致能量自发损失时，热量降低的系统的熵降低，而获得热量的系统的熵会增加得更多。因此，当两个系统一起考虑时，熵是净增加的。孤立系统的自发变化导致熵增加。在理想过程中，熵是恒定的，并且孤立系统的熵没有净增长，一般认为理想过程是可逆过程。因此，对于孤立的系统，在所有自发可达或允许的可能状态中，熵增加最大的状态表示平衡状态。

1.2.1 热力学第零定律

根据热力学的第零定律，如果两个热力学系统中的每一个都与第三个热力学系统处于热平衡，则它们彼此也处于热平衡。第零定律是温度概念和定义的基础。作为第零定律的结论之一，可以说热力学状态变量——温度 T 存在，并且可以用于描述任何热力学系统的当前状态，而且任何两个或更多个处于热平衡的系统都会有相同的温度 T。

1.2.2 热力学第一定律

热力学第一定律是完全基于观测的，它表明，孤立系统中所有能量变化的代数和为零。因此，能量是守恒的，尽管它可以从一种形式转换成另一种形式，但不能被创造或破坏，因此

$$du = dq + dw \tag{1.2.1}$$

式中，u 是内能；q 是从周围环境传递到系统的热量；w 是周围环境对系统做的功。

功是能量从一个机械系统转移到另一个机械系统。对系统做的功取正值，系统所做的功取负值。系统做功的一个实例是顶着大气压力将气缸中的活塞向外推，使得活塞和气缸包围区域的体积增加：

$$W = \int_1^2 dw = -\int_{v_1}^{v_2} P dv \tag{1.2.2}$$

对通过体积膨胀做功的系统而言：

$$du = dq - P dv \tag{1.2.3}$$

式中，$P dv$ 是周围环境通过可逆扩张对系统做的功。

1.2.3 热力学第二和第三定律

热力学第二定律可以用几种方式来表述。它关注热力学中自发的自然过程。自发热力学变化若在适当条件下发生，可被用来做功。如果该过程可逆，将输出机械功最大值。而在自然过程中，自发的热力学变化从来都是不可逆的。第二定律涉及熵（ds）的增加，这与系统的总能量中无法用于做有用功的那部分有关。因此，第二定律的一种表述是“孤立系统的熵不减原理”。第二定律的另一个更常用的形式被称为 Clausius 假说，即使用较冷的物体的能量加热（或“传递热量给”）一个更温暖的物体，而不做任何功是不可能的。第二定律的另一种表述是 Kelvin 假说，即不可能在没有任何热传递的前提下，把温度为 T_1 的物体的所有内部能量（“热”）转换为功（即不可能建造具有 100% 效率的热机）。

还有热力学第三定律（也称为 Nernst 定理），它也有多种表述方式：①绝对零温度下任何系统的熵为零；②不可能通过有限的冷却步骤达到 $T=0$（Kelvin 温标），这也被称为"绝对零度的不可达性"原则。尽管人们取得了重大进展，可以达到非常低的温度，但从未达到绝对零度。

1.2.4　在实际气体中做功所需的热量

考虑满足多变气体定律 $pv^n=p_0v_0{}^n$ 的实际气体，从式（1.1.30）中得出，对于实际气体的不可逆膨胀，所需的热输入可表示为

$$dq = \frac{C_v T}{p}\left(\frac{dp}{dv}+\gamma\frac{p}{v}\right)dv = \frac{RT}{p(\gamma-1)}\left(\frac{dp}{dv}+\gamma\frac{p}{v}\right)dv \qquad (1.2.4)$$

但是对于实际气体来说

$$\frac{dp}{dv} = -n\frac{p}{v} \qquad (1.2.5)$$

因此

$$dq = \frac{(\gamma-n)}{\gamma-1}p\,dv \qquad (1.2.6)$$

它服从

$$q = \frac{(\gamma-n)}{\gamma-1}\int p\,dv \qquad (1.2.7)$$

输入到气体的热量与膨胀期间所做的多变功成正比，并且该数量的符号取决于 $\gamma>n$ 还是 $\gamma<n$。当 $n=1$ 时，热输入与所做的功完全相同，这对应于等温膨胀。当 $n=\gamma$ 时，所需的热量为零，对应于绝热膨胀。

1.2.5　自发过程和热力学势

前面已经提到，对于孤立的系统，在所有自发可达或允许的可能状态中需要最大增量熵的那种状态即平衡状态。然而，并没有用于表征自发可达状态的标准。那么，从世界总熵变 ΔS_{total} 出发，它是从热力学过程引入的，并已经被认为是自发变化的唯一标准。由此出发，可以发展出一系列热力学势能用于描述自发变化。考虑由热力学过程引起的世界总熵变 ΔS_{total}，它可以表示为两项之和：

$$\Delta S_{total} = \Delta S_{surr} + \Delta S_{sys} \qquad (1.2.8)$$

这两项中的第一项 ΔS_{surr} 是由周围环境所引起的熵增。因为大多数反应是放热（释放热量）或吸热（吸收热量）的，它们伴随有跨越系统边界的热量 Δq_p。反应中的焓变 ΔH 定义为，在恒定压力下进行反应时从周围的环境中进入系统的热量流动，因此来自周围环境的热量可以假设为 $-\Delta q_p$。就人们对每个单独分子的了解程度而言，对相对较低温度的系统添加热量会增加该系统内的紊乱水平，而对相对较高的温度的同一系统添加相同热量，系统内紊乱水平所增加的程度相对降低。因此，若假定该过程是可逆的，则来自周围环境的热将导致周围环境的熵变化为

$$\Delta S_{surr} = (-\Delta q_p)/T = -\Delta H/T \qquad (1.2.9)$$

因此，可以将式（1.2.8）重写为

$$\Delta S_{\text{total}} = (-\Delta H/T) + \Delta S_{\text{sys}} \tag{1.2.10}$$

用温度 T 乘以式（1.2.10），并用 ΔS 表示 ΔS_{sys}，可得

$$T\Delta S_{\text{total}} = -\Delta H + T\Delta S \tag{1.2.11}$$

式（1.2.11）仅使用系统热力学状态（H，T，S）的变化来表示世界的熵变。如果用 ΔG 表示 $-T\Delta S_{\text{total}}$，那么有

$$\Delta G = \Delta H - T\Delta S \tag{1.2.12}$$

这定义了该过程中 Gibbs 自由能（自由焓）的变化。式（1.2.12）中的 ΔG 是在恒定压力 p 和恒定温度 T 下，系统可以用来做功的能量。式（1.2.12）右侧的两个术语含义如下：当系统在从初始状态到最终状态之间的任意路径点处所受压力恒定时，系统和周围环境之间的热交换为 ΔH；$T\Delta S$ 是等温不可用能量，即不能被任何恒温系统转化为功的能量。Gibbs 自由能变化的定义是基于该过程是可逆的假设，因此 ΔG 是可用于做功的最大能量。在此基础上可以推断，在恒定压力 p 和恒定温度 T 下运行的系统中，如果 $\Delta G<0$，将自发做功，相应地达到自发可达的状态。此外，当 $\Delta G=0$ 时，系统将处于平衡状态，当 $\Delta G>0$ 时，该过程不能自发做功。Gibbs 自由能电势定义为

$$G = H - TS \tag{1.2.13}$$

此外，它服从

$$\left(\frac{\partial G}{\partial T}\right)_{\text{p}} = -S \tag{1.2.14}$$

因此，Gibbs 自由能电势可以表示为

$$G = H + T\left(\frac{\partial G}{\partial T}\right)_{\text{p}} \tag{1.2.15}$$

也可以获得如下关系：

$$\left(\frac{\partial (G/T)}{\partial T}\right)_{\text{p}} = \frac{1}{T}\left(\frac{\partial G}{\partial T}\right)_{\text{p}} - \frac{G}{T^2} = -\frac{H}{T^2} \tag{1.2.16}$$

式（1.2.16）被称为 Gibbs Helmholtz 方程。此外

$$\delta G = v\delta p - S\delta T \tag{1.2.17}$$

因此它服从

$$\left(\frac{\partial G}{\partial p}\right)_{\text{T}} = v \tag{1.2.18}$$

从式（1.2.14）和式（1.2.18）中可以得出

$$\left(\frac{\partial p}{\partial T}\right)_{\Delta G=0} = \frac{\Delta s}{\Delta v} = \frac{\Delta H}{T\Delta v} \tag{1.2.19}$$

当 ΔH 和 Δv 恒定时

$$\Delta p = \frac{\Delta H}{\Delta v}\ln\left(\frac{T}{T_0}\right) \tag{1.2.20}$$

对于理想气体，Δv 由理想气体定律给出：

$$\left(\frac{\partial p}{\partial T}\right)_{\Delta G=0} = \frac{\Delta H}{T(RT/p)} \tag{1.2.21}$$

对式（1.2.21）进行积分：

$$\ln\left(\frac{p}{p_0}\right) = \frac{\Delta H}{R}\left(\frac{1}{T} - \frac{1}{T_0}\right) \tag{1.2.22}$$

式（1.2.22）被称为 Clausius – Clapeyron 方程，人们可以据此估计某一温度下的蒸汽压力，前提是在另一个已知蒸发焓的温度下蒸汽压力已知。

在恒定温度 T 下，$\delta G = v\delta p$ 且

$$G = G_0 + \int_{p_0}^{p} v\mathrm{d}p \tag{1.2.23}$$

对于理想气体，在恒温 T 下：

$$G = G_0 + \int_{p_0}^{p} \frac{RT}{p}\mathrm{d}p = G_0 + RT\int_{p_0}^{p} \frac{\mathrm{d}p}{p} = G_0 + RT\ln\left(\frac{p}{p_0}\right) \tag{1.2.24}$$

当以摩尔质量表示且 $p_0 = 1\text{atm}$[㊀]时，式（1.2.24）是标准摩尔 Gibbs 能量，是化学反应中的化学势（$\mu = G/n$）。它对化学反应的自发发生起着关键作用，并广泛应用于电化学。为了预测 Gibbs 自由能电势如何随着压力 p 的变化而发生变化，一般会引用一个重要原理——Le Chatelier 原理，它由 Henri Le Chatelier 在 1888 年发表："平衡状态中一个因素的每一个变化，都会引起系统的重排，且变化方向与这个因素原来的变化方向相反（即重返平衡状态）。"它对预测由于电解池中浓度变化引起的电化学势的变化特别有用。

需要重点强调的是，Gibbs 自由能电势仅限于在恒定压力 p 和恒定温度 T 下运行的系统。对于在恒定体积 v 和恒定温度 T 下运行的系统，另一个电势函数，Helmholtz 自由能电势被定义为

$$F = U - TS \tag{1.2.25}$$

通常，Gibbs 自由能电势对于液体是有用的，而固体在恒定压力和体积下运行时，$\Delta F = \Delta G$。

1.2.6 可逆性、能量和循环

如果在过程中任何时间点都能将系统和环境恢复到它们的初始状态，那么这个过程就被认为是可逆的。可逆性被认为是最理想的情况。然而在大多数实际系统中，存在由能量耗散和有限温差（非准静态）效应所引起的影响。因此，许多过程都是近似可逆的，并且当过程可逆时的最大效率是令人感兴趣的，因为它定义了性能的上限。

热力学的一个应用是对可逆和循环过程的研究，通常也称为理想化（对应于可逆）和实际（对应于循环）的"热机"。实际热机的例子有存在于汽车和其他如

㊀ $1\text{atm} = 101325\text{Pa} = 101.325\text{kPa}$。——译者注

电动机、电冰箱、热泵等系统中的 Otto 循环。其中热力学（或热）效率被定义为在一个循环期间，系统做功消耗的净能量除以通过加热输入到系统中的能量（例如活塞式热机中柴油的燃烧、燃气轮机喷气发动机中煤油的燃烧等）。Kelvin－Plank 表述意味着，若系统中只有一个蓄能器，将无法做功。因此，它服从

$$\oint \delta w_{\text{closed}} > 0 \tag{1.2.26}$$

根据能量守恒原理，式（1.2.26）等效于

$$\oint \delta q_{\text{closed}} \leqslant 0 \tag{1.2.27}$$

在可逆过程中，式（1.2.26）和式（1.2.27）等号成立。

假设循环系统被温度为 T_1 的蓄能器 1 加热，获得能量 $\mathrm{d}q_1$，该循环系统做功净量为 $\mathrm{d}w$，且热量减少 $\mathrm{d}q_2$，用于加热温度为 T_2 的蓄能器 2。从第一定律可以知道：

$$\mathrm{d}q_1 - \mathrm{d}q_2 - \mathrm{d}w = \mathrm{d}u_{\text{cycle}} = 0 \tag{1.2.28}$$

从第二定律来看，由于系统是循环和可逆的，所以在一个循环中，它服从

$$\mathrm{d}s = 0 \tag{1.2.29}$$

在加热和冷却期间，循环系统的熵在这两处都发生了变化，因而

$$\mathrm{d}s = \frac{\mathrm{d}q_1}{T_1} = \frac{\mathrm{d}q_2}{T_2} = 0 \tag{1.2.30}$$

利用式（1.2.28）中的关系可得

$$\mathrm{d}q_1 - \left(\frac{T_2}{T_1}\right)\mathrm{d}q_1 - \mathrm{d}w = \mathrm{d}u_{\text{cycle}} = 0 \tag{1.2.31}$$

因此

$$\mathrm{d}w = \left(1 - \frac{T_2}{T_1}\right)\mathrm{d}q_1 \tag{1.2.32}$$

当应用 Kelvin－Plank 表述解释与两个热蓄能器存在热接触的系统时，很容易推出如下论断成立：

1）当净功为负值时（即动力循环、系统做有用功），热量将从温度较高的蓄能器流向系统，并从系统流向温度相对较低的蓄能器。

2）当功为正时（在热泵循环的情况下），则情况相反。

3）热机的热效率定义为

$$\eta_{\text{th}} = \frac{|\Delta w_{\text{net}}|}{\Delta q_{\text{init}}} = 1 - \frac{\mathrm{d}q_2}{\mathrm{d}q_1} = 1 - \frac{T_2}{T_1} \tag{1.2.33}$$

4）此外，最大可实现效率是可逆循环的效率：

$$\eta_{\text{th\_rev}} = \max(\eta_{\text{th}}) \tag{1.2.34}$$

1.2.7 第二定律的应用

从第二定律可以推导出被称为 Carnot 原则的三个重要推论，它们在应用第二定律到能源发电工程中尤其重要。具体如下：

1）在两个蓄热器之间运行的任何热机的热效率总是小于同等情况下可逆发动

机的热效率。

2）在相同的蓄热器之间运行的任意两个可逆发动机具有相同的效率。

3）绝对温度的定义与测量物质的性质无关。

第三个推论服从第二个推论。如果不管如何设计热机，它们的热效率都是相同的，那么唯一的变量就是蓄热器的类型，且温度是它的唯一特征。相应地，对于在相同的两个蓄热器之间操作的三个独立的热机有

$$\frac{q_2}{q_1}=\frac{f(T_2)}{f(T_1)} \tag{1.2.35}$$

其中可使用任何单调函数来定义热力学温度。Kelvin 温标使用 $f(T)=T$ 定义，被国际重量和度量大会采用为标准尺度。绝对零度对应于实现单位效率的情况。

假设一个准平衡循环过程，开始是随温度升高的绝热压缩，随后伴随着热量输入的等温膨胀，接着温度下降绝热膨胀，最后通过放热进行等温压缩。这样的循环被称为 Carnot 循环。这四个过程中，两个熵恒定，两个温度恒定。Carnot 循环可以在 $P-v$ 图上显示（见图 1.5），等温线表示恒温 T_1（1－2）和 T_2（3－4）的曲线，绝热膨胀和收缩连接 2－3 和 4－1。在等温过程中的热输入和输出分别由 dq_1 和 dq_2 表示。由两条等温线和两个绝热特征所包围的区域表示基于 Carnot 循环的假设“Carnot 热机”的输出总功。式（1.2.33）给出了这种假想热机的最大效率。

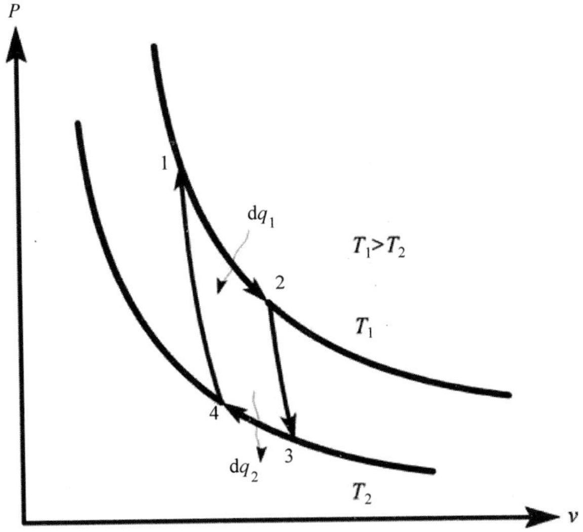

图 1.5 $P-v$ 图中的 Carnot 循环示意

1.2.8 基本发电循环

在大多数汽车中使用的四冲程汽油发动机的活塞在气缸内完成四个冲程的同时，机轴在每个热力循环完成两转。热力循环可以被建模为理想的 Otto 循环。它的 $P-v$ 图和 $T-s$ 图分别如图 1.6 和图 1.7 所示。在 Otto 循环中，过程 1－2 是等

熵压缩过程，而过程 3－4 是等熵膨胀过程。过程 2－3 和 4－1 体积恒定，分别是加热和降温过程。此外，$T-s$ 图显示空气温度在状态 3 达到最大值。在 Otto 循环的四个过程中，只有进程 1－2 和 3－4 有功的交互。可以看出，Otto 循环发动机的最大效率是

$$\eta_{th} = \frac{|\Delta w_{net}|}{\Delta q_{init}} = 1 - \frac{T_2}{T_1} = 1 - \left(\frac{v_2}{v_1}\right)^{\gamma-1} \tag{1.2.36}$$

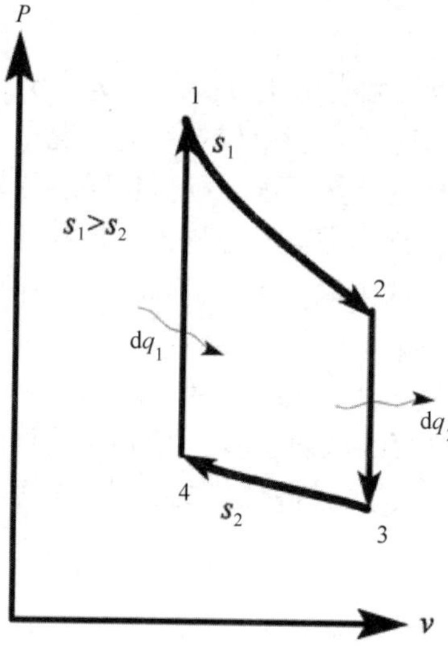

图 1.6　理想的 Otto 循环：$P-v$ 图

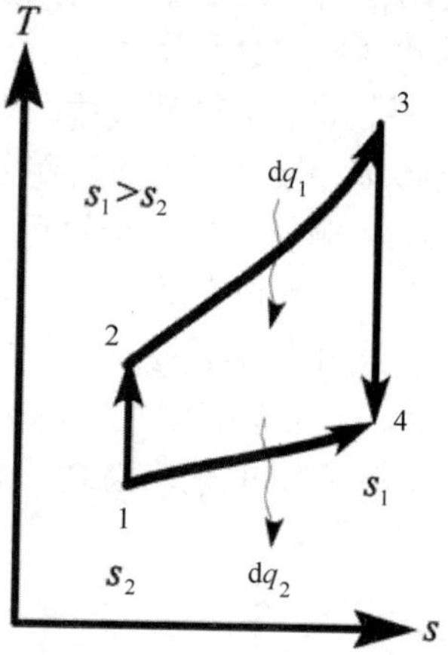

图 1.7　理想的 Otto 循环：$T-s$ 图

喷气发动机的热力做功循环基于 Brayton 循环，它是为燃气轮机设计的开放循环（也表示为热力分析封闭）。空气首先在扩散器中减速，此时气压略微上升。然后空气在压缩机中等压压缩，随后在燃烧室中以恒定的压力进行加热。从燃烧室出来的热气体在轮机中被等熵膨胀并且在喷嘴中进一步膨胀。喷嘴中的气体不断膨胀直至冲破环境压力，并高速冲离飞机。理想 Brayton 循环的 $P-v$ 和 $T-s$ 图显示在图 1.8 和图 1.9 中。

$T-s$ 图上的 3－4 号线比 1－2 号线长的事实说明轮机可能比压缩机消耗更多的能量。

在理想循环中，假设压缩（1－2）和膨胀（3－4）过程是等熵的，而加热（2－3）和排热（4－1）的过程被认为是恒定压力的过程。

1.2.9　热传递：传导、辐射、对流热传递

关于热传导，对流和辐射的基本定律是傅里叶传导定律、牛顿冷却定律和 Stefan－Boltzmann 辐射定律。傅里叶定律定义通过面积为 A 的矩形区域的热流为（设其温度梯度为$\partial T/\partial x$）：

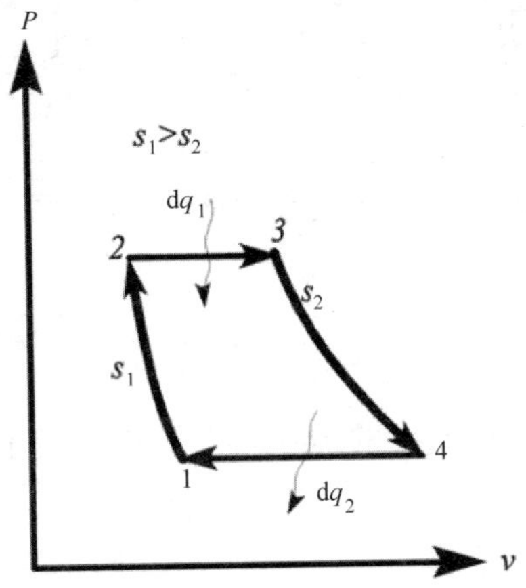

图 1.8 理想的 Brayton 循环：$P-v$ 图

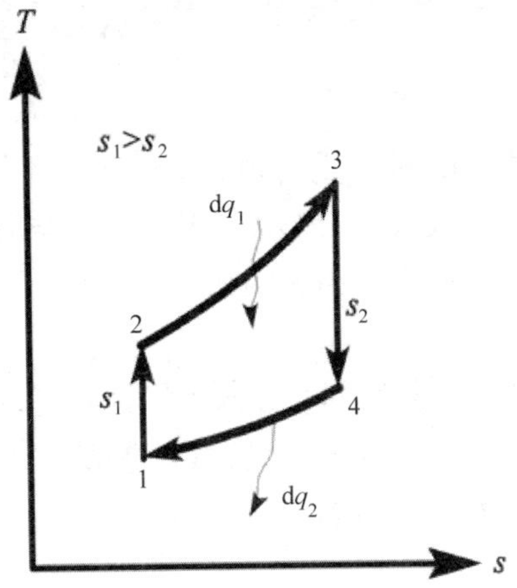

图 1.9 理想的 Brayton 循环：$T-s$ 图

$$\dot{Q} = -kA(\partial T/\partial x) \tag{1.2.37}$$

式中，$\dot{Q}$是在一个维度上传导的热量，其方向指向表面温度较高处；k 为导热系数。

对于保持均匀温度梯度的薄矩形板，从表面温度较高处传走的热量为

$$\dot{Q} = kA(\Delta T/\Delta x) \tag{1.2.38}$$

对于具有 N 层的复合层压壁，其中每个层具有不同的厚度 Δx_i、不同的温度梯度和不同的热导率 k_i，从表面温度较高处传走的热量为

$$\dot{Q} = \frac{\Delta T}{\sum_{i=1}^{N} \Delta x_i / k_i A} \tag{1.2.39}$$

对流是由冷却定律所决定的，定义为

$$\dot{Q} = h\Delta T \tag{1.2.40}$$

式中，h 是对流传热系数。

考虑到之前的例子中的复合层压壁，假设第一层和最后层都能够进行热对流，则有

$$\dot{Q} = \frac{\Delta T}{\dfrac{1}{h_1} + \sum_{i=1}^{N} \dfrac{\Delta x_i}{k_i A} + \dfrac{1}{h_N}} \tag{1.2.41}$$

式中，h_1 和 h_N是壁两侧的对流传热系数。

对于长度为 L 的圆柱形管，若管内和管外均无对流，其径向传导取决于

$$\dot{Q} = \frac{\Delta T}{\dfrac{1}{2\pi kL}\ln\left(\dfrac{R_2}{R_1}\right)} \tag{1.2.42}$$

当管内和管外存在对流时，热量传导为

$$\dot{Q} = \frac{\Delta T}{\frac{1}{h_1} + \frac{1}{2\pi kL}\ln\left(\frac{R_2}{R_1}\right) + \frac{1}{h_2}} \tag{1.2.43}$$

式中，h_1和h_2是管内和管外的对流传热系数。

一般来说，对流传热系数与导热系数之间存在一定的关系，该关系通过定义一个与它们两个相关的无量纲数——Nusselt 数来表示：

$$Nu = hD/k \tag{1.2.44}$$

式中，D是与问题相关的特征长度或直径。

对于涉及强制对流的问题，Nusselt 数是关于流的 Reynolds 数的特定值和 Prandtl 数的函数，定义为

$$Nu = f(Re, Pr) \tag{1.2.45}$$

Prandtl 数Pr是无量纲数，是动量扩散率（运动黏度）与热扩散率的比值。它被定义为

$$Pr = \frac{\nu}{\alpha} = \frac{\text{动量扩散率}}{\text{热扩散率}} = \frac{\nu}{k/\rho c_{\mathrm{p}}} \tag{1.2.46}$$

式中，ν是运动黏度；α是热扩散系数；k是导热系数；c_{p}是比热系数；ρ是对流介质的密度。

对于涉及自由或自然对流的问题，Nusselt 数是 Grashof 数和 Prandtl 数的函数，定义为

$$Nu = f(Gr, Pr) \tag{1.2.47}$$

Grashof 数Gr是流体动力学和热传递中的无量纲数，其近似于作用在流体上的浮力与黏性力的比率。它在对自然对流情况的研究中经常出现。对于垂直平板，它是

$$Gr_{\mathrm{L}} = \frac{g\beta(T_{\mathrm{s}} - T_{\infty})L^3}{\nu^2} \tag{1.2.48}$$

式中，g是地球重力加速度；β是体积热膨胀系数（对理想流体而言，约等于$1/T$，其中T是绝对温度）；T_{s}是表面温度；T_{∞}是体温度；ν是运动黏度；L是特征长度。

对于特征直径为D的管：

$$Gr_{\mathrm{D}} = \frac{g\beta(T_{\mathrm{s}} - T_{\infty})D^3}{\nu^2} \tag{1.2.49}$$

例如，对于管中的湍流强制对流，Nusselt 数是

$$Nu = 0.023(Re^2 Pr)^{0.4} \tag{1.2.50}$$

对于垂直板的层流自由对流：

$$Nu = 0.59(Gr \times Pr)^{0.25} \tag{1.2.51}$$

Stefan－Boltzmann 定律指出，黑体辐射总能量在每单位时间对黑体单位表面积

的辐射正比于黑体的热力学温度 T 的四次幂，即

$$q_b = \sigma T^4 \tag{1.2.52}$$

式中，σ 为 Stefan - Boltzmann 常数，它是关于 Boltzmann 常数、Planck 常数和真空中的光速的函数。

因此，对于任何物体或外壳：

$$\dot{Q} = \sigma\varepsilon_1 A(T_2^4 - T_1^4) \tag{1.2.53}$$

式中，ε_1 定义为物体的发射率。

因此，当 $T_1 = 0$ 时，发射率等于黑体的单位数。

1.3　电化学：简介

电化学研究电化反应中的化学能和电能交换。关于电化学的详细论述，读者可参考 Hamann 等人在 2007 年的著作。电化学包括因电产生的或者可用于发电的氧化还原反应，电化学研究主要涉及其中可作为连续电子源的化学反应。受控电子源可产生电路中的电流，而化学反应受控于其可获取的能量的性质。当维持原子周围电子分布的化学键被破坏时，会释放能量，反之亦然。氧化反应是发生在金属或电极和电解质的交界处的化学反应过程。金属或电极释放电子，因此它们周围富含电子。由于金属氧化必然提供了电子，所以在金属氧化部位附近常发生二次还原过程。氧化和还原总是一起发生。其中一种物质被氧化，另一种被还原。还原反应中电子增加。例如，钾和氯的反应中钾损失电子（钾被氧化），氯增加电子（氯被还原），其化学反应方程式如下：

$$K \Leftrightarrow K^+ + e^-(\text{氧化}), Cl_2 + 2e^- \Leftrightarrow 2Cl^-(\text{还原}) \tag{1.3.1}$$

在上述实例中，钾被氧化，氯被还原。氧化后，电极或金属上带正电的离子流入电解质，因此该电极被称为阳极。而在电解质中，这些带正电荷的阳离子或者阴离子迁移到另一电极，被称为阴极。而在其他化学反应之后，阴极又会变成阳极。在阴极通常会发生还原反应，而带正电的阳极也会从外部电路接受电子来维持电荷平衡，又或者，阴极处的还原过程在阴极 - 电解质交界处产生的负电荷离子迁移到阳极。在阳极发生氧化反应之后释放电子，它们又通过外部电路流入阴极以维持电荷平衡。

在确定燃料电池的性质时，广泛使用术语物质的量和摩尔质量。原子质量是元素的丰度加权平均质量（该元素的所有同位素的平均质量，以各同位素的丰度为权重）。原子重量尽管通常以原子量为单位表示，但也常以 g/mol 计。根据定义，摩尔是物质的量的单位，其中含有与 12g C - 12 中的原子（即仅由同位素 12C 组成的碳）一样多的基本粒子。具体而言，1mol 对应组成该物质或元素的原子或分子的个数为 6.02×10^{23}，也称其为阿伏伽德罗常数。阿伏伽德罗常数的值是 1mol 物质所含的分子数，等于 6.02×10^{23}。例如，1mol 的氧就由 6.02×10^{23} 个氧原子构成。分子的摩尔质量为 6.02×10^{23} 个该分子的质量。它是原子或分子内所有质子、

中子和电子的总质量，以克/摩尔（g/mol）表示。摩尔质量是原子质量，是元素周期表上元素下的数字。以氧为例，周期表中所示的摩尔质量为 15.9994（该数字位于周期表中氧元素符号 O 之下）。这意味着 1mol O = 15.9994g。因此，氧的摩尔质量为 15.9994g/mol。摩尔质量是 1mol 物质的质量，可以指单一元素或分子，也可以是其他化合物。分子量与摩尔质量本质上相同，顾名思义，它指的是分子而不仅仅是元素。摩尔质量和分子量通常以 g/mol 为单位。化合物的分子量是其中所有原子的原子量相加得到的。例如，水的分子量为 18.0152g/mol，因为其中含有原子量为 1.00079g/mol 的两个氢原子和原子量为 15.9994g/mol 的一个氧原子。

1.3.1 燃料电池热力学

为更好地了解燃料电池的电化学基础知识，需要定义基本的热力学函数及其相互关系。下面，假定反应物的温度 T 和压力 p 是恒定的。在这些条件下，最好理解的热力学函数是 Gibbs 能量（G）和焓（H）：

$$G = H - TS,\ H = U + pV \tag{1.3.2}$$

式中，U 是内能；V 是体积；S 是熵。人们对燃料电池中 Gibbs 能量的总体变化特别感兴趣，因为这可能与自发产生的电能有关。化学反应中的潜在电力输出由下式给出：

$$\Delta G = \Delta H - T\Delta S \tag{1.3.3}$$

式中，ΔG 是反应中的自由能变化；ΔH 是反应的焓变；ΔS 是反应的熵变。

反应中的自由能变化 ΔG 是与化学反应相关的最大有用的功：

$$\Delta G = -nFE_{\text{rev}} \tag{1.3.4}$$

式中，n 是所涉及的反应物的物质的量；F 是法拉第常数，表示 1mol 电子所具有的电量（C）。

ΔH 是与化学反应相关的最大热量，表示为

$$\Delta H = -nFE_{\text{thermo}} \tag{1.3.5}$$

在整个反应中，这与熵的净损失 ΔS 有关。

当涉及多种反应组分时，其中任一反应组分的 Gibbs 能量的变化（ΔG）可以表示为

$$\begin{aligned}\Delta G &= \mu_k \Delta n_k \\ \mu_k &= \Delta G/\Delta n_k\end{aligned} \tag{1.3.6}$$

式中，μ_k是反应组分 k 的化学势；n_k是反应组分 k 的物质的量。气体组分的化学势取决于气体的分压（p_k），可以写为

$$\mu_k = \mu_k^0 + RT\log(p_k) \tag{1.3.7}$$

式中，R 是通用气体常数；μ_k^0是标准气压下的化学势，通常取为 1atm。

在燃料电池中，电流自发产生，不需要额外供能。在电池工作模式下，Gibbs 能量为负，可划分为两个电极部分，分别用下角 1 和 2 表示为

$$\pm \Delta G = \sum_{1,j} \nu_j \mu_j - \sum_{2,j} \nu_j \mu_j \tag{1.3.8}$$

式中，ν_j是化学计量系数。

电功的最大值可以由 n mol 的电荷载体完成。因此，标准可逆电压 E_{rev}^0 可以写为

$$E_{\text{rev}}^0 = \frac{\sum_{1,j} \nu_j \mu_j - \sum_{2,j} \nu_j \mu_j}{nF} = -\frac{\Delta G}{nF} \tag{1.3.9}$$

下面介绍μ_k对气体分压（p_k）的依赖关系：

$$E_{\text{rev}} = E_{\text{rev}}^0 + \frac{RT}{nF}\left(\sum_1 \nu_j \log(p_j) - \sum_2 \nu_j \log(p_j) \right) \tag{1.3.10}$$

其中 p_k 最好在标准大气压下测量。

1.3.2　电极电化学

电极是最常用的测量和记录电位和电流的传感器之一。浸在电解液中的金属电极会形成金属－电解质结，这是一类重要的连接点，其产生的电位被称为半电池电位。考虑一个典型的电极－电解质结，其中仅单个电极浸入电解液中。那么该电极仅具有一种类型的电荷载体，即电子；而电解质中具有两种类型的电荷载体，分别是在电极处产生并迁移到电解质中的阳离子，以及已经在电解质中的阴离子。若假设金属电极是由金属材料 C 构成的均匀同质的电极，且由相同类型的原子组成，则一定浓度的 A^- 型阴离子电解质与金属电极中 C^+ 型的阳离子接触，可能发生下述与金属 － 电解质结有关的电子反应：

$$\begin{aligned} C &\leftrightarrow C^{n+} + n \times e^- \\ A^{m+} &\leftrightarrow A + m \times e^- \end{aligned} \tag{1.3.11}$$

式中，n、m 分别表示阳离子和阴离子的化合价。

因此，交界处的电极材料可被氧化形成阳离子，同时释放一个或多个自由电子，与此同时，在电极 － 电解质交界处的阴离子可被氧化成中性原子，将一个或多个自由电子释放到电极。当电流等于零时，阳离子获得的电子由阴离子释放，从而达到平衡，净电子电流为零。当电流通过时，由于其中一类反应占主导地位，所以不平衡仍然存在。电流的大小和方向由反应的大小和稳定性、电极材料的类型、电解质的类型和浓度以及电路上的负载决定。每单位摩尔阳离子 C^{n+} 的离子可用性$a_{C^{n+}}$可以表示为

$$a_{C^{n+}} = \exp(-\Delta G/RT) = \exp(-n(V_0 - V)F/RT) \tag{1.3.12}$$

式中，ΔG 是跨越交界处所必需的电子解离能障；n 是相关离子的化合价；V_0是氢的标准半电池电位；R 是气体常数（8.315J/K mol）；F 为法拉第常数（96480C/mol）。

电位的含义是，将单位电荷 1C 从无限远移动到空间中任意一点所需的电压。因此，移动 n mol 电子通过电位差 ΔV 的所需的系统能量由 $q\Delta V =(-nF)\Delta V$ 决定。与能障相关的电能等于自由电荷和电势（即半电池电位）的乘积。而离子可

用比例指的是溶液中参与反应的离子的比例，正比于溶液中离子浓度，且比例常数小于或等于1。

因此，重新排列式（1.3.12）可计算离子可用比例，标准半电池电压的定义是相对于假定为0V的氢而言的，可用下式估计：

$$V = V_0 + (RT/nF)\ln(a_{C^{n+}}) \tag{1.3.13}$$

式（1.3.13）最初由能斯特（Nernst）在100多年前提出，被称为能斯特方程。典型的标准半电池电压列于表1.3，标准还原/氧化（氧化还原反应）电位见表1.4。式（1.1.13）可用于分析电极 - 电解质的相互作用。考虑一般的氧化还原反应，在生物电势电极 - 电解质交界处，可用方程描述为

$$\alpha A + \beta B \Leftrightarrow \gamma C + \delta D + n \times e^- \tag{1.3.14}$$

式中，n 是在反应中释放的电子数。

净反应速率可以表示为

$$k_r = (a_{A^{\alpha+}} + a_{B^{\beta+}})/(a_{C^{\gamma+}} + a_{D^{\delta+}}) \tag{1.3.15}$$

式中，$a_{X^{\omega+}}$是物质“X”的离子可用比例。

因此，跨越电极 - 电解质界面的电势可以表示为

$$V = V_0 + \frac{RT}{nF}\ln\left(\frac{a_{A^{\alpha+}} + a_{B^{\beta+}}}{a_{C^{\gamma+}} + a_{D^{\delta+}}}\right) \tag{1.3.16}$$

表1.3　标准半电池（氧化还原反应）电位表

材料	反应	V
Al	$Al^{3+} + 3 \times e^-$	-1.705
Au	$Au^{3+} + 3 \times e^-$	1.498
Zn	$Zn^{2+} + 2 \times e^-$	-0.7628
H_2	$2H^+ + 2 \times e^-$	0
$Ag + Cl^-$	$AgCl + e^-$	0.223
Ag	$Ag^{1+} + e^-$	0.7996
Cu	$Cu^{2+} + 2 \times e^-$	0.3419
Cu	$Cu^{1+} + e^-$	0.522
Na	$Na^{1+} + e^-$	-2.714
Fe	$Fe^{2+} + 2 \times e^-$	-0.447
K	$K^{1+} + e^-$	-2.925
Mg	$Mg^{2+} + 2 \times e^-$	-2.363
Pt	$Pt^{2+} + 2 \times e^-$	1.2

表1.4　标准还原/氧化电位表

氧化还原反应	V
$O_2 + 4H^+ + 4e^- \leftrightarrow 2H_2O$	+1.229
$O_2 + 2H_2O + 4e^- \leftrightarrow 4OH^-$	+0.401
$2H_2O + 2e^- \leftrightarrow H_2 + 2OH^-$	-0.83

标准半电池电位V是指，某1M浓度的溶液在25℃时的电位相对于1M溶液中

氢电极的电位差。氢电极电位 V_0 源于反应：

$$H_2 \Leftrightarrow 2H \Leftrightarrow 2H^+ + 2e^- \tag{1.3.17}$$

其中氢气是在1atm下在铂电极上鼓泡产生的。

尽管氢电极被用于大多数测量的参考电极，但实际上并不总是合适甚至理想的。对于生物应用，更常用的参考电极是饱和KCl溶液中的甘汞电极，其相对氢电极有+242mV的电位。甘汞电极源自元素汞和氯化汞（Hg_2Cl_2 或甘汞）之间的反应。该电极源于电极表面上汞的电离：

$$2Hg \Leftrightarrow Hg_2^{2+} + 2e^- \tag{1.3.18}$$

在电解液中，有反应：

$$Hg_2^{2+} + 2Cl^- \Leftrightarrow Hg_2Cl_2 \tag{1.3.19}$$

当流体含有多于一种分子物质，且存在浓度特征差异时，分子会朝着使组合物更为“均匀”的各个方向自发运动。当离子化学浓度不同的两种组合物 c 和 s 混合在一起时，会交换载电离子。一般来说，两种力量会试图平衡彼此；在半导体p-n结中，静电场的存在引起电子的扩散。在现在描述的情境中，离子电荷载体从一个区域扩散到另一个区域。这种类型的扩散最终在两个区域之间产生电位差 E（单位伏），可以通过能斯特方程得到

$$E = V_c - V_s = \frac{RT}{zF}\ln\frac{[C]_{i,c}}{[C]_{i,s}} \tag{1.3.20}$$

式中，$R = 8.31\text{Jmol}^{-1}\text{K}^{-1}$ 是通用气体常数；T 是绝对温度（K）；$F = 96484.7\text{C/mol}$ 表示1mol电子上的总电荷的法拉第常数；$[C]_{i,c}$ 是指区域 c 中单位体积的离子浓度（mol）；$[C]_{i,s}$ 是指区域 s 中相同离子 $[C]_i$ 的单位体积离子浓度（mol）。

两个区域通过半透膜彼此接触，两个区域中的离子浓度正在朝向平衡状态变化，称该平衡状态为Donnan平衡。

1.3.3 Gibbs势能变化

在1.2.5节中，Gibbs势能的变化［式（1.2.19）］以如下形式显示：

$$\Delta G = \Delta G^0 + RT\ln\left(\frac{p}{p_0}\right) \tag{1.3.21}$$

考虑两种流体反应物 A 和 B 处于平衡状态：

$$\Delta G(A) = \Delta G(B) \tag{1.3.22}$$

因此

$$\Delta G_A^0 + RT\ln\left(\frac{p_A}{p_0}\right) = \Delta G_B^0 + RT\ln\left(\frac{p_B}{p_0}\right) \tag{1.3.23}$$

$$\Delta G_A^0 - \Delta G_B^0 = RT\ln\left(\frac{p_B}{p_0}\right) - RT\ln\left(\frac{p_A}{p_0}\right) = RT\ln\left(\frac{p_B}{p_A}\right) \tag{1.3.24}$$

$$\frac{p_B}{p_A} = \exp\left(-\frac{\Delta G_B^0 - \Delta G_A^0}{RT}\right) \tag{1.3.25}$$

这样，当反应物的分压等于标准压力时，电位差决定了两种气体的分压比。然

而，在溶液的情况下，分压比也可以表示为浓度比或摩尔比或离子可用比率。因此，在一般的氧化还原反应的情况下，Gibbs 电位的变化可用下列方程式表示：

$$\Delta G=\Delta G^0+RT\ln\left(\frac{a_{C^{\gamma+}}+a_{D^{\delta+}}}{a_{A^{\alpha+}}+a_{B^{\beta+}}}\right)=\Delta G^0+RT\ln Q \tag{1.3.26}$$

电极－电解质交界处的电位差可以写为

$$-nFV=-nFV_0+RT\ln\left(\frac{a_{C^{\gamma+}}+a_{D^{\delta+}}}{a_{A^{\alpha+}}+a_{B^{\beta+}}}\right)=-nFV_0+RT\ln Q \tag{1.3.27}$$

因此，人们可能会想到把它与 Gibbs 势能变化联系起来：

$$\Delta G^0=-nFV_0 \tag{1.3.28}$$

$$\Delta G=-nFV \tag{1.3.29}$$

1.3.4 燃料电池效率

燃料电池不受 Carnot 循环效率的限制。燃料电池的热力学效率由 Gibbs 函数的变化与总电池反应中焓变化的比率给出。Gibbs 函数的变化测量电气做功，而焓变是燃料热值的度量。反应物的生成热和产物的生成热之间的差异被称为反应热。氢氧反应是放热（发热）反应，焓变 dH 等于水的生成热减去氢和氧的生成热，氢和氧的生成热可以假设为零，因为它们被假定为可用。因此，焓变 dH 即水本身的生成热。

在标准条件下燃料电池的最佳理想效率 = （dG^0/dH^0）。对于 25℃ 的氢氧反应，dH^0 = －68317cal/g mol 的 H_2 和 dG^0 = －56690cal/g mol 的 H_2。因此理想燃料电池在 25℃时的最大效率等于（56690/68317） =83%。

可以观察到，在燃料电池的情况下，最大理想效率随着温度的升高而降低，而热力发动机的极大 Carnot 效率随着温度而升高。在高于 700℃的高温下，热机更有效，而燃料电池在较低的温度下更有效。

燃料电池效率的另一个量度被称为“电压效率”，并且是操作状态下的实际发电电压与理论电池电压之比：

电压效率 = 实际电压/理论电压 = V_A/1.23

1.3.5 电极超电位

当电极插入电解质中并且电路连接到电极时，电流将流动，但是观察到的电位与标准半电池电位不同。这种差异被称为超电势。电流流过电路对于所观察到的半电池电位的产生有重要作用。这不仅取决于电解质的欧姆电阻，还取决于电极的极化程度。电流的流动导致过量的电荷，又导致电极－电解质交界处附近的离子浓度变化。要使金属离子被氧化，必须克服能障。如果电流是单向的，则氧化或还原反应之一起主导作用，同时障的高度或激活电位会发生变化。电解质的浓度和激活电位都有助于电极的极化和超电势（包括欧姆超电势）。总超电势阻碍了通过接口的电流。金属氧化电极通常用于几种电化电池的应用中。

在激活控制系统中，反应速率仅由电化电荷转移过程的速率控制。在这种激活控制系统中，阴极反应和阳极反应都可能发生在同一电极上，Butler－Volmer 方程据此确定了电极上的电流密度与电极电位之间的关系。电极电流密度分别是正向和反向反应的速率常数 k_f和 k_r、氧化和还原物质 c_f和 c_r的浓度、正电极反应的对称因数 β、电极电位 V、电极温度 T、每摩尔产物的电荷载体物质的量 n 以及法拉第常数和通用气体常数的函数。在物理意义上，该方程描述了反应物与电极相互作用的情况，并且这些相互作用的势能将取决于施加到电极的电压。同时也解释了在阳极反应中，可通过增加电压诱发电子向电极移动，并且正向反应速率的提高会降低反向反应速度。Butler – Volmer 方程通过下式给出：

$$i = F\{k_f c_f e^{n\beta VF/RT} - k_r c_r e^{-n(1-\beta)VF/RT}\} \tag{1.3.30}$$

Butler – Volmer 方程式（1.3.30）可用于确定交换电流密度，以及在电极处产生的平衡电流密度，从而

$$0 = F\{k_f c_f e^{n\beta V_R F/RT} - k_r c_r e^{-n(1-\beta)V_R F/RT}\} \tag{1.3.31}$$

式中，V_R是电极平衡电流密度所需的可逆电极电位，平衡电流密度为

$$i_0 = F k_f c_f e^{n\beta V_R F/RT} = F k_r c_r e^{-n(1-\beta)V_R F/RT} \tag{1.3.32}$$

由此，Butler – Volmer 方程式（1.3.30）可以用实际的和可逆的电极电位之差以及电极交换电流密度来表示：

$$i = i_0\{e^{n\beta(V-V_R)F/RT} - e^{-n(1-\beta)(V-V_R)F/RT}\} \tag{1.3.33}$$

通常，阳极反应需要正的超电位值来增加反应速率，而阴极反应需要负的超电位值才能增加反应速率。然而，净效应是通过降低整体电压来提高反应速率的。当超电位（正或负）变大时，Butler – Volmer 方程式（1.3.33）的其中一项可以忽略不计。因此，当超电位为正值且较大时：

$$i = i_0 e^{n\beta(V-V_R)F/RT} \tag{1.3.34}$$

相应地，式（1.3.34）可以被重写为所谓的 Tafel 方程：

$$V - V_R = a + b\log i = b\log(i/i_0) \tag{1.3.35}$$

式（1.3.35）表示激活极化电位和电流密度之间的关系，其中 a 和 b 是以伏为单位的常数。

在进行电极电位的实际测量时，还必须考虑另一个影响。通常，人们只对电极表面特定的某种离子的累积所产生的电位有兴趣，并对其测量。然而，在实际测量中，其他离子将干扰该过程，这种离子选择性的干扰可以通过修正能斯特方程来描述，称为 Nicolsky – Eisenman 方程。能斯特方程的 Nicolsky – Eisenman 修正式为

$$V = V_0 + (RT/nF)\ln\left(a_{C^{n+}} + \sum_{j=1}^{J} k_{C,D_j}^{pot} a_{D_j}^{(n/m_j)}\right) \tag{1.3.36}$$

式中，k_{C,D_j}^{pot}是离子$D_j^{m_j+}$相对于主离子C^{n+}的电位选择系数；a_{D_j}是第 j 个干扰离子的可用性；m_j是第 j 个干扰离子的相应电荷数。对于 $m_j = n$ 的特殊情况，简化的 Nicolsky – Eisenman 方程是

$$V = V_0 + (RT/nF)\ln\left(a_{C^{n+}} + \sum_{j=1}^{J} k_{C,D_j}^{pot} a_{D_j}\right) \tag{1.3.37}$$

选择性系数取决于离子选择性电极的现场可用性。

1.3.6 半电池电极示例

通用气体电极的一个实例如图 1.10 所示。假设使用的是氢电极，在这种情况下，气体是氢（H_2），电解液是盐酸（HCl）水溶液。在电极表面：

$$2H^+ + 2e^- \Leftrightarrow H_2 \tag{1.3.38}$$

在电解液中，有

$$HCl \Leftrightarrow H^+ + Cl^- \tag{1.3.39}$$

由能斯特方程得

$$V = V_0 + \frac{RT}{F}\ln\left(\frac{p_{H+}}{p_{H_2}^{1/2}}\right) \tag{1.3.40}$$

若使用氯电极，则气体为氯气（Cl_2），电解液为氯化钾（KCl）溶液。在电极表面：

$$Cl_2 + 2e^- \Leftrightarrow 2Cl^- \tag{1.3.41}$$

在电解液中，有

$$KCl \Leftrightarrow K^+ + Cl^- \tag{1.3.42}$$

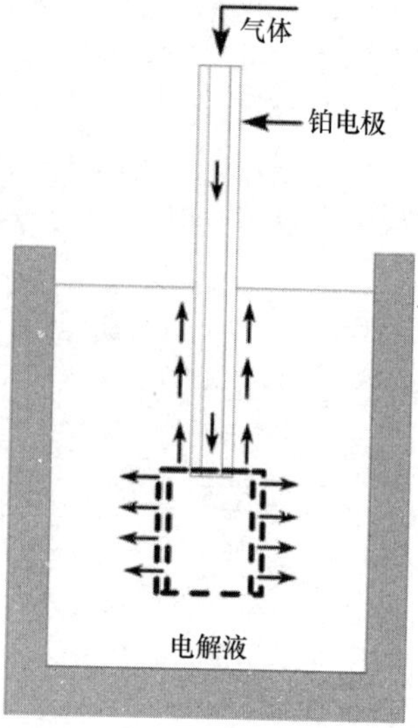

图 1.10　典型的通用气体电极

由能斯特方程得

$$V = V_0 + \frac{RT}{F}\ln\left(\frac{p_{Cl_2}^{1/2}}{p_{Cl^-}}\right) \tag{1.3.43}$$

能斯特方程表明，如果氯气的分压增加或 Cl^- 的浓度下降，则电池电压正向增加，这与氢电极的情况完全相反。

若使用银电极，则没有气体输入，但是电极涂覆有多孔氯化银（AgCl）层，电解质含有带负电荷的氯离子（Cl^-）水溶液。在银/氯化银边界：

$$AgCl + e^- \Leftrightarrow Ag + Cl^- \tag{1.3.44}$$

由能斯特方程得

$$V = V_0 + \frac{RT}{F}\ln\left(\frac{1}{[C]_{Cl^-}}\right) = V_0 - \frac{RT}{F}\ln[C]_{Cl^-} \tag{1.3.45}$$

1.3.7 盐桥

盐桥是位于两个半电池之间的管子，其中含有与两者相容的盐如 KCl，它使得这两个半电池可以电接触但不直接接触，以防止两个半电池中的两种不同水溶液混合。典型的盐桥如图 1.11 所示。

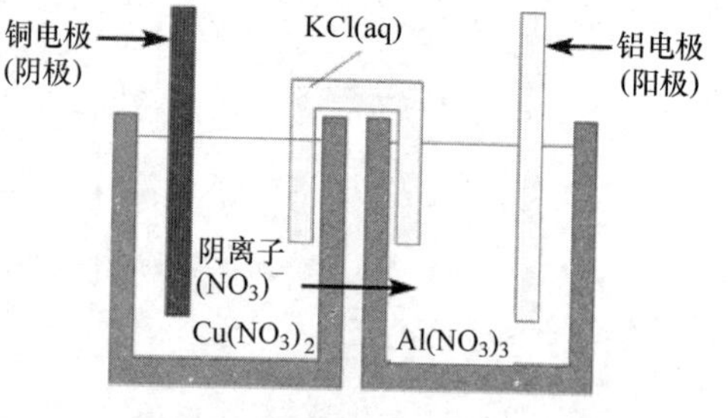

图 1.11　盐桥的例子及其作用

在图 1.11 的示例中，电池单元由一个铜和一个铝两个电极形成。在阴极

（电极）表面，铜离子被还原：

$$Cu^{2+}+2e^{-}\Leftrightarrow Cu \tag{1.3.46}$$

在阳极（电极）表面，铝离子被氧化：

$$Al\Leftrightarrow Al^{3+}+3e^{-} \tag{1.3.47}$$

总的来说，有

$$3Cu^{2+}+2Al\Leftrightarrow 2Al^{2+}+3Cu \tag{1.3.48}$$

假设两个半电池中电解质是等摩尔浓度的，从能斯特方程可得

$$V_{cell}=V_0^{Cu}-V_0^{Al}=0.3419-(-1.705)=2.0424\nu \tag{1.3.49}$$

盐桥的作用只是作为阴离子的渠道。

1.3.8 电极和电池的类型

有五种主要的电极类型：①金属/金属离子（如铜 Cu、锌 Zn、镉 Cd）；②非金属、非气体和离子（如碘）；③金属和非金属汞合金或杂化离子；④气体（如氢气 H_2）；⑤金属/金属盐（如铅/硫酸铅 $Pb/PbSO_4$、银/氯化银 Ag/AgCl）。通过连接两个电极，可以形成电解电池。根据两种电解质是否形成液体接合点，电池可以大致分为两类。例如，当一个电极是 H_2 气体时，另一个电极是 HCl 水溶液中的银电极。银电极用于 Ag/AgCl 电池，没有液体接合点。液体接合点可以是盐桥或半透膜的形式，即对离子而言是可渗透的膜而对电解质则不可渗透。在每个类别中，电池可以是如前所述实例中的等浓度电池，也可以是具有不同的电解质浓度或电极（在非金属和气体电极的情况下）的电池。因此，用于估计电池电压的通式如下：

$$V_{cell}=V_{half-cell1}^{0}-V_{half-cell2}^{0}+\frac{RT}{nF}\ln\left(\frac{Q_{half-cell1}}{Q_{half-cell2}}\right) \tag{1.3.50}$$

式中，$V_{half-cell}^{0}$是标准半电池电位；$Q_{half-cell}$是每个半电池的浓度比。

1.3.9 蓄电池和燃料电池示例

有三种电池：

1. 原电池

在原电池中，化学反应不可逆地发生。这种类型的电池不能充电。典型的例子是众所周知的干电池和蓄电池。这是由几个原因造成的，包括电池的设计和反应物的化学性质。相应实例包括标准碱性电池或它前一代的，现在已不太常见的碳/锌电池。

（1）干电池（Leclanché 电池）

这是大多数商店中常见的干电池，有多种型号和尺寸，可为玩具、手电筒和各种电子产品提供电源。它使用位于中心的碳棒（阴极）和锌外壳（阳极）封装 MnO_2、NH_4Cl、$ZnCl_2$ 和石墨粉末组成的糊料。所涉及的反应列于表 1.5。这种电池在使用中会缓慢地形成副产物，导致电池势能下降。

（2）基本碱性电池

在碱性电池中，阴极反应的产物在阳极反应中再次参与反应，因此缺少副产

物，这意味着电压降低（因水被消耗）比干电池慢得多。由于该种电池电压也约为1.5V，可以用在使用干电池的装置中。请注意，它们之间唯一的真正区别在于碱性电池的反应发生在基本介质中。

（3）Ruben－Mallory（汞）电池

这种类型的电池用于需要电池电势在电池寿命内必须保持恒定的设备中，通常是计算器和手表等。生成物和反应物都是纯物质（标准状态）。由于这种电池的电压与前两种不同，因此不可互换。

表1.5　电池可选择的反应

电极或类型	反应式或名称	电压/V
电池类型	干电池	
阳极	$Zn(s) \rightarrow Zn^{2+} + 2e^-$	
阴极	$2MnO_2 + 2NH_4^+ + 2e^- \rightarrow Mn_2O_3 + 2NH_3 + H_2O$	
总体	$Zn + 2MnO_2 + 2NH_4^+ \rightarrow Mn_2O_3 + 2NH_3 + H_2O + Zn^{2+}$	约为1.5
电池类型	碱性电池	
阳极	$Zn(s) + 2OH^- \rightarrow Zn(OH)_2(s) + 2e^-$	
阴极	$2MnO_2 + 2H_2O + 2e^- \rightarrow 2MnO(OH)(s) + 2OH^-$	
总体	$Zn + 2MnO_2 + 2H_2O \rightarrow 2MnO(OH)(s) + Zn(OH)_2(s)$	约为1.5
电池类型	汞电池	
阳极	$2Zn(s) + 4OH^- \rightarrow 2ZnO(s) + 2H_2O + 2e^-$	
阴极	$HgO + H_2O + 2e^- \rightarrow Hg + 2OH^-$	
总体	$Zn + HgO \rightarrow ZnO(s) + Hg$	约为1.35
电池类型	镍镉电池	
阳极	$Cd(s) + 2OH^- \rightarrow Cd(OH)_2(s) + 2e^-$	
阴极	$NiO(OH)(s) + H_2O + e^- \rightarrow Ni(OH)_2(s) + OH^-$	
总体	$Cd(s) + 2NiO(OH)(s) \rightarrow 2Ni(OH)_2(s) + Cd(OH)_2(s)$	约为1.35

2. 二次电池

这种电池中的化学反应是可逆的，因此可充电，例如镍镉（NiCad）电池和汽车中使用的铅/酸蓄电池。这种电池也称为存储电池或可充电电池。理论上，碱性电池也可以充电，但是过程危险。如果没有使用合适的设备，可能导致爆炸。同样，铅/酸性汽车电池也可能因为不同的原因充电太快而爆炸。

（1）铅/酸蓄电池

铅/酸蓄电池是典型的没有液体接合点的电池。所使用的电解质是硫酸水溶液的稀释混合物。整体反应由下式给出

$$Pb(s) + PbO_2(s) + 4H^+(aq) + 2SO_4^{2-} \rightarrow 2PbSO_4(s) + 2H_2O(l) \quad (1.3.51)$$

电池电压刚好超过2V。因此，串联的6个或12个电池可形成电池组，电压为$6 \times 2V \approx 12V$或$12 \times 2V \approx 24V$，用于大多数汽车和轻型飞机的电动机。

（2）镍氢电池

这种电池使用氢氧化镍作为正极，电解质是氢氧化钾（KOH）水溶液，在充电过程中，电极氧化成羟基氧化镍：

$$Ni(OH)_2 + OH^- \rightarrow NiOOH + H_2O + e^- \tag{1.3.52}$$

在负极，铂和水减少，因为

$$2H_2O + 2e^- \rightarrow H_2 + 2OH^- \tag{1.3.53}$$

当放电时，氢氧化镍电极减少：

$$NiOOH + H_2O + e^- \rightarrow Ni(OH)_2 + OH^- \tag{1.3.54}$$

而氢被氧化：

$$H_2 + 2OH^- \rightarrow 2H_2O + 2e^- \tag{1.3.55}$$

联合反应方程式，配平后可得

$$2Ni(OH)_2 \leftrightarrow 2NiOOH + H_2 \tag{1.3.56}$$

这种电池产生氢气，可以与消耗氢气的燃料电池一起使用。

（3）镍/镉电池

这种电池使用氢氧化镉作为负极。充电时：

$$Cd(OH)_2 + 2e^- \rightarrow Cd + 2OH^- \tag{1.3.57}$$

当放电时，氢氧化镍电极减少：

$$NiOOH + H_2O + e^- \rightarrow Ni(OH)_2 + OH^- \tag{1.3.58}$$

而镉被氧化：

$$Cd + 2OH^- \rightarrow Cd(OH)_2 + 2e^- \tag{1.3.59}$$

这种电池的一个有趣的特征是，没有一种反应物或产物在溶液中，因此在放电期间电压将保持非常恒定。然而该电池电压低于标准干电池，因此电池不可互换。

（4）镍/金属氢化物电池

镍氢电池与镍镉电池相似，主要的区别是氢氧化镉电极被金属合金替代。如前所述，在充电过程中，电极氧化成羟基氧化镍：

$$Ni(OH)_2 + OH^- \rightarrow NiOOH + H_2O + e^- \tag{1.3.60}$$

在负极，金属合金 M 与氢原子结合成为金属氢化物：

$$M + H_2O + e^- \rightarrow MH + OH^- \tag{1.3.61}$$

总体反应为

$$Ni(OH)_2 + M \leftrightarrow NiOOH + MH \tag{1.3.62}$$

这类电池中使用的典型金属是 V、Ti、Zr、Ni、Cr、Co 和 Fe 等金属的合金。

（5）锂离子电池

锂离子电池使用锂金属氧化物作为正极。在这些金属化合物中，锂离子可以插入晶格或从晶格中逃逸而不会引起电极的结构改变。常见的锂化合物有锂钴氧化物 $LiCoO_2$ 和锂锰氧化物 $LiMn_2O_4$。锂离子电池的负极通常由石墨碳材料制成，常使用 $LiPF_6$ 或 $LiBF_4$ 等液体电解质。对于钴酸锂电极，锂离子电池的化学反应可写为

$$LiCoO_2 \rightarrow CoO_2 + Li^+ + e^- \quad (1.3.63)$$

而负极处的反应是

$$C_6 + Li^+ + e^- \rightarrow LiC_6 \quad (1.3.64)$$

锂离子电池的总体反应是

$$LiCoO_2 + C_6 \leftrightarrow LiC_6 + CoO_2 \quad (1.3.65)$$

3. 燃料电池

燃料电池是通过直接转化燃料的化学能来产生电力的装置。它们本质上是能量转换器。燃料电池在许多方面类似于电池，但与之相反，它们不存储化学能量。必须持续不断地给电池提供燃料才能保持功率输出。

在已有的燃料电池设计中，最受欢迎的是在约100℃温度下操作的质子交换膜（Proton Exchange Membreace，PEM）燃料电池（通常具有聚合物电解质膜或Nafion膜），和在约800℃或更高的温度下操作的固体氧化物燃料电池（Solid Oxide Fuel Cell，SOFC）。虽然基本原则都是在没有燃烧的情况下提取电力，但每种设计都有各自的优缺点，且各具特性，适用于不同的环境。相关细节和其他燃料电池的内容请参考O'Hayre等人在2006年的著作。

在燃料电池中，通过泵送或重力作用，反应物流经电池。虽然所涉及的反应是不可逆的，但是通过使燃料和氧化剂不断循环流经燃料电池，电池可以连续地发电。使用两种反应物的燃料电池，供给阳极的氢或富氢燃料和供给阴极的氧气以及各种催化剂的实例包括：

1）聚合物电解质膜（PEM）燃料电池（聚合物膜是催化剂）；

2）固体氧化物（SO）燃料电池（固体氧化物是催化剂）；

3）碳酸氢燃料电池（煤或天然气是催化剂）；

4）直接甲醇燃料电池（富氢甲醇为燃料）；

5）再生燃料电池（辅助太阳能用于催化水）；

6）磷酸燃料电池（磷酸是催化剂）；

7）碱性燃料电池（氢氧化钾是催化剂）。

本书第6章将讨论PEM和SO燃料电池的建模与控制。

参考文献

Babu V (2008) Fundamentals of gas dynamics. CRC Press

Fermi E (1956) Thermodynamics. Dover

Hamann CH, Hamnett A, Vielstich W (2007) Electrochemistry, 2nd edn. John Wiley

Hill P, Peterson C (1992) Mechanics and thermodynamics of propulsion, 2nd edn. Addison Wesley Publications, Reading

Liepmann HW, Roshko A (2002) Elements of gas dynamics. Dover

Mattingly JD (2005) Elements of gas turbine propulsion. McGraw-Hill Education (India) Pvt. Limited, India

O'Hayre R, Cha SW, Colella W, Prinz FB (2006) Fuel cell fundamentals. Wiley, New York

White FM (2003) Fluid mechanics, 5th edn. McGraw Hill Higher Education

第2章

能量转换原理

2.1 发电机和电动机的初步概念

能量转换设备在发电过程中的问题主要涉及两个步骤：一是有效地将机械能转换为电能；二是将产生的电能传送给用户，两者都要尽可能地确保损耗最小。这整个过程可以看作一个集成系统，不仅包括系统中的机械做功，例如第一步中的某种涡轮装置；还包括后续步骤中，将发电机的机械功率转换为电功率，并通过适当的输电线路传送给终端用户。如果要将整个过程作为一个集成系统来建模和研究，那么分别了解各个独立子系统的动态特征、建模及其控制就非常重要了。

2.1.1 简介

电机在发电过程中有着重要作用，且经常作为伺服电机使用。Kenjo（1991）说明了电机相关的基础概念，Wach（2011）描述了更先进的模型和控制相关的内容。在本章的开始，首先关注的是电机部分。

2.1.2 发电机和电动机的基本运行原理

本节主要介绍发电机和电动机的基本运行原理。首先介绍相关基本内容和定义。

1）磁通量：磁场可以用连续的磁力线表示。磁场中任意点处磁力线的方向为该点N极的受力方向。磁力线从N极出发进入S极。

2）电磁感应：当闭合电路中的磁通量发生变化时，线圈中产生电动势。电动势的大小与磁通量的变化率成正比。当磁通量的变化速率为10^8磁力线每秒时，单匝线圈上产生1V电压。

3）感应电动势的大小：假设有一个N极与S极相对的U形磁铁，$\Delta\Phi$表示从N极到S极的磁通量，这些磁通量完全通过一个与磁力线方向垂直的线圈中。线圈的运动速度不变，在Δt时间后，通过线圈中的磁通量减到0。线圈中生成的平均感应电动势（V）的大小为

$$E=(\Delta\Phi/\Delta t)\times10^{-8} \tag{2.1.1}$$

当线圈中的导体旋转$\Delta\theta$角度后，磁通量$\Delta\Phi$的变化率由一个覆盖磁通的圆柱的表面积和磁通的强度（通常假设为一个常数）计算。因此，若线圈的半径为R，

长度为 L，覆盖磁通的圆柱的表面积为 $R\times L\times\Delta\theta$，则磁通量为

$$\Delta\Phi = R\times L\times\Delta\theta\times B \tag{2.1.2}$$

式中，B 表示磁感应强度。

因此，在 $\Delta t\to 0$ 的条件下：

$$E = BLR\frac{\mathrm{d}\theta}{\mathrm{d}t} = BLR\omega = BLv \tag{2.1.3}$$

式中，v 表示磁场中导体的圆周密度。

4）感应电动势的方向：感应电动势的方向由著名的右手螺旋定则确定。当长直导线通过电流时，导线的周围会产生同心圆状磁场，以右手握住导线，拇指表示电流方向，则其他四指表示磁力线环绕方向；假设观察者站在长直导线的一端，当其中电流方向远离观察者时，所产生的感应磁场磁力线沿顺时针方向流动，反之依然。而当导线缠绕成螺旋线圈时，流经线圈的电流与所产生的磁场之间的关系，同样可以使用右手螺旋定则，此时卷曲的四指表示电流方向，大拇指则表示磁力线方向，即当电流沿顺时针方向螺旋移动时，磁力线指向远离导线的方向。

因此，当导体在磁场中移动并切割磁力线时，所产生的感应电流的方向取决于受其影响的磁力线方向是顺时针还是逆时针。

5）导体在磁场中的受力情况：当导体中没有电流通过，且与磁场中的磁力线方向垂直时，导体不受到任何的电磁力。如果此时有电流流过导体，电流流动的方向将决定磁力线是否会环绕导体。导体的作用力正比于磁通量的大小和导体中电流的强度。这个运动的结果可以由牛顿第二定律得到。一个长为 L m、电流大小 I A 的导体，垂直于一个磁场，这个磁场的磁感应强度 B 为 10^8 磁力线每平方米（$1\mathrm{Wb/m^2}$），则导体在磁场中的受力（N）为

$$F = I\cdot(L\times B) \tag{2.1.4}$$

为了确定力的方向，可以观察到，由于电流流过导体产生的磁力线的方向与磁场的磁力线的方向是相同的，即从 N 极出发到 S 极结束，这两者是相互排斥的。同时，在导体的另一侧，由于电流流过导体产生的磁力线的方向与磁场的磁力线的方向是相反的，这两者是相互吸引的。这两种力的方向是相同的，并且互相加强。这就是洛伦兹定律，也是电机运动的基础。

如果导体中没有电流，且导体机械地向下运动，磁场的磁力线会以顺时针或逆时针的方向推动导体，并且导体中可能会产生电压。这可以理解为导体电路闭合并且有电流流过。这也可以理解为，有一种力在对抗导体最初的机械运动。因此，需要有一种力来维持导体通过外部磁力线的机械运动。这就是发电原理。

2.2　电机：直流电动机

电机在发电过程中有重要作用，且被广泛用作伺服电机。在本节中，主要关注直流电动机。典型直流电动机的重要组成部分是定子。所谓定子，是一个活跃的磁

场系统，包括偶数个极点，N极和S极交替分布，在一个圆环上对称排列。电动机中还装备有电枢绕组或称转子，其旋转轴线与极圈的轴线一致。电枢由一系列层叠放置的磁盘构成，这些磁盘通常是钢合金的，表面上有与旋转轴平行的槽。导体组成的线圈被放置在这些槽中，构成了一个完整的绕组。导体在N极切割磁力线所产生的感应电动势方向，与它在S极产生的感应电动势的方向相反。电枢绕组的功能是连接所有的导体，使得各个导体上产生的感应电动势能够叠加成为一个整体。两个导体不必一定连接在一起，这样可能导致它们各自产生的感应电动势相互抵消，从而导致整体感应电动势的减少。绕组的终端连接着一个电流收集装置，该装置将稳定的电流转换给旋转绕组。直流电动机还有一个组成部分被称为换向器，它将一个集电环分为偶数个接触片，分别连接转子电枢线圈的每个端头，而集电环外侧则连接固定的两个电极又称为电刷。

为了理解直流电动机的原理，首先假设初始条件，定子磁场中的转子线圈没有电流通过。磁力线从N极出发进入S极，并且成轴对称分布。如果此时线圈中有电流通过，则每个线圈都会产生各自的磁场，与主磁场相叠加后，磁力线的分布会被扭曲并不再呈轴对称型。磁力线会寻找最短路径使自己的长度最小，可以被视为张力，由此导致每个线圈都受到力的作用而旋转。

电动机的绕组如图2.1所示，电流的分布如下：在对称轴AA'的左侧，导体中电流的方向是远离读者的（用⊗表示）；在对称轴右侧，导体中电流的方向是流向读者的（用⊙表示）。通常情况下，通过电刷和换向器组合作用，以确保电流是以这种形式分布。由于右半部分的导线受到磁场S极的作用，而左半部分的导线受到N极的作用，根据左手定则，所有的导线都受到逆时针的力，由此在转子轴上产生了净转矩。

单匝电枢绕组上受到的力如图2.2所示。通过受控的电磁铁或永磁铁产生恒定的磁通量。假设I_a是通过图2.2中矩形线圈的电流，线圈处于磁场中的有效长度为L，每侧线圈净受力大小为F，但两侧受力方向相反。力的大小由洛伦兹定律得

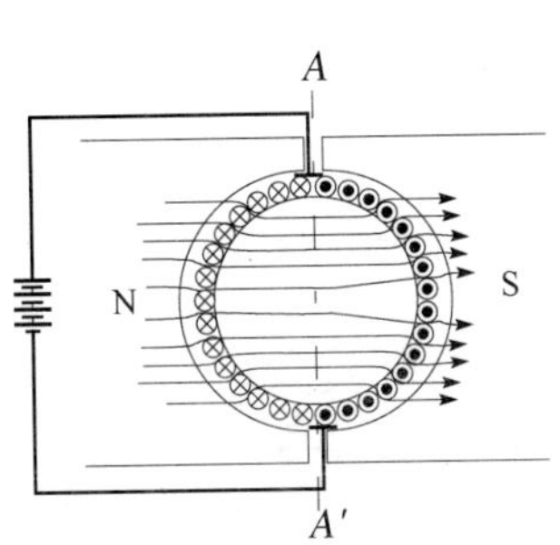

图2.1 直流电动机电枢绕组中的电流方向

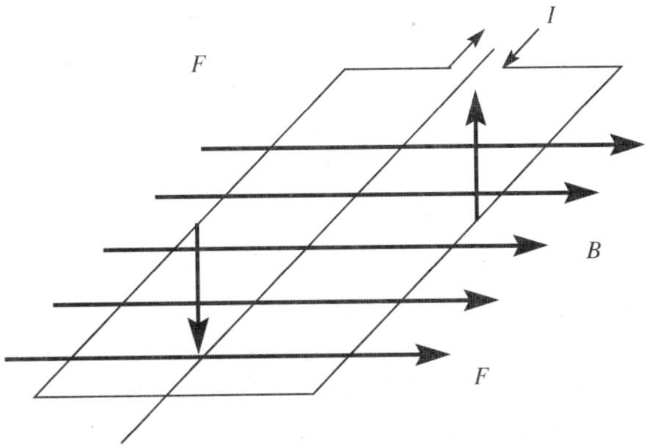

图2.2 直流电动机中转矩的产生

$$F = I_a \cdot (L \times B) \tag{2.2.1}$$

单一线圈上所产生的转矩为

$$T = DF = BAI_a \tag{2.2.2}$$

式中，D 表示线圈的直径；A 表示线圈横截面积。

考虑到磁通强度可能与电流通过时所产生的磁场强度有关，所以有

$$B = \mu_0 \mu_r H \tag{2.2.3}$$

式中，μ_0表示真空的磁导率；μ_r表示相对磁导率。

磁通强度与横截面积的乘积表示总的外部通量。若有 N 匝矩形线圈，则线圈的数量与电枢绕组的周长或直径成正比。因此对于一般的电动机电枢绕组，产生的转矩为

$$T = K_t DBAI_a = K_t D\Phi I_a \tag{2.2.4}$$

由此，可以定义电动机面积系数 a_m 为

$$a_m = A/D^2 \tag{2.2.5}$$

则转矩为

$$T = K_t a_m D^3 BI_a \tag{2.2.6}$$

可以看出，形成的转矩的大小与线圈横截面积的三次方成正比，因此这个大小很重要。所以，若小型电动机想要有高转矩，则需要其永磁铁有高磁场强度。随着铝镍钴合金和铁氧体等磁性合金材料、钴和钐等稀土磁性材料、钕铁硼（Neodymium－Iron－Boron，NdFeB）等商业材料的发现，大大促进了高转矩小型永磁电动机的发展。

当电枢绕组旋转时，其插槽中的线圈随之切割磁力线，这样电枢绕组就如同发电机一样产生了感应电动势。感应电动势对电动机中的电流，以及相应的电压起反作用，通常将其称为反电动势。反电动势的情况可以用楞次定律进行推导，即感应电动势的方向与导致其产生变化的方向相反。在这种情况下，反电动势是与外加电压的方向相反。反电动势的大小可以根据计算发电机中感应电动势的大小的公式计算出来，但重要的是，在这种情况下，要认识到它与磁通和速度的乘积成正比。反电动势总是小于外加电压，尽管在电动机正常运转的情况下，这种差距很小，但实际上，是这两个量的差驱动着电枢绕组中的电流。

由于电动机中生成的反电动势与电动机的角速度成正比，可以表示为

$$E_b = K_b \omega \tag{2.2.7}$$

假设电枢绕组的总电阻为 R_a，且电枢由恒定的外部电压 V_a驱动，则电枢绕组中的电流可以表示为

$$I_a = \frac{V_a - E_b}{R_a} = \frac{V_a - K_b \omega}{R_a} \tag{2.2.8}$$

作用在电枢绕组上的转矩为

$$T = K_t a_m D^3 B \left(\frac{V_a - K_a \omega}{R_a} \right) \tag{2.2.9}$$

理论上，考虑到感应电动势的二元性和洛伦兹定理，不妨设为 K_b，表示为

$$K_b = K_t a_m D^3 B$$

实际上 K_b 也可以表示为

$$K_b = k_b K_t a_m D^3 B \tag{2.2.10}$$

电枢绕组中产生的转矩为

$$T = K_t a_m D^3 B\left(\frac{V_a - K_b\omega}{R_a}\right) = \frac{K_t a_m D^3 B}{R_a}(V_a - k_b K_t a_m D^3 B\omega) \tag{2.2.11}$$

因此，转矩速度特性是近似线性的，如图 2.3 所示。

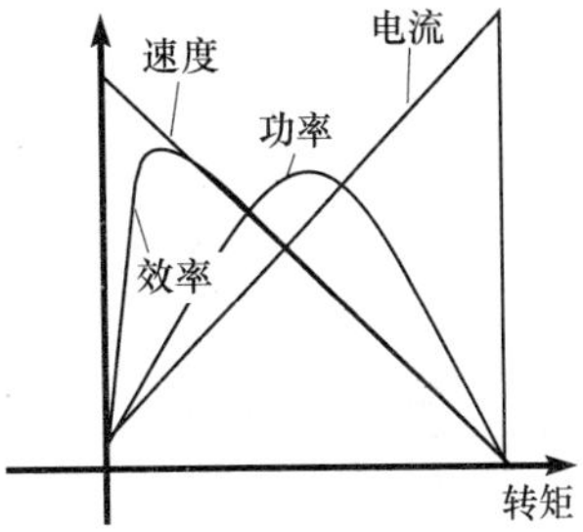

图 2.3　典型直流电动机的特征曲线

2.2.1　直流电动机的负荷

电动机的主要负荷是摩擦、惯性和其他恒定或变化的转矩负荷。虽然使用弹性负荷电动机作为电动振动激励器，但黏性摩擦和旋转惯性负荷仍然是实际中最常见的负载。因此，考虑具有旋转惯性和黏性摩擦负载的电动机，其动态平衡条件如下：

$$T = \frac{K_t a_m D^3 B}{R_a}(V_a - k_b K_t a_m D^3 B\omega) = J\frac{d\omega}{dt} + B_f\omega \tag{2.2.12}$$

假设电动机处于稳定状态，且相比于反电动势，黏性摩擦可以忽略不计，则电动机转速满足：

$$\omega = \frac{V_a}{k_b K_t a_m D^3 B} \tag{2.2.13}$$

因此，若通过电枢绕组的电压是恒定的，可以认为，电动机的转速也是恒定的。这也表明电动机的转速可以通过控制电枢绕组上的电压来相应地控制。

2.2.2　直流电动机的分类

直流电动机可以根据多种方式分类。分类方式如下：

1）磁极个数：双极、多极和单极。

2）驱动应用设备的方式和速度：传动带驱动、减速齿轮驱动，直接耦合到低速设备或高速设备。

3）特殊构造特征。

4）磁场和电枢绕组的励磁方式：并励直流电动机和串励直流电动机。

5）应用设备的特性。

6）转速控制方法。

总体上，不同直流电动机的分类如图 2.4 所示。

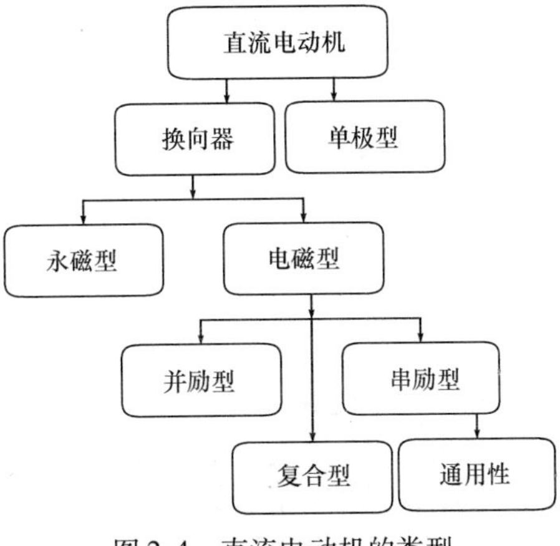

图 2.4　直流电动机的类型

2.3 交流电动机

交流（AC）电动机大致可以分为两类：同步电动机和异步电动机。同步电动机以恒定的速度运转，仅受供电频率影响；异步电动机的速度受供电频率、负载以及其他因素的影响，如电刷位置等。后者可以进一步被划分为感应电动机（Induction Motor，IM）和整流电动机。从应用的角度看，最广泛使用的主流交流电动机是同步电动机和感应电动机。整流电动机主要有两种：同步感应电动机和直流激励驱动的感应电动机，广泛应用于电扇、鼓风机、发电机、空气压缩机，以及水泥厂、轧机厂、面粉厂、造纸厂、纺织厂和橡胶厂等工业生产厂房中的传动轴系机械。还有一种交流电动机叫做推斥电动机，推斥电动机由定子、分布式电枢绕组、主干电源和一组外部短路电刷构成。其中，分布式绕组位于平滑的定子铁心的槽中；电枢承载分布式绕组并与换向器相连，主干电源向定子绕组和外部短路电刷供电，这些电刷与主磁通量方向保持一定角度。推斥电动机主要应用于起重机、吊车、印刷机、压力泵和自动售货机等。

2.3.1 同步电动机

同步电动机与交流发电机之间的关系类似于直流电动机与直流发电机之间的关系。换言之，如果向一台交流发电机提供交流电，则它可以像一台交流电动机一样正常运转并做机械功。然而，除了定子和转子的角色可以互换之外，直流电动机与同步电动机之间还有一个很大的不同之处。对于直流电动机而言，直流电源同时给磁场和电枢绕组供电；而对于同步电动机，直流电源和交流电源分别给磁场或转子绕组，以及电枢或定子绕组供电。一方面，这个特征是同步电动机的一个缺点。但是在某些特定的应用场合中，它的优势要远大于劣势，因为它可以保持速度恒定。向大型机提供直流电的一个方法是使用直接由同步电动机的轴驱动的励磁器，在一端耦合且远离主电动机。这样，励磁器通过换向器系统与磁场或转子绕组相连，而主交流电源与电枢绕组或定子绕组相连。

为了维持转子的驱动转矩，同步电动机必须以一定的速度旋转，使得磁极与定子中的电流以同样的供电频率旋转。因此，同步电动机的旋转速度与转子中的磁极对数和供电频率有关。这个速度叫做同步速度，且电动机只能以这个特定速度运转。因此，这种类型的电动机称为同步电动机。

显然，电动机不能自起动，需要采用特定的方法把速度从 0 提升到同步速度。同步速度表示为

$$\omega_s = 2\pi f_s\left(\frac{2}{P}\right) \tag{2.3.1}$$

式中，f_s表示供电频率；P 表示定子中磁极对的个数。

2.3.2 同步电动机的分类

一般来说，同步电动机的分类如图 2.5 所示。

2.3.3 同步电动机的运转

在讨论同步电动机的运转前，有必要考虑通过多相交流电所产生的旋转磁场。

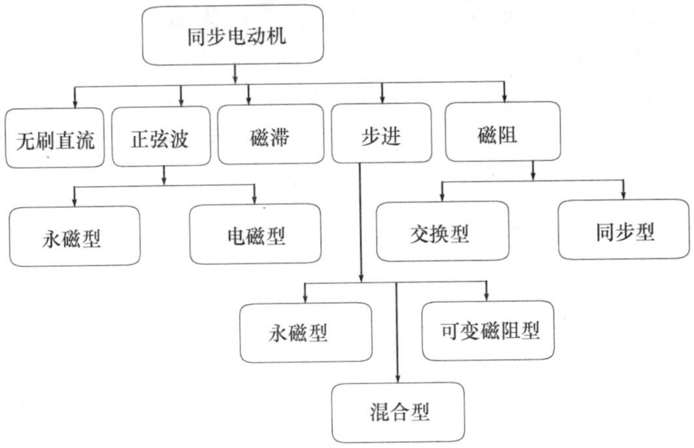

图 2.5 同步电动机类型

图2.6a所示的系统中绘制了定子绕组的布局，其中一对水平磁极HH由正弦曲线 h 所表示的电流激发，如图2.6b所示，磁极对VV由正弦曲线 v 所表示的电流激发。

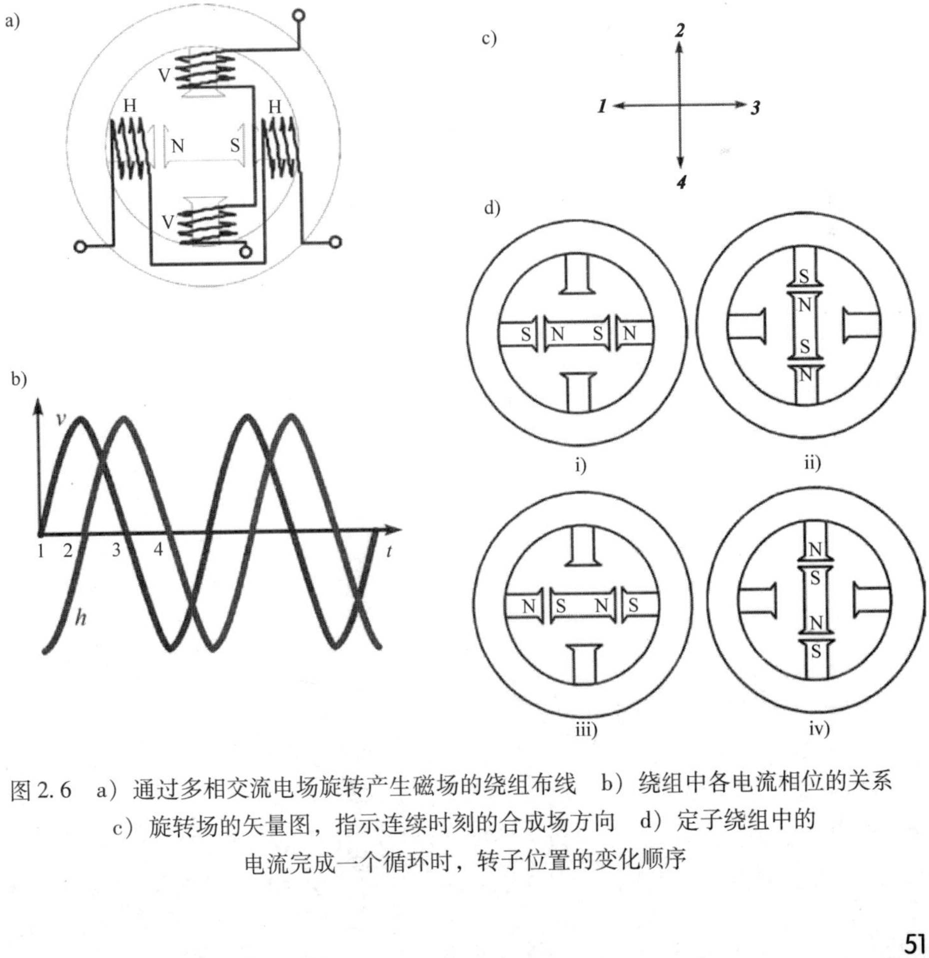

图 2.6 a）通过多相交流电场旋转产生磁场的绕组布线 b）绕组中各电流相位的关系 c）旋转场的矢量图，指示连续时刻的合成场方向 d）定子绕组中的电流完成一个循环时，转子位置的变化顺序

在 $t=0$ 时刻，即图 2.6b 中标示的位置 1 处，电流 v 为 0，电流 h 为反向最大值，由此所产生的合成磁场如图 2.6c 中的矢量 ***1*** 所示。在图 2.6b 中标示的时刻 2，电流 h 为 0，电流 v 为正向最大值，故合成磁场如图 2.6c 中矢量 ***2*** 所示。以此类推，随着激发磁场的交流电的变化，磁场与之同步旋转，转子的旋转方式如图 2.6d 所示。

这样建立的旋转磁场类似于一个永磁体围绕其中心点匀速旋转产生的磁场，或是一个同步电动机的转子由直流电源驱动旋转所形成的磁极系统。在三相同步电动机中，定子中有三对磁极，每个磁极位于正六边形的一个顶点处。这种电动机中的定子形成的旋转磁场与图 2.6 中的两相系统生成的旋转磁场一样。如果每对磁极的电源频率一致，则定子与转子的同步速度一致。显然，若电动机中的转子的速度达到了同步速度，则它会继续保持这个速度与电动机同步旋转。

同步电动机的运转方式如图 2.7 中的三相两极转子同步电动机所示。转子有两个磁极，定子每相有两个磁极。实际上，转子通常有凸极，电枢绕组位于定子周围的凹形槽中。考虑在图示时刻，转子的 S 极与定子的 N 极相吸。在下一个定子磁极到达其 N 极最大磁极性时，定子必须转动 1/6 周。若定子磁极 A 在磁极 B 到达左侧前到达了其 N 极最大磁极性点，转子会旋转直到转子的 S 极与定子的磁极 A 对准。假设当前具有最大极性的定子极由三相中的第二相提供，其连接分别交给供给定子极 A 和 B 的第一和第三相，这将导致转子旋转方向的反转。关于定子绕组，还有重要的一点是，绕组在相反的方向交替缠绕以确保极点的磁性是交替颠倒的。因此，通过改变定子星形联结的三相电源线中的任意两个，旋转方向可以颠倒。

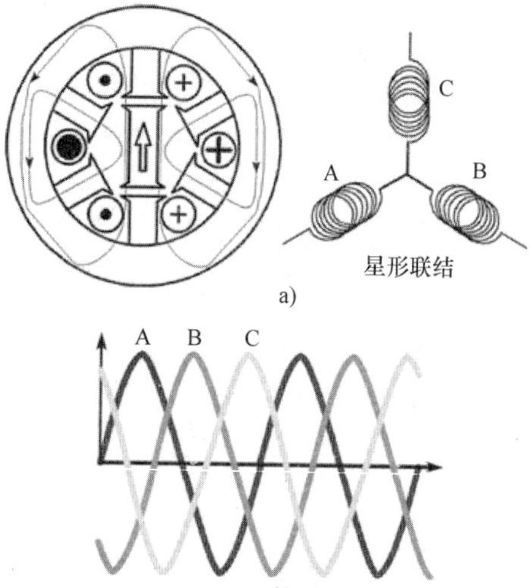

图 2.7　三相两极同步电动机，特定时刻六个定子磁极和两个转子磁极的位置。注意三相电源，星形联结的定子绕组和电流方向的反转

2.3.4　同步电动机的负荷

在直流电动机中，反电动势与施加电压在量级上近似，两者之间的微小差别实质上是驱动着电动机中电流的电压。在同步电动机中，反电动势，这里是旋转矢量，与外加电压矢量在量级上近似，这两者之间的差提供了驱动矢量，驱动着定子绕组中的电流。再考虑直流电动机中，在大多数操作条件下，反电动势基本上是一个常量，因此，励磁电流的变化会对速度产生反作用变化。另一方面，同步电动机的速度通常是恒定的，因此转子中励磁电流的变化会引起定子中反电动势的变化。

图2.8所示的矢量图中，从A点到B点的方向向右的参考矢量**V**表示外加电压，从B点到C点的定向矢量**E**表示反电动势。两者大小上近似相等。从A点到C点的合成矢量表示驱动电流通过定子阻抗的电压。需要说明的是，只要励磁电流保持不变，矢量**E**就保持不变。此外，三角形ABC的垂直高度大致上与电动机的输入电压成正比。在空载情况下，输入功率代表电动机的损耗。机械负荷的增加会增加三角形的垂直高度而不改变反电动势矢量。因此矢量**E**会以B为圆心，顺时针旋转到C_1点处。三角形ABC_1增加的高度表示为维持额外的机械负荷所需要增加的功率。

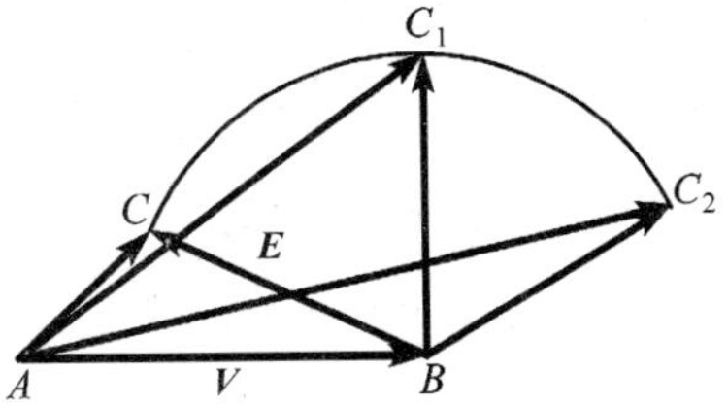

图2.8 恒定的励磁电流下，负载对同步电动机作用的矢量图

但是，当同步电动机过载时，C点会持续振荡，但三角形ABC的高度不会上升。负载进一步增加时三角形的高度会降低，这时需要减少输入功率。这种情况是不可持续的，此时相当于转子在同步下降而机器不在运转。这种导致转子脱离同步的转矩称为牵出转矩。如果不是为了维持恒定的励磁电流，那么通过增加励磁电流，电动机的外部负载将保持恒定，激励将发生变化，点C将水平移动，如图2.9a所示。

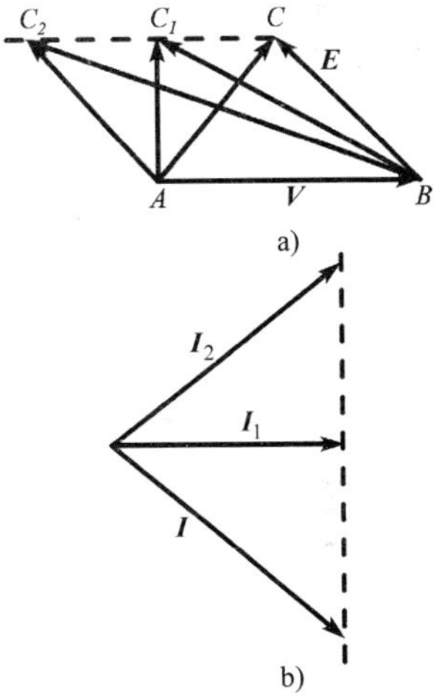

图2.9 恒定负载情况下，增加励磁电流对同步电动机的作用
a）电压的矢量图 b）图2.9a所示的三种情况所对应的电流矢量

最初，三角形ABC为锐角三角形，边AC代表定子中电压驱动电流。随着点C沿水平方向移动，边AC的长度先减到最小之后再增大。当AC长度最小时，∠CAB是直角。

要描绘激励变化时定子电流的相应变化，可得到如图2.10所示的“V”形曲线组。电动机的负载越大，定子中的电流也越大，相应的曲线的位置也越高。再考虑图2.9，AC的长度与电动机中电流的大小成正比，当∠CAB为直角时，电流矢量与外加电压同相。图2.9a中的三个示例对应的电流矢量如图2.9b所示。

因此，当磁场激励较低时，电流矢量滞后于外加电压，当激励相对较大时，电流矢量超前于外加电压。当∠CAB为直角时，电流矢量与外加电压相位相同。这是同步电动机的一个重要特性。当同步电动机作为伺服电动机控制应用设备时，也同时提供超前补偿。考虑等效电路，相当于将电容器与低阻抗的电感电路串联。

同步电动机的典型转矩-速度特性如图2.11所示。其中一个重要特征是当转子与同步转速的磁场同步旋转时，两者之间的关系是非线性的。

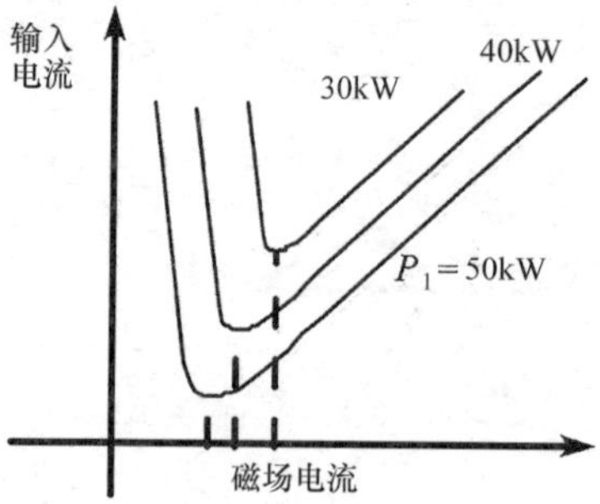

图 2.10　不同负载时，定子电流与励磁电流变化情况的特性曲线

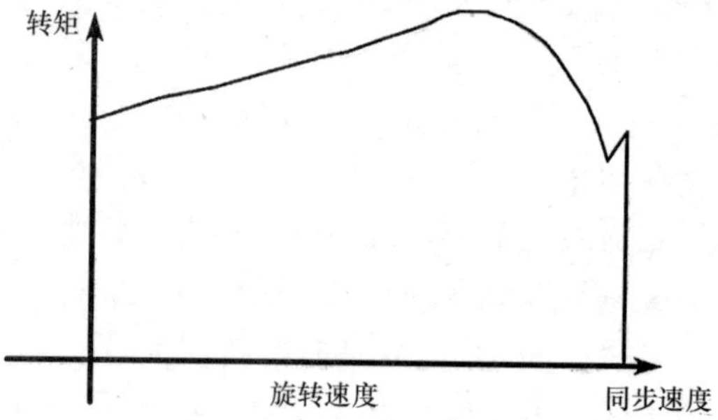

图 2.11　典型的同步电动机的转矩 - 速度曲线

2.3.5　感应电动机

现在讨论感应电动机的构造原理和操作。感应电动机可以设计为单相、两相或三相电动机，较为典型的是三相电动机。单相电动机可以是电容器或屏蔽极类型的，多相电动机是绕线式转子或笼型转子的。

感应电动机的定子是容纳定子绕组的开槽冲压件的组合。绕组的两端与定子壳体的接线盒相连。转子则由安装在两端的一对轴承的轴支撑。轴承由轴承座支撑。轴承座与定子外壳两侧的螺栓相连。

构建感应电动机所用的转子绕组有两种，分别是笼型和绕线转子式绕组。绕线转子绕组具有分布式绕组，由三个分别对应于三相的绕组组成，每个端点与转子轴上的一个绝缘集电环相连。这样的绕组在起动时可以与三相星形联结的阻抗相连接。起动阻抗最后会断开，且在感应电动机正常运转时，集电环是短路的。由于起动时需要大电流，因此笼型转子绕组通常用在小型感应电动机上。这种类型的电动机的另一个相关特性是它提供较低的起动转矩。笼型转子绕组的主要优点是构造简单、机械坚固且运行高效。

笼型绕组的感应电动机的三相定子绕组与三相电源相连。它的运行有赖于电源电压建立的旋转磁场。旋转的磁场在转子中的导体上产生电动势。但由于正常操作中转子绕组是一个闭合的电路，有相对较大的电流流过，根据楞次定律，方向是减弱其变化的。由于定子磁场的旋转导致电流的变化，转子会与磁场同向旋转以降低定子磁场相对于转子的相对角速度。为维持旋转，一定会产生一个转矩以克服负载并引起旋转。该转矩是由转子导体中的电流产生的，导体处在磁场中并与磁场垂直。若转子像同步电动机那样与磁场同步，就没有了相对运动，没有感应电动势，转子绕组中也没有电流，也就没有维持旋转的力矩。实际上，转子永远不会与旋转磁场同步，转子速度与旋转磁场的同步速度之间总有差距。这个差称为滑移速度，且通常以旋转磁场的同步速度的百分比表示。例如，某个旋转磁场的同步速度为3000r/min，转子的实际速度为2940r/min，两者之间的差为60r/min，即同步速度的 2%。转子中导体的感应电动势与滑移速度成正比，由此，维持旋转所需的力矩也与滑移速度成正比。在空载的情况下，转子维持匀速旋转只需克服摩擦力矩，滑移速度相对较小。当电动机负载增加时，滑移速度也相应增加，导致运行速度下降。因此感应电动机的转矩速度特征与直流并励电动机的相似。若转矩超过一个特定的值，成为牵出转矩，电动机将停止运转。牵出转矩一般是额定转矩的 2 ~3 倍。一般的感应电动机的转矩 - 速度特征如图 2. 12 所示。

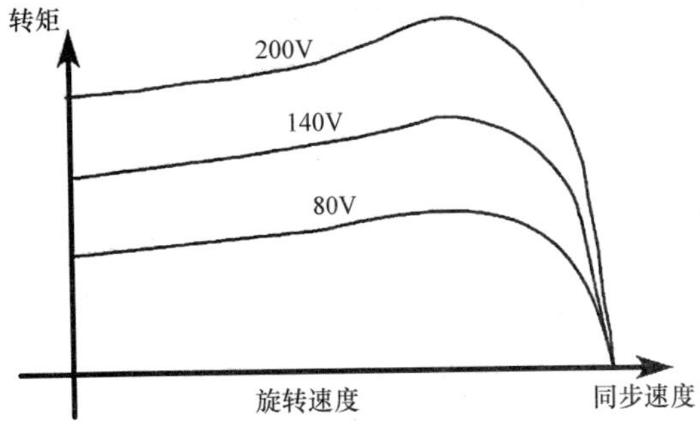

图 2. 12　典型的感应电动机的转矩 - 速度特性

可以看到，在由多相电源馈电的多相定子绕组产生旋转场时，感应电动机依赖于它的操作。一个简单的单相电动机无法产生旋转场，也无法自起动，但有辅助设备帮助起动后可以维持运转。通常情况是利用一个间隔为 90°电角度的辅助定子绕组，即到主绕组一半磁极间距且与一个阻抗串联后再连接到主电源。这个阻抗使主绕组和副绕组中的电流产生尽可能接近 90°的相位差，这样电动机实际上以一个两相设备起动。为反转电动机的旋转方向，需要反转与副绕组的连接。一旦转子达到了合适的速度且能够以单极电动机的形式运转，通常会使用一个离心式开关以切断副绕组的连接。阻抗通常是一个高电容值电容器，用来将定子阻抗引起的滞后减小近 90°。这样的操作不仅提高了电动机的功率因数，在控制应用中作为伺服电动机使用时也不会降低系统稳定性。另外，电容器的功率损耗基本上可忽略，它可以永久地与电动机的定子绕组相连。

2. 3. 6　交流伺服电动机

若不考虑某些特有的设计特征，交流伺服电动机本质上就是一个笼型或空心杯式两相感应电动机。一个两相感应电动机包括两个定子绕组，通过异相 90°的交流电压的激励能够在物理空间内生成 90°的磁场。这样，在相应的同步转速下旋转产生的磁场，等同于永磁体的磁场。尽管磁场的旋转方向取决于两个驱动电压之间的相位关系，但在短路转子中，电压感应产生电流。反过来，电流与磁场相互作用在转子中产生力矩，方向是磁场旋转的方向。

交流伺服电动机与传统的感应电动机有两点不同：一是伺服电动机的转子惯量

小且阻抗高，这样电动机的转子电抗与转子阻抗的比率尽可能得小。一般来说，在感应电动机的设计中，这个比率会尽可能得大以保证以最大力矩运转。这个操作点的滑动范围为5%左右。但是，如果伺服电动机在这个区域内运转且作为反馈控制系统的一部分，这样的闭环系统通常是不稳定的。因此在伺服电动机中，转子电抗与转子阻抗的比率会尽可能小。典型的交流伺服电动机和高转矩感应电动机的转矩－速度特征比较如图 2.13 所示。

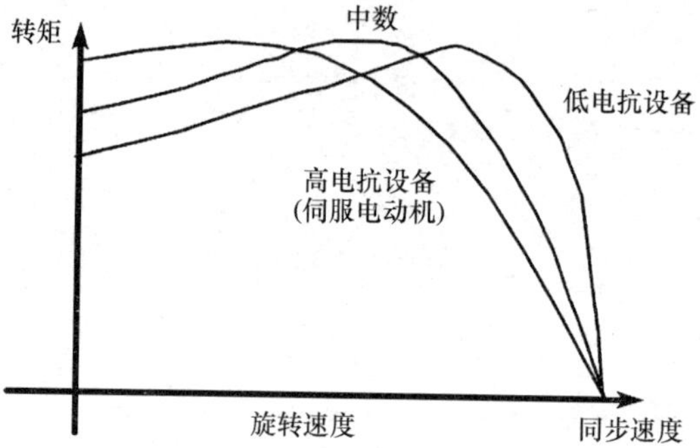

图 2.13　典型的感应电动机和交流伺服电动机的转矩－速度特性

两者之间另一个重要的不同是，在控制应用系统中，有一个固有的需求是可以控制转子的速度或位置。因此，在交流伺服电动机中，两个相位中一个是基准相位，另一个是经过控制信号调幅后的控制相位。此外，这两个相位成直角，控制相位的信号相对于基准相位的信号超前或滞后 90°。

实际上，伺服电动机的转矩速度特征为线性关系：

$$T = K_V(V - K_b\omega) \tag{2.3.2}$$

当 $\omega = 0$ 时，电动机转子静止，相应的转矩为失速转矩，即

$$T_{stall} = K_V V \tag{2.3.3}$$

另一方面，空载速度定义为

$$0 = K_V(V - V_b\omega_{no-load}) \tag{2.3.4}$$

$$\omega_{no-load} = \frac{V}{K_b} \tag{2.3.5}$$

因此，转矩可以表示为

$$T = T_{stall}\left(1 - \frac{\omega}{\omega_{no-load}}\right) \tag{2.3.6}$$

但实际上，低速区域的转矩速度的斜率只是额定电压下斜率的一部分，表示如下：

$$T = T_{stall}\left(1 - \frac{\alpha\omega}{\omega_{no-load}}\right) \tag{2.3.7}$$

式中，α 为低速区域的转矩速度斜率与额定电压下转矩速度斜率的比值。

2.3.7 交流转速计

交流转速计实质上就是一个两相交流空心杯式发电机。转子通常是一个轻质量高传导短路二次导体。通常是一个薄铝杯，在定子磁极的气隙中旋转。与交流伺服电动机类似，交流转速计的一个相位称为基准相位，另一个称为正交相位，两个相位之间成直角。

基准线圈由一个正弦电压所激励，生成一个相位比基准相位超前90°的基准磁通量。基准磁通量在转子上生成与其自身成正比的感应电动势。相应的，定子电流在正交线圈产生感应电动势，相位上滞后于定子电流90°。因此，正交线圈中的感应电动势与定子速度和基准信号成正比。

2.4 无刷直流电动机

无刷直流电动机与传统的直流电动机的运行原理基本相同。唯一的不同在于电动机的旋转部分和固定部分功能互换。传统的直流电动机中最重要的部件是旋转电枢和由永磁体或电磁铁线圈所组成的静止磁场。而无刷直流电动机与之相反，永磁铁的组合体旋转，而电枢绕组静止不动。所谓“无刷”是指不同于传统直流电动机中的机械换向器，转子通过感知转子的位置以电子形式整流。通过使用固态器件在绕组中顺序切换电流，使固定电枢绕组中的电流换向整流，以建立旋转场。切换顺序取决于电子传感器感应到的转子位置。因此无刷直流电动机也叫做电子整流直流电动机。

虽然有一系列的设备可以用于感应转子的角位置，如感应和电容换能器、磁电阻器和光学编码器等，最常用的还是霍尔效应传感器。这种传感器除了会根据控制电流和通过它们的磁场产生极化电压之外，更主要的特点是高度灵敏且可靠的微型半导体器件，非常适合测量永磁体转子的旋转磁场相对于固定部分的角位置。

无刷直流电动机的巨大优势在于避免了电刷与换向器或集电环的接触。因此，不存在滑动接触和电弧作用的问题。电枢绕组电路中的电流可以用直流电动机外加电枢电感阻抗的方式所表示，即

$$L_a \frac{d}{dt} I_a + R_a I_a = V_a - E_b \equiv V_a - K_b \omega \tag{2.4.1}$$

转子的转矩满足下列关系：

$$T = K_T I_a - T_{load} \tag{2.4.2}$$

式中，T_{load}是转子中的负载转矩，假设负载转矩完全取决于转子中的旋转惯量负载和摩擦力矩，则T_{load}为

$$T_{load} = J \frac{d\omega}{dt} + B_f \omega \tag{2.4.3}$$

即

$$I_a = \frac{T}{K_T} + \frac{J}{K_T} \frac{d\omega}{dt} + \frac{B_f}{K_T} \omega \tag{2.4.4}$$

$$\frac{L_a}{R_a}\frac{d}{dt}I_a + I_a = \frac{V_a - E_b}{R_a} = \frac{V_a - K_b\omega}{R_a} \tag{2.4.5}$$

因此，速度－转矩关系为

$$\frac{L_a}{R_a}\frac{d}{dt}\left(\frac{J}{K_T}\frac{d\omega}{dt} + \frac{B_f}{K_T}\omega\right) + \frac{J}{K_T}\frac{d\omega}{dt} + \left(\frac{B_f}{K_T} + \frac{K_b}{R_a}\right)\omega = \frac{V_a}{R_a} - \frac{T}{K_T} - \frac{L_a}{R_a}\frac{d}{dt}\frac{T}{K_T} \tag{2.4.6}$$

假设在平稳运行时，摩擦力矩可以忽略且处于平衡状态（$T=0$）：

$$\omega = V_a/K_b \tag{2.4.7}$$

可以认为电动机匀速运行。

通常，无刷直流电动机是由电流控制的，因此电动机的动态运行情况常用电枢绕组电流表示。电动机定子的主要控制输入是电枢绕组电流，由输入电流的脉冲宽度调制（Pulse－Width Modulation，PWM）衡量与反馈。由此得到的电压通常由六开关变频器切换到三相电动机定子绕组上。电流的换向取决于变频器切换序列，而该序列又通过感知转子位置来确定。转子位置由分布式的霍尔效应传感器获知。换向由一系列的开关晶体管有序地操作，即每个相位电流的开或关实现，从而确保电流在正确的方向流动以维持电动机的运转。每相中的电流反馈是梯形脉冲，脉冲的线性部分在三相中的两相中重叠。这样保证一相到另一相能平滑地过渡。在电角度域方面，每个切换持续时间是120°，6个“开”区域是：180°－300°、0°－120°、300°－60°、120°－240°、60°－180°和240°－360°。梯形周期脉冲的跨度是360°，每个周期从零开始，在60°－120°和240°－300°区域的最大和最小幅值分别为0，在其他区域线性变化。虽然转矩的主要分量是正弦曲线，但是谐波转矩波动较大。若忽略转矩波动，转子通常保持匀速运转。一个三相无刷直流电动机的驱动系统框图如图2.14所示。

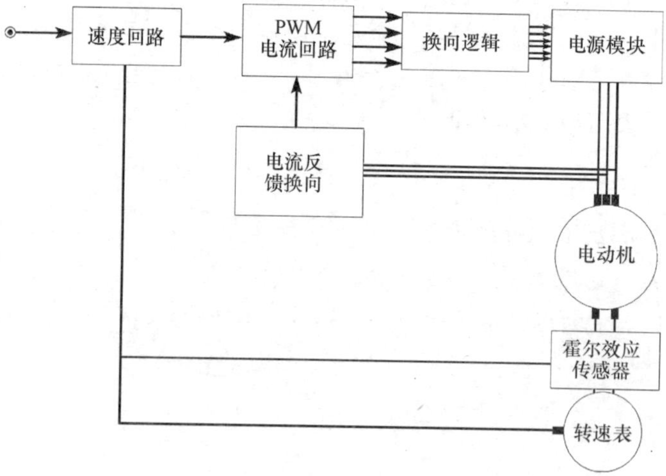

图2.14　三相无刷直流电动机的驱动系统框图

2.5　步进式直流电动机

步进式电动机是一种将连续输入的数字脉冲信号转化为一系列的角位移的电动机驱动系统。每收到一个脉冲输入信号电动机执行一次移动。步进式电动机常用作增量运动控制系统中的执行元件，与印刷机、传真机、图片复制器等协同工作。最常使用的三种步进式电动机为可变磁阻电动机、永磁电动机、混合步进式电动机。

可变磁阻的操作原理为，电动机中的磁电路总是驱动转子以保持最小的磁阻通量路径。定子绕组由切换直流序列激发。转子仅提供磁通路径，且强制与自身校准，使其寻找的位置是磁阻最小的磁通路径。如图2.15a所示是典型的四相八极可变磁阻步进式定子，如图2.15b所示是三相可变磁阻电动机的运转过程。

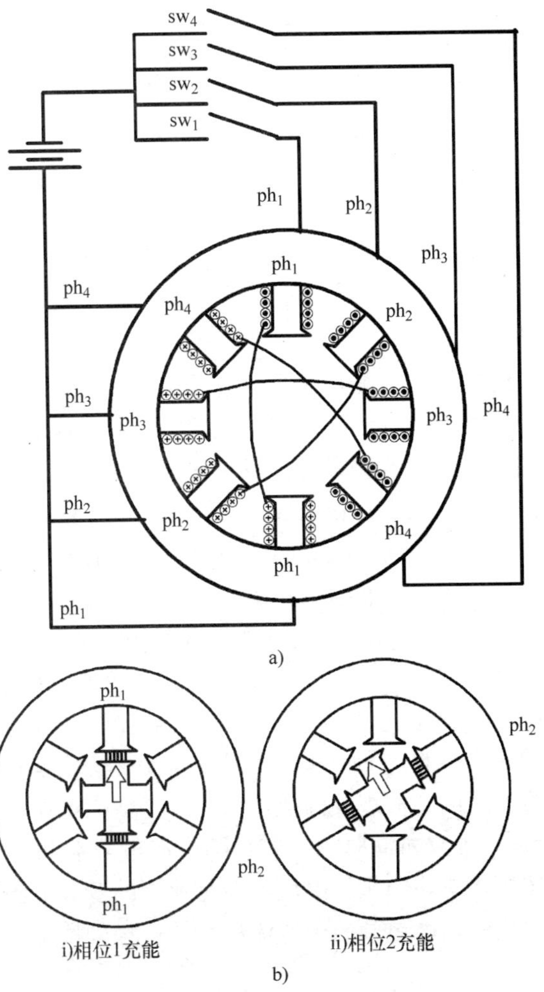

图2.15　a）四相八极可变磁阻步进式定子　b）三相可变磁阻电动机的运转过程

对于永磁步进式电动机，永磁体替代了转子。因此，即使转子没有被激发也会锁入固定位置。永磁步进式电动机的工作原理与可变磁阻步进式电动机类似。

2.6 高性能电动制动器的设计与开发

高性能电动驱动器与制动器的设计过程存在许多富有挑战性的非线性控制合成问题。任何可实际运行的控制系统都需要满足高转矩惯性比、高效率、鲁棒性、抗干扰性和快速响应性。电动驱动器本质上就是非线性系统。虽然可以开发线性模型并将其用于非线性控制领域，但线性模型需要较为苛刻的假设条件且造成不必要的控制力的浪费。为了开发得到最优的高性能制动器与控制器，使用非线性模型而不是线性模型是非常重要的。在非线性控制中，通常将大多数基于线性和线性化模型的合成技术视为验证工具。

此外，在开发用于航空航天领域的高集成度制动器时，必须设计具有转矩或位移求和的三联和四联冲程制动器，通过三重或四重冗余以满足特定的可靠性和安全性需求。可能采取双失效/操作和故障/安全的规格形式，要求在两个相似故障发生后还能安全运行，且发生第三次故障后才无法安全运行。因此，制动器必须具有一定程度的失效吸收能力，且性能的下降速度不可过于迅速。制动器的空间集成也是一个重要问题，且必须剔除不理想的非线性特性。

2.7 驱动直流电动机：直流电动机的速度控制

所有电动机的主要控制任务都是在驱动电动机的同时控制其旋转速度。对于直流电动机来说，最简单的控制方法是使用测速发电机或转速表生成一个与转速成正比的小电压，并与围绕电动机转速表设备建立反馈电路。测速发电机的构造与直流发电机基本相同，但测速发电机旨在生成一个正比于转子速度的输出电压。它可以理解为一个反向操作的直流电动机。如图 2.16 所示是用框图解释的速度控制方法。

一个简化的线路图展示了控制器电路的实际构造和操作。

如图 2.17 所示的电路中，比较器生成正比于输入（+）和转速表反馈电压之差的输入。二极管保证是非负的。晶体管放大器的增益为 $1+R_B/R_A$。直到晶体管 Tr_1 底部的输入为 0，电动机转速才会增加。放大器使电动机速度保持在平衡状态。由此实现对电动机的速度控制。如上所述的简单电路无法实现对转子速度的双向控制，反向操作是不可实现的。实现反向操作需要一个双向电路。

如图 2.18 所示是一个双向伺服放大器，除了有电阻器和电容器，还有 pnp 型和 npn 型双极型晶体管。电路中所示的放大器是典型的双向电压放大器，能提供正向和负向电压。从实用的角度更倾向于电流放大器。这种情况下，到电动机的电流与输入电压成正比。

2.7.1 控制直流电动机：位置控制伺服

定位惯性负载的经典方法涉及额外的一个包含速度控制的直流电动机的反馈回

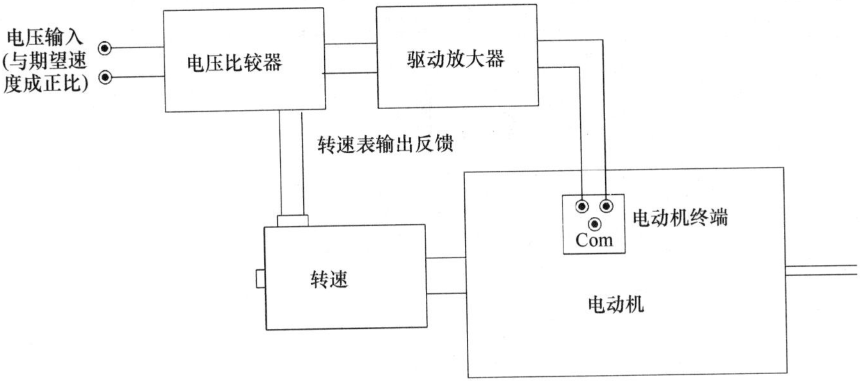

图 2.16 直流电动机的速度控制系统框图

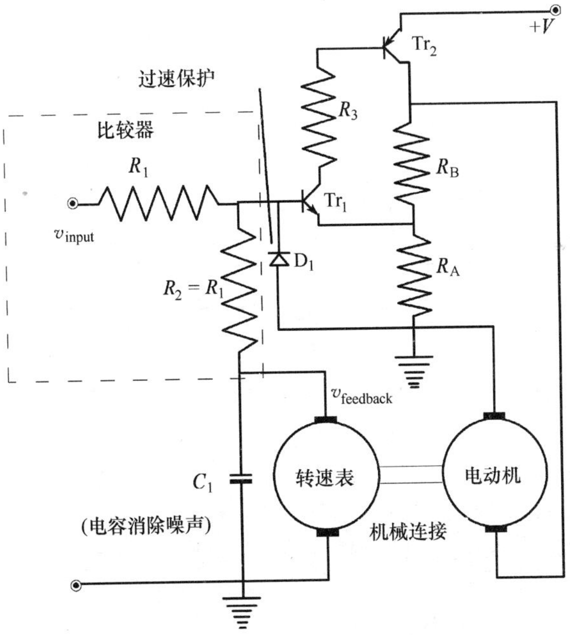

图 2.17 使用测速发电机的速度控制电路，晶体管电压放大器的增益由电阻器 R_A 和 R_B 决定

路。转子轴的角位置由模拟电位计进行测量，在速度测量的情况下，转子轴角位置将反馈给比较器。比较器确定指令位置信号与期望位置信号之间的差值（这两者均由用于测量电动机轴的角位置的电位计所产生），并且将该差乘以合适的增益用作电动机的速度指令信号。这个机制如图 2.19 所示。

一个简单且常见的问题是设计使用电动机定位惯性负载的反馈控制系统。控制系统设计中，一个重要的部分是选择一个合适的直流电动机，能够实现动态响应且

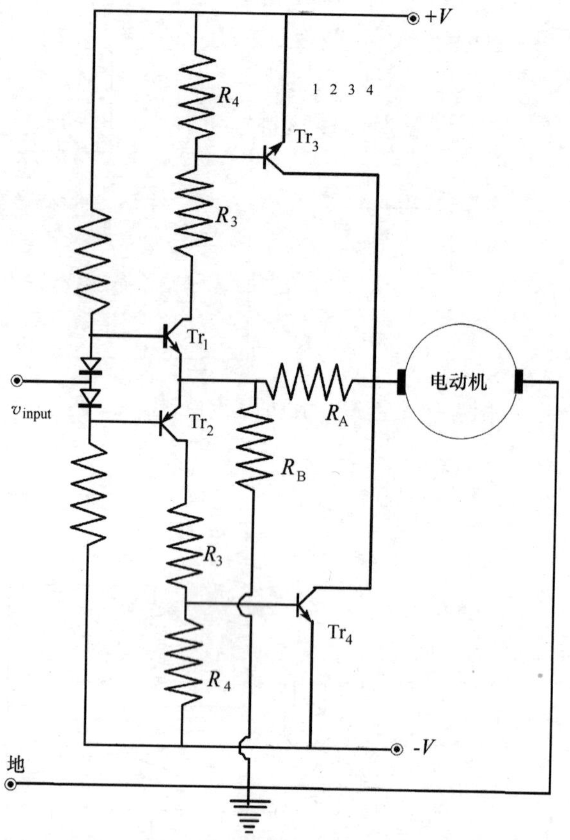

图 2.18　使用 npn 和 pnp 型晶体管的双向电压控制电压伺服放大器的示例

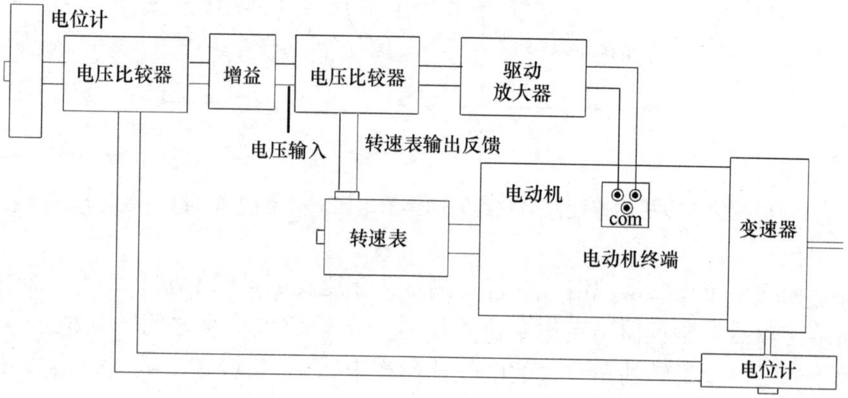

图 2.19　使用位置测量电位计的直流电动机的位置控制框图

符合成本、尺寸、重量、转矩等需求，另一方面是选择合适的电位计、放大器和补偿电路以得到最优控制输入结果。基于这个目的，构建电动机和系统中其他组件的实际模型、识别模型中表示的关键设计参数、使用最优方案选择这些参数以最好地实现设计目的。由此，一个设计初衷是对电能实体和机械实体的输入－输出进行描述，这能表示电能－机械能在电动机内部的转换过程。在考虑瞬时电枢电流的情况下，电机的数学模型可以根据前述的方程建立，包括外加电压、电枢电流、电动机速度和输出转矩。假设电枢绕组电路的电阻为 R_a，总电感为 L_a，且电枢绕组由恒定的外部电压 V_a驱动，则电枢绕组中的电流为

$$L_a\frac{dI_a}{dt}+R_aI_a=V_a-K_b\omega \tag{2.7.1}$$

作用在电枢绕组转矩为

$$T=K_ta_mD^3B\times I_a-T_{load} \tag{2.7.2}$$

式中，T_{load}为作用在转子上的负载转矩。

假设负载转矩完全由转子上的惯性载荷和摩擦力矩决定，则 T_{load}为

$$T_{load}=J\frac{d\omega}{dt}+B_f\omega-T_{disturbance} \tag{2.7.3}$$

式中，T_{load}为扰动转矩，通常情况下可忽略不计，使得公式的完整性在这里表述出来。平衡条件下，作用在转子上的总转矩为零，即

$$J\frac{d\omega}{dt}+B_f\omega=K_T\times I_a+T_{disturbance} \tag{2.7.4}$$

式中，$K_T=K_ta_mD^3B$。

因此，电动机的动态过程可用一对耦合微分方程表示：

$$L_a\frac{dI_a}{dt}+R_aI_a+K_b\omega=V_a \tag{2.7.5}$$

$$J\frac{d\omega}{dt}+B_f\omega-K_TI_a=T_{disturbance} \tag{2.7.6}$$

考虑位置和速度的反馈回路，外加电压 V_a表示为

$$V_a=-K_p(\theta-\theta_d+K_d\omega) \tag{2.7.7}$$

式中，$\omega=d\theta/dt$.

上述描述电动机和搭载电动机的位置控制伺服的数学模型可以使用框图进行表示。因为使用框图评价闭环控制系统的一些性能较为简单，所以在控制工程中，这是常用的工具。如图 2.20 所示的框图表示的是直流电动机中惯性负载位置控制的数学模型。电动机方程可以表示为

$$\begin{aligned}I_a&=\frac{1}{L_aD+R_a}e=\frac{1}{L_aD+R_a}(V_a-K_B\omega)\\ \omega&=\frac{1}{JD+B_f}(K_TI_a+T_D)\end{aligned} \tag{2.7.8}$$

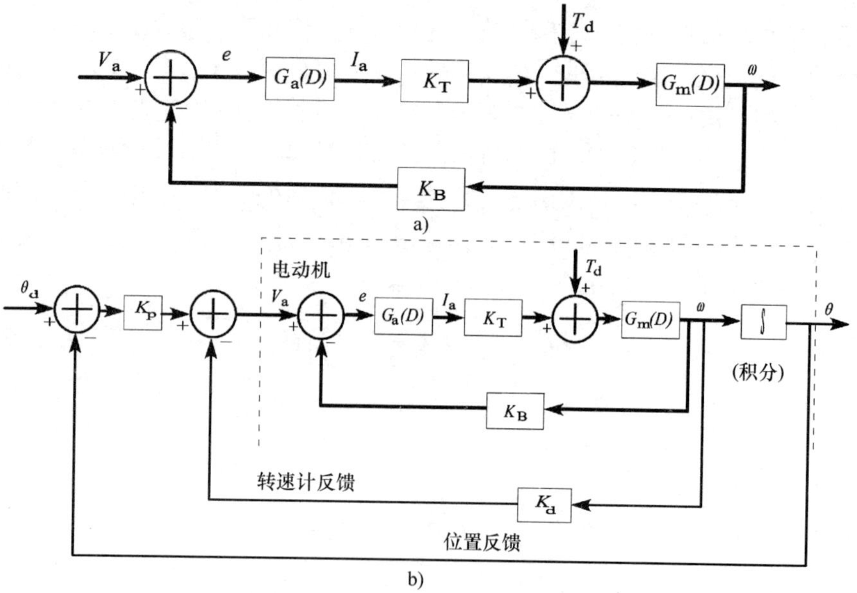

图 2.20　使用直流电动机的惯性负载位置控制框图的数学表示

a）电动机的框图　b）电动机和位置控制反馈的框图

相应的电动机框图表示如图 2.20a 所示。在图 2.20a 中，“D”是算子，d/dt、G_a（D）是电枢传递函数，即

$$G_a(D)=\frac{1}{L_a\frac{d}{dt}+R_a}\equiv\frac{1}{L_aD+R_a} \tag{2.7.9}$$

$G_m(D)$ 是转子的机械传递函数，即

$$G_m(D)=\frac{1}{J\frac{d}{dt}+B_f}\equiv\frac{1}{JD+B_f} \tag{2.7.10}$$

根据两个方程，消去电流 I_a后得到的 ω 为

$$\omega=\frac{1}{JD+B_f}(K_TI_a+T_D)=\frac{1}{JD+B_f}\left(\frac{K_T}{L_aD+R_a}(V_a-K_B\omega)+T_D\right) \tag{2.7.11}$$

整理后得

$$\left(1+\frac{1}{JD+B_f}\frac{K_TK_B}{L_aD+R_a}\right)\omega=\frac{1}{JD+B_f}\left(\frac{K_TK_A}{L_aD+R_a}+T_D\right) \tag{2.7.12}$$

因此

$$\omega = \frac{K_T V_a + T_D(L_a D + R_a)}{(JD + B_f)(L_a D + R_a) + K_T K_B} \tag{2.7.13}$$

假设干扰转矩可忽略不计，则

$$\frac{\omega}{V_a} = \frac{K_T}{(JD + B_f)(L_a D + R_a) + K_T K_B} \tag{2.7.14}$$

式（2.7.14）表示输出角速度与输入电枢电压之间的传递函数。与电枢绕组电压有关的传递函数为

$$\frac{\theta}{V_a} = \frac{1}{D} \times \frac{K_T}{(JD + B_f)\ (L_a D + R_a)\ + K_T K_B} \tag{2.7.15}$$

引入反馈，外加电压 V_a用角位置表示为

$$V_a = -K_p((1 + K_d D)\theta - \theta_d) \tag{2.7.16}$$

它遵循的角位置为

$$\theta = \frac{1}{D} \times \frac{K_T}{(JD + B_f)(L_a D + R_a) + K_T K_B} \times K_p((1 + K_d D)\theta - \theta_d) \tag{2.7.17}$$

由此可得

$$\theta = -\frac{K_T K_p(1 + K_d D)}{D(JD + B_f)(L_a D + R_a) + DK_T K_B}\theta + \frac{K_T K_p}{D(JD + B_f)(L_a D + R_a) + DK_T K_B}\theta_d \tag{2.7.18}$$

整理后得

$$\left(1 + \frac{K_T K_p(1 + K_d D)}{D(JD + B_f)(L_a D + R_a) + D_T K_B}\right)\theta(t) = \frac{K_T K_p}{D(JD + B_f)(L_a D + R_a) + D_T K_B}\theta_d(t) \tag{2.7.19}$$

闭环系统的电枢转子的角位置和指令位置相关的传递函数为

$$\frac{\theta(t)}{\theta_d(t)} = \frac{K_T K_p}{D(JD + B_f)(L_d D + R_a) + DK_T K_B + K_T K_p(1 + K_d D)} \tag{2.7.20}$$

传递函数的形式是两个 D 算子多项式的比值。闭环系统的稳定性会在后面讨论。

在稳定状态下，假设 $\theta(t)$和 $\theta_d(t)$的导数为 0。等价于假设 $D=0$，此时有

$$\underset{t\to\infty}{\text{Limit}}\,\theta(t) = \underset{t\to\infty}{\text{Limit}}\,\theta_d(t) \tag{2.7.21}$$

只要闭环系统的响应稳定，且趋向于极限。

在这种情况下，当电枢电感 $L_a \approx 0$ 时，则闭环传递函数可以简化为

$$\frac{\theta(t)}{\theta_d(t)} = \frac{K_T K_p}{D(R_a JD + R_a B_f + K_T(K_B + K_p K_d)) + K_T K_p} \tag{2.7.22}$$

进一步的，若电枢绕组的转动惯量 J 可以忽略不计，则简化后的一阶传递函数为

$$\frac{\theta(t)}{\theta_d(t)}=\frac{K_T K_p}{D(R_a B_f+K_T(K_B+K_p K_d))+K_T K_p}\equiv\frac{1}{\tau_m D+1} \tag{2.7.23}$$

其中

$$\tau_m=\frac{R_a B_f+K_T(K_B+K_p K_d)}{K_T K_p} \tag{2.7.24}$$

2.8 驱动和控制交流电动机

交流伺服驱动器的两种主要类型为同步伺服电动机和异步伺服电动机或感应电动机。同步伺服电动机中，最重要的为永磁（Permanent Magnet，PM）型。本书主要关注这两种电动机。最常见的交流伺服电动机是两相感应电动机，详见 1.4.1 节。

控制交流感应电动机最简单的方法是提高定子电路控制相位的电抗，方法是增加与其串联的电抗。这种方法适用于低功率的应用场景，但能源利用率低。另一种方法的原理是使用基于晶闸管的“斩波器”来切断并限制正弦波以产生脉冲。晶闸管本质上是一个三结/三端半导体（四层 pnpn）装置，栅极端子的输入量控制着阳极和阴极间的电流。使用这种方法生成脉冲时，脉冲的宽度是完全可控的，得到的结果与 PWM 等价。但最通用的方法是变压 - 变频方法，使用一个反相器生成控制电压。图 2.21 展示了基于逆变器的变速驱动基本原理，通过频率可控来调节感应电动机的速度。

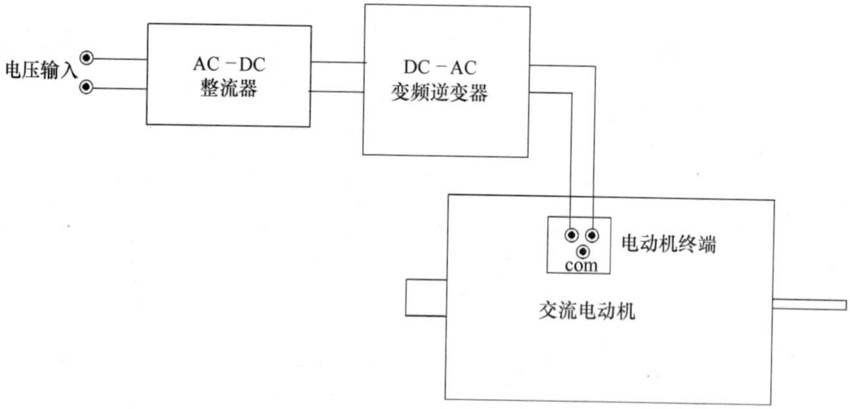

图 2.21　基于逆变器的变频调速的基本原理

对于单相交流电动机，使用基于导通角调制技术是一个简单的控制方法，如图

2.22 所示。外加电压的波形如图 2.22a、b 所示。注意整个 180°半周期并未完全施加到电动机上，而是只有其中的一部分。所施加的这部分叫做导通角 β，变化范围是 0°～180°。导通角越大，电动机运转得越快。图 2.22c 所示的实现方法基于三层触发二极管。该装置用于生成切换三段双向晶闸管器件的触发电流。这是一种类似于晶闸管的多层半导体装置，但具有双向导通电流的功能。

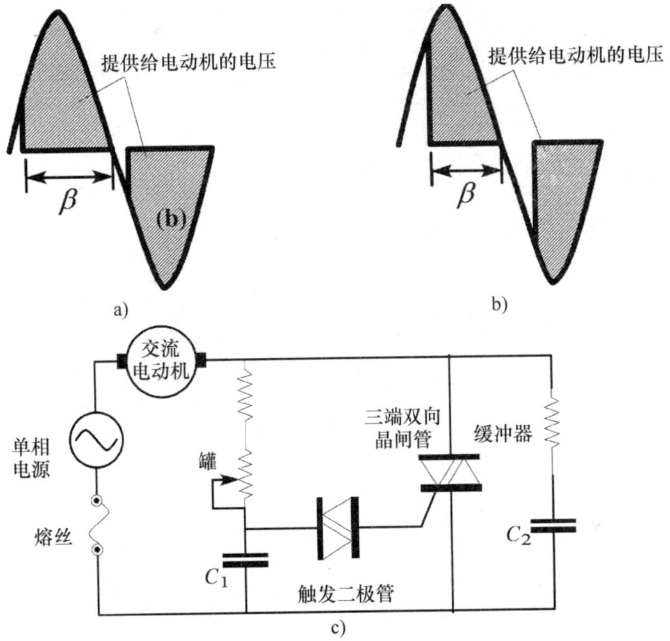

图 2.22　通过导通角调制技术对单相感应电动机进行调速的基本原理

a）较高的平均电压　b）较低的平均电压　c）理想电路框图

永磁同步伺服电动机的控制原理是磁场定向技术。在与转子轴一起旋转的基准框架中，永磁转子生成的磁通量是固定的，转子的磁通位置固定坐标可以通过轴位置传感器或直接测量电动机电压和电流信号确定。永磁同步电动机（PM Synchronous Motor，PMSM）驱动系统的一般结构包括基于 PWM 的三相控制输入，以进行速度控制、磁通控制和磁通角控制，如图 2.23a 所示。通常来说，这种控制方法也适用于发电机，其中，永磁同步发电机提供三相电源，输出量作用于电网。实际的控制合成定理在后面讨论。

感应电动机驱动器与永磁同步伺服电动机驱动器类似。感应电动机使用多种估计器和反馈控制器进行速度和位置控制。它们通常由定子电流控制器组成，包括两个能准确控制定子电流的反馈回路。回路能实现固定框架和转子固定旋转框架之间的相互转换，后面会详细讨论这部分内容。图 2.23b 展示了典型的感应电动机驱动

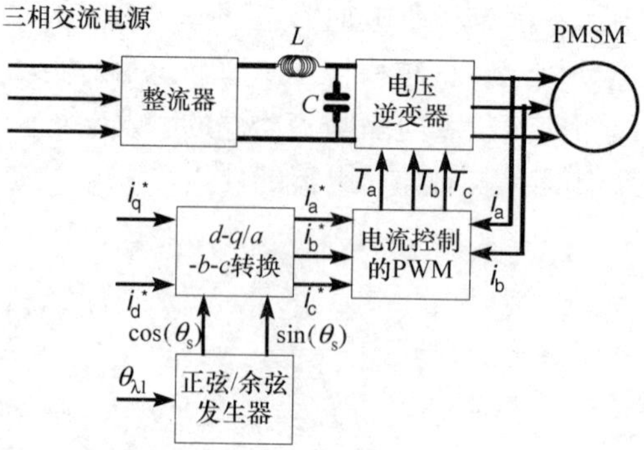

a)

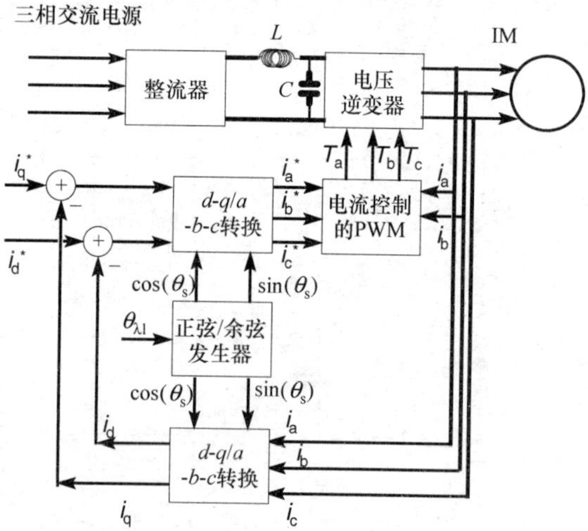

b)

图 2.23　a）永磁同步电动机驱动系统，呈现了功率和控制输入　b）感应电动机的驱动系统，包括定子电流的反馈控制，呈现了功率和控制输入

装置。永磁伺服电动机控制器中通常不使用外部电路，因为在同步电动机中不需要准确地控制定子电流。

2.9　电动伺服制动器的稳定性

制动器的一个重要问题是设计全局稳定的多模式控制器（包括转矩综合模式、单故障模式、双故障模式或降级模式），以保证制动器能安全运行。对于非线性设备，主要有两类控制合成方法：一类是基于稳定性分析的；另一类是基于优化分析的。每一类方法都有各自的优缺点。

一百年前李亚普诺夫（A. M. Lyapunov）在其文章中提出了渐进系统分析方法。李亚普诺夫方法不仅是系统稳定性分析的重要工具，也适用于分析非线性系统合成制动器。他将非线性系统的稳定性问题分为两类。第一类涉及的非线性系统问题可以直接解决或简化为线性系统问题。

这些不仅包括具体的方法，在某些情况下也包括相近的技术，其中线性系统的稳定性性质对于非线性系统的平衡稳定也有用。

对于一个线性系统，可以直接分析解决方法的稳定性，甚至不需要推究针对具体问题的范式。控制系统的设计者们所使用的评估稳定性的方法，如劳斯·赫尔维茨（Routh Hurwitz）稳定性判据和劳斯表，可以确定重要的系统收益边界以保证稳定性。

现在考虑稳定性的定义。如果系统处在平衡状态，施加任意大小的扰动都会导致自由运动。如果最终自由运动消失，则认为运动是稳定的。另一方面，如果自由运动逐渐退化为有限运动，并最终无限变大，则认为运动是不稳定的。如果自由运动既不消失也不变大，则称系统准稳定。

为评估系统的稳定性，必须考虑输入－输出传递函数。假设传递函数的形式是

$$\frac{y(t)}{u(t)}=G(D)=\frac{Y(D)}{U(D)} \tag{2.9.1}$$

在自由运动的情况下，假设 $u(t)=0$。

将分子和分母有理化，在没有任何输入的情况下，方程的自由响应形式为

$$P(D)y(t)=0 \tag{2.9.2}$$

式中，$P(D)$是以 D 为算子的多项式。

为解方程，假设：

$$y(t)=Ae^{pt} \tag{2.9.3}$$

方程左右两侧反复求微分，得 $Dy(t)=pAe^{pt}$、$D^2y(t)=p^2Ae^{pt}$、$D^3y(t)=p^3Ae^{pt}$、$D^4y(t)=p^4Ae^{pt}$等。由此可得

$$P(D)y(t)=P(p)Ae^{pt}=P(p)y(t) \tag{2.9.4}$$

但

$$P(D)y(t)=P(p)y(t)=0 \tag{2.9.5}$$

由于响应不可忽略，因此不为0，即 $y(t)\neq 0$ 且 $P(p)=0$。方程 $P(p)=0$ 为特征方程。特征方程的根：p_1，p_2，p_3，…，p_n的形式通常很复杂，为 $p=1+jr$，其中$j=\sqrt{-1}$。响应 $y(t)$的形式为

$$y(t)=\sum A_k e^{p_k t} \tag{2.9.6}$$

或

$$y(t)=A_1e^{p_1t}+A_2e^{p_2t}+A_3e^{p_3t}+\cdots+A_ne^{p_nt} \tag{2.9.7}$$

为保证响应是稳定的，对所有的 k，p_k的实部都是负的。二次方程、三次方程和四次方程的情况分别考虑。

二次方程，$p^2+a_1p+a_0=0$：若 a_1、a_0均为正数，则两个根的实部都是负数。

三次方程，$p^3+a_2p^2+a_1p+a_0=0$：有一个实数根和一对共轭的复数根，其中，$p_1=q_1$、$p_2=q_2+jr_2$、$p_3=q_2-jr_2$。

特征方程可以写为$(p-q_1)(p-q_2-jr_2)(p-q_2+jr_2)=0$，且$a_2=-(2q_2+q_1)$，$a_1=q_2^2+2q_2q_1+r_2^2, a_0=-q_1(q_2^2+r_2^2)$。当系统稳定时，$a_2$、$a_1$、$a_0$均为正数，且$a_1a_2-a_0=-2q_2(2q_2^2+2q_1q_2+r_2^2)>0$。

因此：

$$\begin{gathered} a_2>0 \\ a_1>0 \\ a_0>0 \\ a_1a_2-a_0>0 \end{gathered} \tag{2.9.8}$$

上述四个条件保证系统的稳定性。

四次方程，$p^4+a_3p^3+a_2p^2+a_1p=0$：稳定条件为

$$\begin{gathered} a_3>0 \\ a_2>0 \\ a_1>0 \\ a_0>0 \\ a_3a_2a_1>(a_1^2-a_0a_3^2) \end{gathered} \tag{2.9.9}$$

一般情况下，稳定条件可以用紧凑形式表示。给定一个代数特征方程的形式为

$$F(s)=a_0s^n+a_1s^{n-1}+\cdots+a_{n-1}s+a_n=0 \tag{2.9.10}$$

其中，系数a_r是实数，构造n个行列式：

$$\begin{gathered} D_1=a_1 \\ D_2=\begin{vmatrix} a_1 & a_0 \\ a_3 & a_2 \end{vmatrix} \\ D_3=\begin{vmatrix} a_1 & a_0 & 0 \\ a_3 & a_2 & a_1 \\ a_5 & a_4 & a_3 \end{vmatrix} \end{gathered} \tag{2.9.11a}$$

$$D_n=\begin{vmatrix} a_1 & a_0 & 0 & 0 & & & \cdots & & & \\ a_3 & a_2 & a_1 & a_0 & 0 & & \cdots & 0 & 0 & 0 \\ a_5 & a_4 & a_3 & a_2 & a_1 & a_0 & \cdots & 0 & 0 & 0 \\ \vdots & \vdots & \vdots & \vdots & \vdots & \vdots & \vdots & & & \\ a_{2n-1} & a_{2n-2} & a_{2n-3} & & & & \cdots & & & a_n \end{vmatrix} \tag{2.9.11b}$$

特征方程$F(s)=0$的根有负实部的充要条件是

$$D_1>0,\ D_2>0,\ D_3>0,\ \cdots,\ D_n>0 \tag{2.9.12}$$

这些条件可以用劳斯表法验证。

2.9.1　劳斯表法

生成的表格见表 2.1。

表 2.1　劳斯表阵列

P^n	a_0　a_2　a_4　a_6　…
P^{n-1}	a_1　a_3　a_5　a_7　…
P^{n-2}	b_1　b_3　b_3　b_4　…
P^{n-3}	c_1　c_2　c_3　…
P^{n-4}	d_1　d_2　d_3　…
⋮	⋮
P^0	…

写下特征方程的替代系数得到前两行。

后面每行中的元素都是根据之前的四个等式并按照下式得到的：

$$b_1 = \frac{a_2 a_1 - a_0 a_3}{a_1}$$

$$b_2 = \frac{a_4 a_1 - a_0 a_5}{a_1} \tag{2.9.13}$$

$$b_3 = \frac{a_6 a_1 - a_0 a_7}{a_1}$$

$$c_1 = \frac{a_3 b_1 - a_1 b_2}{b_1}$$

$$c_2 = \frac{a_5 b_1 - a_1 b_3}{b_1} \tag{2.9.14}$$

$$d_1 = \frac{b_2 c_1 - b_1 c_2}{c_1}$$

计算系数直到结果为 0，行一直缩短直到 p^0 行只包含一个值。

稳定条件如下：

1）表中第一列的每个符号变化都表明存在一个有正实部的根。

2）为保持系统的稳定性，表中第一列的所有值都是整数。

3）特殊情况另行讨论。

2.10　发电机

在 2.1.2 节中讨论了发电机运行的基本原理和实用发电机的设计基础。发电机需要一个原动机将动力传给导体。一个简单的直流电动机在逆向操作的情况下可以作为发电机使用，即原动机驱动电机轴，电动机的电枢绕组输出就是发电机输出。和电动机的电枢绕组的构造一样，发电机的电枢绕组由处在圆柱结构（有时用磁性材料制成）中的导体构成。原动机提供了发电机的旋转动力。电枢绕组围绕轴的中心轴线旋转，且通过附接到轴的轴承在两端支撑。电枢绕组在一个磁场结构中旋转，提供一个保持在它们之间磁场的两个构建之间的小空隙。这个空隙称为气隙，其大小取决于发电机的大小。若在极弧扩展期间，气孔保持恒定，那么在一个垂直于运动平面的平面内，有恒定的通量密度，也就是在相对于磁场和电枢绕组的径向方向上。由于感应电动势与磁通密度 B 成正比，则直流电动机气隙的通量密度在通过倒角斜切极靴后被调整得尽可能地接近正弦波。由于导体和磁力线之间的相对运动产生感生电动势，是导体还是产生磁通的磁极旋转并不重要。对于大多数的直流发电机和交流发电机，通常都是磁场旋转而不是导体旋转。在交流电动机中，通过外部连接，导体可以直接与负载相连，因为不需要像直流电动机需要整流操作。对于直流电动机，有机械整流器对生成的感生电动势整流。机械整流器由换向器和交错排列的电刷组成。此外，交流发电机提供的负载电流可以很方便地由静止线圈提供，这样电刷和集电环之间没有火花和磨损，而励磁线圈的直流励磁电流值较低，可以直接通过集电环和电刷传送。

2.10.1 同步交流发电机

如图 2.6a 所示是一个永磁同步发电机的基本排布。导体放置在磁场感生部分的插槽中。通常这些是多相设备，尽管只有两对线圈，在其横截面中表现为每个线圈对放置在定子内周直径相对的极上（即电枢绕组在此是属于静止部分），如图 2.6a 所示。形成这些线圈的导体平行于发电机的轴且通过端部串联。实际上，线圈由具有合适横截面的菱形线轴的连续绝缘铜线构成。

通常，对于同步交流发电机，电枢绕组在定子中，磁场系统在转子中。励磁电流，如电磁铁发电机所呈现的，由励磁机通过两个集电环提供，而电枢电流直接供给负载。这种方法因能提供高功率而广为使用。除特殊说明，后续讨论均指这种类型的旋转磁场式同步设备。根据磁场的形状，同步设备可以分为凸极设备或隐极电机（非凸极设备）。隐极式结构常用于高速运转的发动机中，例如燃气轮机（通常是双极设备）。这种类型的设备通常直径 - 长度比较小，以避免因大离心率导致转子中过度的机械应力。凸极式结构常用于低速发电机（如风力发电机）中，且结构上与同步电动机类似。这种类型的设备为保持低速运转通常有大量的极对和大直径 - 长度比。励磁线圈缠绕在凸极结构中。

2.10.2 同步交流发电机的动态建模

为了对同步交流发电机进行动态建模，必须考虑定子或电枢绕组中的电压 - 电流关系。当同步发电机由永磁体或励磁电磁铁励磁并匀速驱动时，在电枢相位绕组中会产生电流。如果电枢相之间连接电阻辅助，则电枢相电路中会有电枢相电流流过。

由于感生电动势的频率与旋转速度有关，而电枢相电抗的速度与电流频率有关，因此电流和电枢相电抗的乘积与转子磁场同步旋转的磁链的变化率有关。此外，转子速度的变化会导致电动势频率和电流成比例变化，而功率因数由整个阶段的总负载的性质决定。

磁链的变化率对所得场的分布的影响导致电枢相反应。由于连接电枢绕组和转子的磁通的旋转速度与转子相同，因此在电枢绕组中会产生相应的反应电动势。因此，电枢相中的总电压，取决于磁链相对于转子的时间变化率所产生的终端电压总和，即电阻 R_L 两端的电位降，和由于磁链 λ_a 相对于转子旋转的变化率引起的等效电压降，作为无功负载的模拟。电枢绕组电流 I_a、电枢相终端生成得到的感生电动势 E_g，满足以下关系：

$$E_g = V_t + R_L I_a + \frac{d\lambda_a}{d\theta} \equiv V_t + R_L I_a + iX_a I_a \equiv V_t + Z_a I_a \quad (2.10.1)$$

总体上，端电压 V_t 滞后于发电机（电枢相）感生电动势 E_g δ 角度，而电枢相电流 I_a，滞后于终端电压 V_t φ 角度。因此，发电机相位感生电动势 E_g、终端相位电压 V_t 和绕组相电流 I_a 之间的相位关系由图 2.24 所示的相位图表示。

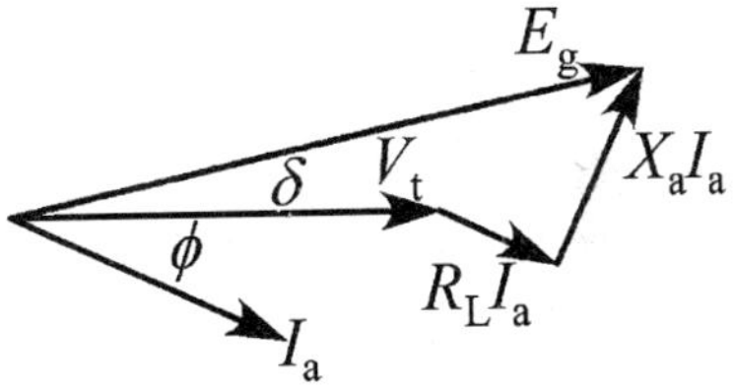

图 2.24 发电机的感生电动势、端电压和电枢绕组间的相位角关系

相位的有效输出功率为

$$P_w = E_g I_a \cos(\delta + \varphi) - V_t I_a \cos\varphi \quad (2.10.2)$$

假设电阻负载小，即 $R_L \cong 0$：

$$P_w = |X_a I_a^2(\varphi + 90°)| = X_a I_a^2 \sin\varphi \quad (2.10.3)$$

根据应用力学定律，同步发电机的旋转运动满足公式：

$$I_r \frac{d^2\theta}{dt^2} = T_{net} \quad (2.10.4)$$

式中，I_r 是转子绕转子轴旋转的转动惯量；θ 是转子的偏移角度；T_{net} 是作用在转子上的净转矩，是驱动机械转矩和电磁制动转矩之间的差。

通常，电子制动转矩根据电枢相电流、因旋转位移引起的磁链变化和因旋转位移引起的永磁体中储能的变化得到。因此，电子制动转矩 T_{el} 为

$$T_{el} = I_a \frac{d\lambda_a}{d\theta} - \frac{dW_e}{d\theta} \quad (2.10.5)$$

控制方程通常用一组与转子一起旋转的旋转坐标表示。这样，固定参考系中的量与旋转参考系中的量就可以联系起来。两个正交矢量由固定参照系顺时针旋转到旋转参考系的转换关系如下：

$$\begin{bmatrix} X \\ Y \end{bmatrix} = \begin{bmatrix} \cos\omega_0 t & -\sin\omega_0 t \\ \sin\omega_0 t & \cos\omega_0 t \end{bmatrix} \begin{bmatrix} U \\ V \end{bmatrix} \quad (2.10.6)$$

由此：

$$\frac{\mathrm{d}}{\mathrm{d}t}\begin{bmatrix}X\\Y\end{bmatrix}=\left(\frac{\mathrm{d}}{\mathrm{d}t}\begin{bmatrix}\cos\omega_0 t & -\sin\omega_0 t\\ \sin\omega_0 t & \cos\omega_0 t\end{bmatrix}\right)\begin{bmatrix}U\\V\end{bmatrix}+\begin{bmatrix}\cos\omega_0 t & -\sin\omega_0 t\\ \sin\omega_0 t & \cos\omega_0 t\end{bmatrix}\frac{\mathrm{d}}{\mathrm{d}t}\begin{bmatrix}U\\V\end{bmatrix} \tag{2.10.7}$$

可以表示为

$$\frac{\mathrm{d}}{\mathrm{d}t}\begin{bmatrix}X\\Y\end{bmatrix}=\begin{bmatrix}\cos\omega_0 t & -\sin\omega_0 t\\ \sin\omega_0 t & \cos\omega_0 t\end{bmatrix}\left(\frac{\mathrm{d}}{\mathrm{d}t}\begin{bmatrix}U\\V\end{bmatrix}-\omega_0\begin{bmatrix}V\\-U\end{bmatrix}\right) \tag{2.10.8}$$

式（2.10.8）可用两个等价的等式表示为

$$\frac{\mathrm{d}}{\mathrm{d}t}\begin{bmatrix}X\\Y\end{bmatrix}=\begin{bmatrix}\cos\omega_0 t & -\sin\omega_0 t\\ \sin\omega_0 t & \cos\omega_0 t\end{bmatrix}\frac{\mathrm{d}}{\mathrm{d}t}\begin{bmatrix}U'\\V'\end{bmatrix} \tag{2.10.9}$$

$$\frac{\mathrm{d}}{\mathrm{d}t}\begin{bmatrix}U'\\V'\end{bmatrix}=\frac{\mathrm{d}}{\mathrm{d}t}\begin{bmatrix}U\\V\end{bmatrix}-\omega_0\begin{bmatrix}V\\-U\end{bmatrix}=\frac{\mathrm{d}}{\mathrm{d}t}\begin{bmatrix}U\\V\end{bmatrix}-\omega_0\begin{bmatrix}0 & 1\\ -1 & 0\end{bmatrix}\begin{bmatrix}U\\V\end{bmatrix} \tag{2.10.10}$$

式（2.10.10）的左侧表示旋转参考系的时间导数。

对于在旋转参考系中的固定量：

$$\frac{\mathrm{d}}{\mathrm{d}t}\begin{bmatrix}U'\\V'\end{bmatrix}=-\omega_0\begin{bmatrix}0 & 1\\ -1 & 0\end{bmatrix}\begin{bmatrix}U\\V\end{bmatrix}=-\omega_0\boldsymbol{J}\begin{bmatrix}U\\V\end{bmatrix},\ \boldsymbol{J}=\begin{bmatrix}0 & 1\\ -1 & 0\end{bmatrix} \tag{2.10.11}$$

得

$$\frac{\mathrm{d}}{\mathrm{d}(\omega_0 t)}\begin{bmatrix}U'\\V'\end{bmatrix}=\frac{\mathrm{d}}{\mathrm{d}\theta}\begin{bmatrix}U'\\V'\end{bmatrix}=-\boldsymbol{J}\begin{bmatrix}U\\V\end{bmatrix} \tag{2.10.12}$$

由于实际应用中，同步发电机至少包含两相，所以假定绕组有两个相互正交的线圈。一个基准线圈通常称为“指导”或“d”线圈，另一个与之正交的线圈称为“正交”或“q”线圈。与“d”线圈和“q”线圈相关的方向分别称作“d”轴和“q”轴。由于旋转参考系最初完全根据“d”轴和“q”轴校准，因此也称为 $d-q$ 参考系。

一个两相永磁发电机有两个完全一样的电枢绕组线圈对称地分布在气隙周围。绕组线圈放置在定子中。此外，所有的铜损、发电机中的插槽，以及由于布线、饱和度引起的损耗都忽略，定子磁通在空间中的分布被认为是正弦曲线，且认为定子和转子的磁导率无限大。

在旋转 $d-q$ 参考系中，空载的情况下，考虑到可以分局磁链的时间变化率得到端电压，则电枢绕组等式为

$$\begin{bmatrix}v_{\mathrm{d}}\\v_{\mathrm{q}}\end{bmatrix}=-\frac{\mathrm{d}}{\mathrm{d}t}\begin{bmatrix}\lambda_{\mathrm{d}}\\\lambda_{\mathrm{q}}\end{bmatrix}-R_{\mathrm{s}}\begin{bmatrix}i_{\mathrm{d}}\\i_{\mathrm{q}}\end{bmatrix}+\omega_0\boldsymbol{J}\begin{bmatrix}\lambda_{\mathrm{d}}\\\lambda_{\mathrm{q}}\end{bmatrix} \tag{2.10.13}$$

磁链与绕组中的电流的关系为

$$\begin{bmatrix}\lambda_{\mathrm{d}}\\\lambda_{\mathrm{q}}\end{bmatrix}=L_{1\mathrm{s}}\begin{bmatrix}i_{\mathrm{d}}\\i_{\mathrm{q}}\end{bmatrix}+\begin{bmatrix}L_{\mathrm{md}} & 0\\ 0 & L_{\mathrm{mq}}\end{bmatrix}\begin{bmatrix}i_{\mathrm{d}}\\i_{\mathrm{q}}\end{bmatrix}+\begin{bmatrix}1\\0\end{bmatrix}\lambda_{\mathrm{PM}}=\begin{bmatrix}(L_{1\mathrm{s}}+L_{\mathrm{md}})i_{\mathrm{d}}+\lambda_{\mathrm{PM}}\\(L_{1\mathrm{s}}+L_{\mathrm{mq}})i_{\mathrm{q}}\end{bmatrix} \tag{2.10.14}$$

电阻与电感的定义见表 2.2。

表 2.2 发动机参数的定义

R_s	电枢相电阻
L_{ls}	电枢相漏电感
L_{md}	直轴耦合电感
L_{mq}	交轴耦合电感
λ_d	直轴磁链
λ_q	交轴磁链
λ_{PM}	永磁体磁链

电功输出、电磁负载转矩和励磁模型的定义是同步发电机的定义中必不可少的。有功功率 p_a、无功功率 q_r、电磁制动或负载转矩 T_{el}分别为

$$p_a = \begin{bmatrix} v_d \\ v_q \end{bmatrix}^T \begin{bmatrix} i_d \\ i_q \end{bmatrix}$$

$$q_r = \begin{bmatrix} v_d \\ v_q \end{bmatrix}^T \boldsymbol{J} \begin{bmatrix} i_d \\ i_q \end{bmatrix} \tag{2.10.15}$$

$$\begin{aligned} T_{el} &= \begin{bmatrix} i_d \\ i_q \end{bmatrix}^T \frac{d}{d\theta} \begin{bmatrix} \lambda_d \\ \lambda_q \end{bmatrix} = -\begin{bmatrix} i_d \\ i_q \end{bmatrix}^T \boldsymbol{J} \begin{bmatrix} \lambda_d \\ \lambda_q \end{bmatrix} = \begin{bmatrix} \lambda_d \\ \lambda_q \end{bmatrix}^T \boldsymbol{J} \begin{bmatrix} i_d \\ i_q \end{bmatrix} \\ &= \lambda_{PM} i_q + (L_{md} - L_{mq}) i_d i_q \end{aligned} \tag{2.10.16}$$

必须重申的是，上述等式仅适用于两极或单极对的永磁同步发电机。一般情况会在后续进行讨论。

2.10.3 感应交流发电机

在感应交流发电机中，短路铜线圈代替了同步交流发电机中的永磁转子。假设发电机在稳定状态下运转，根据楞次定律，电枢绕组成的磁场会反过来诱导转子绕组中的电流。因此，由于感应电流和定子磁场生成了力和转矩，以维持转子和定子相同的方向旋转。同时，转子中的短路电流倾向于在电枢绕组中感生出电流，这个过程会不断重复。尽管转子滞后于定子很小但重要的角度，但定子的旋转场仍然阻碍转子。感应发电机的动态过程数学模型与同步发电机的在原理上没有显著的不同，唯一的例外就是需要对转子的电压和磁链也进行建模。其操作原理与感应电动机的类似。图 2.25 绘制了感应发电机的转矩 - 速度特性。为了以发电机模式运行，感应电动机的驱动速度必须高于同步速度。这种情况下，速度 - 转矩曲线围绕水平轴和竖直轴翻转，如图 2.25 所示。在发电机模式下，该曲线只有一部分表示的是稳定运转情况，且在曲线表示的稳定区域内，发电机利用来自原动机的机械输入功率发电。在感应电动机的情况下，产生的功率是转差的函数。

在发电机模式下，若根据负载的要求控制转差，则感应发电机会保持在稳定的平衡状态，并输送必要的功率。同步速度是施加在发电机终端的频率的函数。因

此，为了发电，频率必须根据负载和原动机转速的变化进行调整。

为了从感应电动机处获取电力，必须向发电机定子绕组提供励磁电流，以感应转子感生电动势。发电机最后输出的电压是经过多相交流电整流的。励磁电流的大小决定母线上输出电压的高低。因此，励磁电流必须调节到特定的电压以获得恒定的输出总线电压。对输出电压的控制是通过闭环操作实现的。在回路中，无论速度和负载电流如何变化，都会调节激励电流以生成恒定的输出电压。感应发电机的控制器尝试调整电频以生成应对负载需求的转差，同时调整励磁电流的大小以提供期望的总线电压。

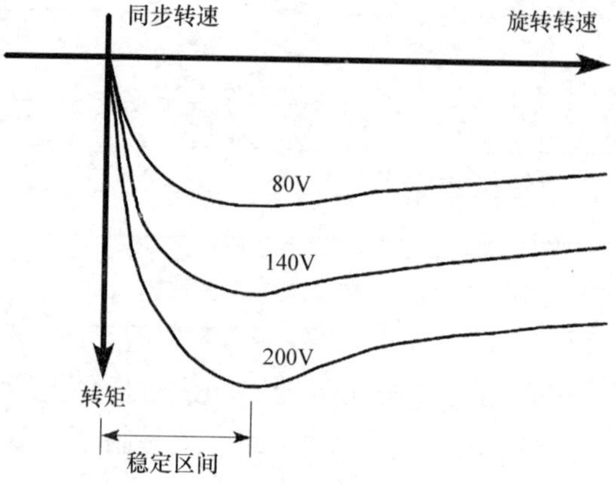

图 2. 25　感应发电机转矩 - 速度特性

图 2. 26 描述了感应发电机在发电状态下的速度 - 转矩区域。几条处在稳定区域操作中的转矩 - 速度曲线用于表示不同的操作特性。例如，考虑当原动机以额定速度运行时，表示为 100% 速度。必须调整频率以适应负载 0 ~ 100% 的变化。如果在速度 100% 处画一条竖直的线，可以看到，如果原动机速度保持在 100%，那么频率必须从空载时的 100% 调整到满载时的 95% 左右。

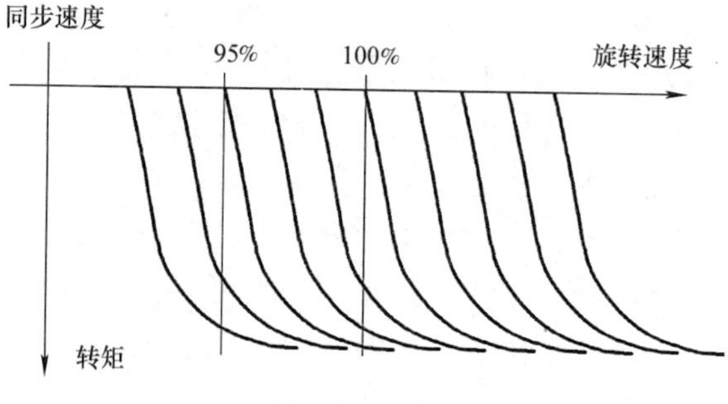

图 2. 26　感应发电机在运行区间内的转矩 - 速度特性

如图 2. 27 所示是感应发电机控制器的框图。控制器由三个子系统构成，功率调节子系统、传感电路和控制合成子系统。功率晶体管使用绝缘栅双极型晶体管（Insulated Gate Bipolar Transistors，IGBT）或金属氧化物半导体场效应晶体管（Metal Oxide Semiconductor Field Effect Transistor，MOSFET），晶圆和其他功率晶体管组成多相配置的功率调节电路，其中相位与发电机绕组匹配。整流器连接直流母线和发电机输出端，同时在母线上连接电源电容器。独立的功率逆变器用于保持交流输出在一个恒定的频率上，如60Hz或50Hz，同时提供感应励磁绕组。在负载和控制器的功率部分同时感应电流和电压。同时还测量轴的速度。所有由感应电路感应到的参数都由控制器调节。控制合成子系统接收传感器提供的信息，并使用发电机模型，使用诸如PID控制理论（Proportion - Integral - Derivative Control Law，比例 - 积分 - 微分控制理论）合成控制命令给功率晶体管。控制器输出生成满足所需频率和幅值的励磁电流，励磁电流在感应发电机的绕组中流动，感应电压在笼型转子中。控制器中还包括保护电路，以进行过电流、过电压和过热保护。

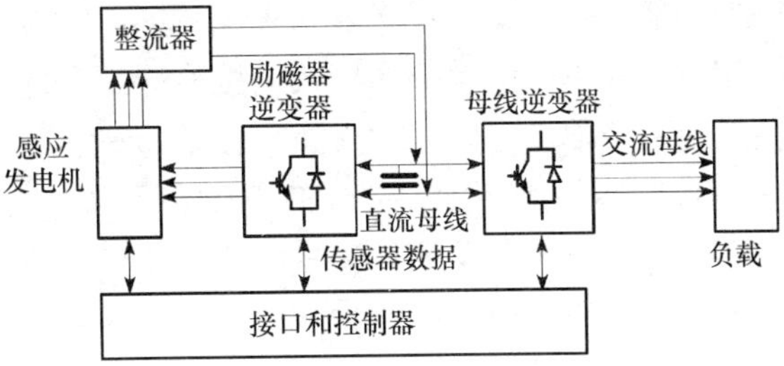

图2.27 感应发电机的控制器框图

2.11 电力系统

电力系统控制的首要任务是始终维持发电机提供的电力和负载及损耗所消耗的电力的平衡，否则会导致频率偏差，而较大的频率偏差又会对系统运行造成严重的影响。电力系统的一个特点是，无论是从短期还是长期来看，电力消耗都在变化。从较长的时间尺度看，一般就一年而言，单天负荷峰值可能在冬季较高，然而对那些夏季较热的国家而言，它们的负荷峰值可能出现在夏季。为应对更大的负载变化并维持平衡，发电机组必须定期地断开或闭合。如果频率剧烈变化，发电机的电力供应必须改变，这是通过发电机运行时的频率控制完成的。

2.11.1 电力系统稳定性

在给定的运行状态和扰动下，如果在扰动出现之前电压已接近平衡值，则电压是稳定的。简单来说，稳定条件可以这样描述：假设在可变潮流存在的情况下，有满足操作约束的平衡态，那么即使当前有小扰动，该平衡态也是稳定的。如果在扰动结束时，系统状态处在无扰动时系统的稳定平衡态的吸引区域内，那么可确保大的扰动稳定性。尽管上述条件适用于任何类型的稳定性，但电压稳定性和频率稳定性是电力系统分析中主要的关注部分（Kundur（1994），El - Hawary（2008））。由于自励引起的电压不可控增加/下降而导致的电压崩溃是严重问题。电压不稳定可能是局部或整个系统的问题。如果是局部的，若受影响区域通过保护装置与系统其他区域迅速断开，则其他区域不会受到不稳定性的影响。如果将电压崩溃定义为电压降低到无法满足连接设备的设计标准的电压点，那么即使没有电压不稳定情况，也可能发生电压崩溃。例如，一个只有加热和/或照明设备的系统。对于这样的负载，按照对于电压稳定性的定义，是不会发生电压不稳定的。但是随着负载越来越多，电压会持续下降。如果负载继续增加，电压会下降到一个临界点，超过临界点后无法满足所需的功率，且电压过低导致设备无法生成光或热。从应用的角度，电压已经崩溃。

相位角的不稳定也可能导致电压崩溃，出现的形式是电压不稳定。设电力通过传输线在两个端点之间传输，如果传输接近相位角稳定的极限（经过线路的相位角达到90°），线路的中间部分的电压会下降，与此相连的所有负载都会发生电压崩溃。如果传输线路发生干扰后出现了功率摆动，可能会出现相同的情况。

电力系统分析涉及考虑所有相关动态因素情况下的电压稳定性分析。在考虑相位角（同步）稳定性的情况下，必须考虑基本的潮流和功率限制，但主要考虑的因素是电压稳定性。在功率限制与相位角稳定性相关的研究中，电压被认为是常量（发电机内部电压）或受控的，这样可以只关注相位角稳定性问题。否则，主要关注的是负载传输点处不受控或受限的电压。针对负载脱落和电容切换等系统运行中的电压稳定性问题，有很多行之有效的纠正措施，但这超出了本章的内容。

在本节的剩余部分，将简要讨论电力系统动力学及其控制。由式（2.10.4）可知，旋转发电机轴的平衡态为

$$I_r \frac{d^2\theta}{dt^2} = T_{net} = T_m - T_{el} \tag{2.11.1}$$

式中，T_m为驱动机械转矩；T_{el}是电磁制动转矩。

在稳态运行条件下：

$$I_r \frac{d^2\theta}{dt^2} = T_m - T_{el} = 0 \tag{2.11.2}$$

角位置和速度的测量是相对于同步旋转，角速度为 ω_0 的参考系，而不是静止的参考轴，角度 δ 定义为

$$\delta = \theta - \omega_0 t \tag{2.11.3}$$

之后可得

$$\begin{aligned} \frac{d}{dt}\delta &= \frac{d}{dt}\theta - \omega_0 \\ \frac{d^2}{dt^2}\delta &= \frac{d^2}{dt^2}\theta \end{aligned} \tag{2.11.4}$$

运动控制方程可以表示为

$$I_r\omega_0 \frac{d^2\delta}{dt^2} = M_{a0}\frac{d^2\delta}{dt^2} = \omega_0(T_m - T_{el}) \tag{2.11.5}$$

式中，M_{a0}是转子以同步速度旋转时的角动量。

若 H_0是相应的存储在转子中的动能，则

$$H_0 = M_{a0}\left(\frac{\omega_0}{2}\right) \tag{2.11.6}$$

$$H_0\left(\frac{2}{\omega_0}\right)\frac{d^2\delta}{dt^2} = \omega_0(T_m - T_{el}) \tag{2.11.7}$$

速度为 ω 时的功率为

$$P=\omega(T_{\mathrm{m}}-T_{\mathrm{el}}) \tag{2.11.8}$$

相应地，运动控制方程可以写为

$$H_0\left(\frac{2}{\omega_0}\right)\frac{\mathrm{d}^2\delta}{\mathrm{d}t^2}=P\frac{\omega_0}{\omega}=P\frac{\omega_0}{\omega_0+(\omega-\omega_0)}=P\frac{1}{1+\dfrac{(\omega-\omega_0)}{\omega_0}} \tag{2.11.9}$$

因此，式（2.11.9）可以近似表示为

$$H_0\left(\frac{2}{\omega_0}\right)\frac{\mathrm{d}^2\delta}{\mathrm{d}t^2}=P\frac{1}{1+\dfrac{(\omega-\omega_0)}{\omega_0}}\approx P\left(1-\frac{(\omega-\omega_0)}{\omega_0}\right)=P\left(1-\frac{\Delta\omega}{\omega_0}\right) \tag{2.11.10}$$

功率可以用驱动机械功率和电磁制动功率的差表示，即

$$P=P_{\mathrm{m}}-P_{\mathrm{el}} \tag{2.11.11}$$

转子的位移偏离其同步旋转位置的方程可以用同步额定功率 $P_{0\mathrm{R}}$、驱动机械功率和电磁制动功率表示为

$$\left(\frac{2H_0}{\omega_0 P_{0\mathrm{R}}}\right)\frac{\mathrm{d}^2\delta}{\mathrm{d}t^2}=\left(\frac{P_{\mathrm{m}}-P_{\mathrm{el}}}{P_{0\mathrm{R}}}\right)\left(1-\frac{\Delta\omega}{\omega_0}\right) \tag{2.11.12}$$

当速度偏差 $\Delta\omega$ 可以忽略时，即 $\Delta\omega\approx 0$，有

$$\left(\frac{2H_0}{\omega_0 P_{0\mathrm{R}}}\right)\frac{\mathrm{d}^2\delta}{\mathrm{d}t^2}=\frac{\Delta P}{P_{0\mathrm{R}}} \tag{2.11.13}$$

式（2.11.13）为摆动方程，是描述当馈送到设备的机械功率与其提取的电功率不平衡时，同步机械的转子如何转动的基本关系式。为了实际应用，方程进行了很多简化工作，因此基本物理关系很简单。摆动方程在电力系统功率振荡研究中至关重要。电力－机械振荡是大部分电力系统分析中必须考虑的一个问题，尤其是对于大部分包括长距离输电线路的分布式电力系统。在常规的稳态操作中，系统中所有的同步设备都以相同的角速度旋转，从而保持同步。但是，由于机械驱动转矩或负载的干扰，一个或多个发电机可能产生加速或减速旋转，并且不合拍的风险，即失步。这对系统稳定性有巨大影响，失步的发电机必须脱离系统，否则会造成巨大损失。

2.11.2 输电线路

一旦发电机产生电能，电能就必须输送到能够给一个或多个终端用户供电的输电网上。在这样做的同时，所有的损耗必须降到最小，且供电的电压和频率必须保持在理想的稳定区间值内，这是至关重要的。连接发电机和电网最常用的方法是使用输电线路和变压器。传输线的一般模型由两个一阶偏微分方程给出，根据线路的电阻、电容和电感性质得到线路上任何一处的电压和电流（Miano 和 Maffucci，2001）。因此，在整条线路上，有功功率部分和无功功率部分都有显著的变化。通过在线路的端点处限制条件，可以得到集总电路线模型（π 模型），该模型是一组代数模型。在研究网络节点的稳态条件时，可以使用完整的耦合偏微分模型，相应

的解描述沿线的初始切换瞬变和瞬态衰减后的稳态解。但是，大部分工程应用中，使用集总电路线 π 模型能提供与有功功率和无功功率部分的变化相关的大量信息，这些变化对电力系统的动力学和控制研究至关重要。

输电线有四个参数：串联电阻、电感、分流电导和电容，这些参数在线路上各处均匀分布。在输电线方程的推导过程中，常做如下假设：

1）输电线是对称的，相位是平衡的。实际中无法完全满足该条件，但不平衡和对称偏移程度小。

2）输电线能够以相为单位进行分析。

3）在单位长度上，输电线参数是常数，即参数与位置、频率、电流和电压无关。该假设也是近似情况，但对于大多数电力系统的研究都是可接受的。

一般情况下，输电线上的电压和电流与时间和位置都有关。因此，线路数学描述模型包含两个一阶偏微分方程来描述沿线的电压和电流的变化。考虑与接收端距离为 x 的长度为 dx 的线路瞬时电压和电流条件，电压和电流分别用 v 和 i 表示，单位长度的线路上的串联电阻、电感、分流电导和电容分别为 r、l、g 和 c。长度 dx 的小部分上的电压降是串联部分和分流电导部分的电压降之和：

$$\frac{\mathrm{d}v}{\mathrm{d}x}\mathrm{d}x=(r\mathrm{d}x)i+(l\mathrm{d}x)\frac{\mathrm{d}i}{\mathrm{d}t} \tag{2.11.14}$$

分流电流的变化为

$$\frac{\mathrm{d}i}{\mathrm{d}x}\mathrm{d}x=(g\mathrm{d}x)v+(c\mathrm{d}x)\frac{\mathrm{d}v}{\mathrm{d}t} \tag{2.11.15}$$

因此瞬时电压和电流，即 v 和 i，分别满足一对一阶偏微分方程：

$$\begin{aligned}\frac{\mathrm{d}v}{\mathrm{d}x}&=ri+l\frac{\mathrm{d}i}{\mathrm{d}t}\\ \frac{\mathrm{d}i}{\mathrm{d}x}&=gv+c\frac{\mathrm{d}v}{\mathrm{d}t}\end{aligned} \tag{2.11.16}$$

设瞬时电压和电流，即 v 和 i，分别可以表示为

$$\begin{aligned}v(x,\ t)&=V(x)\mathrm{e}^{\mathrm{j}\omega t}\\ i(x,\ t)&=I(x)\mathrm{e}^{\mathrm{j}\omega t}\\ j&=\sqrt{-1}\end{aligned} \tag{2.11.17}$$

$$\frac{\mathrm{d}V(x)}{\mathrm{d}x}=(r+\mathrm{j}\omega l)I(x)=zI(x) \tag{2.11.18}$$

$$\frac{\mathrm{d}I(x)}{\mathrm{d}x}=(g+\mathrm{j}\omega c)V(x)=yV(x) \tag{2.11.19}$$

相应的：

$$\frac{\mathrm{d}^2V(x)}{\mathrm{d}x^2}=(r+\mathrm{j}\omega l)(g+\mathrm{j}\omega c)V(x)=zyV(x)=\gamma^2V(x) \tag{2.11.20}$$

$$\frac{d^2I(x)}{dx^2}=(g+j\omega c)(r+j\omega l)I(x)=yzI(x)=\gamma^2I(x) \tag{2.11.21}$$

通解可以写为双曲线的形式，即

$$\begin{aligned} V &= V_s\cosh\gamma x - I_sZ_c\sinh\gamma x \\ \gamma &= \sqrt{(r+j\omega l)(g+j\omega c)} \end{aligned} \tag{2.11.22}$$

$$\begin{aligned} I &= I_s\cosh\gamma x-(V_s/Z_c)\sinh\gamma x \\ Z_c &= \sqrt{(r+j\omega l)/(g+j\omega c)} \end{aligned} \tag{2.11.23}$$

通解还可以写为指数的形式，即

$$V=(V_s+I_sZ_c)(\exp(\gamma x)/2)+(V_s-I_sZ_c)(\exp(-\gamma x)/2) \tag{2.11.24}$$

$$I=(V_s+I_sZ_c)(\exp(\gamma x)/2Z_c)-(V_s-I_sZ_c)(\exp(-\gamma x)/2Z_c) \tag{2.11.25}$$

因此，正向和反向运行电压和电流波的幅值分别由下式给出：

$$\begin{aligned} V^+ &= (V_s+I_sZ_c)/2 \\ V^- &= (V_s-I_sZ_c)/2 \end{aligned} \tag{2.11.26}$$

$$\begin{aligned} I^+ &= (V_s+I_sZ_c)/2Z_c \\ I^- &= -(V_s-I_sZ_c)/2Z_c \end{aligned} \tag{2.11.27}$$

特征阻抗是传输线上任意位置的电压和电流波的幅值之比。因此，特征阻抗为

$$Z_c=V^+/I^+ \text{ 或 } Z_c=-V^-/I^- \tag{2.11.28}$$

若 $x=0$，$V=IZ_c$，则有 $V_s-I_sZ_c=0$，且当前仅有向前的波。

若 $x=0$，$V=IZ_L$，$x=-L$，$V=IZ_{in}$，则有

$$\frac{Z_{in}}{Z_c}=\frac{Z_L1+(Z_c/Z_L)\tanh\gamma L}{Z_c1+(Z_L/Z_c)\tanh\gamma L} \tag{2.11.29}$$

对于上述的输电线，定义电压反射系数（在负载处）为反射电压与入射电压的系数，该结果可能为复数。因此，若 $x=0$，$V=IZ_L$：

$$(V_s+I_sZ_c)(1-Z_L/Z_c)+(V_s-I_sZ_c)(1+Z_L/Z_c)=0 \tag{2.11.30}$$

由此

$$\Gamma=V^-/V^+=(V_s-I_sZ_c)/(V_s+I_sZ_c)=-(1-Z_L/Z_c)/(1+Z_L/Z_c) \tag{2.11.31}$$

因此，对于给定的负载阻抗 Z_L、输入阻抗 Z_{in} 和电压反射系数 Γ 都是长度 L 的函数。当 $x=-L$ 时：

$$V_R=V_s\cosh\gamma L+I_sZ_c\sinh\gamma L \tag{2.11.32}$$

$$I_R=I_s\cosh\gamma L+(V_s/Z_c)\sinh\gamma L \tag{2.11.33}$$

通过反转关系得到

$$V_s=V_R\cosh\gamma L-I_RZ_c\sinh\gamma L \tag{2.11.34}$$

$$I_s=I_R\cosh\gamma L+(V_R/Z_c)\sinh\gamma L \tag{2.11.35}$$

式（2.11.32）和（2.11.33）的矩阵形式为

$$\begin{bmatrix} V_R \\ I_R \end{bmatrix} = \begin{bmatrix} \cosh\gamma L & Z_c \sinh\gamma L \\ \sinh\gamma L / Z_c & \cosh\gamma L \end{bmatrix} \begin{bmatrix} V_s \\ I_s \end{bmatrix} \tag{2.11.36}$$

对于 π 等效电路，可得

$$\begin{bmatrix} V_R \\ I_R \end{bmatrix} = \left[\begin{bmatrix} 1 & 0 \\ Y_\pi & 1 \end{bmatrix} + Z_\pi \begin{bmatrix} Y_\pi/2 & 1 \\ (Y_\pi/2)^2 & Y_\pi/2 \end{bmatrix} \right] \begin{bmatrix} V_s \\ I_s \end{bmatrix} \tag{2.11.37}$$

因此

$$\begin{aligned} Z_\pi &= Z_c \sinh\gamma L \\ \frac{Y_\pi}{2} &= \frac{1}{Z_c} \tanh\left(\frac{\gamma L}{2}\right) \end{aligned} \tag{2.11.38}$$

输电线的 π 等效电路的阻抗和电导参数如图 2.28 所示。Z_π 和 $Y_\pi/2$ 用于估计输电线路中有功功率和无功功率的损耗部分。通过重写输电线路集总模型，可以有效地评估输电线路中的有功和无功功率损耗，即

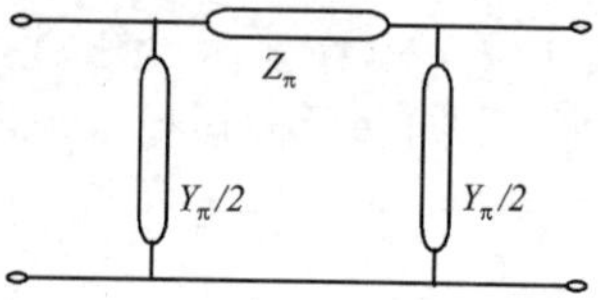

图 2.28　输电线的 π 等效电路

$$\begin{bmatrix} I_R \\ -I_s \end{bmatrix} = \frac{1}{Z_c \sinh\gamma L} \begin{bmatrix} \cosh\gamma L & -1 \\ -1 & \cosh\gamma L \end{bmatrix} \begin{bmatrix} V_R \\ V_s \end{bmatrix} \tag{2.11.39}$$

2.11.3　变压器

变压器在电力系统中有重要作用，它们能将电能的电压变换。尽管变压器经常用于控制负载侧电压，也可以用来变换电压使其适合传输或应用。变压器是电磁元件，对其建模即建立被称为理想变压器的简化等效电路。这是个两端口电路元件，如图 2.29 所示。

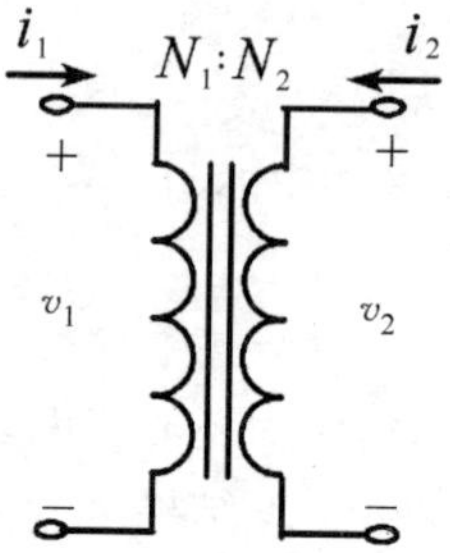

图 2.29　作为电路元件的理想变压器

理想变压器是一种限制其端电压和电流的网络元件，限制方式如下：

$$v_1/N_1 = v_2/N_2,\ N_1 i_1 = -N_2 i_2 \tag{2.11.40}$$

由此可知，理想变压器不消耗、生产、存储能量。因此，流入变压器的功率之和为 0：

$$p_1 + p_2 = v_1 i_1 + v_2 i_2 = 0 \tag{2.11.41}$$

但是，由于理想变压器限制其终端电压和电流，它以一种特殊的方式转换负载阻抗和源阻抗。由此，设变压器输出加载阻抗 Z_L：

$$\begin{aligned} v_2 &= -Z_L i_2 \\ i_2 &= -(N_1/N_2) i_1 \\ v_1 &= (N_1/N_2) v_2 = (N_1/N_2)^2 Z_L i_1 \end{aligned} \tag{2.11.42}$$

由此，相应的变压器输入阻抗为

$$Z_{in}=v_1/i_1=(N_1/N_2)^2Z_L \tag{2.11.43}$$

真实变压器的基础特性如下：①变压器输入和输出绕组周围的漏磁通由漏电感L_1和L_2表示，而漏电感分别由其阻抗Z_{L1}和Z_{L2}表示；②变压器铁心认为由磁性材料制成，并且在饱和状态下，由磁化电感表示（$L_{ma}>>L_i$，$i=1,2$）；③绕组（铜线圈）和变压器铁心（磁滞和感应电流）的损耗由集总电阻表示；④与理想变压器相同，电压/电流的上升或下降取决于匝数比。等效电路如图2.30所示。

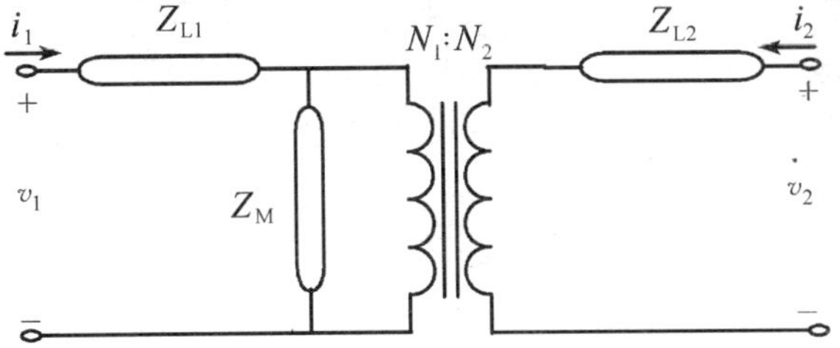

图2.30　作为电路元件的理想变压器

与电压和电流相关的动态方程为

$$v=\boldsymbol{Ri}+\frac{d\lambda}{dt}=\boldsymbol{Ri}+L\frac{d\boldsymbol{i}}{dt} \tag{2.11.44}$$

$$\begin{bmatrix} v_1 \\ v_2 \end{bmatrix}=\begin{bmatrix} r_1 & 0 \\ 0 & r_2 \end{bmatrix}\begin{bmatrix} i_1 \\ i_2 \end{bmatrix}+\begin{bmatrix} L_{L1}+L_{ma} & L_{ma}/m \\ L_{ma}/m & L_{L2}+L_{ma}/m^2 \end{bmatrix}\frac{d}{dt}\begin{bmatrix} i_1 \\ i_2 \end{bmatrix} \tag{2.11.45}$$

$$m=N_1/N_2$$

该等式可以在拉普拉斯变换域或频域中以输入－输出的形式表示。

2.11.4　功率因数提升

功率因数是提供的实际功率与视在功率的比值，其中视在功率是电压和电流的乘积。对于纯电阻负载，功率因数为1。有功和无功功率分别用P和Q表示。电路消耗的平均功率称为有功功率，提供给无功元器件用于存储的能量的功率称为无功功率。有功功率等同于“真实功率”或简单来说，“功率”。有功功率是生产、转移、或消耗电能的速度。其计量单位为瓦（W），常用千瓦（kW）或兆瓦（MW）表示。基本上，总是用“有功”或“真实”功率来代替单独使用“功率”，以与无功功率区分。视在功率是电压（单位为伏）与电流（单位为安）的乘积。它包括有功和无功功率，单位是“伏安”（VA），但常用的是“千伏安”(kVA)或“兆伏安”(MVA)。电感负载导致电流滞后于电压。电压和电流的波形相互是“异相”的。相位越异步，功率因数越低。功率因数通常表示为cosφ。产生低功率因数的原因可能是在负载端子上电压和电流之间显著的电位差，或是有高谐波含量或失真/不连续的电流波形。大的负载电流相位滞后角通常是类似感应电动机的电力变压器或感应发电机本身的感性负载的结果。安装非电阻负载，如交流电动机和变压器，会导致功率因数进一步减小。功率因数可以通过使用电容器提高。电容器的工作方式是提供与存储在负载中的无功功率反相的无功功率。运行时的功率因数通常为0.95~0.98。提高功率因数，可以使用电子开关电容器组、同步电容器、静止同步补偿器（STATCOM）和调制滤波电容补偿器等。受控电力电子电路或静止无功补偿器（SVC）用于提供在各种系统条件下，控制动态电压摆幅所需的无功功率，从而提高电力系统的输电和配电性能。通过在电路中安装合适容量的开关电容，由SVC控制，功率因数能提高的接近于1，此时最大限度地减少能源浪费和提高工厂效率。此外，AVC能抑制电路中的有功功率分量的波动。功率因数也可通过安装有负载的同步电动机或无原动机的同步发电机来提高。STATCOM是一个既可以注入，也可以吸收无功功率的电力电子调节装置。因此能够良好地调节无功功率并保持接近于1的功率因数性能。STATCOM和SVC使用的技术属于柔性交流输电系统（FACTS）的功率因数补偿技术系列。

参考文献

El-Hawary ME (2008) Introduction to electrical power systems, IEEE press series on power engineering, vol 50. Wiley, New York

Kenjo T (1991) An introduction electric motors and their controls. Oxford Science Publishers, Oxford University Press, Oxford

Kundur P (1994) Power system stability and control. International Edition, McGraw-Hill Professional, USA, ISBN 9780070359581

Miano G, Maffucci A (2001) Transmission lines and lumped circuits: fundamentals and applications, Academic Press series in electromagnetism. Academic Press, New York

Wach P (2011) Dynamics and control of electrical drives. Springer, Berlin

第3章

同步和感应发电机的建模

3.1 建模的通用原理：Park 变换和应用

本章描述目前常用于控制系统集成与设计的同步和感应发电机模型。在后续的内容中，主要介绍同步和感应发电机的基本原理和 Park 变换（Park Transformation）。随后，介绍同步和感应发电机的等效电路模型，同时参照关于永磁式和电磁式同步发电机及双馈感应发电机的相关示例。关于同步和感应发电机建模更详尽的内容，读者请参阅 Sarma（1994）和 Krause 等人（1995）的研究。

典型的交流发电机是三相的，三相的电压可以表示为

$$v_a = V_a\cos\omega t = V_a\mathrm{Re}(e^{j\omega t}) \tag{3.1.1}$$

$$v_b = V_b\cos(\omega t - 2\pi/3) = V_b\mathrm{Re}(e^{j(\omega t - 2\pi/3)}) \tag{3.1.2}$$

$$v_c = V_c\cos(\omega t + 2\pi/3) = V_c\mathrm{Re}(e^{j(\omega t + 2\pi/3)}) \tag{3.1.3}$$

假定将这三个电压源分别连接到三个相同的负载上，负载为复阻抗 Z。则三相的电流分别为

$$i_a = \mathrm{Re}(V_a e^{j\omega t}/Z) \tag{3.1.4}$$

$$i_b = \mathrm{Re}(V_b e^{j(\omega t - 2\pi/3)}/Z) \tag{3.1.5}$$

$$i_c = \mathrm{Re}(V_c e^{j(\omega t + 2\pi/3)}/Z) \tag{3.1.6}$$

值得注意的是，对于任意的 ωt，都有下式成立：

$$\cos\omega t + \cos(\omega t - 2\pi/3) + \cos(\omega t + 2\pi/3) = 0 \tag{3.1.7}$$

因此，三相中的电流的和为

$$i_a + i_b + i_c = 0 \tag{3.1.8}$$

相“a”的瞬时功率，$p_a = v_a i_a$，为

$$p_a = (V_a^2/Z)\cos\omega t\cos(\omega t - \psi) \tag{3.1.9}$$

三相中的瞬时功率，$p_x = v_x i_x$，可以表示为

$$p_a = (V_a^2/2|Z|)((1+\cos 2\omega t)\cos\psi + \sin 2\omega t\sin\psi) \tag{3.1.10}$$

$$p_b = (V_b^2/2|Z|)((1+\cos 2(\omega t - 2\pi/3))\cos\psi + \sin 2(\omega t - 2\pi/3)\sin\psi) \tag{3.1.11}$$

$$p_c = (V_c^2/2|Z|)((1+\cos 2(\omega t + 2\pi/3))\cos\psi + \sin 2(\omega t + 2\pi/3)\sin\psi) \tag{3.1.12}$$

因此，总的瞬时功率为

$$p = p_a + p_b + p_c = (3V_a^2/2|Z|)\cos\psi \tag{3.1.13}$$

对于三相中的每一相，复功率（有功和无功）为

$$P_{ph} + jQ_{ph} = (V_a^2/2|Z|)(\cos\psi + j\sin\psi) \tag{3.1.14}$$

下面讨论含励磁器的电磁式同步发电机发电时的控制情况。绕组的磁通量决定了绕组上的总电压降。为求解该电压降，需要先计算发电机的电感矩阵，该矩阵描述了所有绕组的磁通与其电流之间的关系。对于凸极同步发电机，电感矩阵与转子位置有关。一定程度上，是由凸极发电机转子的形状和结构决定的。因此，存在一个合适的磁场方向，与励磁绕组产生的磁通方向一致。该方向确定了发电机的直轴（direct（d）axis，后文统称直轴）。发电机的交轴（quadrature（q）axis，后文统称交轴）为发电机的直轴 90 电角度（逆时针）方向。由此，转子的位置可以用在电枢相 a 的磁轴和转子的交轴之间的角度 θ 表示。相位中的电流可以用 Park 变换转换到 $d-q$ 参考系（$d-q$frame，后文统称 $d-q$ 参考系），即

$$\begin{bmatrix} i_0 \\ i_d \\ i_q \end{bmatrix} = \boldsymbol{P} \begin{bmatrix} i_a \\ i_b \\ i_c \end{bmatrix}$$

$$\boldsymbol{P} = \sqrt{\frac{2}{3}} \begin{bmatrix} 1/\sqrt{2} & 1/\sqrt{2} & 1/\sqrt{2} \\ \sin\theta & \sin(\theta - 2\pi/3) & \sin(\theta - 4\pi/3) \\ \cos\theta & \cos(\theta - 2\pi/3) & \cos(\theta - 4\pi/3) \end{bmatrix} \tag{3.1.15}$$

式中，i_a、i_b、i_c为相电流；i_d、i_q分别为直轴和交轴的电流；θ 是直轴电流 i_d与相电流 i_a之间的角度；i_0是中性电流，在没有中性连接的 Y 联结发电机中为 0。

若发电机在正弦稳态下工作，相电压在 $a-b-c$ 参考系下表述为

$$[v_a \quad v_b \quad v_c] = V_p[\cos\theta_v \quad \cos(\theta_v - 2\pi/3) \quad \cos(\theta_v - 4\pi/3)]$$

直轴和交轴的电压 v_d和 v_q，可通过 Park 变换得到：

$$[v_0 \quad v_d \quad v_q]^T = \boldsymbol{P}[v_a \quad v_b \quad v_c]^T = \sqrt{\frac{3}{2}} V_p [0 \quad \sin\delta \quad \cos\delta]^T \tag{3.1.16}$$

“中性线”电压 v_0为 0。转子角度 $\delta = \theta - \theta_v - \pi/2$，定义为以相 a 中的相电压的基波分量的最大正向值为基准，转子相对于此的偏移。实际上，θ、θ_v和 δ 可以分别用转子的电气角速度 ω_e和额定同步频率 ω_r表示为

$$\begin{gathered} \theta = \omega_e t = \theta_v + \delta + \pi/2 \\ \theta_v = \omega_r t \\ d\delta/dt = \omega_e - \omega_r \end{gathered} \tag{3.1.17}$$

转子绕组产生以直轴方向为主的磁链。该磁通产生落后 90°的感应电动势，方向是交轴负方向。对于发电机运转来说，感应电动势的相角比终端电压的相角领先 δ 角度。在 $t=0$ 时刻，交轴负方向的相角领先 a 轴电压的相角 δ 角度。当 $t>0$ 时，

转子的角速度为 ω_r，直轴和交轴都随着转子移动了 $\omega_r t$ 角度。转子的交轴因此回到原位。当转子经过一对磁极时，遍历一个电循环。因此，转子的电气速度是转子的机械速度的整数倍。转子的电气速度 ω_e 和负载转矩 T_{el} 分别与转子的机械速度 ω_m 和机械负载转矩 T_{mel}，以及磁极的个数 P 相关，关系为

$$\begin{aligned}\omega_e &= P\omega_m/2 \\ T_{el} &= 2T_{mel}/P\end{aligned} \tag{3.1.18}$$

单个绕组产生的磁场是该绕组中所有线圈产生的磁场的总和。根据安培法则，N 个电流为 i_a 的线圈产生的磁场正比于 $Ni_a/2$。相对于磁场方向 θ 角度的磁场分量为 $Ni_a\cos\theta/2$。因此，线圈产生的垂直于线圈方向的磁通量为 $\lambda = L_{eqa}i_a$。

各相位绕组 a、b、c 的磁链可以用自感和互感分别表示为

$$\begin{aligned}\begin{bmatrix}\lambda_a\\ \lambda_b\\ \lambda_c\end{bmatrix} &= \begin{bmatrix}\lambda_{aa}\\ \lambda_{ba}\\ \lambda_{ca}\end{bmatrix} + \begin{bmatrix}\lambda_{ab}\\ \lambda_{bb}\\ \lambda_{cb}\end{bmatrix} + \begin{bmatrix}\lambda_{ac}\\ \lambda_{bc}\\ \lambda_{cc}\end{bmatrix} + \begin{bmatrix}\lambda_{af}\\ \lambda_{bf}\\ \lambda_{cf}\end{bmatrix} \\ &= \begin{bmatrix}L_{aa} & L_{ab} & L_{ac}\\ L_{ba} & L_{bb} & L_{bc}\\ L_{ca} & L_{cb} & L_{cc}\end{bmatrix}\begin{bmatrix}i_a\\ i_b\\ i_c\end{bmatrix} + \begin{bmatrix}L_{af}\\ L_{bf}\\ L_{cf}\end{bmatrix} i_f\end{aligned} \tag{3.1.19}$$

在式（3.1.19）中，定子自感为

$$\begin{bmatrix}L_{aa}\\ L_{bb}\\ L_{cc}\end{bmatrix} = \begin{bmatrix}L_{aa0}\\ L_{bb0}\\ L_{cc0}\end{bmatrix} + L_{al}\begin{bmatrix}1\\ 1\\ 1\end{bmatrix} + \begin{bmatrix}\cos 2\theta_{\lambda a}\\ \cos 2(\theta_{\lambda a} - 2\pi/3)\\ \cos 2(\theta_{\lambda a} + 2\pi/3)\end{bmatrix} L_m \tag{3.1.20}$$

定子互感为

$$\begin{bmatrix}L_{ab}\\ L_{ac}\\ L_{bc}\end{bmatrix} = \begin{bmatrix}L_{ba}\\ L_{ca}\\ L_{cb}\end{bmatrix} = -\frac{1}{2}\begin{bmatrix}L_{aa0}\\ L_{bb0}\\ L_{cc0}\end{bmatrix} + \begin{bmatrix}\cos 2(\theta_{\lambda a} - \pi/3)\\ \cos 2(\theta_{\lambda a} - 2\pi/3)\\ \cos 2\theta_{\lambda a}\end{bmatrix} L_m \tag{3.1.21}$$

$$\begin{bmatrix}L_{af}\\ L_{bf}\\ L_{cf}\end{bmatrix} = \begin{bmatrix}\cos\theta_{\lambda a}\\ \cos(\theta_{\lambda a} - 2\pi/3)\\ \cos(\theta_{\lambda a} + 2\pi/3)\end{bmatrix} L_{afm} \tag{3.1.22}$$

相 a 的总磁链 λ_a 可以表示为

$$\begin{aligned}\lambda_a = {} & (L_{aa0} + L_{al} + L_m\cos 2\theta_{\lambda a})i_a - L_{aa0}(i_b + i_c)/2 + \\ & i_b L_m \cos 2(\theta_{\lambda a} - \pi/3) + i_c L_m \cos 2(\theta_{\lambda a} - 2\pi/3) + L_{afm} i_f \cos\theta_{\lambda a}\end{aligned} \tag{3.1.23}$$

又因为

$$\begin{aligned} & i_a + i_b + i_c = 0 \\ \lambda_a = {} & (L_{aa0} + L_{al} + L_{aa0}/2 + L_m\cos 2\theta_{\lambda a})i_a + \\ & i_b L_m \cos 2(\theta_{\lambda a} - \pi/3) + i_c L_m \cos 2(\theta_{\lambda a} - 2\pi/3) + L_{afm} i_f \cos\theta_{\lambda a}\end{aligned} \tag{3.1.24}$$

因此

$$\lambda_a=(3L_{aa0}/2+L_{al}+L_m\cos2\theta_{\lambda a})i_a+i_bL_m\cos2(\theta_{\lambda a}-\pi/3)+i_cL_m\cos2(\theta_{\lambda a}-2\pi/3)+L_{afm}i_f\cos\theta_{\lambda a} \tag{3.1.25}$$

若同步电感 L_s 定义为

$$L_s=3L_{aa0}/2+L_{al} \tag{3.1.26}$$

相 a 的总磁链 λ_a 可以表示为

$$\lambda_a=(L_s+L_m\cos2\theta_{\lambda a})i_a+i_bL_m\cos2(\theta_{\lambda a}-\pi/3)+i_cL_m\cos2(\theta_{\lambda a}-2\pi/3)+L_{afm}i_f\cos\theta_{\lambda a} \tag{3.1.27}$$

因此，各相位 a、b、c 的绕组磁链可以用自感和互感表示为

$$\begin{bmatrix}\lambda_a\\ \lambda_b\\ \lambda_c\end{bmatrix}=L_s\begin{bmatrix}i_a\\ i_b\\ i_c\end{bmatrix}+\boldsymbol{L}_m\begin{bmatrix}i_a\\ i_b\\ i_c\end{bmatrix}+\begin{bmatrix}\cos\theta_{\lambda a}\\ \cos(\theta_{\lambda a}-2\pi/3)\\ \cos(\theta_{\lambda a}+2\pi/3)\end{bmatrix}L_{afm}i_f \tag{3.1.28}$$

其中

$$\boldsymbol{L}_m=\begin{bmatrix}\cos2(\theta_{\lambda a}) & \cos(\theta_{\lambda a}-\pi/3) & \cos(\theta_{\lambda a}-2\pi/3)\\ \cos2(\theta_{\lambda a}-2\pi/3) & \cos2(\theta_{\lambda a}) & \cos(\theta_{\lambda a}-\pi/3)\\ \cos2(\theta_{\lambda a}-\pi/3) & \cos(\theta_{\lambda a}-2\pi/3) & \cos2(\theta_{\lambda a})\end{bmatrix} \tag{3.1.29}$$

三相的磁链 λ_a、λ_b 和 λ_c 与 $d-q$ 参考系下的磁链 λ_0、λ_d 和 λ_q 可以相互转换，$d-q$ 参考系下的磁链可以写为

$$\begin{bmatrix}\lambda_0\\ \lambda_d\\ \lambda_q\end{bmatrix}=\boldsymbol{P}\begin{bmatrix}\lambda_a\\ \lambda_b\\ \lambda_c\end{bmatrix}$$

$$\begin{bmatrix}\lambda_a\\ \lambda_b\\ \lambda_c\end{bmatrix}=\boldsymbol{P}^{-1}\begin{bmatrix}\lambda_a\\ \lambda_b\\ \lambda_c\end{bmatrix}$$

$$\boldsymbol{P}^{-1}=\boldsymbol{P}^{T} \tag{3.1.30}$$

特别的，当 $L_m=0$ 时：

$$\begin{bmatrix}\lambda_0\\ \lambda_d\\ \lambda_q\end{bmatrix}=L_s\begin{bmatrix}i_0\\ i_d\\ i_q\end{bmatrix}+\sqrt{\frac{3}{2}}\begin{bmatrix}0\\ \sin(\theta-\theta_{\lambda a})\\ \cos(\theta-\theta_{\lambda a})\end{bmatrix}L_{afm}i_f \tag{3.1.31}$$

再者，若 $\theta-\theta_{\lambda a}=\pi/2$，且 $L_m\neq0$：

$$\begin{bmatrix}\lambda_0\\ \lambda_d\\ \lambda_q\end{bmatrix}=L_s\begin{bmatrix}i_0\\ i_d\\ i_q\end{bmatrix}+\frac{3}{2}L_m\begin{bmatrix}0&0&0\\ 0&1&0\\ 0&0&-1\end{bmatrix}\begin{bmatrix}i_0\\ i_d\\ i_q\end{bmatrix}+\sqrt{\frac{3}{2}}\begin{bmatrix}0\\ 1\\ 0\end{bmatrix}L_{afm}i_f \tag{3.1.32}$$

在这种情况下，磁场产生的磁链是沿直轴方向的。

三相同步电动机中的电流，根据三个电动机相位的常规磁轴定义，划分为$\gamma_p = 2\pi/3$三相。也可将它们转换至两轴坐标系框架下。新的两轴坐标系的实轴或α轴，可以任意选择一个与a轴一致的。显然，交轴或β轴与α轴正交。这对轴可用二维复平面表示。两轴坐标系中的电流与三相电流的关系为

$$\begin{bmatrix} i_\alpha \\ i_\beta \end{bmatrix} = \frac{2}{3}\begin{bmatrix} 1 & \cos(2\pi/3) & \cos(4\pi/3) \\ 0 & \sin(2\pi/3) & \sin(4\pi/3) \end{bmatrix}\begin{bmatrix} i_a \\ i_b \\ i_b \end{bmatrix}$$

$$\begin{bmatrix} i_a \\ i_b \\ i_b \end{bmatrix} = \begin{bmatrix} 1 & \cos(2\pi/3) & \cos(4\pi/3) \\ 0 & \sin(2\pi/3) & \sin(4\pi/3) \end{bmatrix}^{\mathrm{T}}\begin{bmatrix} i_\alpha \\ i_\beta \end{bmatrix} \tag{3.1.33}$$

空间电流矢量可以用复平面中的矢量表示。将空间电流矢量投影在相应的相位轴上，可以得到相电流。原始静止两轴参考系，即静态（$\alpha\beta$）坐标系，转换到新的旋转参考系，即$d-q$参考系，其中，空间电流矢量和直轴、交轴都以角速度ω_e旋转：

$$\begin{bmatrix} i_\alpha \\ i_\beta \end{bmatrix} = \begin{bmatrix} \cos\theta & -\sin\theta \\ \sin\theta & \cos\theta \end{bmatrix}\begin{bmatrix} i_d \\ i_q \end{bmatrix}$$

$$\begin{bmatrix} i_d \\ i_q \end{bmatrix} = \begin{bmatrix} \cos\theta & \sin\theta \\ -\sin\theta & \cos\theta \end{bmatrix}\begin{bmatrix} i_\alpha \\ i_\beta \end{bmatrix} \tag{3.1.34}$$

$$\frac{\mathrm{d}}{\mathrm{d}t}\theta = \omega_e$$

3.2　励磁同步发电机

直流电场的励磁是决定电磁式同步发电机性能的一个重要因素。发电机的稳定性，尤其是在负载和发电机的响应速度发生突变时，很大程度上取决于励磁性能。一些设备通常使用多个励磁机制。最简单的励磁机制是由直流电源使用一系列的换向器集电环和电刷得到的。励磁电流可由直流发电机或同步发电机提供。若是后者，首先要经过整流才能将电流提供给励磁器。因此，发电机产生的功率最多有3%提供给励磁器。为避免换向器机械部分的磨损或损坏，可以使用无刷系统。无刷系统使用一个二次励磁器提供静态永磁与定子相连，并用三相绕组缠绕电枢。三相输出通过一个旋转三相桥式整流器整流，输出供电给主发电机。系统采用这样的方式避免了使用电刷，但需要一个二次侧的小型励磁器。

3.3 等效电路模型

图 3.1 表示 $d-q$ 参考系下，永磁式同步发电机的直轴和交轴等效电路，该坐标系以电气角速度 ω 同步旋转。等效电路模型的优点在于可以更好地考虑损耗和磁滞现象的影响。图 3.1 所示的等效电路模型考虑了铜心线损和磁心损耗的影响。其中，磁心损耗用等效的磁心损耗电阻 R_c 表示。若假设 R_c 是频率的函数，则除了磁滞损耗外，还要考虑涡流损耗。

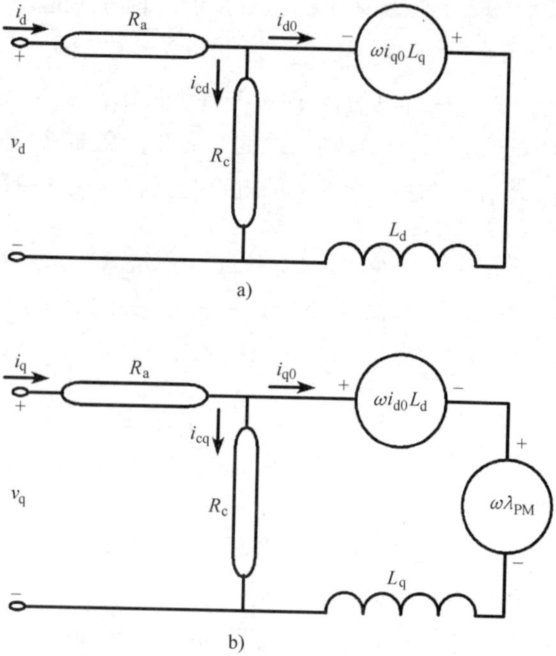

图 3.1　同步发电机的等效电路模型

3.4 具有磁场定向的永磁同步发电机的机电模型

三相永磁同步发电机的磁场由一个永磁铁在一系列电枢绕组形成的定子磁场内旋转所产生。电枢绕组需经受很大的瞬时电流，且具有很大的机械强度。为此，电枢绕组放置在定子上，而永磁铁安装在转子上。旋转的永磁铁在转子和定子之间的气隙处产生旋转磁场。电枢的三相电压和电流的动态特性可以直接在直轴和交轴坐标系中表示。直轴和交轴中的动态特性与变压器的等效电路中的动态特性相似：在这两者中，绕组都通过相互耦合的电感连接，且绕组的特点是有电阻和漏电感。描述电流、电压和电气旋转速度之间关系的动态方程可以在 $d-q$ 参考系下表示为

$$\begin{bmatrix} v_d \\ v_q \end{bmatrix} = -R_s \begin{bmatrix} i_d \\ i_q \end{bmatrix} + \omega_e \boldsymbol{J}^T \begin{bmatrix} \lambda_d \\ \lambda_q \end{bmatrix} - \frac{d}{dt}\begin{bmatrix} \lambda_d \\ \lambda_q \end{bmatrix}$$

$$\boldsymbol{J}^T = \begin{bmatrix} 0 & -1 \\ 1 & 0 \end{bmatrix} \tag{3.4.1}$$

$$\begin{bmatrix} \lambda_d \\ \lambda_q \end{bmatrix} = L_{1s}\begin{bmatrix} i_d \\ i_q \end{bmatrix} + \frac{3}{2}\begin{bmatrix} L_0 - L_2 & 0 \\ 0 & L_0 + L_2 \end{bmatrix}\begin{bmatrix} i_d \\ i_q \end{bmatrix} + \begin{bmatrix} K_t \\ 0 \end{bmatrix}$$

$$\equiv \begin{bmatrix} L_d & 0 \\ 0 & L_q \end{bmatrix}\begin{bmatrix} i_d \\ i_q \end{bmatrix} + \begin{bmatrix} K_t \\ 0 \end{bmatrix} \tag{3.4.2}$$

$$K_t = \sqrt{\frac{3}{2}}\lambda_m$$

式中，v_d、v_q是直轴和交轴的控制输入电压；i_d、i_q是直轴和交轴上的发电机电流；λ_d、λ_q是定子磁链的 $d-q$ 部分；λ_m是永磁铁磁通；K_t是转矩常量；R_s是电枢绕组电阻；L_0是由于空间基本气隙磁通而产生的自感分量；L_2是由于转子位置相关通量而产生的自感分量；L_{ls}是漏磁通。

如果引入新参数 L_d和 L_q，这两个参数由 L_{ls}、L_0和 L_2表示，那么上述对同步发电机的整套描述可以得到简化，且物理意义更明确。在稳态，或扰动发生足够长的时间后，阻尼器绕组中的电流会消失，而电感则描述了在扰动刚发生时和稳态情况下，电流如何与磁通关联。由此可以进一步推导出描述阻尼绕组中电流衰减速度的时间常数。

发电机的电磁制动转矩为

$$T_{el} = \begin{bmatrix} \lambda_d \\ \lambda_q \end{bmatrix}^T \boldsymbol{J} \begin{bmatrix} i_d \\ i_q \end{bmatrix} \qquad (3.4.3)$$

$$T_{el} = (\lambda_d i_q - \lambda_q i_d)$$

也可以表示为

$$T_{el} = (i_d i_q (L_d - L_q) + K_t i_q) \qquad (3.4.4)$$

永磁同步发电机（PMSG）的机械模型可以表示为

$$J_{eq} d\omega_m / dt + B_{eq}\omega_m = T_{drive} - T_{mel} \qquad (3.4.5)$$

式中，J_{eq}是发电机轴的等效总惯量；ω_m是发电机轴的机械角速度；B_{eq}是等效的总摩擦系数；T_{drive}是驱动发电机的转矩；T_{mel}是机械等效的电磁负载转矩，电磁负载转矩 T_{mel}可根据发电机动力学计算得到。

转子的电气角速度 ω_e和电气负载转矩 T_{el}，分别与转子的机械角速度 ω_m和机械负载转矩 T_{mel}以及磁极个数 P 相关，具体关系为

$$\begin{aligned} \omega_e &= P\omega_m/2 \\ T_{el} &= 2T_{mel}/P \end{aligned} \qquad (3.4.6)$$

转子电气角速度的控制方程为

$$J_{eq}\frac{d\omega_e}{dt} + B_{eq}\omega_e = \frac{P}{2}\left(T_{drive} - \frac{P}{2}T_{el}\right) \qquad (3.4.7)$$

利用磁场定向这一概念可以简化永磁同步发电机的动态方程。永磁体的磁通方向与直轴方向相同，而定子电流矢量是沿交轴方向的。由此可得

$$\begin{aligned} i_d &\approx 0 \\ \lambda_d &\approx K_t \\ \lambda_q &= \left(L_{1s} + \frac{3}{2}(L_0 + L_2)\right) i_q = L_q i_q \end{aligned} \qquad (3.4.8)$$

$$\begin{aligned} v_d &= -\omega_e L_q i_q \\ v_q &= -R_s i_q + \omega_e \lambda_d - \frac{d\lambda_q}{dt} \end{aligned} \qquad (3.4.9)$$

$$T_{\mathrm{el}} = K_{\mathrm{t}} i_{\mathrm{q}} \tag{3.4.10}$$

由此，控制方程可以简化为

$$v_{\mathrm{q}} = -R_{\mathrm{s}} i_{\mathrm{q}} - L_{\mathrm{q}} \frac{\mathrm{d}i_{\mathrm{q}}}{\mathrm{d}t} + K_{\mathrm{t}} \omega_{\mathrm{e}} \tag{3.4.11}$$

$$J_{\mathrm{eq}} \frac{\mathrm{d}\omega_{\mathrm{e}}}{\mathrm{d}t} + B_{\mathrm{eq}} \omega_{\mathrm{e}} = \frac{P}{2}\left(T_{\mathrm{drive}} - \frac{P}{2} K_{\mathrm{t}} i_{\mathrm{q}} \right) \tag{3.4.12}$$

该控制方程与直流电动机的控制方程类似。动态逆模型为

$$\begin{aligned} \frac{P^2}{4} K_{\mathrm{t}} i_{\mathrm{q}} &= \frac{P T_{\mathrm{drive}}}{2} - \left(J_{\mathrm{eq}} \frac{\mathrm{d}}{\mathrm{d}t} + B_{\mathrm{eq}} \right) \omega_{\mathrm{e}} \\ v_{\mathrm{q}} &= -\left(L_{\mathrm{q}} \frac{\mathrm{d}}{\mathrm{d}t} + R_{\mathrm{s}} \right) i_{\mathrm{q}} + K_{\mathrm{t}} \omega_{\mathrm{e}} \\ v_{\mathrm{d}} &= -\omega_{\mathrm{e}} L_{\mathrm{q}} i_{\mathrm{q}} \end{aligned} \tag{3.4.13}$$

考虑流程输入后，假设流程输入由驱动转矩得到，状态空间模型为

$$\frac{\mathrm{d}i_{\mathrm{q}}}{\mathrm{d}t} = -\frac{(R_{\mathrm{s}} i_{\mathrm{q}} - K_{\mathrm{t}} \omega_{\mathrm{e}})}{L_{\mathrm{q}}} - \frac{v_{\mathrm{q}}}{L_{\mathrm{q}}} \tag{3.4.14}$$

$$\frac{\mathrm{d}\alpha_{\mathrm{e}}}{\mathrm{d}t} = -\frac{B_{\mathrm{eq}}}{J_{\mathrm{eq}}} \alpha_{\mathrm{e}} + \frac{P^2}{4} K_{\mathrm{t}} \frac{(R_{\mathrm{s}} i_{\mathrm{q}} - K_{\mathrm{t}} \omega_{\mathrm{e}})}{J_{\mathrm{eq}} L_{\mathrm{q}}} + \frac{P^2 K_{\mathrm{t}} v_{\mathrm{q}}}{4 J_{\mathrm{eq}} L_{\mathrm{q}}} + \frac{P}{2} \frac{J_{\mathrm{d}}}{J_{\mathrm{eq}}} \tag{3.4.15}$$

$$\frac{\mathrm{d}\omega_{\mathrm{e}}}{\mathrm{d}t} = \alpha_{\mathrm{e}} \tag{3.4.16}$$

$$\frac{\mathrm{d}\theta_{\mathrm{e}}}{\mathrm{d}t} = \omega_{\mathrm{e}} \tag{3.4.17}$$

式中，J_{d}是驱动转矩。

假设已测量得到交轴电流和转子电气速度，则状态空间等式可以表示为

$$\frac{\mathrm{d}}{\mathrm{d}t}\begin{bmatrix} i_{\mathrm{q}} \\ \alpha_{\mathrm{e}} \\ \omega_{\mathrm{e}} \\ \theta_{\mathrm{e}} \end{bmatrix} = \begin{bmatrix} -R_{\mathrm{s}}/L_{\mathrm{q}} & 0 & K_{\mathrm{t}}/L_{\mathrm{q}} & 0 \\ \dfrac{P^2 K_{\mathrm{t}} R_{\mathrm{s}}}{4 J_{\mathrm{eq}} L_{\mathrm{q}}} & -\dfrac{B_{\mathrm{eq}}}{J_{\mathrm{eq}}} & -\dfrac{P^2 K_{\mathrm{t}}^2}{4 J_{\mathrm{eq}} L_{\mathrm{q}}} & 0 \\ 0 & 1 & 0 & 0 \\ 0 & 0 & 1 & 0 \end{bmatrix} \begin{bmatrix} i_{\mathrm{q}} \\ \alpha_{\mathrm{e}} \\ \omega_{\mathrm{e}} \\ \theta_{\mathrm{e}} \end{bmatrix} + \begin{bmatrix} -1 \\ \dfrac{P^2 K_{\mathrm{t}}}{4 J_{\mathrm{eq}}} \\ 0 \\ 0 \end{bmatrix} u_{\mathrm{q}} + \begin{bmatrix} 0 \\ 1 \\ 0 \\ 0 \end{bmatrix} w_{\mathrm{d}} \tag{3.4.18}$$

$$\boldsymbol{y} = \begin{bmatrix} 0 & 0 & 1 & 0 \\ 1 & 0 & 0 & 0 \end{bmatrix} \begin{bmatrix} i_{\mathrm{q}} \\ \alpha_{\mathrm{e}} \\ \omega_{\mathrm{e}} \\ \theta_{\mathrm{e}} \end{bmatrix} + \begin{bmatrix} 1 & 0 \\ 0 & 1 \end{bmatrix} \begin{bmatrix} v_{\omega} \\ v_{\mathrm{i}} \end{bmatrix} \tag{3.4.19}$$

式中，控制输入定义为 $u_{\mathrm{q}} = v_{\mathrm{q}}/L_{\mathrm{q}}$；控制扰动输入为 $w_{\mathrm{d}} = PJ_{\mathrm{d}}/2J_{\mathrm{eq}}$；$\boldsymbol{y}$ 是测量矢量；v_{ω}和 v_{i}是测量扰动。若控制输入由某个特定的控制量决定，则直轴和交轴的电压输入为

$$\begin{bmatrix} v_d \\ v_q \end{bmatrix} = L_q \begin{bmatrix} -\omega_e i_q \\ u_q \end{bmatrix} \tag{3.4.20}$$

在稳态且没有噪声的环境下：

$$L_q u_{qs} = -R_s i_{qs} + K_t \omega_{es} \tag{3.4.21}$$

$$B_{eq}\omega_{es} = \frac{P}{2}\left(T_{drive} - \frac{P}{2}K_t i_{qs}\right) \tag{3.4.22}$$

$$\begin{bmatrix} -P^2K_t/4 & 0 \\ R_s/L_q & 1 \end{bmatrix}\begin{bmatrix} i_{qs} \\ u_{qs} \end{bmatrix} = \begin{bmatrix} -P/2 & B_{eq} \\ 0 & K_t/L_q \end{bmatrix}\begin{bmatrix} T_{drive} \\ \omega_{es} \end{bmatrix} \tag{3.4.23}$$

$$\alpha_e = 0$$

由此

$$\begin{bmatrix} i_{qs} \\ u_{qs} \end{bmatrix} = \begin{bmatrix} -4/P^2K_t & 0 \\ 4R_s/P^2L_qK_t & 1 \end{bmatrix}\begin{bmatrix} -P/2 & B_{eq} \\ 0 & K_t/L_q \end{bmatrix}\begin{bmatrix} T_{drive} \\ \omega_{es} \end{bmatrix} \tag{3.4.24}$$

或

$$\begin{bmatrix} T_{drive} \\ \omega_{es} \end{bmatrix} = \begin{bmatrix} -2/P & 2B_{eq}L_q/PK_t \\ 0 & L_q/K_t \end{bmatrix}\begin{bmatrix} -P^2K_t/4 & 0 \\ R_s/L_q & 1 \end{bmatrix}\begin{bmatrix} i_{qs} \\ u_{qs} \end{bmatrix} \tag{3.4.25}$$

状态空间等式可以表示为

$$\frac{d}{dt}\begin{bmatrix} i_q \\ \omega_e \end{bmatrix} = \begin{bmatrix} -R_s/L_q & K_t/L_q \\ -\dfrac{P^2K_t}{4J_{eq}} & -\dfrac{B_{eq}}{J_{eq}} \end{bmatrix}\begin{bmatrix} i_q - i_{qs} \\ \omega_e - \omega_{es} \end{bmatrix} + \begin{bmatrix} -1 \\ 0 \end{bmatrix}(u_q - u_{qs}) + \begin{bmatrix} 0 \\ 1 \end{bmatrix}\frac{PT_{drive}}{2J_{eq}} \tag{3.4.26}$$

$$\boldsymbol{y} = \begin{bmatrix} 0 & 1 \\ 1 & 0 \end{bmatrix}\begin{bmatrix} i_q \\ \omega_e \end{bmatrix} + \begin{bmatrix} 1 & 0 \\ 0 & 1 \end{bmatrix}\begin{bmatrix} v_\omega \\ v_i \end{bmatrix} \tag{3.4.27}$$

图3.2所示是带控制器的完整的系统框图。

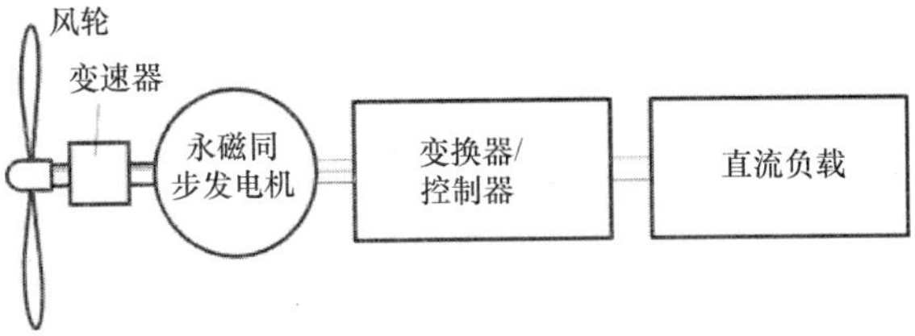

图3.2　典型永磁同步发电机的框图

3.5　励磁同步发电机的应用

图3.3所示是励磁同步发电机的典型示例框图。以一个具有逆变输出的100～300kW发电机为基础，其中的原动机是驱动主同步发电机的汽油发动机。主发电机的励磁由一个与之分离的小型发电机提供，这个发电机称为励磁器。通常，励磁

器由定子上的励磁绕组和转子上的电枢绕组构成，这样可以通过旋转的二极管桥式电路调整励磁器的电枢交流输出。整流器的输出直接与主发电机的磁场绕组相连。

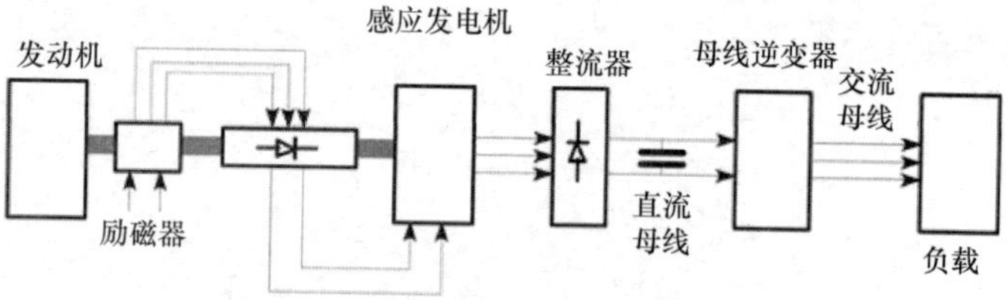

图 3.3　典型励磁同步发电机的框图

主发电机的输出通过额外的功率二极管电路进行整流，输出通过一个直流链路连接到母线逆变器上。通过母线逆变器，向负载提供平衡的三相电压。由于逆变器决定了负载频率，发电机的运行速度可以是变化的。使用一个速度控制系统以控制发电机，这样就能根据对原动机来说最优的负载 - 速度特性，跟踪到最大的功率变换条件。变速运行要求发电机设计为拥有最优同步电感。对当前大多数励磁同步发电机来说，励磁器和主发电机都具有功率电子控制器，以便于进行变速运行。

三相励磁同步发电机有三个相同的电枢绕组，对称地分布在气隙和一个磁场绕组周围。同时可能会有一个或多个阻尼绕组，为便于说明，假定有两个阻尼绕组，在发电机的两个轴上各有一个。电枢绕组置于定子之上，磁场和阻尼绕组位于转子之上。转子绕组是指，相对于三相电枢绕组，放置在气隙另一侧的磁场和阻尼绕组。此外，所有的铜损、发电机的插槽，以及由于接线、磁性饱和、插槽引起的损耗都忽略不计，定子磁通的空间分布假定是正弦分布，且假定定子和转子的磁导率无限大。

转子上的两个阻尼绕组分别是直轴阻尼绕组和交轴阻尼绕组。其中，直轴阻尼绕组的磁轴方向与直轴方向相同，交轴阻尼绕组的磁轴方向与交轴方向相同。阻尼绕组通常是短路的，且构造方式与同步发电机的笼型绕组非常相似。阻尼绕组用于减少转子的振荡，降低短路情况下的过电压，并有助于发电机的同步化。尽管所有的六个绕组在磁性上耦合，仍可假定在旋转的 $d-q$ 轴中，直轴的电枢绕组与磁场和直轴的阻尼绕组互相感应耦合，同时交轴的电枢绕组与交轴的阻尼绕组感应耦合。

发电机的电气动力学微分方程的推导基于以下假设：

1）电枢绕组在定子的内表面周边以特定的方式分布，该分布方式下，自感和互感都是转子位置角度的正弦函数。

2）磁场结构绕组对称地分布在定子的直轴和交轴周围，这样自感和互感均为常数。但假定磁场结构绕组和电枢绕组之间的互感是转子位置角度的正弦函数。

3）六个磁性耦合线圈的阻抗是常量。

4）定子槽对与转子位置角度相关的转子电感的变化的影响均忽略不计。

5）线性模型中不考虑磁性饱和效应。

6）滞后效应和涡流均忽略不计。

基于上述假设，$d-q$参考系下的电枢绕组电压可以表示为

$$\begin{bmatrix} v_\mathrm{d} \\ v_\mathrm{q} \end{bmatrix} = -R_\mathrm{s}\begin{bmatrix} i_\mathrm{d} \\ i_\mathrm{q} \end{bmatrix} + \omega_\mathrm{e}\boldsymbol{J}\begin{bmatrix} \lambda_\mathrm{d} \\ \lambda_\mathrm{q} \end{bmatrix} - \frac{\mathrm{d}}{\mathrm{d}t}\begin{bmatrix} \lambda_\mathrm{d} \\ \lambda_\mathrm{q} \end{bmatrix}$$

$$\boldsymbol{J} = \begin{bmatrix} 0 & 1 \\ -1 & 0 \end{bmatrix} \tag{3.5.1}$$

励磁电压v_fd、励磁电流i_fd和励磁磁链λ_fd之间的关系为

$$v_\mathrm{fd} = R_\mathrm{fd} i_\mathrm{fd} + \mathrm{d}\lambda_\mathrm{fd}/\mathrm{d}t \tag{3.5.2}$$

处在$d-q$参考系下的阻尼绕组不产生电压，但由于磁链λ_kd和λ_kq的存在，会产生相应的阻尼绕组电流i_kd和i_kq。i_kd和i_kq与磁链λ_kd和λ_kq的关系等式为

$$\begin{bmatrix} 0 \\ 0 \end{bmatrix} = \begin{bmatrix} R_\mathrm{kd} & 0 \\ 0 & R_\mathrm{kq} \end{bmatrix}\begin{bmatrix} i_\mathrm{kd} \\ i_\mathrm{kq} \end{bmatrix} + \frac{\mathrm{d}}{\mathrm{d}t}\begin{bmatrix} \lambda_\mathrm{kd} \\ \lambda_\mathrm{kq} \end{bmatrix} \tag{3.5.3}$$

磁链与绕组、励磁和阻尼绕组中的电流有关，具体关系为

$$\begin{bmatrix} \lambda_\mathrm{d} \\ \lambda_\mathrm{q} \end{bmatrix} = L_\mathrm{1s}\begin{bmatrix} i_\mathrm{d} \\ i_\mathrm{q} \end{bmatrix} + \begin{bmatrix} L_\mathrm{md} & 0 \\ 0 & L_\mathrm{mq} \end{bmatrix}\left[\begin{bmatrix} i_\mathrm{d} \\ i_\mathrm{q} \end{bmatrix} - \begin{bmatrix} i_\mathrm{kd} \\ i_\mathrm{kq} \end{bmatrix}\right] - \begin{bmatrix} L_\mathrm{md} \\ 0 \end{bmatrix} i_\mathrm{fd} \tag{3.5.4}$$

$$\lambda_\mathrm{fd} = \begin{bmatrix} -L_\mathrm{md} & (L_\mathrm{1fd} + L_\mathrm{md}) & L_\mathrm{md} \end{bmatrix}\begin{bmatrix} i_\mathrm{d} & i_\mathrm{fd} & i_\mathrm{kd} \end{bmatrix}^\mathrm{T} \tag{3.5.5}$$

$$\begin{bmatrix} \lambda_\mathrm{kd} \\ \lambda_\mathrm{kq} \end{bmatrix} = -\begin{bmatrix} L_\mathrm{md} & 0 \\ 0 & L_\mathrm{mq} \end{bmatrix}\begin{bmatrix} i_\mathrm{d} \\ i_\mathrm{q} \end{bmatrix} + \begin{bmatrix} L_\mathrm{1kd} + L_\mathrm{md} & 0 \\ 0 & L_\mathrm{1kq} + L_\mathrm{mq} \end{bmatrix}\begin{bmatrix} i_\mathrm{kd} \\ i_\mathrm{kq} \end{bmatrix} + \begin{bmatrix} L_\mathrm{md} \\ 0 \end{bmatrix} i_\mathrm{fd} \tag{3.5.6}$$

通常，机械运动动力学中也会涉及电参考速度，并将机械运动方程写为

$$J_\mathrm{eq}\frac{\mathrm{d}\omega_\mathrm{e}}{\mathrm{d}t} + B_\mathrm{eq}\omega_\mathrm{e} = \frac{P}{2}\left(T_\mathrm{wt}\frac{P}{2}T_\mathrm{el}\right) \tag{3.5.7}$$

电力功率输出、电磁负载转矩和励磁模型的定义对于完善同步发电机的定义十分重要。输出有功功率p_a、无功功率q_r和电磁负载转矩T_el分别为

$$p_\mathrm{a} = \begin{bmatrix} v_\mathrm{d} \\ v_\mathrm{q} \end{bmatrix}^\mathrm{T}\begin{bmatrix} i_\mathrm{d} \\ i_\mathrm{q} \end{bmatrix}$$

$$q_\mathrm{r} = \begin{bmatrix} v_\mathrm{d} \\ v_\mathrm{q} \end{bmatrix}^\mathrm{T}\boldsymbol{J}\begin{bmatrix} i_\mathrm{d} \\ i_\mathrm{q} \end{bmatrix} \tag{3.5.8}$$

$$T_\mathrm{el} = \begin{bmatrix} \lambda_\mathrm{d} \\ \lambda_\mathrm{q} \end{bmatrix}^\mathrm{T}\boldsymbol{J}\begin{bmatrix} i_\mathrm{d} \\ i_\mathrm{q} \end{bmatrix}$$

3.5.1 典型励磁器的建模

励磁器通常是一个不含阻尼绕组的同步发电机，因此其建模相对简单。励磁器的输入放大器的输出电压v_a，根据放大器增益k_a和放大器时间常数τ_a建模为

$$\tau_a dv_a/dt + v_a = k_a(v_{t-ref} - v_1 - v_3) \tag{3.5.9}$$

式中，v_1为调整器的输出反馈；v_3为发电机的稳定反馈，两者满足如下关系：

$$\tau_r dv_1/dt + v_1 = k_r v_t \tag{3.5.10}$$

$$\tau_f dv_3/dt + v_3 = k_f dv_{fd}/dt \tag{3.5.11}$$

励磁器的输出电压 v_{fd}满足：

$$\tau_e dv_{fd}/dt + k_e v_{fd} = v_a \tag{3.5.12}$$

由于励磁器的反馈经由端电压 v_t和基准端电压 v_{t-ref}，因此端电压的动态情况也非常重要。尤其需要考虑终端的电压降。因此，就理想端电压的 $d-q$ 分量、传输线电阻 R_e和传输线电感 L_e而言，终端电压的 $d-q$ 分量为

$$v_d = \sqrt{3/2}V_p\sin\delta + R_e i_d + L_e di_q/dt \tag{3.5.13}$$

$$v_q = \sqrt{3/2}V_p\cos\delta + R_e i_q - L_e di_d/dt \tag{3.5.14}$$

$$v_t = \sqrt{v_d^2 + v_q^2} \tag{3.5.15}$$

在稳态运行的情况下，$v_d = 0$，$v_q = \sqrt{3/2}V_p$，且假设 v_{t-ref}在理论上满足条件 $v_{t-ref} = \sqrt{3/2}V_p$。

3.5.2 模型参数的计算

在建立同步发电机的有效动态模型时，非常重要的一步就是建立和计算一系列的同步发电机的有效参数。测试的目的是计算电枢相电阻 R_a和每个电枢相的电抗 X_a。这涉及一系列的测试，以及之后根据测试结果进行计算。首要的，也是最简单的，是电阻测量测试。在该测试中，会测量励磁电路和电枢相位的电阻。该测试的一个目的是测量转子停运且励磁绕组断开时的绕组电阻。另外，还测量相电阻，以及两线路之间的电阻。根据三个电阻读数的平均值，计算得到线与线之间的线路端电阻。相电阻根据线电阻得到。如果发电机是星形联结，每相的电阻为 $R_a = R_L/2$，如果发电机是三角形联结，则 $R_a = 2R_L/3$。如果可以选择以任意一种方式连接，那么应当对两种连接方式都进行实验、测量。

第二个测试是开路或无负载测试。在该测试中，发电机以额定速度或同步速度运行。定子或电枢终端都没有连接负载。首先，将励磁电流设定为一个尽可能低的值，之后逐步地，以较小的幅度增加到最大额定值。每次改变励磁电流，都要测量开路端电压。之后，画出开路端电压和励磁电流的图像，根据图像能够得到发电机的开路特性。由于电枢绕组中的电流为0，因此该特性可以用于得出在给定任意励磁电流的情形下的发电机内部生成电压。该特性在开始是线性的，但当励磁电流达到某个临界值后，曲线突然下降。之后，该特性曲线就不再是线性的。在原点处画出特性曲线的切线，称为空气隙线，因为该切线表示克服了气隙的磁场区域。由此，因线性损失导致的饱和效应开始出现。

根据短路测试，能得到同步发动机能够承载的最大额定电流。这是通过让发电机以额定或同步速度运行实现的。同样的，首先将励磁电流设为0，电枢短路。励

磁电流从0开始，逐步地以较小的幅度增加到最大额定值，每一步中都测量电枢电流。再画出电枢电流与励磁电流的特性曲线，由此得到发电机的短路特性。通常情况下，短路特性曲线是直线。在励磁电流相同时，根据短路电枢电流和开路端电压，可以得到同步发电机的阻抗，即

$$Z_{\mathrm{m}} = \sqrt{R_{\mathrm{a}}^2 + X_{\mathrm{a}}^2} = E_{\mathrm{oc}}/I_{\mathrm{sc}} \tag{3.5.16}$$

由此

$$X_{\mathrm{a}} = \sqrt{Z_{\mathrm{m}}^2 - R_{\mathrm{a}}^2} \tag{3.5.17}$$

见表3.1和表3.2，是同步发电机及其励磁器的测量参数的典型值。

表3.1　发电机参数的定义和典型值

P	磁极个数	4
R_{s}	电枢相电阻	0.15Ω
L_{ls}	电枢相漏电感	0.024mH
L_{md}	直轴耦合电感	9.6mH
R_{fd}	励磁绕组电阻（反射到定子）	0.03Ω
L_{lfd}	励磁绕组漏电感（反射到定子）	0.72mH
R_{kd}	直轴阻尼绕组电阻（反射到定子）	0.08Ω
L_{lkd}	直轴阻尼绕组漏电感（反射到定子）	0.032mH
L_{mq}	交轴耦合电感	4.8mH
R_{kq}	交轴阻尼电阻（反射到定子）	0.08Ω
L_{lkq}	交轴阻尼绕组漏电感（反射到定子）	0.072mH
R_{e}	输电线电阻	0.02Ω
L_{e}	输电线电感	0.26mH

表3.2　励磁器参数的定义和典型值

k_{a}	励磁器输入放大器的电流增益	100
τ_{a}	励磁器输入放大器的时间常数	0.05
k_{r}	励磁器调整器的输出电压增益	1
τ_{r}	调整期输出电压时间常数	0.3
k_{f}	发电机稳态内环反馈增益	0.08
τ_{f}	发电机稳态反馈时间常数	0.707
k_{e}	励磁器内部特性	1
τ_{e}	励磁器内部电压时间常数	0.5

3.6　同步发电机的性能特性

同步发电机有三个重要的性能特征：第一，发电机传送的电能的功率因数；第二，与其他相似或不同的同步发电机并联并与之同步运行的能力；第三，最大和最小机械功率，这对驱动发电机至关重要，它决定了发电机的工作条件，以及必须给予的过载保护的范围。

在稳态下，同步发电机理应为电网提供稳定的电压。因此，通过调节励磁电流，使端电压保持稳定是非常重要的。同步发电机以恒定的速度运行，即同步速

度，该速度受电网频率和发电机中磁极个数影响。机械功率输入的增加会导致转矩的增加，相应的，电能输出也增加。通过引入电抗负载，就有可能确立同步发电机的性能特性。由此，就可以计算同步发电机在一定范围的输入转矩和负载功率因数下能够提供的电能。通常情况下，发电机在不超过60°的功率因数情况下运行。这种情况下，发电机能在功率因数约束内最大程度地供电。

通常在常规负载的情况下，会有两个或多个发电机并联。但是，每个同步发电机与其他同步发电机连接之前，该发电机必须是“已同步”的。同步化操作涉及确保该发电机的频率与其将要并联接入系统的频率相同。这也意味着发电机电压与系统电压一致，且两者同相位。特别的，发电机相位顺序必须与系统的相位顺序一致。用来同步发电机与系统的装置称为同步仪。通过调整原动机的速度、输出电压的频率、输出电压的幅值和相位进行同步。同步仪帮助测量两个电压之间的相位差。一旦完成同步，则发电机接入系统。若发电机需要接入至无限长的母线，则要求尤为严格。

3.7 感应发电机的动态建模

通过对发电机的三个相位中的电压、电流和磁通量应用 Park 变换将其转换到 $d-q$参考系下，得到交流感应发电机的动态模型。使用 $d-q$ 参考系，可将旋转的定子和转子的参数转化为与之相对应的同步旋转的参考系下的固定参数。在同步旋转参考系下，单独考虑定子、转子以及两者之间的相互耦合，可以将三相感应发电机的电压平衡等式写为

$$-\begin{bmatrix} v_{ds} \\ v_{qs} \end{bmatrix} = -R_s \begin{bmatrix} i_{ds} \\ i_{qs} \end{bmatrix} + \omega_s \boldsymbol{J}^T \begin{bmatrix} \lambda_{ds} \\ \lambda_{qs} \end{bmatrix} - \frac{d}{dt}\begin{bmatrix} \lambda_{ds} \\ \lambda_{qs} \end{bmatrix} \tag{3.7.1}$$

$$-\begin{bmatrix} v_{dr} \\ v_{qr} \end{bmatrix} = -R_r \begin{bmatrix} i_{ds} \\ i_{qs} \end{bmatrix} + s\omega_s \boldsymbol{J}^T \begin{bmatrix} \lambda_{dr} \\ \lambda_{qr} \end{bmatrix} - \frac{d}{dt}\begin{bmatrix} \lambda_{dr} \\ \lambda_{qr} \end{bmatrix} \tag{3.7.2}$$

式中，下角 ds 指定子的直轴；下角 qs 指定子的交轴；下角 dr 指转子的直轴；下角 qr 指转子的交轴；R_s是定子的欧姆电阻；R_r是转子的欧姆电阻；ω_s是同步参考系的旋转速度；$s\omega_s=\omega_s-\omega_r$是转差频率，$\omega_r$是转子的电气调速。

在 $d-q$ 参考系下，描述定子和转子中的磁通量与响应电流关系的表达式为

$$\begin{bmatrix} \lambda_{ds} \\ \lambda_{qs} \end{bmatrix} = L_{1s}\begin{bmatrix} i_{ds} \\ i_{qs} \end{bmatrix} + L_m\left(\begin{bmatrix} i_{ds} \\ i_{qs} \end{bmatrix} + \begin{bmatrix} i_{dr} \\ i_{qr} \end{bmatrix}\right) \equiv L_s\begin{bmatrix} i_{ds} \\ i_{qs} \end{bmatrix} + L_m\begin{bmatrix} i_{dr} \\ i_{qr} \end{bmatrix} \tag{3.7.3}$$

$$L_s = L_{1s} + L_m$$

$$\begin{bmatrix} \lambda_{dr} \\ \lambda_{qr} \end{bmatrix} = L_{1r}\begin{bmatrix} i_{dr} \\ i_{qr} \end{bmatrix} + L_m\left(\begin{bmatrix} i_{dr} \\ i_{qr} \end{bmatrix} + \begin{bmatrix} i_{ds} \\ i_{qs} \end{bmatrix}\right) \equiv L_r\begin{bmatrix} i_{dr} \\ i_{qr} \end{bmatrix} + L_m\begin{bmatrix} i_{ds} \\ i_{qs} \end{bmatrix} \tag{3.7.4}$$

$$L_r = L_{1r} + L_m$$

式中，L_{1s}、L_{1r}、L_m分别为定子漏电感、转子漏电感和互感。

电气制动转矩为

$$T_{el}=\lambda_{ds}i_{qs}-\lambda_{qs}i_{ds}=-(\lambda_d r i_{qr}-\lambda_{qr}i_d r)=L_m(i_{qs}i_{dr}-i_{ds}i_{qr}) \tag{3.7.5}$$

若忽略定子和转子导致的功率损耗，则定子和转子的有功和无功功率分别为

$$\begin{aligned}P_s&=\frac{3}{2}(v_{ds}i_{ds}+v_{qs}i_{qs})\\Q_s&=\frac{3}{2}(v_{qs}i_{ds}+v_{ds}i_{qs})\end{aligned} \tag{3.7.6}$$

$$\begin{aligned}P_r&=\frac{3}{2}(v_d r i_{dr}+v_{qr}i_{qs})\\Q_r&=\frac{3}{2}(v_{qr}i_{dr}+v_{dr}i_{qr})\end{aligned} \tag{3.7.7}$$

发电机和电网之间总的交换功率为

$$\begin{aligned}P_g&=P_s+P_r\\Q_g&=Q_s+Q_r\end{aligned} \tag{3.7.8}$$

发电机传输至电网的有功功率是定子的有功功率。

在定子和转子电路中引入复电压，$v_s=v_{ds}+jv_{qs}$，$j=\sqrt{-1}$，$v_r=v_{dr}+jv_{qr}$，$\lambda_s=\lambda_{ds}+j\lambda_{qs}$，$\lambda_r=\lambda_{dr}+j\lambda_{qr}$，$i_s=i_{ds}+ji_{qs}$，$i_r=i_{dr}+ji_{qr}$，则动态方程可以表示为

$$v_s=R_si_s+\omega_s j\lambda_s+\frac{d}{dt}\lambda_s \tag{3.7.9}$$

$$v_r=R_ri_r+s\omega_s j\lambda_r+\frac{d}{dt}\lambda_r \tag{3.7.10}$$

$$\lambda_s=L_si_s+L_mi_r \tag{3.7.11}$$

$$\lambda_r=L_mi_s+L_ri_r \tag{3.7.12}$$

3.7.1　等效电路建模

使用定子和转子中的复电压、复磁通和复电流表示动态方程，构成了等效电路模型的基础。如图3.4所示，是一个典型的四端口网络等效模型。

等效电路模型的优势在于能够容易地模拟出铜损和铁损的影响。在模型中，这些影响可以使用额外的等效电阻表示。

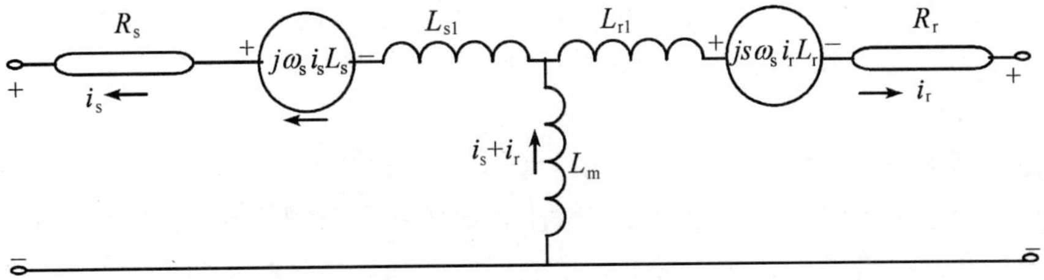

图3.4　感应发电机的四端口等效电路

3.7.2 感应发电机模型的参数计算

定子绕组的电阻是依据其长度、横截面积和电导率计算得到的。线圈有部分位于槽中，有部分位于终端区域。根据线圈长度可估算其电阻，这也是计算定子电阻的基础。笼型转子的电阻计算则需要计入转子条和末端环的贡献。

磁化电感是根据发电机的几何形状以及绕组线圈的布线方式计算得到的。决定感应发电机的功率因数的主要参数是互感和漏电感。感应发电机的气隙互感 L_m 可以根据下式计算得到：

$$L_m = 4\mu_0 rlN_s N_r k_a k_s / \pi g p^2 \tag{3.7.13}$$

式（3.7.13）是根据气隙中的磁通密度公式得到的式子，其中，μ_0 是真空磁导率，g 是气隙有效宽度，p 是磁极对数，r 是转子半径，l 是转子长度，k_a 和 k_s 是绕组系数和倾斜因数，即定子翼和转子铜条倾角的函数，N_s 和 N_r 分别是转子和定子绕组的总匝数。转子绕组的绕组系数是纯几何因数，即由两个相邻转子条的网格宽度决定。通常情况下会选择较大的发电机互感，这样能够降低磁化电流和励磁过程中必需的电抗，也能最大化功率因数。此外，随着电流增加而衰减的软饱和特性有助于扩展发电机的工作范围。磁极个数的逆相关性说明了磁化电抗的减少，并且在实验中能够观察到，随着磁极个数的增加，对磁化电流的需求也在增加。在正常稳态下工作时，漏电感 L_{1s} 和 L_{1r} 要尽可能小。否则，在增加容抗以抵消感抗时，诸如 SVC 之类的控制器的工作负载通常会上升。通常，在设计发电机时，一定会考虑以下三种类型的漏电感：槽漏泄、曲折漏磁和端绕组泄漏。槽漏泄的成因是磁通量沿槽穿过气隙而不是预期路径，即经由齿部穿过定子和转子铁心背部。与这种泄漏路径相关的电感与槽的磁导率有关，而磁导率取决于槽的形状，以及与槽漏泄磁通量有关的线圈的数量。槽漏泄通常就定子和转子分别进行计算。与转子电阻的计算类似，转子槽漏泄必须考虑定子，以在等效电路中使用。曲折漏磁的成因是转子和定子齿轮间的 MMF 变化。它与磁化电感成正比，与每个磁极的槽数的二次方成反比。端绕组电感的成因是围绕每个端部绕组的磁路，且通常根据经验估算。在等效电路中使用的定子和转子的漏电感的值是各项漏电感分量的和。

感应发电机的损耗包括滞后损耗、涡流损耗和额外损耗分量。这些通常根据经验估算，因为测量得出的损耗通常是理论预估值的两倍。为了对损耗建模，在等效电路中，定子端子处直接连接一个导体，该导体代表铁损，且电导率与总心电导率相同。总的损耗中大部分是滞后损耗，约占总损耗的 70% ~75%，涡流损耗和额外损耗平分剩余部分。

在计算出等效电路参数后，可以得到输出功率与转差率之间的特性曲线。必须得到在一定范围的转差率和包括额定输出功率的一定范围功率输出值之间的多个特性。为得到这些转差率，必须考虑定子电流密度和峰值气隙磁通密度以满足应用和几何限制条件。之后需要调整发电机的几何形状直到满足设计需求。几何形状的调整会导致等效电路的参数发生变化，由此能得到一个新的运行转差率。在额定输出功率条件下，当转差率能够满足期望的电流密度和气隙磁通密度时，就完成了感应发电机模型参数的选择。

3.7.3　感应发电机特性以及参数的实验测定

感应发电机的基本性能特征是，随着诸如 IGBT 型控制器的导通角之类的参数变化而变化的发电机电流的曲线图，导通角减小，电流随之减小，而转子速度增大，电流增大。另一个重要特性是发电机电流的谐波因数，及其随着诸如导通角之类的控制参数变化而变化。最后，有功和无功功率、功率因数和效率图对感应发电机能够以最大效率运行至关重要。

为实验确定感应发电机的参数，首先进行开路测试。该测试中，在设备正好以同步速度旋转时（不能仅通过无负载运行满足）进行测量。感应发电机起初在自动变压器的帮助下作为电动机起动，一旦到达额定速度附近，电流表和功率表上连接的短路开关断开。为刚好达到同步速度，通常连接一个直流电动机作为发电机负载，并以同步速度运行。测量感应发电机的转差率，可以通过测量转子电路的电流频率，或使用频闪仪测量转子频率得到。同时也测量有功和无功功率分量以得到开路特性。由此，得到了转矩、功率输出、功率因数和有用功的曲线图。短路测试可以在转子停滞或阻塞时进行。记录输入电压、输入电流和功率。模型的参数可以通过观察法得到。

3.8　DFIG：实例分析

在 DFIG（Doubly Fed Induction Generator，双馈感应发电机）的定子建模中，用到了发电机规则，即电磁转矩的正方向与旋转方向相反，而转子建模中用到了发电机规则。同步旋转参考系，$d-q$ 参考系中，发电机的动态等效电路用于建立模型方程。Babu 和 Mohanty（2010）讨论了 DFIG 建模的一些细节。

在 $d-q$ 参考系下，四个常系数动态方程为

$$v_{ds}=R_s i_{ds}+\frac{d\phi_{ds}}{dt}-\omega_s\phi_{qs}$$
$$v_{qs}=R_s i_{qs}+\frac{d\phi_{qs}}{dt}+\omega_s\phi_{ds} \tag{3.8.1}$$

$$v_{dr}=R_r i_{dr}+\frac{d\phi_{dr}}{dt}-\omega_r\phi_{qr}$$
$$v_{qr}=R_r i_{qr}+\frac{d\phi_{qr}}{dt}+\omega_r\phi_{dr} \tag{3.8.2}$$

在 $d-q$ 参考系下，定子磁通与定子和转子电流之间的关系为

$$\phi_{ds}=L_s i_{ds}+L_m i_{dr}$$
$$\phi_{qs}=L_s i_{qs}+L_m i_{qr} \tag{3.8.3}$$

在 $d-q$ 参考系下，转子磁通与定子和转子电流之间的关系为

$$\phi_{dr} = L_r i_{dr} + L_m i_{ds}$$
$$\phi_{qr} = L_r i_{qr} + L_m i_{qs} \tag{3.8.4}$$

式中，R_s、R_r、L_s和L_r分别为定子和转子绕组的电阻和自感；L_m是定子和转子相位完全对准时两者之间的互感。

此外，定子终端的有功和无功功率分量为

$$P_s = v_{ds} i_{ds} + v_{qs} i_{qs}$$
$$Q_s = v_{qs} i_{ds} - v_{ds} i_{qs} \tag{3.8.5}$$

转子终端的有功和无功功率分量为

$$P_r = v_{dr} i_{dr} + v_{qr} i_{qr}$$
$$Q_r = v_{qr} i_{dr} - v_{dr} i_{qr} \tag{3.8.6}$$

发电机和电网之间交换的有功和无功功率分别为定子和转子上，有功和无功功率分量之和。电磁作用转矩可以表示为

$$T_{el} = (\phi_{ds} i_{qs} - \phi_{qs} i_{ds}) \tag{3.8.7}$$

既定定子磁通在 $d-q$ 参考系下是固定的，且定子电阻性电压降可以忽略不计，则

$$v_{ds} = 0 \tag{3.8.8}$$

定子电压的交轴分量可以表示为

$$v_s = v_{qs} \tag{3.8.9}$$

为获得理想的定子条件，具有恒定直流电压的电压源变换器通过变压器，在电网侧接入交流电网。因此，式（3.8.1）可以整理得到

$$-e_{ds} = R_{eqs} i_{ds} + \frac{d\phi_{ds}}{dt} - \omega_s \phi_{qs} \tag{3.8.10}$$

$$v_s - e_{qs} = R_{eqs} i_{qs} + \frac{d\phi_{qs}}{dt} + \omega_s \phi_{ds} \tag{3.8.11}$$

式中，e_{ds}和e_{qs}是电压源变换器产生的电压的直轴和交轴分量；R_{eqs}是总的等效定子电阻。

输入e_{ds}和e_{qs}用两个辅助控制输入量$\bar{e}_{ds}$和$\bar{e}_{qs}$表示，辅助控制输入量根据电网侧控制器定义为

$$e_{ds} = -R_{eqs} i_{ds} + \bar{e}_{ds} + \frac{R_{eqs}}{L_{eqds}} \phi_{ds} + \omega_s \phi_{qs} \tag{3.8.12}$$

$$e_{qs} = v_s - R_{eqs} i_{qs} + \bar{e}_{qs} + \frac{R_{eqs}}{L_{eqqs}} \phi_{qs} - \omega_s \phi_{ds} \tag{3.8.13}$$

式中，L_{eqds}和L_{eqqs}是等效的直轴和交轴定子电感。

式（3.8.10）和式（3.8.11）可以分解简化为

$$-\bar{e}_{ds} = \frac{R_{eqs}}{L_{eqds}} \phi_{ds} + \frac{d\phi_{ds}}{dt}$$
$$-\bar{e}_{qs} = \frac{R_{eqs}}{L_{eqqs}} \phi_{qs} + \frac{d\phi_{qs}}{dt} \tag{3.8.14}$$

控制输入$\bar{e}_{ds}$和$\bar{e}_{qs}$，是根据电网侧控制器内部回路的最佳线性 PI 控制器定义的，从而便于选择ϕ_{ds}和ϕ_{qs}的参考值。

假设电网侧控制器处于适当位置，且选择了定子磁通定向参考系，直轴与定子磁链矢量ϕ_s方向一致，则$\phi_{ds}=\phi_s$，且$\phi_{qs}=0$。由式（3.8.3）和式（3.8.1）可得

$$i_{qs}=-L_m i_{qr}/L_s \qquad v_{ds}=R_s i_{ds}+d\phi_s/dt \tag{3.8.15}$$

定子电压的交轴分量可以表示为

$$v_{qs}=R_s i_{qs}+\omega_s\phi_s \tag{3.8.16}$$

$$\phi_s=L_s i_{ds}+L_m i_{dr}=(v_{qs}-R_s i_{qs})/\omega_s=L_m i_{ms} \tag{3.8.17}$$

其中，i_{ms}定义为

$$i_{ms}\equiv(v_{qs}-R_s i_{qs})/\omega_s L_m \tag{3.8.18}$$

由此可得

$$i_{ds}=-i_{dr}L_m/L_s+(v_{qs}-R_s i_{qs})/L_s\omega_s \tag{3.8.19}$$

用i_{ms}项可以表示为

$$i_{ds}=L_m(i_{ms}-i_{dr})/L_s \tag{3.8.20}$$

式（3.8.7）给出的电磁作用转矩，以及式（3.8.5）中第2个式子给出的定子终端无功功率也可以用i_{ms}条件项表示为

$$T_{el}=\phi_s i_{qs}=-L_m^2 i_{ms}i_{qr}/L_s \tag{3.8.21}$$

$$Q_s=v_{qs}i_{ds}-v_{ds}i_{qs}=\omega_s\phi_s i_{ds}=\omega_s L_m^2 i_{ms}(i_{ms}-i_{dr})/L_s \tag{3.8.22}$$

式（3.8.4）给出的转子磁通分量为

$$\phi_{dr}=L_r\left(\frac{L_sL_r-L_m^2}{L_sL_r}\right)i_{dr}+\frac{L_m^2}{L_s}i_{ms} \tag{3.8.23}$$

$$\phi_{qr}=L_r\left(\frac{L_sL_r-L_m^2}{L_sL_r}\right)i_{qr} \tag{3.8.24}$$

定义互感耦合系数σ为

$$\sigma=(L_sL_r-L_m^2)/L_sL_r \tag{3.8.25}$$

式（3.8.2）给出的转子电压方程可以表示为

$$v_{dr}=R_r i_{dr}+\sigma L_r\frac{di_{dr}}{dt}-\sigma s\omega L_r i_{qr} \tag{3.8.26}$$

$$\left(R_r+s\frac{L_m^2}{L_s^2}R_s\right)i_{qr}+\sigma L_r\frac{di_{qr}}{dt}+\sigma s\omega_s L_r i_{dr} \tag{3.8.27}$$

根据式（3.8.22）可得总的无功功率为

$$Q=v_{qr}i_{dr}-v_{dr}i_{qr}+\omega_s L_m^2 i_{ms}(i_{ms}-i_{dr})/L_s \tag{3.8.28}$$

其中，电流i_{ms}根据式（3.8.18）定义为

$$i_{ms} \equiv \frac{(v_s - R_s i_{qs})}{\omega_s L_m} = \frac{v_s}{\omega_s L_m} + \frac{R_s}{\omega_s L_m} i_{qr} \tag{3.8.29}$$

由此，根据式（3.2.28），总的无功功率为

$$Q = v_{qr} i_{dr} - v_{dr} i_{qr} + \omega_s \frac{L_m^2}{L_s} \times \left(\frac{v_s}{\omega_s L_m} + \frac{R_s}{\omega_s L_m} i_{qr}\right)\left(\frac{v_s}{\omega_s L_m} + \frac{R_s}{\omega_s L_m} i_{qr} - i_{dr}\right) \tag{3.8.30}$$

表3.3是本书中使用的电阻和互感的定义及其典型值。

表3.3 发电机参数定义和典型值

P	磁极个数	6
R_s	定子电阻	0.95Ω
L_s	定子电感	94mH
L_m	磁化电感	82mH
R_r	转子电阻	1.8Ω
L_r	转子电感	88mH
V_a	定子相电压	380V
	电网频率	50Hz
	标称机械转子角速度	100rad/s
	额定最大功率	100kW

注：本表后三项原书为空，原书有误。——译者注

3.8.1 稳态机电模型

假设在稳态：

$$\begin{aligned} v_{dr} &= v_{dr}^0 \\ v_{qr} &= v_{qr}^0 \\ i_{dr} &= i_{dr}^0 \\ i_{qr} &= i_{qr}^0 \\ s &= s^0 \end{aligned} \tag{3.8.31}$$

式中，上角0表示稳态。

式（3.8.26）和式（3.8.27）可以以矩阵形式表示为

$$\begin{bmatrix} v_{dr}^0 \\ v_{qr}^0 - s^0 \frac{L_m}{L_s} v_s \end{bmatrix} = \begin{bmatrix} R_r & -\sigma s^0 \omega_s L_r \\ -\sigma s^0 \omega_s L_r & R_{rs} \end{bmatrix} \begin{bmatrix} i_{dr}^0 \\ i_{qr}^0 \end{bmatrix} \tag{3.8.32}$$

在上述等式中，定义 R_{rs} 为

$$R_{rs} = R_r + s^0 \frac{L_m^2}{L_s^2} R_s \tag{3.8.33}$$

在稳态下，式（3.8.21）所给的电磁转矩为

$$T_{el}^0 = -\frac{L_m^2}{L_s}\left(\frac{v_s}{\omega_s L_m} + \frac{R_s}{\omega_s L_s} i_{qr}^0\right) i_{qr}^0 \tag{3.8.34}$$

通常情况下，机械运动动力学也涉及电气参考速度，式（3.4.5）中给出的机械运动等式写为

$$J_{eq}\frac{d\omega_e}{dt}+B_{eq}\omega_e=\frac{P}{2}\left(T_{wt}-\frac{P}{2}T_{el}\right)$$

在稳态下，

$$\begin{aligned}T_{wt}&=T_{wt}^0\\ \omega_e&=\omega_e^0\\ d\omega_e/dt&=0\end{aligned}\tag{3.8.35}$$

由于 R_sLt；1㊀，在给定稳态电子转子角速度 $\omega_e{}^0$ 的情况下，i_{qr}^0 的解可以通过迭代计算得到。控制输入已确定，所以式（3.8.28）给出的总无功功率在稳态时等于0。重新整理式（3.8.28）可以得到 i_{dr}^0。由此，稳态控制输入 v_{dr}^0、v_{qr}^0 都可以得到，i_{qr}^0 和 i_{dr}^0 的解可以迭代更新。

3.8.2　非线性扰动动力学

根据式（3.8.32）、式（3.8.26）和式（3.8.27），可得

$$\Delta v_{dr}=R_r\Delta i_{dr}+\sigma L_r\frac{d\Delta i_{dr}}{dt}-\sigma s^0\omega_s L_r\Delta i_{qr}-\sigma\Delta s\omega_s L_r i_{qr}\tag{3.8.36}$$

$$\Delta v_{qr}=\left(R_r+s^0\frac{L_m^2}{L_s^2}R_s\right)\Delta i_{qr}+\sigma L_r\frac{d\Delta i_{qr}}{dt}+\sigma s^0\omega_s L_r\Delta i_{dr}+\Delta s\frac{L_m^2}{L_s^2}R_s i_{qr}+\sigma\Delta s\omega_s L_r i_{dr}\tag{3.8.37}$$

扰动状态、输入和变量定义为

$$\begin{aligned}\Delta v_{dr}&=v_{dr}-v_{dr}^0\\ \Delta v_{qr}&=v_{qr}-v_{qr}^0\\ \Delta i_{dr}&=i_{dr}-i_{dr}^0\\ \Delta i_{qr}&=i_{qr}-i_{qr}^0\end{aligned}\tag{3.8.38}$$

$$\begin{aligned}\Delta s&=s-s^0=-\frac{\Delta\omega_e}{\omega_s}\\ \Delta\omega_e&=\omega_e-\omega_e^0\end{aligned}\tag{3.8.39}$$

假定在稳态时，$T_{wt}=T_{wt}{}^0$ 且 $\Delta T_{wt}=T_{wt}-T_{wt}^0$，$\Delta\omega_e$ 满足方程：

$$J_{eq}\frac{d\Delta\omega_e}{dt}+B_{eq}\Delta\omega_e=\frac{P}{2}\left(\Delta T_{wt}-\frac{P}{2}T_{el}+\frac{P}{2}T_{el}^0\right)\tag{3.8.40}$$

电磁转矩为

$$T_{el}=T_{el}^0-\frac{L_m^2}{L_s}\left(\frac{v_s}{\omega_s L_m}+\frac{R_s}{\omega_s L_s}(2i_{qr}^0+\Delta i_{qr})\right)\Delta i_{qr}\tag{3.8.41}$$

㊀ 此处原书有误。——译者注

风力机扰动转矩 $\Delta T_{wt}=\Delta T_{wt}(U,\ \omega_e)$，是变量风速 U 和转子角速度 ω_e 的函数。假设风速 $U=U_0+\Delta u_f$，是平均分量 U_0 和波动分量 Δu_f 的和，则风力机扰动转矩可认为由以下两个部分组成：

$$\Delta T_{wt}(U,\ \omega_e)=(T_{wt}(U,\ \omega_e)-T_{wt}(U_0,\ \omega_e))+(T_{wt}(U_0,\ \omega_e)-T_{wt}^0(U_0,\ \omega_e^0))=\Delta T_{wt}|_{\omega_e}+\Delta T_{wt}|_{U=U_0} \tag{3.8.42}$$

其中，第一个分量根据电流转子角速度 ω_e 计算得到。由此，在不需要假设扰动很小的情况下，机械运动方程可以写为

$$J_{eq}\frac{d\Delta\omega_e}{dt}=\left(\frac{P}{2}\frac{\Delta T_{wt}}{\Delta\omega_e}|_{U=U_0}-B_{eq}\right)\Delta\omega_e+\frac{P^2}{4}\frac{L_m^2}{L_s}\left(\frac{v_s}{\omega_s L_m}+\frac{R_s}{\omega_s L_s}(2i_{qr}^0+\Delta i_{qr})\right)\Delta i_{qr}+\Delta T_{wt}|_{\omega_e} \tag{3.8.43}$$

而电气机械扰动方程为

$$\sigma L_r\frac{d\Delta i_{dr}}{dt}=-\sigma L_r i_{qr}\Delta\omega_e-R_r\Delta i_{dr}+\sigma s^0\omega_s L_r\Delta i_{qr}+\Delta v_{dr} \tag{3.8.44}$$

$$\sigma L_r\frac{d\Delta i_{qr}}{dt}=+\left(\sigma L_r i_{dr}+\frac{L_m^2}{\omega_s L_s^2}R_s i_{qr}\right)\Delta\omega_e-\sigma s^0\omega_s L_r\Delta i_{dr}-\left(R_r+s^0\frac{L_m^2}{L_s^2}R_s\right)\Delta i_{qr}+\Delta v_{qr} \tag{3.8.45}$$

用于设计非线性转子侧控制器的扰动状态的完整非线性的方程，可以用状态空间的形式表示为

$$\frac{d}{dt}\begin{bmatrix}\Delta\omega_e\\ \Delta i_{dr}\\ \Delta i_{qr}\end{bmatrix}=\boldsymbol{A}\begin{bmatrix}\Delta\omega_e\\ \Delta i_{dr}\\ \Delta i_{qr}\end{bmatrix}+\frac{1}{\sigma L_r}\begin{bmatrix}0&0\\1&0\\0&1\end{bmatrix}\begin{bmatrix}\Delta v_{dr}\\ \Delta v_{qr}\end{bmatrix}+\begin{bmatrix}1\\0\\0\end{bmatrix}\alpha_u \tag{3.8.46}$$

其中

$$\alpha_u=(\Delta T_{wt}/\Delta u_f|_{\omega_e}/J_{eq})\Delta u_f \tag{3.8.47}$$

是由于风速波动分量产生的转子扰动角加速度，$\boldsymbol{A}$ 是泛函系数矩阵。风力机的完整特性总结于表 3.4。

表 3.4　风力机参数的定义和典型值

R	风力机叶片盘片半径	6m
	叶片个数	3
U_0	额定风速	10m/s
P_n	额定风速下的风能功率	约为 10kW
	变速器速比	10
J_{eq}	转子惯性	40kgm²
B_{eq}	黏滞摩擦系数	0.07Nms/rad
	切风速	3.5m/s

参考文献

Babu BC, Mohanty KB (2010) Double-fed induction generator for variable speed wind energy conversion systems: modeling and simulation. Int J Comput Electr Eng 2(1):1793–8163

Krause PC, Wasynczuk O, Sudhoff SD (1995) Analysis of electric machinery (IEEE Press series on power engineering). Wiley-IEEE Press, Hoboken

Sarma MS (1994) Electric machines, 2nd edn. West Publishing Company, Eagan

第4章

风力发电和控制

4.1 简介

风力发电在最近的20年里发展十分迅速，当前风力机的额定功率和尺寸也正在增加，在过去的几年里取得了一些发展。当前风力机的额定功率在持续增加，它的可靠功率也在2~10MW，这个范围在不同的安装环境下对电网都是安全的、代码兼容且适配的。不管在海上还是陆上，现在市场上都可以看到商业化的产品了。

概括地说，风力机能被分成两类：水平轴风力机，当风集中在一个特定的方向，而且风速很高时，它在捕捉风力方面尤其有效；垂直轴风力机，适合捕捉来自各方向的低速的风。垂直轴风力机主要是 Darrieus 和 Savonius 类型，首先它们既不依靠风轮叶片产生升力，其次也不依靠风轮叶片推动或拖动。大部分的 Darrieus 风力机在打蛋器配置里都有它们的叶片，尽管有一些新的设计里引进了螺旋风轮。

4.2 风力机组件

几乎所有的给输电网发电供给的风力机都是水平轴风力机，它是由旋转在水平中心周围的风轮叶片组成的。叶片是与一个变速器和发电机相连接的（现在提出了直驱式发电机，变速器就不必要了），这些是处在发电机箱内部的。发电机箱被安装在塔的顶部，它里面还有些元器件。然后电流通过一个变压器分配到输电网。许多不同的设计观念都在应用当中，最常见的一些就是两个或三个叶片、失速和桨距调节、水平轴风力机工作在一个可变的或者接近固定的回转速度。各种各样的风力机都是用来从一个移动的气流中提取能量。叶片有一个翼型的横截面，由于叶片两面有不同的压力，它通过一个上升的动力来提取风。机翼部分跨叶片的空间形状一般都是广泛多变的。为了效率最大，叶片采用扭曲和锥形。

4.3 风力机空气动力学：动量理论

考虑到在图4.1中风力机周围的流管，图中介绍了四个顺着流动的站：站1是风力机的远上游，站2刚好就在叶片前面，站3刚好在叶片后面，站4在叶片的远下游。在站 2 和站 3 之间，通过涡轮盘从风中提取能量，因此在压力下就会有个阶段变化。

根据质量流的连续性和不可压缩性的假设，$V_2 = V_3$。然后跟着就有 $p_1 = p_4$。也可以假设站 1 和站 2 之间、站 3 和站 4 之间，流动是无摩擦的，这样就可以把伯努利方程应用到能量守恒中。所以，盘之间的压力差和站 1 和站 4 之间的动能差相关。因此

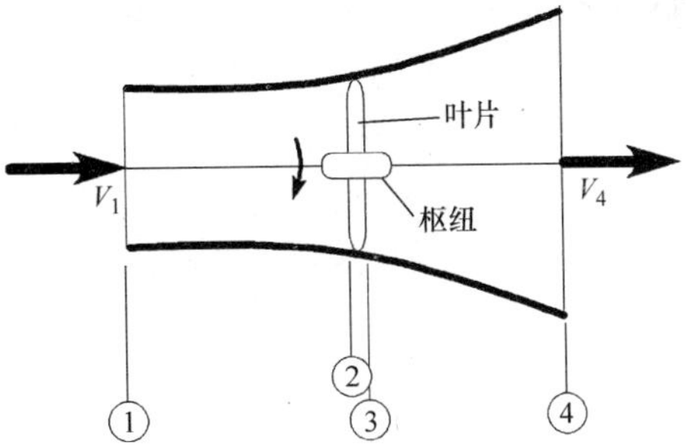

图 4.1　一个典型的包围涡轮盘的流管

$$p_2 - p_3 = \frac{1}{2}\rho(V_1^2 - V_4^2) \tag{4.3.1}$$

因此，轴向力如下：

$$dF_x = (p_2 - p_3)dA = \frac{1}{2}\rho(V_1^2 - V_4^2)dA \tag{4.3.2}$$

轴向诱导因数定义如下：

$$a = \frac{(V_1 - V_2)}{V_1} \tag{4.3.3}$$

然后

$$V_2 = (1 - a)V_1 \tag{4.3.4}$$

所以

$$V_1 - V_4 = V_1 - (1 - 2a)V_1 = 2aV_1 \tag{4.3.5}$$

因此，考虑到流管的环形元件：

$$dF_x = (p_2 - p_3)dA = \frac{1}{2}\rho(V_1 - V_4)(V_1 + V_4)2\pi r dr \tag{4.3.6}$$

4.3.1　致动器盘原理

最简单的风力机的空气动力学建模的方法是光盘驱动器原理，这个理论忽略了流旋转影响。既然如此，穿过涡轮盘的横截面积，它会求轴向力 dF_x 增量的积分，得到

$$F_x = \frac{1}{2}\rho(V_1 - V_4)(V_1 + V_4)\pi R^2 \tag{4.3.7}$$

对于稳态流，可以使用等式来获得整个风力机的质量流量：

$$\dot{m} = \rho A V_2 \tag{4.3.8}$$

应用一个事实：推理是压降的产物，在致动器盘的两侧施加线性动量方程的保护，面积如下：

$$F_x = \rho A V_2(V_1 - V_4) = A\Delta p = \frac{1}{2}\rho = \frac{1}{2}\rho(V_1 - V_4)(V_1 + V_4)A \tag{4.3.9}$$

因此

$$V_2 = \frac{1}{2}(V_1 + V_4) \tag{4.3.10}$$

$$V_4 = (2V_2 - V_1) = V_1(1 - 2a) \tag{4.3.11}$$

因此，在流管的环形元件的情况下：

$$\begin{aligned} \mathrm{d}F_x &= (p_2 - p_3)\mathrm{d}A = \frac{1}{2}\rho(V_1 - V_4)(V_1 + V_4)2\pi r\mathrm{d}r \\ &= \frac{1}{2}\rho V_1^2(1 - (1 - 2a)^2)2\pi r\mathrm{d}r \end{aligned} \tag{4.3.12}$$

这个表达式可以简化为

$$\mathrm{d}F_x = \frac{1}{2}\rho V_1^2 4a(1 - a)2\pi r\mathrm{d}r \tag{4.3.13}$$

因此，用于致动器盘模型的情况下：

$$F_x = \frac{1}{2}\rho V_1^2 4a(1 - a)\pi R^2 \tag{4.3.14}$$

风力机吸收的功率为

$$P = F_x V_2 = \frac{1}{2}\rho V_1^3 4a\ \ (1 - a)^2\pi R^2 \tag{4.3.15}$$

风的功率为

$$P_{\mathrm{wind}}\frac{1}{2}\rho V_1^3\pi R^2 \tag{4.3.16}$$

功率因数为

$$C_{\mathrm{P}} = \frac{P}{P_{\mathrm{wind}}} = 4a(1 - a)^2 \tag{4.3.17}$$

轴向力或推力系数为

$$C_{\mathrm{T}} = 4a(1 - a) \tag{4.3.18}$$

4.3.2 贝兹极限

最大的 C_{P} 值可能是通过以 a 对 $a\ (1 - a)^2$ 求导来决定的，然后把它设置成零。这得出 $a = 1/3$，相应的 C_{P} 的最大值 $C_{\mathrm{P,max}}$ 就给出来了，$C_{\mathrm{P}} = 16/27 = 0.5926$。这个结果就被称为贝兹极限，它表明理想的风轮应该被这样设计：风轮速度是自由流速度的2/3，这样它才能运行到最大的功率捕获处。这意味着通过圆盘的流相当于2/3 圆盘面积的一个上流横截面积，扩大了目前两倍的下游面积。这个必须得重点强调，贝兹极限不是一个普通的极限，因为它基于近似致动器盘定理。因此，在原则上，它有可能通过贝兹极限提取出比预期更多的功率，但是必须得承认，通过风捕获最大功率有一个真正的物理极限。

尽管最大的推力是通过 $a = 1/2$，相当于$C_{\mathrm{T,max}} = 1$ 来得到的，但是基于致动器盘模型的最大功率的传输系数是$C_{\mathrm{T}} = 8/9$。在实现最大的风力发电机功率转换的效率上会有一些损耗。这些包括在消耗能量的圆盘后面的尾流旋转，尖端失去了和叶片的联系。另一种形式的能量消耗：空气阻力。一种包含后旋转影响的方法就是考虑流旋转，而这个是在4.3.3节中介绍的。

4.3.3 流旋转的影响

在叶片进口，流不旋转，在出口，从叶栅开始，流是以旋转速度 ω 旋转的。在叶栅上面，后旋转就会被感应。由于后旋转的原因，在叶片上的平均旋转流就假定是 $\omega/2$。叶片会以 Ω 的速度物理上进行旋转。所以，叶片经过的相对角速度就是 $\Omega+\omega/2$。

由于旋转的环形流在转矩中的增加，根据角速度的感应，ω 给出如下：

$$dT=\rho(dA)(\Omega+\omega/2)\omega r^2=\rho(\Omega+\omega/2)\omega r^2\times 2\pi r dr \tag{4.3.19}$$

由于角速度诱导因素，根据角速度的感应，叶片角速度 Ω 定义如下：

$$a'=\frac{\omega}{2\Omega} \tag{4.3.20}$$

因此，轴向力为

$$dF_x=\rho(1+a')2a'\Omega^2 r^2\times 2\pi r dr=4\pi\rho(1+a')a'\Omega^2 r^3 dr \tag{4.3.21}$$

转矩给出如下：

$$dT=\rho V_1(1-a)2a'\Omega r^2\times 2\pi r dr=4\pi\rho V_1(1-a)a'\Omega r^3 dr \tag{4.3.22}$$

在风力机叶片的尖端，损耗在某种程度上已经发展到和直升机旋翼桨叶上的风尖漩涡相似了。这些可以被 Prandtl 首次提出的修正因数的方法所解释。Prandtl 修正因数 Q_{tip} 从0变化到1，并导致在沿着叶片上的力会有损失。Prandtl 尖端损失修正因数 Q_{tip} 被定义如下：

$$Q_{tip}=\frac{2}{\pi}\cos^{-1}\{\exp(-(N(1-\bar{r})/2\bar{r}\sin\phi))\} \tag{4.3.23}$$

当被引入尖端损耗校正时，轴向力和转矩的增量是

$$dF_x=4\pi Q_{tip}\rho\ (1+a')\ a'\Omega^2 r^3 dr \tag{4.3.24}$$

$$dT=4\pi Q_{tip}\rho V_1\ (1-a)\ a'\Omega r^3 dr \tag{4.3.25}$$

所以，由于流体的环形元件，动量理论因此产生了轴向推力和转矩的表达式。

等同于在早些时候旋转流管线性动量分析的致动器盘中获得的转矩增量，它可以得到两个感应因素之间的关系。因此：

$$dF_x=4\pi Q_{tip}\rho\ (1+a')\ a'\Omega^2 r^3 dr=4\pi Q_{tip}\rho V_1^2 a\ (1-a)\ r dr \tag{4.3.26}$$

接下来流入半径 r 就和 a、a' 有关了：

$$\lambda_r=\frac{V_1}{\Omega r}=\sqrt{\frac{a'(1+a')}{a(1-a)}} \tag{4.3.27}$$

因此

$$a'=\frac{1}{2}\left(\sqrt{1+4\lambda_r^2 a(1-a)}-1\right) \tag{4.3.28}$$

每个环形环产生的功率由下式给出：

$$dP = \Omega dT = 4\pi Q_{tip}\rho\lambda_r\ (1-a)\ a'\Omega^3 R^5 \bar{r}^4 d\bar{r} \tag{4.3.29}$$

因此，功率因数 C_p 为

$$C_p = \frac{8}{\lambda_f^3}\int_{\bar{r}_h}^{1} Q_{tip}\lambda_r(1-a)a'\bar{r}^4 d\bar{r} \tag{4.3.30}$$

但是

$$\lambda_r = \frac{\lambda_f}{\bar{r}}$$

$$d\lambda_r = -\lambda_f \frac{d\bar{r}}{\bar{r}^2} \tag{4.3.31}$$

因此

$$C_p = 8\lambda_f^2 \int_{\lambda_f}^{\lambda_f/\bar{r}_h} Q_{tip}(1-a)a' \frac{d\lambda_r}{\lambda_r^5} \tag{4.3.32}$$

为了在每个环形环产生最大功率：

$$\lambda_r^2 = \frac{(1-3a_{max})}{(1-a_{max})(4a_{max}-1)^2} \tag{4.3.33}$$

所以

$$a_{max}^3 - (3/2)\ a_{max}^2 + (9/16)\ a_{max} - (1/16) + (1-3a_{max})\ /16\lambda_r^2 = 0 \tag{4.3.34}$$

$$a'_{max} = \frac{(1-3a_{max})}{(4a_{max}-1)} \tag{4.3.35}$$

为了数值求解 $a_{max}(\lambda_r)$，给定一个值 λ_r，最大功率系数为

$$C_{p,max} = 8\lambda_f^2 \int_{\lambda_f}^{\lambda_f/\bar{r}_h} Q_{tip}(1-a_{max}(\lambda_r)) \frac{(1-3a_{max}(\lambda_r))d\lambda_r}{(4a_{max}(\lambda_r)-1)\lambda_r^5} \tag{4.3.36}$$

4.4 叶素动量理论

叶素动量理论将两种模拟风力机操作的方法结合在一起：第一种模拟的方法是在一个穿过涡轮盘的旋转环状流管上使用动量平衡，如图 4.2 所示；第二种模拟的方法被称为叶素理论，使用的是顺着叶片展开方向的横截面的机翼上升和阻力的表达式。这两种方法都被用来获取穿过涡轮的感应流速，而第二种方法被用来获取叶片上的推力和转矩。

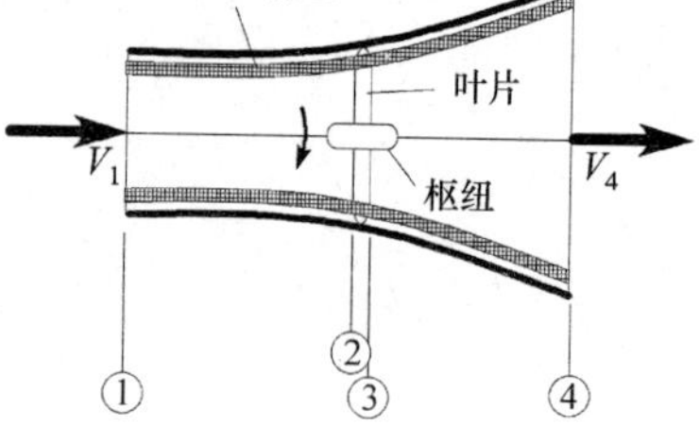

图 4.2　一个典型的旋转环形流管

为了把叶素动量理论应用到风力机叶片上，叶片要沿着它的长度被划分为很多部分。这就有两个设想：

1）在不同叶素之间没有气动干扰。

2）叶素上的力仅仅由二维横截面升力和拖曳力所决定。

考虑到图4.3中的叶片沿其长度分为N个部分，因为每个叶片部分都有不同的旋转速度、不同的弦长和不同的流入角度，它们会经过略有不同的流。叶片部分理论包括将叶片划分成很多个（一般为20个或者更多）部分，计算流的每个部分。整体性能特征由沿着叶片跨度的力和力矩的积分来决定。

图4.3 典型的风力机叶片组成元件

远离涡轮盘的流入角度为

$$\lambda_f = V_1/\Omega R = V/\Omega R \tag{4.4.1}$$

而在流入盘时由下式给出：

$$\lambda_f + \lambda_0 = \frac{V\ (1-a)}{\Omega R\ (1+a')} \tag{4.4.2}$$

因此

$$\lambda_0 = \frac{V(1-a)}{\Omega R(1+a')} - \frac{V}{\Omega R} = -\frac{V(a+a')}{\Omega R(1+a')} = -\lambda_f \frac{a+a'}{1+a'} \tag{4.4.3}$$

为了得到a和a'的表达式，要使用叶素理论得到$\mathrm{d}F_x$和$\mathrm{d}T$的表达式。把使用动量理论和叶素理论得到的$\mathrm{d}F_x$和$\mathrm{d}T$的表达式相比较，a和a'的表达式或许就可以得到。气动力和力矩是根据无量纲速度分量与盘U_p和面内在切线和径向方向上的分量u_T、u_R分别相垂直得到的，如下：

$$\begin{gathered} u_T = r(1+a')/R \equiv \bar{r}(1+a') \\ u_R = 0 \\ u_p = \lambda_f(1-a) \end{gathered} \tag{4.4.4}$$

式中，$\bar{r} = r/R$。

横截面的气动升力和阻力分别根据升力系数C_l和阻力系数C_d定义如下：

$$L = \frac{1}{2}\rho\Omega^2 R^2 (u_T^2 + u_P^2) c C_l$$

$$D = \frac{1}{2}\rho\Omega^2 R^2 (u_T^2 + u_P^2) c C_d \tag{4.4.5}$$

当θ是桨叶横截面螺旋角时，横截面攻角为$\alpha = \phi - \theta$。其中，ϕ是流入角，定义如下：

$$\phi = \tan^{-1}(u_p/u_T) = \tan^{-1}(\lambda_f(1-a)/\bar{r}(1+a')) \tag{4.4.6}$$

垂直于作用在风轮叶片横截面上的转子盘的差动力为

$$dF_x = dL\cos\phi + dD\sin\phi = \frac{1}{2}\frac{\rho\Omega^2 R^2}{\sin^2\phi}\lambda_f^2(1-a)^2 c(C_l\cos\phi + C_d\sin\phi)dr \quad (4.4.7)$$

由于转子叶片的横截面，与叶片盘相切的差动力为

$$dF_t = -dL\sin\phi + dD\cos\phi = \frac{1}{2}\frac{\rho\Omega^2 R^2}{\sin^2\phi}\lambda_f^2(1-a)^2 c(-C_l\sin\phi + C_d\cos\phi)dr \quad (4.4.8)$$

作用在圆盘上的转矩为

$$dT = RdF_t = \frac{1}{2}\frac{\rho\Omega^2 R^2}{\sin^2\phi}\lambda_f^2(1-a)^2 c(-C_l\sin\phi + C_d\cos\phi)rdr \quad (4.4.9)$$

对于 N 个叶片，引入当地的体积比，$\sigma' = Nc/\pi r$：

$$dF_x = \frac{1}{2}\pi\sigma'\frac{\rho\Omega^2 R^2}{\sin^2\phi}\lambda_f^2\ (1-a)^2\ (C_l\cos\phi + C_d\sin\phi)\ rdr \quad (4.4.10)$$

$$dT = \frac{1}{2}\pi\sigma'\frac{\rho\Omega^2 R^2}{\sin^2\phi}\lambda_f^2\ (1-a)^2\ (-C_l\sin\phi + C_d\cos\phi)\ r^2dr \quad (4.4.11)$$

比较使用的相应动量理论的表达式，诱导因数满足的关系是

$$\frac{a}{(1-a)} = \frac{\sigma'}{8Q_{tip}(\sin^2\phi)}(C_l\cos\phi + C_d\sin\phi) \quad (4.4.12)$$

$$\frac{a'}{(1-a)} = \frac{\sigma'}{8Q_{tip}(\sin^2\phi)}\lambda_f(-C_l\sin\phi + C_d\cos\phi) \quad (4.4.13)$$

分别解 a 和 a'：

$$a = \left(1 + \left\{\frac{\sigma'}{8Q_{tip}(\sin^2\phi)}(C_l\cos\phi + C_d\sin\phi)\right\}^{-1}\right)^{-1} \quad (4.4.14)$$

$$a' = \frac{\sigma'(1-a)}{8Q_{tip}(\sin^2\phi)}\lambda_f(-C_l\sin\phi + C_d\cos\phi) \quad (4.4.15)$$

因此，因数 $1-a$ 可以表示为

$$1 - a = \left\{1 + \frac{\sigma' C_l}{8Q_{tip}\sin\phi\tan\phi}\left(1 + \frac{C_d\tan\phi}{C_l}\right)\right\}^{-1} \quad (4.4.16)$$

4.4.1 功率因数：BEM 理论表达式

由环形元件产生的功率由如下式给出：

$$dP = \Omega dT \quad (4.4.17)$$

因此，涡轮盘产生的总功率为

$$P = \frac{1}{2}\pi\rho\Omega^3 R^5\lambda_f^2\int_{\bar{r}_h}^{1}\frac{\sigma'(1-a)^2 C_d}{\sin\phi\tan\phi}\left(1 - \frac{C_l\tan\phi}{C_d}\right)\bar{r}^2 d\bar{r} \quad (4.4.18)$$

风的功率为

$$P_{wind} = \frac{1}{2}\pi\rho\Omega^3 R^5\lambda_f^3 \quad (4.4.19)$$

所以，基于 BEM 理论的功率因数，可以表示为

$$C_P = \frac{P}{P_{wind}} = \frac{1}{\lambda_f}\int_{\bar{r}_h}^{1} \frac{\sigma'(1-a)^2 C_d}{\sin\phi\tan\phi}\left(1 - \frac{C_l\tan\phi}{C_d}\right)\bar{r}^2 d\bar{r} \tag{4.4.20}$$

4.5　叶片的气动设计

机翼的典型行为可以分成三种流态：附体流动状态、高升力/失速发展机制和平板/完全停滞状态（Burton 等人 2001）。在附体流动状态中，考虑对机翼的上表面的流动，由于上表面的压力分布该升力迎角增大。在高升力/失速的发展机制中，由于机翼接近某个临界迎角，升力系数达到峰值。当攻角超过临界值（取决于雷诺数）时，上表面边界层分离，失速就会发生。不同机翼的空气动力性能是不同的，因此，翼型轮廓的最佳选择可以根据特定的风力机，通过阐明期望的能量转换效率的具体要求来做决定。对于一些现代风力机，叶片顶端使用一个薄翼型得到高升阻比来设计，底部区域是使用厚版的结构强度和刚度相同机翼来设计的。对于选择一个机翼的关键参数是最大的升阻比和低的俯仰力矩。一般地，对一些长叶片，为了实现最大升力和效率，不仅弦长、厚度和扭转角沿着叶片的跨度变化，而且机翼的形状也沿着它而变化。对于在过去最流行的风洞应用机翼是 NACA4412，因为这种机翼的下表面是平坦的，因此刀片很容易用玻璃纤维制造，尽管对于风力机来说其空气动力性能并不总是最优的。目前的做法是设计一个定制翼型形状，许多实用性的机翼已经设计了。

当机翼上表面的流速增加时，通常层流的流动在对应于低雷诺数的低速度时会逐渐变得动荡。这个到湍流的过渡与一个小范围的雷诺数有关系。进一步增加的雷诺数通常会导致流动分离，这与升力的损失和阻力大幅增加是有关系的，因此必须不惜一切代价加以避免。从层流过渡到湍流现象是与转换滞后效应有关系的，这个效应会导致关于流动雷诺数的升力、阻力和俯仰力矩系数出现磁滞回线。为了避免遇到这种效应，流动域要限制在层流或是湍流。自然层流翼面也被设计运行在低雷诺数的情况，来确保完全层流流动在整个机翼。用于风力机应用的低雷诺数湍流和层流机翼的典型实例分别是 Wortmann（1974）和 Selig（Giguére 和 Selig 1998）机翼系列。

低雷诺数翼面有时会按与它们相关的层流分离泡沫来分类。当层流分离泡沫出现时，通常在顶端的机翼由于流无法过渡到连着的湍流边界层，使得流在过渡前分离。最终结果是气流分离，却大大地增加了阻力。气流分离可以通过确保过渡相当早地发生在流机翼的上表面来避免。Drela、Giles（1987）和 Drela（1989）已经讨论出一个全面的方法来验证基于混合非黏性的机翼横截面的性能和一个已经成为翼型截面设计的标准的黏性分析方法。机翼设计也已经被 Eppler（1990）和 Miley（1974）探讨过了。

风力机叶片的气动设计，在选择了叶片横截面后，是一个迭代的过程，它基于所需的输出功率调整风力机的初始大小，而这个与 C_P、预期或设计的功率系数（现代三叶的风力机是 0.35 ~ 0.38）、预期的电气和机械效率 η（0.85 将是一个合适的值）、尖端半径 R、预期的风速 V 有关，因此

$$P = C_p \eta \frac{1}{2} \pi \rho R^5 \Omega^3 \lambda_f^3 \tag{4.5.1}$$

初步设计的变量是叶尖速度比 $\lambda_{tsr} = 1/\lambda_f$，这个是以流入比的倒数来定义的。通常，叶尖速度比 λ_{tsr}是在 6 ~ 9 的范围内选取的。三叶片风轮被认为是最有效率的，因为干扰效应是非常小的。因此，叶片的数量通常选择 3 片。所以，要挑选合适的风轮直径。下个设计步骤就是从一系列适合的翼族或一组定制设计中选取一个机翼外形。它们有 NACA 4、5 和 6 "digit" 翼（例如 NACA00xx、NACA44xx、NACA63 - 4xx、NACA64$_2$ - 4xx 或 NACA FFA - W3 - xxx，典型实例有 NACA0012、NACA4412、NACA63 - 418、NACA64$_2$ - 415 或 NACA FFA - W3 - 241）、丹麦翼族 Risø - B1 - xx（Risø - B1 - 18）、德国 MHxxx 翼族（MH43）、美国 NREL 翼族 Sxxx（S814）、荷兰代尔夫特理工大学的翼族 DU 9x - Wy - 2zz（DU 91 W2 - 250）、瑞典机翼族 FFA - W3 - 2zz（FFA - W3 - 211）等，还有其他的适合风洞叶片的。一个典型的风力机叶片家族是图 4.4 中的 Risø - B1 - xx 翼族。翼型剖面可在整个跨度内变化。微薄的轮廓通常在离翼尖很近的地方使用，随着它靠近中心轮廓会变得更薄。因此，叶片假定被分成有限数目的部分或元素。

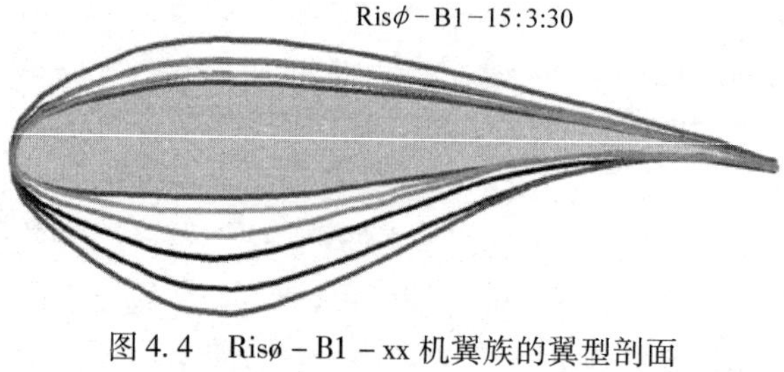

图 4.4　Risø - B1 - xx 机翼族的翼型剖面

设计的下一步是空气动力特性的设计部分，尤其是升力部分、诱导阻力、形状阻力系数、攻角的范围、每个选定的机翼轮廓。气动升力指数可以通过涡格法来发现。机翼表面被分为分段直线段或者被称为"边界元素"的面板，涡流层的强度 Γ_0 被分布在每个面板里。涡流层被用于漩涡产生循环（微型涡流强度$\Gamma_0 \mathrm{d}s$，ds 是一个面板的长度）和升力。离散非定常涡定位在每个面板的四分之一和弦点处，而下降气流是和每个面板的四分之三和弦点相匹配。因此，在每个面板上，涡流层的强度 $\mathrm{d}\Gamma = \Gamma_0 \mathrm{d}s$，而 d$s$ 是面板长度。每个面板是通过它的两个端点和控制点来定义的，处于面板的中心，施加了边界条件。因此，就发现了机翼表面的速度和压力分布。

攻角 80% 的横截面升力选用叶片横截面预扭曲角。采用扭曲附近的中心是用来减少实际叶片设计的生产。沿叶片长度的和弦分布的选择是用来产生一个几乎共同的升力：

$$c = \frac{8\pi R\lambda_f}{3N}\sin\phi \tag{4.5.2}$$

当地体积比如下：

$$\sigma' = \frac{8\lambda_f}{3}\sin\phi \tag{4.5.3}$$

在实践中，可以选择一个近似它的沿跨度的线性变化，如图 4.5 所示。为了估计修改后的风轮动力系数，使用了初步估计的诱导因数和流入的角度。诱导因数假定是 $a = a' = 0.2$。因此，最初估计的流入角就假定是

$$\phi = \tan^{-1}(\lambda_f(1-a)/\bar{r}(1+a')) \approx (0.8/1.2)\tan^{-1}(\lambda_f/\bar{r}) \tag{4.5.4}$$

图 4.5 风力机叶片的典型线性叶弦变化

从修改后的功率系数估计，必须反复调整扭曲和和弦分布直到得到一个可接受的设计，诱变因数也就决定了。当整个叶片的几何结构被确定和验证后，叶片的设计也就完成了。

4.6 叶片结构动力学

旋转扭曲梁在外延扭转和弯曲振动之间呈现出有趣的耦合现象，由于它们把它用作风力机风轮叶片，旋转扭曲梁已成为了被广泛研究的主题。由于通过梁引入复杂的几何形状，一系列的相似理论发展成为对不回转和回转扭曲叶片的分析。早期的方法是对不回转扭曲叶片的振动分析，因为沿着这些标准方向把 Chu（1951）的纤维作为螺旋线和应力场的模板。这个模板错误地展现了弯曲扭转耦合，它也鼓舞了一些像 Curti 和 Risitano（1979）、Hodges（1980）、Rosen（1983）、Krenk（1983）、Tsuiji（1985）、Kosmatka（1992）、Xu 等人（1997）和 Liu 等人（2009）去做更深入的研究。大多数研究人员采用的方法是基于半逆法。半逆法最初是被 Saint – Venant 用来解决两个合成载荷下的棱镜棒的弹性形变：一个力和一个力矩（看一个例子，Sokolnikoff 1956）。结构位移的控制方程是基于适当的物理意义假设的三个正交方向，通过假设位移场的函数形式［$u\ v\ w$］来简化。因此，得到的方程的正确性和复杂性关键取决于假定位移场的选择和兼容性。半逆法可以应用到非耦合梁弯曲和梁的轴向扭转振动耦合。在本节中，在考虑完全耦合弯曲、轴向扭转运动方程之前，会先考虑非耦合弯曲，然后考虑梁的轴向扭转振动耦合。

最常用的弯曲振动理论是基于著名的 Euler – Bernoulli 假设：

1）横截面保持平行，正交于中性轴，所以整个横截面的平均斜率这样给出：$-\partial w/\partial x \equiv -w'$。

2）纵向纤维彼此不压缩，因此，横向的正应力为零，弯矩为

$$M_y = -EI_{yy}w'' \tag{4.6.1}$$

其中

$$I_{yy} = \iint_A y^2 \mathrm{d}y\mathrm{d}z \tag{4.6.2}$$

是横截面积的二次矩。

3）转动惯量是被忽略的，因此，横截面剪切力为

$$Q = M'_y = -EI_{yy}w''' \tag{4.6.3}$$

4）当且仅当考虑到惯性力的横向平移时，转动惯量的影响就被忽略。平衡方程为

$$Q' = M''_y = -EI_{yy}w'''' = -p_w = \rho h\partial^2 w/\partial t^2 \tag{4.6.4}$$

式中，p_w 是横向负载压力。

Euler – Bernoulli 理论的广义化就是 Ambartsumyan – Vlasov 理论，它假设所有点的横截面的横向位移是相等的，因此，$\partial w/\partial x \equiv 0$。这个理论假定是二维位移场领域：

$$u(x,y,t) = -y\frac{\partial w(x,t)}{\partial x} + \varphi(x,t)g(y) \tag{4.6.5}$$

$$g(0) = 0$$

$$w(x,y,t) = w(x,t) \tag{4.6.6}$$

在 Vlasov 理论里，$g(y)$ 假设是一个二次函数，$g(y) = y^2$。对于一个统一的梁，横向振动的微分方程为

$$\frac{\partial^4 w}{\partial x^4} - \left(\frac{1}{c_s^2 + ac_t^2}\right)\frac{\partial^4 w}{\partial x^2 \partial t^2} + \frac{1-v^2}{D^2}\frac{\partial^2 w}{\partial t^2} + \frac{1}{ac_s^2 c_t^2}\frac{\partial^4 w}{\partial t^4} - p_w = 0 \tag{4.6.7}$$

其中

$$c_s^2 = \frac{E}{\rho(1-v^2)}$$
$$c_t^2 = \frac{G}{\rho}$$
$$D^2 = \frac{EI_{yy}}{\rho h} \tag{4.6.8}$$
$$a = \frac{I_{yy}I_1}{hI_0}$$

$$I_0 = \int_{-h/2}^{h/2} yg(y)\mathrm{d}y$$
$$I_1 = \int_{-h/2}^{h/2} \frac{\partial g(y)}{\partial y}\mathrm{d}y \tag{4.6.9}$$

另一个 Euler – Bernoulli 理论的广义化是 Timoshenko 理论，它假定一个任意的

剪切系数 q，横向振动的微分方程为

$$\frac{\partial^4 w}{\partial x^4} - \left(\frac{1}{c_s^2 + qc_t^2}\right)\frac{\partial^4 w}{\partial x^2 \partial t^2} + \frac{1}{D^2}\frac{\partial^2 w}{\partial t^2} + \frac{1}{qc_s^2 c_t^2}\frac{\partial^4 w}{\partial t^4} - p_w = 0 \tag{4.6.10}$$

把注意力集中到耦合轴向扭转振动，对于棒的耦合扩大的扭转振动有两个常见的假设：首先，在平行横截面里的变形可以忽略不计；第二，轴向伸缩包含体积位移和横断面翘曲。一个典型的棒的耦合扩大扭转振动的位移场是

$$u(x, y, z, t) = \bar{u}(x, t) + \phi'(x, t)\psi(x, y, z) \tag{4.6.11}$$

$$v(x, y, z, t) = y\{\cos\phi(x, t) - 1\} - z\sin\phi(x, t) \tag{4.6.12}$$

$$w(x, y, z, t) = y\sin\phi(x, t) + z\{\cos\phi(x, t) - 1\} \tag{4.6.13}$$

式中，u、v、w 分别是在 x、y、z 方向上的位移分量；ϕ 表示弹性转动的额外扭转角的角度。函数 $\psi(x, y, z)$ 是一个横截面翘曲函数，满足下面的等式：

$$\left(\frac{\partial^2}{\partial y^2} + \frac{\partial^2}{\partial z^2}\right)\psi(x, y, z) = 0 \tag{4.6.14}$$

函数 $\psi(x, y, z)$ 也满足在一个方向垂直于横截面的某个边界条件。

在运动方程的推导过程中另一个重要的因素是应变位移关系，它可以从 Green 应变位移关系中得到：

$$\varepsilon_{ij} = \frac{1}{2}\left[\frac{\partial u_j}{\partial x_i} + \frac{\partial u_i}{\partial x_j} + \frac{\partial u_k}{\partial x_i}\frac{\partial u_k}{\partial x_j}\right] \tag{4.6.15}$$

应变位移关系为

$$\varepsilon_{xx} = \frac{\partial u}{\partial x} + \frac{1}{2}\left[\left(\frac{\partial u}{\partial x}\right)^2 + r^2\theta^2\right] \tag{4.6.16}$$

$$\begin{aligned}\varepsilon_{xy} &= \frac{1}{2}\theta\left[\frac{\partial \psi}{\partial y}\left(1 + \frac{\partial u}{\partial x}\right) - z\right] \\ \varepsilon_{xz} &= \frac{1}{2}\theta\left[\frac{\partial \psi}{\partial z}\left(1 + \frac{\partial u}{\partial x}\right) + y\right]\end{aligned} \tag{4.6.17}$$

$$\begin{aligned}\varepsilon_{yy} &= \frac{1}{2}\theta^2\left[\frac{\partial \psi}{\partial y}\right]^2 \\ \varepsilon_{yz} &= \frac{1}{2}\theta^2\left[\frac{\partial \psi}{\partial y}\frac{\partial \psi}{\partial z}\right] \\ \varepsilon_{zz} &= \frac{1}{2}\theta^2\left[\frac{\partial \psi}{\partial z}\right]^2\end{aligned} \tag{4.6.18}$$

其中

$$\begin{aligned}\frac{\partial u}{\partial x} &= \bar{\varepsilon}_{xx} + \theta\frac{\partial \psi}{\partial x} + \psi\frac{\partial \theta}{\partial x} \\ \bar{\varepsilon}_{xx} &= \frac{\partial \bar{u}}{\partial x} \\ \theta &= \frac{\partial \phi}{\partial x} \\ r^2 &= x^2 + y^2\end{aligned} \tag{4.6.19}$$

为了推导出运动方程，利用 Hamilton 变分原理：

$$\delta\int_{t_1}^{t_2}(T_{\mathrm{ke}} - U + W_{\mathrm{ext}})\mathrm{d}t = 0 \tag{4.6.20}$$

式中，T_{ke}是杆的动能；U 是存储在杆的内能；W_{ext}是保守力所做的功。

为了描述动能的位移场，采用在梁里的每个点速度矢量，给出如下：

$$\dot{\boldsymbol{R}} = \dot{\boldsymbol{u}} = \dot{u}\hat{e}_{\mathrm{x}} + \dot{v}\hat{e}_{\mathrm{y}} + \dot{w}\hat{e}_{\mathrm{z}} \tag{4.6.21}$$

$$\dot{\boldsymbol{R}} = \dot{\boldsymbol{u}} = (\dot{\bar{u}} + \dot{\theta}\psi)\hat{e}_{\mathrm{x}} - \dot{\phi}(y\sin\phi + z\cos\phi)\hat{e}_{\mathrm{y}} + \dot{\phi}(y\cos\phi - z\sin\phi)\hat{e}_{\mathrm{z}} \tag{4.6.22}$$

在柱坐标系中表示笛卡尔单位矢量（$\hat{e}_{\mathrm{x}}\hat{e}_{\mathrm{y}}\hat{e}_{\mathrm{z}}$）、圆柱形的单位矢量（$\hat{e}_{\mathrm{x}}\hat{e}_{\mathrm{r}}\hat{e}_{\phi}$）和笛卡尔单位矢量有关：

$$\begin{aligned}\hat{e}_{\mathrm{r}} &= \frac{1}{r}(y\hat{e}_{\mathrm{y}} + z\hat{e}_{\mathrm{z}})\\ \hat{e}_{\mathrm{y}} &= \frac{1}{r}(y\hat{e}_{\mathrm{z}} - z\hat{e}_{\mathrm{y}})\end{aligned} \tag{4.6.23}$$

在梁里每个点速度矢量由如下给出：

$$\dot{\boldsymbol{R}} = \dot{\boldsymbol{u}} = (\dot{\bar{u}} + \dot{\theta}\psi)\hat{e}_{x} + r\dot{\phi}(-\sin\phi\,\hat{e}_{\mathrm{r}} + \cos\phi\,\hat{e}_{\phi}) \tag{4.6.24}$$

Liu 等人（2009）解释了自由振动方程的形式：

$$p_{\mathrm{T}} + EA\frac{\partial^2\bar{u}}{\partial x^2} + ES_1\frac{\partial^2\phi}{\partial x^2} = \rho A\frac{\partial^2\bar{u}}{\partial t^2} \tag{4.6.25}$$

$$q_{\mathrm{T}} + ES_1\frac{\partial^2\bar{u}}{\partial x^2} + (EK_1 + GJ_{\mathrm{e}})\frac{\partial^2\phi}{\partial x^2} = \rho I_{\mathrm{p}}\frac{\partial^2\phi}{\partial t^2} - \rho K_0\frac{\partial^4\phi}{\partial x^2\partial t^2} + EK_0\frac{\partial^4\phi}{\partial x^4} \tag{4.6.26}$$

式中，ρ 是每杆的单位长度的质量密度；A 是横截面积；E 是弹性模量；G 是刚性剪切模量；p_{T} 是沿梁的轴线的张力分量；q_{T} 是沿梁轴线的扭矩分量。

$$\begin{aligned}S_i &= \iint_A \frac{\partial^i\psi}{\partial x^i}\mathrm{d}y\mathrm{d}z\\ K_i &= \iint_A\left(\frac{\partial^i\psi}{\partial x^i}\right)^2\mathrm{d}y\mathrm{d}z\\ D_{ij} &= \iint_A\frac{\partial^i\psi}{\partial x^i}\frac{\partial^j\psi}{\partial x^j}\mathrm{d}y\mathrm{d}z\end{aligned} \tag{4.6.27}$$

$$\begin{aligned}J_{\mathrm{e}} &= \iint_A\left\{\left(\frac{\partial\psi}{\partial y} - z\right)^2 + \left(\frac{\partial\psi}{\partial z} + y\right)^2\right\}\mathrm{d}y\mathrm{d}z\\ I_{\mathrm{p}} &= \iint_A r^2\mathrm{d}y\mathrm{d}z\end{aligned} \tag{4.6.28}$$

两端的边界条件，$x=0$ 和 $x=L$ 是

$$\frac{\partial^2 \phi}{\partial x^2} = 0$$
$$F_T = EA\frac{\partial \bar{u}}{\partial x} + ES_1\frac{\partial \phi}{\partial x} \tag{4.6.29}$$

这是最后的总作用力：

$$F_M = ES_1\frac{\partial \bar{u}}{\partial x} + (EK_1 + GJ_e)\frac{\partial \phi}{\partial x} + \rho K_0\frac{\partial^3 \phi}{\partial x \partial t^2} - EK_0\frac{\partial^3 \phi}{\partial x^3} \tag{4.6.30}$$

这是在有问题端的总转矩作用。

当纵向惯性被忽略时，沿棒轴的张力满足：

$$\frac{\partial T}{\partial x} = EA\frac{\partial^2 \bar{u}}{\partial x^2} = -ES_1\frac{\partial^2 \phi}{\partial x^2} - p_T \tag{4.6.31}$$

扭转平衡的去耦方程为

$$q_T + \frac{S_1}{A}\frac{\partial T}{\partial x} + (EK_1 + GJ_e)\frac{\partial^2 \phi}{\partial x^2} = \rho I_p\frac{\partial^2 \phi}{\partial t^2} - \rho K_0\frac{\partial^4 \phi}{\partial x^2 \partial t^2} + EK_0\frac{\partial^4 \phi}{\partial x^4} \tag{4.6.32}$$

考虑叶片旋转的影响，它连接着横向弯曲和扭转振动，其最初的作用是由于叶片横截面上的离心力，来使叶片固化。线性耦合的平面外弯曲旋转叶片的扭转位移方程，它是不扭曲，其所有的剪切和转动惯量的影响被忽略，方程为

$$\frac{\partial^2}{\partial \bar{x}^2}\left(\frac{EI_{yy}}{\Omega^2 R^4}\frac{\partial^2 \bar{w}}{\partial \bar{x}^2}\right) - \frac{\partial}{\partial \bar{x}}\left(\frac{T}{\Omega^2 R^2}\frac{\partial \bar{w}}{\partial \bar{x}}\right) = mp_{I_z} + m\frac{\partial q_{I_y}}{\partial \bar{x}} + \frac{L_w}{\Omega^2 R^2} \tag{4.6.33}$$

$$-\frac{\partial}{\partial \bar{x}}\left(\frac{GJ_e}{\Omega^2 R^4}\frac{\partial \phi}{\partial \bar{x}}\right) - \frac{\partial}{\partial \bar{x}}\left(\frac{Tk_A^2}{\Omega^2 R^4}\frac{\partial \phi}{\partial \bar{x}}\right) = mp_{I_x} + mq_{I_z}\frac{\partial \bar{w}}{\partial \bar{x}} + \frac{M_\phi}{\Omega^2 R^2} \tag{4.6.34}$$

式中，$p_{I_x}\hat{e}_x + p_{I_y}\hat{e}_y + p_{I_z}\hat{e}_z$是外部惯性力矢量；$q_{I_x}\hat{e}_x + q_{I_y}\hat{e}_y + q_{I_z}\hat{e}_z$是外部惯性矩矢量。

在上面的方程中，L_w和M_ϕ是总的空气动力平面外的弯曲力，俯仰力矩分布作用在叶片上。

假设

$$p_{I_z} = -\left(\frac{\partial^2 \bar{w}}{\partial \psi^2} - \bar{x}_{cg}\frac{\partial^2}{\partial \psi^2}(\phi + \theta_r)\right) \tag{4.6.35}$$

$$q_{I_x} = \bar{x}_{cg}\frac{\partial^2 \bar{w}}{\partial \psi^2} - \frac{k_m^2}{R^2}\left(1 + \frac{\partial^2}{\partial \psi^2}\right)(\phi + \theta_r)$$
$$q_{I_y} = -\bar{x}_{cg}\bar{x}(\phi + \theta_r)$$
$$q_{I_z} = \bar{x}_{cg}\bar{x} \tag{4.6.36}$$

运动方程可以表示为

$$\frac{\partial^2}{\partial \bar{x}^2}\left(\frac{EI_{yy}}{\Omega^2 R^4}\frac{\partial \bar{w}}{\partial \bar{x}^2}\right) - \frac{\partial}{\partial x}\left(\frac{T}{\Omega^2 R^2}\frac{\partial \bar{w}}{\partial \bar{x}}\right) + m\left(\frac{\partial^2 \bar{w}}{\partial \psi^2} - \bar{x}_{cg}\frac{\partial^2}{\partial \psi^2}(\phi + \theta_r) + \frac{\partial}{\partial x}(\bar{x}_{cg}\bar{x}(\phi + \theta_r))\right) = \frac{L_w}{\Omega^2 R} \tag{4.6.37}$$

$$-\frac{\partial}{\partial \bar{x}}\left(\frac{GJ_e}{\Omega^2R^4}\frac{\partial \phi}{\partial \bar{x}}\right)-\frac{\partial}{\partial \bar{x}}\left(\frac{Tk_A^2}{\Omega^2R^4}\frac{\partial \phi}{\partial \bar{x}}\right)+m\left(\frac{k_m^2}{R^2}\left(1+\frac{\partial^2}{\partial \psi^2}\right)(\phi+\theta_r)-\bar{x}_{cg}\frac{\partial^2\bar{w}}{\partial \psi^2}-\bar{x}_{cg}\bar{x}\frac{\partial \bar{w}}{\partial \bar{x}}\right)=\frac{M_\phi}{\Omega^2R^2}$$

(4.6.38)

$$T=\Omega^2R^2\int_{x}^{1}m\bar{x}\mathrm{d}\bar{x}$$

$$\bar{x}=x/R$$

$$\bar{w}=w/R$$

$$\psi=\Omega t \tag{4.6.39}$$

$$k_m^2=\frac{1}{m}\iint_A \rho r^2\mathrm{d}y\mathrm{d}z$$

$$k_A^2=\frac{1}{A}\iint_A r^2\mathrm{d}y\mathrm{d}z$$

式中，θ_r 是根叶片刚性旋转；$\bar{x}_{cg}$是俯仰轴截面质心的归一化距离；k_A^2是关于弹性轴的极地回转半径的横截面积；k_m^2是关于弹性轴的极地回转半径的横截面质量。

考虑到预扭曲的影响，把平面弯曲运动的动力学包含进来是很重要的，因为由于预扭曲和叶根俯仰，平面内和平面外的弯曲位移是耦合的。为了获得的力和力矩平衡方程，在未变形的参考轴里，力和力矩平衡的方程要在变形轴中首先建立，然后转化到未变形的轴里。在变形轴里，力和力矩的平衡方程为

$$\bar{\boldsymbol{F}}_{,x}+\bar{\boldsymbol{p}}=\boldsymbol{0} \tag{4.6.40}$$

$$\bar{\boldsymbol{M}}_{,x}+\bar{\boldsymbol{q}}+\hat{\boldsymbol{e}}'_x\times\bar{\boldsymbol{F}}=\boldsymbol{0} \tag{4.6.41}$$

式中，$\bar{\boldsymbol{p}}$是作用在叶片上的矢量分力；$\bar{\boldsymbol{q}}$是作用在叶片上的矢量分力矩；$\hat{\boldsymbol{e}}'_x$是变形轴方向上的单位矢量；$\bar{\boldsymbol{F}}$是叶片产生的弹性合力，由沿着叶片轴的张力和垂直于叶片轴方向上的剪切力组成；$\bar{\boldsymbol{M}}$是叶片产生的合力矩，由沿着叶片轴的转矩和垂直于叶片轴的弯矩组成，变形单位矢量和其斜坡之间的关系可以由曲率和扭曲来描述。

在上述得到的方程里，自然而然地假定位移的顺序是叶根间距和扭曲，平面内叶片位移，然后是平面外的叶片位移和叶片扭转。沿着弹性轴的无量纲位移假定给出为（$\bar{u}\bar{v}\bar{w}$），其中$\bar{u}$假定是投影缩短（轴向弹性位移假定为零），定义如下：

$$\bar{u}=-\frac{1}{2}\int_0^{\bar{x}}\left[\left(\frac{\partial \bar{v}}{\partial \bar{x}_1}\right)^2+\left(\frac{\partial \bar{w}}{\partial \bar{x}_1}\right)^2\right]\mathrm{d}\bar{x}_1 \tag{4.6.42}$$

根据孤立的非线性项的力和力矩的合量，在分开的表达式里，运动方程可以表示为

$$\frac{1}{\Omega^2R^4}\frac{\partial^2}{\partial \bar{x}^2}\begin{bmatrix}M_{\bar{y}}\\M_{\bar{z}}\end{bmatrix}-\frac{\partial}{\partial \bar{x}}\left(\frac{T}{\Omega^2R^2}\frac{\partial}{\partial \bar{x}}\begin{bmatrix}\bar{w}\\\bar{v}\end{bmatrix}\right)+\frac{\partial^2}{\partial \bar{x}^2}\left(\frac{X_{II}T}{\Omega^2R^3}\begin{bmatrix}\sin\theta_G\\\cos\theta_G\end{bmatrix}\right)+\frac{1}{\Omega^2R^4}\begin{bmatrix}N_w\\N_v\end{bmatrix}$$

$$=m\begin{bmatrix}p_{I_z}\\p_{I_y}\end{bmatrix}+m\frac{\partial}{\partial \bar{x}}\begin{bmatrix}q_{I_y}\\-q_{I_z}\end{bmatrix}+\frac{1}{\Omega^2R}\begin{bmatrix}L_w\\L_v\end{bmatrix} \tag{4.6.43}$$

$$-\frac{1}{\Omega^2 R^4}\frac{\partial}{\partial \bar{x}}M_{\bar{x}}-\frac{\partial}{\partial \bar{x}}\left(\frac{Tk_A^2}{\Omega^2 R^4}\frac{\partial(\theta_G+\phi)}{\partial \bar{x}}\right)+\frac{TX_{II}}{\Omega^2 R^3}\left(\cos\theta_G\frac{\partial^2 \bar{w}}{\partial \bar{x}^2}-\sin\theta_G\frac{\partial^2 \bar{v}}{\partial \bar{x}^2}\right)+\frac{N_\phi}{\Omega^2 R^4}$$

$$=mq_{I_x}+\frac{M_\phi}{\Omega^2 R^2} \tag{4.6.44}$$

在 Friedmann（1977）和 Shamie（1975）的排序组合后，在一个表单中突出耦合的回转特征的耦合运动方程，由于叶片轴不是惯性对称，以如下给出：

$$\frac{\partial^2}{\partial \bar{x}^2}\frac{E}{\Omega^2 R^4}\left\{\begin{bmatrix} I_{yy} & 0 \\ 0 & I_{zz}\end{bmatrix}\frac{\partial^2}{\partial x^2}\begin{bmatrix}\bar{w}\\ \bar{v}\end{bmatrix}+(I_{zz}-I_{yy})\sin\theta_G\begin{bmatrix}\cos\theta_G & \sin\theta_G\\ -\sin\theta_G & \cos\theta_G\end{bmatrix}\frac{\partial^2}{\partial \bar{x}^2}\begin{bmatrix}\bar{v}\\ \bar{w}\end{bmatrix}\right\})$$

$$-\frac{\partial}{\partial \bar{x}}\left(\frac{T}{\Omega^2 R^2}\frac{\partial}{\partial \bar{x}}\begin{bmatrix}\bar{w}\\ \bar{v}\end{bmatrix}\right)+\frac{\partial^2}{\partial \bar{x}^2}\left(\frac{x_{II}T}{\Omega^2 R^3}\begin{bmatrix}\sin\theta_G\\ \cos\theta_G\end{bmatrix}\right)+\frac{1}{\Omega^2 R^4}\begin{bmatrix}N_w\\ N_v\end{bmatrix}$$

$$=m\begin{bmatrix}p_{I_z}\\ p_{I_y}\end{bmatrix}+m\frac{\partial}{\partial \bar{x}}\begin{bmatrix}q_{I_y}\\ -q_{I_z}\end{bmatrix}+\frac{1}{\Omega^2 R}\begin{bmatrix}L_w\\ L_v\end{bmatrix} \tag{4.6.45}$$

$$-\frac{\partial}{\partial \bar{x}}\left(\frac{GJ_e}{\Omega^2 R^4}\frac{\partial\phi}{\partial \bar{x}}\right)-\frac{\partial}{\partial \bar{x}}\left(\frac{Tk_A^2}{\Omega^2 R^4}\frac{\partial(\theta_G+\phi)}{\partial \bar{x}}\right)+\frac{TX_{II}}{\Omega^2 R^3}\left(\cos\theta_G\frac{\partial^2 \bar{w}}{\partial \bar{x}^2}-\sin\theta_G\frac{\partial^2 \bar{v}}{\partial \bar{x}^2}\right)+\frac{N_\phi}{\Omega^2 R^4}$$

$$=mq_{I_x}+\frac{M_\phi}{\Omega^2 R^2} \tag{4.6.46}$$

式中，θ_G 是几何螺旋角，由叶根螺旋角和横截面扭曲角组成；X_{II}是来自弹性轴和正面尾部张力作用的点的偏移量；$\bar{v}$、I_{zz}、L_v分别是平面内叶片位移量、平面弯曲横截面惯性矩和平面气动负荷；N_w、N_v、N_ϕ是在线性稳度分析的情况下可以被忽略的非线性项。

外部惯性力与大旋转和小变形假设下的力矩矢量的组成是

$$p_{I_x}=\bar{x}+2\frac{\partial \bar{v}}{\partial \psi} \tag{4.6.47}$$

$$p_{I_y}=\bar{v}-\bar{x}_{cg}\cos\theta_G-\left(\frac{\partial^2 \bar{v}}{\partial \psi^2}+\bar{x}_{cg}\sin\theta_G\frac{\partial^2}{\partial \psi^2}(\phi+\theta_G)\right) \tag{4.6.48}$$

$$p_{I_z}=-\left(\frac{\partial^2 \bar{w}}{\partial \psi^2}-\bar{x}_{cg}\cos\theta_G\frac{\partial^2}{\partial \psi^2}(\phi+\theta_G)\right) \tag{4.6.49}$$

$$q_{I_x}=\bar{x}_{cg}\cos\theta_G\frac{\partial^2 \bar{w}}{\partial \psi^2}-\left(\frac{\partial^2 \bar{v}}{\partial \psi^2}-\bar{v}\right)\bar{x}_{cg}\sin(\theta_G+\phi)$$

$$-\frac{k_m^2}{R^2}\left(\frac{\sin2(\theta_G+\phi)}{2}+\frac{\partial^2(\phi+\theta_G)}{\partial \psi^2}\right) \tag{4.6.50}$$

$$q_{I_y}=-\bar{x}_{cg}\bar{x}\sin(\phi+\theta_G)$$

$$q_{I_z}=\bar{x}_{cg}\left(\bar{x}+2\frac{\partial \bar{v}}{\partial \psi}\right)\cos\theta_G \tag{4.6.51}$$

无量纲张力为

$$\frac{1}{m\Omega^2R^2}\frac{\partial T}{\partial \bar{x}}=-p_{I_x} \tag{4.6.52}$$

为了推导出线性方程，在运动方程中，所有的平移和旋转弹性位移里的二阶和高阶项都会被忽略。在 Friedmann（1977）、Shamie（1975）和 Rosen（1977）的排序组合后，运动方程里的二阶和三阶项为

$$\begin{bmatrix}N_w\\N_v\end{bmatrix}=\begin{bmatrix}N_{w1}\\N_{v1}\end{bmatrix}+\begin{bmatrix}N_{w2}\\N_{v2}\end{bmatrix}+\begin{bmatrix}N_{wI}\\N_{vI}\end{bmatrix}+\begin{bmatrix}N_{we}\\N_{ve}\end{bmatrix} \tag{4.6.53}$$

$$\begin{bmatrix}N_{w1}\\N_{v1}\end{bmatrix}=\frac{\partial^2}{\partial \bar{x}^2}\left(E\phi\left\{(I_{zz}-I_{yy})\cos\theta_G\begin{bmatrix}2\sin\theta_G & \cos\theta_G\\ \cos\theta_G & -2\sin\theta_G\end{bmatrix}\frac{\partial^2}{\partial \bar{x}^2}\begin{bmatrix}\bar{w}\\ \bar{v}\end{bmatrix}\right\}\right)$$

$$+\frac{\partial}{\partial \bar{x}}GJ_e\frac{\partial \phi}{\partial \bar{x}}\frac{\partial^2}{\partial \bar{x}^2}\begin{bmatrix}-\bar{v}\\ \bar{w}\end{bmatrix} \tag{4.6.54}$$

$$\begin{bmatrix}N_{w2}\\N_{v2}\end{bmatrix}=-\frac{\partial^2}{\partial \bar{x}^2}\left(EB_2\left(\frac{\partial \theta_G}{\partial \bar{x}}\frac{\partial \phi}{\partial \bar{x}}+\frac{1}{2}\left(\frac{\partial \phi}{\partial \bar{x}}\right)^2\right)\begin{bmatrix}\sin\theta_G\\ \cos\theta_G\end{bmatrix}\right) \tag{4.6.55}$$

$$\begin{bmatrix}N_{wI}\\N_{vI}\end{bmatrix}=-\frac{\partial}{\partial \bar{x}}\begin{bmatrix}-q_{I_x}\dfrac{\partial \bar{v}}{\partial \bar{x}}\\ -q_{I_x}\dfrac{\partial \bar{w}}{\partial \bar{x}}\end{bmatrix} \tag{4.6.56}$$

$$\begin{bmatrix}N_{we}\\N_{ve}\end{bmatrix}=\frac{\partial^2}{\partial \bar{x}^2}\left(X_{II}RT\phi\begin{bmatrix}\sin\theta_G\\ -\sin\theta_G\end{bmatrix}\right) \tag{4.6.57}$$

$$N_\phi=N_{\phi1}+N_{\phi2}+N_{\phi3}+N_{\phi I}+N_{\phi e} \tag{4.6.58}$$

$$N_{\phi1}=\left(E\left\{(I_{zz}-I_{yy})\left(\frac{\partial^2 \bar{w}}{\partial \bar{x}^2}\frac{\partial^2 \bar{v}}{\partial \bar{x}^2}\cos2\theta_G+\frac{1}{2}\left(\left(\frac{\partial^2 \bar{w}}{\partial \bar{x}^2}\right)^2-\left(\frac{\partial^2 \bar{v}}{\partial \bar{x}^2}\right)^2\right)\sin2\theta_G\right)\right\}\right)+$$

$$\left(E\left\{(I_{zz}-I_{yy})\left(\phi\left(\left(\frac{\partial^2 \bar{w}}{\partial \bar{x}^2}\right)^2-\left(\frac{\partial^2 \bar{v}}{\partial \bar{x}^2}\right)^2\right)\cos^2\theta_G\right)\right\}\right) \tag{4.6.59}$$

$$N_{\phi2}=-\frac{\partial}{\partial \bar{x}}\left(EB_1\left\{\left(\frac{\partial \theta_G}{\partial \bar{x}}\frac{\partial \phi}{\partial \bar{x}}+\frac{1}{2}\left(\frac{\partial \phi}{\partial \bar{x}}\right)^2\right)\left(\frac{\partial \theta_G}{\partial \bar{x}}+\frac{\partial \phi}{\partial \bar{x}}\right)\right\}\right) \tag{4.6.60}$$

$$N_{\phi3}=\frac{\partial}{\partial \bar{x}}\left(EB_2\left\{\left(\frac{\partial \theta_G}{\partial \bar{x}}+\frac{\partial \phi}{\partial \bar{x}}\right)\left(\frac{\partial^2 \bar{v}}{\partial \bar{x}^2}\cos\theta_G\frac{\partial^2 \bar{w}}{\partial \bar{x}^2}\sin\theta_G+\phi\frac{\partial^2 \bar{w}}{\partial \bar{x}^2}\cos\theta_G\right)\right\}\right)-$$

$$\left(EB_2\frac{\partial^2 \bar{w}}{\partial \bar{x}^2}\cos\theta_G\left\{\frac{\partial \phi}{\partial \bar{x}}\left(\frac{\partial \theta_G}{\partial \bar{x}}+\frac{\partial \phi}{\partial \bar{x}}\right)-\frac{1}{2}\left(\frac{\partial \phi}{\partial \bar{x}}\right)^2\right\}\right) \tag{4.6.61}$$

$$N_{\phi I}=-q_{I_y}\frac{\partial \bar{v}}{\partial \bar{x}}-q_{I_z}\frac{\partial \bar{w}}{\partial \bar{x}} \tag{4.6.62}$$

$$N_{\phi e} = -TX_{II}R_{\phi}\left(\sin\theta_G \frac{\partial^2 \overline{w}}{\partial \overline{x}^2} + \cos\theta_G \frac{\partial^2 \overline{v}}{\partial \overline{x}^2}\right) \tag{4.6.63}$$

其中

$$EB_1 = \iint_{A'} r'^2(r'^2 - k_A^2)E\mathrm{d}A'$$
$$BE_2\iint_{A'} r'^2(y' - e_A)E\mathrm{d}A' \tag{4.6.64}$$

首要参考是在横截面里变形的点的坐标。

相应的无量纲张力的非线性表达式如下：

$$\frac{1}{m\Omega^2R^2}\frac{\partial T}{\partial \overline{x}} = -p_{I_x} + \frac{\partial}{\partial \overline{x}}\left(q_{I_y}\frac{\partial \overline{w}}{\partial \overline{x}}\right) - \frac{\partial}{\partial \overline{x}}\left(q_{I_z}\frac{\partial \overline{v}}{\partial \overline{x}}\right) \tag{4.6.65}$$

由于张力作用点的偏移，在 Rosen 和 Friedmann（1977）的工作中就体现了附加项，但是由于转矩方程和 k_A^2 成比例，曲解了它，所以附加项在它里面还是被认为很小而忽略。

为了解决运动方程，有人采用了 Galerkin 的方法。所以，横向弯曲、侧向弯曲和扭转位移就假定如下：

$$\begin{bmatrix}\overline{w}(\overline{x},\psi)\\ \overline{v}(\overline{x},\psi)\end{bmatrix} = \sum_{i=1}^{N_m}\begin{bmatrix}w_{0i}(\psi)\\ v_{0i}(\psi)\end{bmatrix}\varphi_i(\overline{x}) \tag{4.6.66}$$

$$\phi(\overline{x},\psi) = \sum_{i=1}^{N_m} a_{0i}(\psi)\chi_i(\overline{x}) \tag{4.6.67}$$

$$\varphi_i(\overline{x}) = \cosh(\beta_i\overline{x}) - \cos(\beta_i\overline{x}) - \alpha_i[\sinh(\beta_i\overline{x}) - \sin(\beta_i\overline{x})] \tag{4.6.68}$$

$$\chi(\overline{x}) = \sqrt{2}\sin(\pi(i-1/2)\overline{x}) \tag{4.6.69}$$

其中

$$\beta_i = [1.875\ 4.694\ 7.855\ 10.996\ 14.137\cdots(i-0.5)*\pi] \tag{4.6.70}$$

$$\alpha = -(\cos\beta_i + \cosh\beta_i)/(\sin\beta_i + \sinh\beta_i) \tag{4.6.71}$$

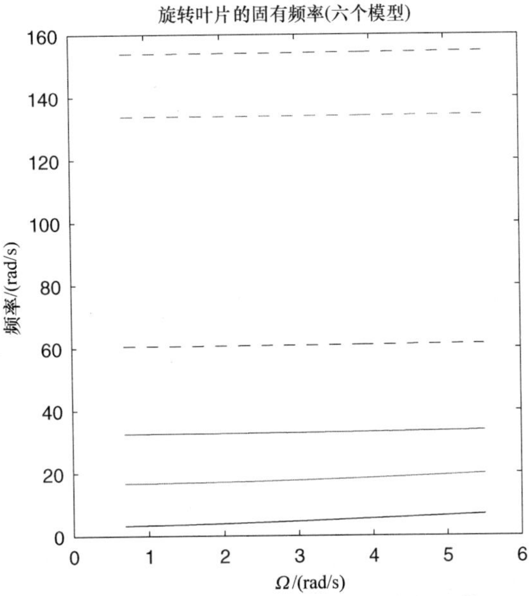

图 4.6　叶片固有频率作为风轮速度的函数，CG 和张力轴偏移量等于零

线性运动方程，在缺乏空气动力负荷时，可以根据叶片固有频率的二次方简化成标准特征值问题。一组典型的叶片固有频率如图 4.6 所示。

4.7 风轮空气弹性变形的动态建模

风力机叶片动力学在风力发电中起着重要作用。风力机叶片动力学可以用叶片固定框架或固定在转盘的框架来表示。在固定叶片的框架里，很方便去表示气动力，而风输入和阵风在固定到转盘平面的框架里更容易表示，这个框架通常是对齐到本身正常的风向。因此，通常同时使用参照架构和从一个到另一个转换的架构。叶片是假定为等间隔，位于圆盘表面。每个叶片被分配了一个参考指标，参考叶片用指标 1 来表示。因此，根据参考叶片 1 的方位角 ψ_1，在一个 N 叶片转盘平面内，第 k 个叶片的方位角 ψ_k 给出如下：

$$\psi_k=\psi_1+2(k-1)\pi/N \tag{4.7.1}$$

风轮角速度以 Ω 来表示，风轮周期为 $T=2\pi/\Omega$，叶片通道周期为 $T_b=T/N$。因为很方便引入无量纲时间变量 $\psi=\Omega t$，所以在无量纲时间里风轮周期就为 $T=2\pi$，频率通过风轮角速度 Ω 来规格化。

风轮动力学模型是由无量纲的量开发出来的，这样在分析一般的风轮配置时可以不需要指定大小。模型的发展密切遵循了 Padfield（1996）和 Fox（1993）概述的方法。因此，风轮几何性质是由风轮半径及其力来规格化的，而线速度是由叶尖速度 ΩR 和空气密度 ρ 来规格化的。人们感兴趣的风轮叶片的重要属性是作用于单个叶片的气动力和力矩，还有风轮推力及力矩，这些和叶片的推力有关。尽管叶片没有假定是统一的，但是可以假设结构属性代表一组假定的模式。假定每个叶片完全可控，从风轮轴到叶片根部的偏移距离为 e，平均气动弦长为 c。叶片假定彼此之间相同。质量分布和惯性矩假定是已知的，通过关于叶根的振动惯性I_β 和横截面俯仰惯性 I_θ 给出。根据叶片的特征惯量，惯性矩是无量纲的：

$$I_b=\int_e^R mr^2\mathrm{d}r \tag{4.7.2}$$

所有的力矩都是无量纲的，都通过$I_b\,\Omega^2$来规格化。叶片横截面升力假定与当地的攻角线性和一个恒定的升力曲线斜率，例如$C_{l\alpha}=a_\infty$，是成比例的。锁定数是一个重要的无量纲的气动力参数，根据气动力升力斜率特征 a_∞ 来定义：

$$\gamma=\rho a_\infty cR^4/I_b \tag{4.7.3}$$

从叶片俯仰轴线叶片横截面质心、叶片横截面气动力中心、叶片横截面弹性轴的距离假定都是可以忽略的。而且，叶片横截面假定是对称的。因此，拍打方向弯曲模式和扭转模式不是耦合的，升力作用在弹性轴，在气动力中心没有气动力矩。

叶片的扭转运动假定是刚体旋转 $\theta_r(t)$ 和弹性扭力 $\theta_{et}(t)$ 组成的，所以扭转平衡方程给出如下：

$$I_\theta\frac{\partial^2\theta_r(t)}{\partial t^2}+I_\theta\frac{\partial^2\theta_{et}(t)}{\partial t^2}-GJ_e\frac{\partial^2\theta_{et}(t)}{\partial r^2}=M_{et} \tag{4.7.4}$$

式中，M_{et}是外部转矩、离心固化力矩（有时被称为螺旋桨力矩）和气动力俯仰力矩的主要组成。

在弹性叶片振动的情况下，运动方程可以表示为

$$\Omega^2 R^3 \int_e^R \frac{\partial^2 \beta(r)}{\partial \psi^2} m(r-e)^2 \mathrm{d}r + \Omega^2 R^3 \int_e^R \beta(r) mr(r-e)\mathrm{d}r + \int_e^R S(\beta)(r-e)\beta(r)\mathrm{d}r = M_{\mathrm{e}\beta} \tag{4.7.5}$$

式中，M_{et}是关于从风轮轴到根的偏移距离 e 的外部气动力振动力矩；$\beta(r)$是一个在叶素从转子轴到根之间距离 r 的质量的角度；$S(\beta)$用下面的方程定义：

$$S(\beta) = \frac{1}{\beta(r)} \frac{\partial^2}{\partial r^2} EI \frac{\partial^2((r-e)\beta)}{\partial r^2} - \frac{1}{\beta(r)} \frac{\partial}{\partial r} T \frac{\partial((r-e)\beta)}{\partial r} \tag{4.7.6}$$

式中，T 是叶片里的离心张力。

M_{et}满足下面的方程：

$$M_{\mathrm{e}\beta} = \int_e^R L(\beta)(r-e)\mathrm{d}r \tag{4.7.7}$$

假定叶片弹性振动和扭转偏移角能够分别表示出来，根据模式总和：

$$\begin{aligned} \beta(r) &= \sum_{j=1}^{J} \beta_j \zeta_j(r) \\ \theta_{\mathrm{et}}(r) &= \sum_{j=1}^{J} \theta_j \xi_j(r) \end{aligned} \tag{4.7.8}$$

模态振幅方程可以表示为

$$\frac{\partial^2 \theta_{\mathrm{r}}(t)}{\partial t^2} \int_e^R I_\theta \xi_k(r)\mathrm{d}r + \sum_{j=1}^{J} \frac{\partial^2 \theta_j(t)}{\partial t^2} \int_e^R I_\theta \xi_j(r)\xi_k(r)\mathrm{d}r -$$

$$\sum_{j=1}^{J} \theta_j \int_e^R GJ_{\mathrm{e}} \frac{\partial^2 \xi_j(r)}{\partial r^2} \xi_k(r)\mathrm{d}r = \int_e^R M_{\mathrm{et}} \xi_k(r)\mathrm{d}t, k = 1,2,3,\cdots,J \tag{4.7.9}$$

或者是

$$\sum_{j=1}^{J} I_\theta^{kj} \frac{\partial^2 \theta_j(t)}{\partial t^2} + I_\theta^k \frac{\partial^2 \theta_{\mathrm{r}}(t)}{\partial t^2} + \sum_{j=1}^{J} k_{\mathrm{et}}^{kj} \theta_j = M_{\mathrm{et}}^k, k = 1,2,3,\cdots,J \tag{4.7.10}$$

$$\Omega^2 R^3 \sum_{j=1}^{J} \frac{\partial^2 \beta_j}{\partial \psi^2} \int_e^R \zeta_k(r)\zeta_j(r) m(r-e)^2 \mathrm{d}r + \Omega^2 R^3 \sum_{j=1}^{J} \beta_j \int_e^R \zeta_k(r)\zeta_j(r) mr(r-e)\mathrm{d}r +$$

$$\int_e^R S\Big(\sum_{j=1}^{J} \beta_j \zeta_j(r)\Big) \sum_{j=1}^{J} \beta_j \zeta_j(r)\zeta_k(r)(r-e)\mathrm{d}r = \int_e^R L\Big(\sum_{j=1}^{J} \beta_j \zeta_j(r)\Big)(r-e)\zeta_k(r)\mathrm{d}r \tag{4.7.11}$$

或者是

$$\Omega^2 R^3 \sum_{j=1}^{J} \frac{\partial^2 \beta_j}{\partial \psi^2} I_{\beta}^{jk} + \Omega^2 R^3 \sum_{j=1}^{J} \beta_j I_{\beta h}^{jk} + \sum_{j=1}^{J} k_{\beta}^{jk} \beta_j = M_{\beta}^{k} \tag{4.7.12}$$

把扭转和振动方程通过 $I_b\Omega^2$ 同时分开，并假设之前假定的模式是正常的模式，这样就会生成一组振动和扭转模态振幅的对方程：

$$\sum_{j=1}^{J} \bar{I}_{\theta}^{kj} \frac{\partial^2 \theta_j(t)}{\partial \psi^2} + \bar{I}_{\theta}^{k} \frac{\partial^2 \theta_r(t)}{\partial \psi^2} + \sum_{j=1}^{J} \bar{I}_{\theta}^{kj} \omega_{\theta k}^2 \theta_j = \overline{M}_{et}^{k}, \quad k = 1,2,3,\cdots,J \tag{4.7.13}$$

$$\sum_{j=1}^{J} \bar{I}_{\beta}^{jk} \frac{\partial^2 \beta_j}{\partial \psi^2} + \sum_{j=1}^{J} \bar{I}_{\beta h}^{jk} \beta_j + \sum_{j=1}^{J} \bar{I}_{\beta}^{jk} \omega_{\beta k}^2 \beta_j = \overline{M}_{\beta}^{k}, \ k = 1,2,3,\cdots,J \tag{4.7.14}$$

其中

$$\bar{I}_{\theta}^{k} = \frac{1}{I_b} \int_e^R I_{\theta} \xi_k(r) \mathrm{d}r$$

$$\bar{I}_{\theta}^{kj} = \frac{1}{I_b} \int_e^R I_{\theta} \xi_j(r) \xi_k(r) \mathrm{d}r \tag{4.7.15}$$

$$\bar{I}_{\beta}^{kj} = \frac{1}{I_b} \int_e^R \zeta_k(r) \zeta_j(r) m(r-e)^2 \mathrm{d}r \tag{4.7.16}$$

$$\bar{I}_{\beta h}^{jk} = \frac{1}{I_b} \int_e^R \zeta_k(r) \zeta_j(r) m r (r-e) \mathrm{d}r$$

$$\bar{k}_{et}^{kj} = \frac{1}{I_b} \int_e^R G J_e \frac{\partial^2 \xi_j(r)}{\partial r^2} \xi_k(r) \mathrm{d}r \tag{4.7.17}$$

$$\bar{k}_{\beta}^{jk} = \frac{1}{I_b} \int_e^R S\Big(\sum_{j=1}^{J} \beta_j \zeta_j(r) \Big) \sum_{j=1}^{J} \beta_j \zeta_j(r) \zeta_k(r) (r-e) \mathrm{d}r \tag{4.7.18}$$

$$\overline{M}_{et}^{k} = \frac{1}{I_b} \int_e^R M_{et} \xi_k(r) \mathrm{d}r \tag{4.7.19}$$

$$\overline{M}_{\beta}^{k} = \frac{1}{I_b} \int_e^R L\Big(\sum_{j=1}^{J} \beta_j \zeta_j(r) \Big)(r-e) \zeta_k(r) \mathrm{d}r \tag{4.7.20}$$

4.7.1 多叶片坐标系

单叶片的运动气动力耦合翻转间距方程，根据方位角函数 ψ，已经在一个旋转的坐标系中推导出来了。当 $\Psi = \Psi_k$ 时，方程表示第 k 个叶片的运动。为了导出把所有叶片当作一个整体的运动方程，方程里的系数可以根据所谓的多叶片坐标来表示。这个可以通过扩展所有的三角函数来完成，例如正弦和余弦函数，还有正弦和余弦相关的函数。许多包含一个因数的项可以被识别，分别把它们设置为等于零，

得到对于 N 个叶片转子里每个叶片的固定框架谐波的 N 个运动方程。因此，通过多叶片坐标系转换得到的固定框架运动方程可以表示包含 N 个叶片转盘的动力学。例如，如果在 N 叶片转子的第 k 个模式里的振动模态坐标是 β_{k1}，β_{k2}，β_{k3}，…，β_{kN}，它们可以通过离散傅里叶级数变换系数固定框架转换，β_{k0}，β_{k1c}，β_{k1s}，…，β_{kd}：

$$
\begin{aligned}
\beta_{k0} &= \frac{1}{N}\sum_{m=1}^{N}\beta_{km} \\
\beta_{knc} &= \frac{2}{N}\sum_{m=1}^{N}\beta_{km}\cos(n\psi_m) \\
\beta_{kns} &= \frac{2}{N}\sum_{m=1}^{N}\beta_{km}\sin(n\psi_m) \\
\beta_{kd} &= \frac{1}{N}\sum_{m=1}^{N}\beta_{km}(-1)^m
\end{aligned}
\tag{4.7.21}
$$

其中，最后的转换仅仅出现在偶数叶片里。对于一个四叶片风轮，它有 β_{k0}，β_{k1c}，β_{k1s}，β_{kd}，而对于三叶片风轮，则只有β_{k0}，β_{k1c}，β_{k1s}。由于大多数的风力轮机转子为三叶片的，应该假定叶片的数量为 3。而且，上述的四个转变会被关联到集合、余弦循环、正弦循环和不同的集合运算符。

4.7.2 多叶片坐标系里的运动方程

为了表示叶片振动和扭转运动方程，根据多叶片坐标系，集合和循环求和运算符可以应用到它们上面。因此，叶片振动和扭转运动方程为

$$
\begin{aligned}
&\sum_{j=1}^{J}\bar{I}_{\theta}^{kj}\begin{bmatrix}1&0&0\\0&1&0\\0&0&1\end{bmatrix}\begin{bmatrix}\theta''_{j0}\\\theta''_{jc}\\\theta''_{js}\end{bmatrix}+\sum_{j=1}^{J}\bar{I}_{\theta}^{kj}\begin{bmatrix}0&0&0\\0&0&2\\0&-2&0\end{bmatrix}\begin{bmatrix}\theta'_{j0}\\\theta'_{jc}\\\theta'_{js}\end{bmatrix}+\begin{bmatrix}1&0&0\\0&1&0\\0&0&1\end{bmatrix}\begin{bmatrix}\theta''_{r0}\\\theta''_{re}\\\theta''_{rs}\end{bmatrix}+ \\
&\bar{I}_{\theta}^{k}\begin{bmatrix}0&0&0\\0&0&2\\0&-2&0\end{bmatrix}\begin{bmatrix}\theta'_{r0}\\\theta'_{rc}\\\theta'_{rs}\end{bmatrix}+\bar{I}_{\theta}^{k}\begin{bmatrix}0&0&0\\0&-1&0\\0&0&-1\end{bmatrix}\begin{bmatrix}\theta'_{r0}\\\theta'_{rc}\\\theta'_{rs}\end{bmatrix}+ \\
&\sum_{j=1}^{J}\bar{I}_{\theta}^{kj}\begin{bmatrix}\omega_{\theta k}^2&0&0\\0&\omega_{\theta k}^2-1&0\\0&0&\omega_{\theta k}^2-1\end{bmatrix}\begin{bmatrix}\theta_{j0}\\\theta_{jc}\\\theta_{js}\end{bmatrix}=\begin{bmatrix}\bar{M}_{et0}^{k}\\\bar{M}_{etc}^{k}\\\bar{M}_{ets}^{k}\end{bmatrix},\ k=1,2,3,\cdots,J
\end{aligned}
\tag{4.7.22}
$$

$$\sum_{j=1}^{J}\bar{I}_{\beta}^{kj}\begin{bmatrix}1&0&0\\0&1&0\\0&0&1\end{bmatrix}\begin{bmatrix}\beta''_{j0}\\\beta''_{jc}\\\beta''_{js}\end{bmatrix}+\sum_{j=1}^{J}\bar{I}_{\beta}^{kj}\begin{bmatrix}0&0&0\\0&0&2\\0&-2&0\end{bmatrix}\begin{bmatrix}\beta'_{j0}\\\beta'_{jc}\\\beta'_{js}\end{bmatrix}+\sum_{j=1}^{J}\bar{I}_{\beta h}^{kj}\begin{bmatrix}1&0&0\\0&1&0\\0&0&1\end{bmatrix}\begin{bmatrix}\beta_{j0}\\\beta_{jc}\\\beta_{js}\end{bmatrix}+$$

$$\sum_{j=1}^{J}\bar{I}_{\beta}^{kj}\begin{bmatrix}\omega_{\beta k}^{2}&0&0\\0&\omega_{\beta k}^{2}-1&0\\0&0&\omega_{\beta k}^{2}-1\end{bmatrix}\begin{bmatrix}\beta_{j0}\\\beta_{jc}\\\beta_{js}\end{bmatrix}=\begin{bmatrix}\overline{M}_{\beta 0}^{k}\\\overline{M}_{\beta c}^{k}\\\overline{M}_{\beta s}^{k}\end{bmatrix},\quad k=1,2,3,\cdots,J \tag{4.7.23}$$

4.7.3 扭转模式的离心固化

同样地，离心力在振动中主要是刚性叶片的作用，它也对扭转中的固化有着虽小但是至关重要的作用。这个力矩有时会关联到螺旋桨力矩上，它和扭力轴小旋转的俯仰角成比例。假定叶片是平的，横截面螺旋桨俯仰力矩可以表示为

$$M_{\mathrm{pm}}=-\int_{0}^{c}\mathrm{d}m\Omega^{2}x(x\sin\theta)\approx-\Omega^{2}I_{\theta}\theta \tag{4.7.24}$$

式中，$\mathrm{d}m$ 是从俯仰轴距离 x 的横截面的元素质量。

它充当恢复力矩的作用，并提供和振动里离心固化非常相似的固化作用。由于俯仰角如下：

$$\theta(t)=\theta_{\mathrm{r}}(t)+\theta_{\mathrm{et}}(t)=\theta_{\mathrm{r}}(t)+\sum_{j=1}^{J}\theta_{j}\xi_{j}(r) \tag{4.7.25}$$

在第 k 个模式里无量纲化螺旋桨力矩为

$$\overline{M}_{\mathrm{p}}^{k}\approx-\bar{I}_{\theta}^{k}\theta_{\mathrm{r}}-\sum_{j=1}^{J}\bar{I}_{\theta}^{kj}\theta_{j} \tag{4.7.26}$$

因此，在多叶片坐标系里：

$$\begin{bmatrix}\overline{M}_{\mathrm{p}0}^{k}\\\overline{M}_{\mathrm{pc}}^{k}\\\overline{M}_{\mathrm{ps}}^{k}\end{bmatrix}=-\sum_{j=1}^{J}\bar{I}_{\theta}^{kj}\begin{bmatrix}1&0&0\\0&1&0\\0&0&1\end{bmatrix}\begin{bmatrix}\theta_{j0}\\\theta_{jc}\\\theta_{js}\end{bmatrix}-\bar{I}_{\theta}^{k}\begin{bmatrix}1&0&0\\0&1&0\\0&0&1\end{bmatrix}\begin{bmatrix}\theta_{\mathrm{r}0}\\\theta_{\mathrm{rc}}\\\theta_{\mathrm{rs}}\end{bmatrix} \tag{4.7.27}$$

所以，多叶片坐标系里扭力模态方程为

$$\sum_{j=1}^{J}\bar{I}_{\theta}^{kj}\begin{bmatrix}1&0&0\\0&1&0\\0&0&1\end{bmatrix}\begin{bmatrix}\theta''_{j0}\\\theta''_{jc}\\\theta''_{js}\end{bmatrix}+\sum_{j=1}^{J}\bar{I}_{\theta}^{kj}\begin{bmatrix}0&0&0\\0&0&2\\0&-2&0\end{bmatrix}\begin{bmatrix}\theta'_{j0}\\\theta'_{jc}\\\theta'_{js}\end{bmatrix}+\bar{I}_{\theta}^{k}\begin{bmatrix}1&0&0\\0&1&0\\0&0&1\end{bmatrix}\begin{bmatrix}\theta''_{\mathrm{r}0}\\\theta''_{\mathrm{rc}}\\\theta''_{\mathrm{rs}}\end{bmatrix}+$$

$$\bar{I}_{\theta}^{k}\begin{bmatrix}0&0&0\\0&0&2\\0&-2&0\end{bmatrix}\begin{bmatrix}\theta'_{\mathrm{r}0}\\\theta'_{\mathrm{rc}}\\\theta'_{\mathrm{rs}}\end{bmatrix}+\bar{I}_{\theta}^{k}\begin{bmatrix}1&0&0\\0&0&0\\0&0&0\end{bmatrix}\begin{bmatrix}\theta_{\mathrm{r}0}\\\theta_{\mathrm{rc}}\\\theta_{\mathrm{rs}}\end{bmatrix}+$$

$$\sum_{j=1}^{J}\bar{I}_{\theta}^{kj}\begin{bmatrix}\omega_{\theta k}^{2}+1 & 0 & 0\\ 0 & \omega_{\theta k}^{2} & 0\\ 0 & 0 & \omega_{\theta k}^{2}\end{bmatrix}\begin{bmatrix}\theta_{j\theta}\\ \theta_{jc}\\ \theta_{js}\end{bmatrix}=\begin{bmatrix}\overline{M}_{a0}^{k}\\ \overline{M}_{ac}^{k}\\ \overline{M}_{as}^{k}\end{bmatrix} \quad (4.7.28)$$

其中右手边表示多叶片坐标系里气动力俯仰力矩。

4.7.4 基于叶素理论的空气动力力矩

平面中心假定是垂直于风轮轴的，速度假定总是和平面中心方向接近垂直的。风速通过风轮叶尖速度 ΩR 来规格化，自由流流入比率定义如下：

$$\lambda_{f}=V/\Omega R \quad (4.7.29)$$

整个的流入 λ 是自由流流入 λ_f和诱导流入 λ_i 的总和。尽管一般来说流入是圆盘平面里方位角和径向位置的复函数，它的近似函数为

$$\lambda=\lambda_{0}+\lambda_{c}(r/R)\cos\psi+\lambda_{s}(r/R)\sin\psi \quad (4.7.30)$$

一个简单有限状态模型的动力系数 λ_0、λ_c 和 λ_s 是 Pitt 和 Peters（1981）定义的，并且在这里可以采用这个模型。气动力和力矩是根据无量纲叶片速度的分量分别垂直于圆盘和平面内的切向和径向方向上的分量来定义的，如下：

$$\begin{aligned}u_{T}&=r/R\equiv\bar{r}\\ u_{R}&=0\\ u_{P}&=\lambda+(\bar{r}-\bar{e})\beta'\end{aligned} \quad (4.7.31)$$

式中，$\bar{e}=e/R$。

横截面气动升力和阻力定义为

$$L=\frac{1}{2}\rho\Omega^{2}R^{2}(u_{T}^{2}+u_{P}^{2})cC_{lx}(\phi-\theta) \quad (4.7.32)$$

$$D=\frac{1}{2}\rho\Omega^{2}R^{2}(u_{T}^{2}+u_{P}^{2})cC_{d} \quad (4.7.33)$$

其中，流入角 ϕ 定义如下：

$$\phi=\tan^{-1}(u_{P}/u_{T})\approx u_{P}/u_{T} \quad (4.7.34)$$

作用在风轮叶片横截面上的垂直和正切与风轮圆盘的力的分量为

$$F_{n}=L\cos\phi-D\sin\phi\approx L \quad (4.7.35)$$

$$F_{t}=L\sin\phi+D\cos\phi\approx D+L\phi \quad (4.7.36)$$

横截面攻角为

$$\alpha=(\phi-\theta)=u_{P}/u_{T}-\theta=\{(\lambda-(\bar{r}-\bar{e})\beta')/\bar{r}\}-\theta_{r}(t)+\sum_{j=1}^{J}\theta_{j}\xi_{j}(\bar{r}) \quad (4.7.37)$$

$$\bar{r}\alpha=\lambda-(\bar{r}-\bar{e})\beta'-\bar{r}\theta_{r}(t)+\bar{r}\sum_{j=1}^{J}\theta_{j}\xi_{j}(\bar{r}) \quad (4.7.38)$$

在第 k 个模式里振动力矩为

$$M_{\beta}^{k}=\int_{e}^{R}L(\beta)(r-e)\zeta_{k}(r)\,\mathrm{d}r \tag{4.7.39}$$

因此，无量纲振动力矩为

$$\overline{M}_{\beta}^{k}=\frac{M_{\mathrm{e\beta}}^{k}}{I_{\mathrm{b}}\Omega^{2}}=\frac{\gamma}{2}\int_{\bar{e}}^{1}(\bar{r}-\bar{e})\,\bar{r}^{2}\alpha\zeta_{k}(\bar{r})\,\mathrm{d}\bar{r} \tag{4.7.40}$$

所以

$$\begin{aligned}\overline{M}_{\mathrm{\beta}}^{k}=&-\frac{\gamma\theta_{\mathrm{r}}}{2}\int_{\bar{e}}^{1}(\bar{r}-\bar{e})\,\bar{r}^{2}\zeta_{k}(\bar{r})\,\mathrm{d}\bar{r}-\sum_{j=1}^{J}\frac{\gamma\theta_{j}}{2}\int_{\bar{e}}^{1}(\bar{r}-\bar{e})\,\bar{r}^{2}\xi_{j}(r)\zeta_{k}(\bar{r})\,\mathrm{d}\bar{r}\\&+\frac{\gamma}{2}\int_{\bar{e}}^{1}(\bar{r}-\bar{e})\,\bar{r}\lambda\zeta_{k}(\bar{r})\,\mathrm{d}\bar{r}-\frac{\gamma\beta_{j}'}{2}\int_{\bar{e}}^{1}(\bar{r}-\bar{e})^{2}\,\bar{r}\zeta_{j}(\bar{r})\zeta_{k}(\bar{r})\,\mathrm{d}\bar{r}\end{aligned} \tag{4.7.41}$$

$$\begin{aligned}I_{nm}^{k}&=\int_{\bar{e}}^{1}(\bar{r}-\bar{e})^{n}\,\bar{r}^{m}\zeta_{k}(\bar{r})\,\mathrm{d}\bar{r}\\J_{nm}^{jk}&=\int_{\bar{e}}^{1}(\bar{r}-\bar{e})^{n}\,\bar{r}^{m}\xi_{j}(r)\zeta_{k}(\bar{r})\,\mathrm{d}\bar{r}\\I_{nm}^{jk}&=\int_{\bar{e}}^{1}(\bar{r}-\bar{e})^{n}\,\bar{r}^{m}\zeta_{j}(r)\zeta_{k}(\bar{r})\,\mathrm{d}\bar{r}\end{aligned} \tag{4.7.42}$$

接着是

$$\overline{M}_{\mathrm{\beta}}^{k}=-\frac{\gamma\theta_{\mathrm{r}}}{2}I_{12}^{k}-\sum_{j=1}^{J}\frac{\gamma\theta_{j}}{2}J_{12}^{jk}-\frac{\gamma\beta_{j}'}{2}I_{21}^{jk}+\frac{\gamma}{2}\int_{\bar{e}}^{1}(\bar{r}-\bar{e})\,\bar{r}\lambda\zeta_{k}(\bar{r})\,\mathrm{d}\bar{r} \tag{4.7.43}$$

尽管固定的气动力俯仰力矩为零，但是一个气动力阻尼力矩包括在俯仰动力学里，从拟定的机翼空气动力学（Bisplinghoff 等人 1955）就开始出现了。无量纲气动力俯仰力矩的形式为

$$\overline{M}_{\mathrm{a}}^{k}=\frac{M_{\mathrm{a}}^{k}}{I_{\mathrm{b}}\Omega^{2}}=-\sum_{j=1}^{J}\frac{\gamma\theta_{j}'}{16}\int_{\bar{e}}^{1}\bar{c}^{2}\,\bar{r}\xi_{j}(\bar{r})\xi_{k}(\bar{r})\,\mathrm{d}\bar{r}=-\sum_{j=1}^{J}\frac{\gamma\theta'_{j}I_{\bar{c}\bar{c}}}{16} \tag{4.7.44}$$

其中

$$I_{\bar{c}\bar{c}}=\int_{e}^{1}\bar{c}^{2}r\xi_{j}(\bar{r})\xi_{k}(\bar{r})\,\mathrm{d}\bar{r} \tag{4.7.45}$$

在多叶片坐标系里空气动力振动和俯仰力矩为

$$\begin{aligned}\begin{bmatrix}\overline{M}_{\beta0}^{k}\\\overline{M}_{\beta\mathrm{c}}^{k}\\\overline{M}_{\beta\mathrm{s}}^{k}\end{bmatrix}=&-\frac{\gamma}{2}\sum_{j=1}^{J}J_{12}^{jk}\begin{bmatrix}\theta_{j0}\\\theta_{j\mathrm{c}}\\\theta_{j\mathrm{s}}\end{bmatrix}-\frac{\gamma}{2}I_{12}^{k}\begin{bmatrix}\theta_{\mathrm{r}0}\\\theta_{\mathrm{rc}}\\\theta_{\mathrm{rs}}\end{bmatrix}+\frac{\gamma}{2}\begin{bmatrix}I_{11}^{k}&0&0\\0&I_{12}^{k}&0\\0&0&I_{12}^{k}\end{bmatrix}\begin{bmatrix}\lambda_{0}\\\lambda_{\mathrm{c}}\\\lambda_{\mathrm{s}}\end{bmatrix}\\&-\frac{\gamma}{2}\sum_{j=1}^{J}I_{21}^{jk}\begin{bmatrix}\beta_{j0}'\\\beta_{j\mathrm{c}}'\\\beta_{j\mathrm{s}}'\end{bmatrix}-\frac{\gamma}{2}\sum_{j=1}^{J}I_{21}^{jk}\begin{bmatrix}0&0&0\\0&0&1\\0&-1&0\end{bmatrix}\begin{bmatrix}\beta_{j0}\\\beta_{j\mathrm{c}}\\\beta_{j\mathrm{s}}\end{bmatrix}\end{aligned} \tag{4.7.46}$$

$$\begin{bmatrix} \overline{M}_{a0}^{k} \\ \overline{M}_{ac}^{k} \\ \overline{M}_{as}^{k} \end{bmatrix} = -\frac{\gamma}{16}\sum_{j=1}^{J} \bar{I}_{\bar{c}\bar{c}} \left\{ \begin{bmatrix} \theta'_{j0} \\ \theta'_{jc} \\ \theta'_{js} \end{bmatrix} + \begin{bmatrix} 0 & 0 & 0 \\ 0 & 0 & 1 \\ 0 & -1 & 0 \end{bmatrix} \begin{bmatrix} \theta_{j0} \\ \theta_{jc} \\ \theta_{js} \end{bmatrix} \right\} \tag{4.7.47}$$

4.7.5 流入动力学

流入动力学模型基于 Pitts 和 Peters（1981）提出的有限状态的近似法。诱导流入的模型为

$$\begin{aligned} \lambda_{\mathrm{i}} &= \lambda_{\mathrm{i}0} + \lambda_{\mathrm{c}}\bar{r}\cos(\psi) + \lambda_{\mathrm{s}}\bar{r}\sin(\psi) \\ \lambda_0 &= \lambda_{\mathrm{i}0} + \lambda_{\mathrm{f}} \end{aligned} \tag{4.7.48}$$

式中，$\lambda_{\mathrm{i}0}$、λ_{c}、λ_{s}是统一的量级，是船头到船尾的循环和边到边的循环，诱导流入的变化。

这些量级的不稳定变化是和作为整体的推力、俯仰力矩和滚动力矩系数里的不稳定变化相关的。这些动态的关系是近似于一阶有限状态模型，对于风力机转盘横轴来说，这些关系可以简化为

$$\frac{16}{225\pi}\begin{bmatrix} 24 & 0 & 0 \\ 0 & 5 & 0 \\ 0 & 0 & 5 \end{bmatrix}\frac{\mathrm{d}}{\mathrm{d}t}\begin{bmatrix} \lambda_{\mathrm{i}0} \\ \lambda_{\mathrm{c}} \\ \lambda_{\mathrm{s}} \end{bmatrix} + \frac{1}{2(2\lambda_{\mathrm{i}} + \lambda_{\mathrm{f}})}\begin{bmatrix} 1 & 0 & 0 \\ 0 & 4 & 0 \\ 0 & 0 & 4 \end{bmatrix}\begin{bmatrix} \lambda_{\mathrm{i}0} \\ \lambda_{\mathrm{c}} \\ \lambda_{\mathrm{s}} \end{bmatrix} = \begin{bmatrix} C_{\mathrm{T}} \\ -C_{\mathrm{M}} \\ C_{\mathrm{L}} \end{bmatrix} \tag{4.7.49}$$

基于 BEM 理论，它也表明了诱导流入是与自由流流入和推力系数相关的，关系为

$$\lambda_{\mathrm{i}} = \sqrt{\frac{\lambda_{\mathrm{f}}^2}{4} + \frac{C_{\mathrm{T}}}{2}} - \frac{\lambda_{\mathrm{f}}}{2} \tag{4.7.50}$$

这个关系给不稳定流入分量定义了一个初始状态。

4.7.6 驱动流入中心的力矩

人们感兴趣的气动力中心力矩是推力、俯仰力矩和滚动力矩。转盘轴线通常是朝着指向转盘的 z 轴的，并且垂直 z 轴，在转盘平面里 x 轴指向朝下，y 轴指向水平方向。这三条轴线一起组成了一个右手坐标系。推力是定义为 z 轴的正方向，俯仰力矩则是 x 轴的正方向。滚动力矩通常假定是“鼻子”的正方向，因此就是 y 轴的负方向。

为了确定推力，必要要根据叶片和所有叶片的总和来确定。第 k 个叶片的剪切力垂直于圆盘平面，在 z 轴方向为

$$T_{\mathrm{Sh}\_k} = \int_e^R (F_z - m\ddot{z})_k \mathrm{d}r \approx \int_e^R (L\beta - m(r-e)\ddot{\beta})_k \mathrm{d}r \tag{4.7.51}$$

通过上面的关系 $\pi\rho R^4\Omega^2$，无维度的方程是

$$\overline{T}_{\mathrm{Sh}} = \frac{T_{\mathrm{Sh}}}{\pi\rho R^4\Omega^2} = \frac{C_{l\alpha}c}{2\pi R}\int_e^1 \bar{r}^2\alpha\mathrm{d}\bar{r} = \frac{\beta''}{\pi\rho R^4}\int_e^R (r-e)m\mathrm{d}r \tag{4.7.52}$$

其中，下角 k 已经减少。根据体积比，$\sigma = Nc/\pi R$：

$$\bar{T}_{\mathrm{Sh}} = \frac{C_{\mathrm{l}\alpha}\sigma}{2N}\int_{e}^{1}\bar{r}^2\alpha\mathrm{d}\bar{r} - \frac{\beta''}{\pi\rho R^2}\int_{e}^{1}(\bar{r}-\bar{e})\,|m\mathrm{d}\bar{r} \tag{4.7.53}$$

由于

$$\bar{r}\alpha = \lambda - (\bar{r}-\bar{e})\sum_{j=1}^{J}\zeta_j(\bar{r})\beta_j' - \bar{r}\theta_{\mathrm{r}}(t) - \sum_{j=1}^{J}\bar{r}\theta_j\xi_j(r) \tag{4.7.54}$$

$$\begin{aligned}\bar{T}_{\mathrm{Sh}} = &-\frac{C_{\mathrm{l}\alpha}\sigma\theta_{\mathrm{r}}}{2N}\int_{e}^{1}\bar{r}^2\mathrm{d}\bar{r} - \frac{C_{\mathrm{l}\alpha}\sigma\theta_j}{2N}\int_{e}^{1}\bar{r}^2\xi_j(\bar{r})\mathrm{d}\bar{r} + \frac{C_{\mathrm{l}\alpha}\sigma}{2N}\int_{e}^{1}\bar{r}\lambda\mathrm{d}\bar{r}\\ &-\frac{C_{\mathrm{l}\alpha}\sigma}{2N}\int_{\bar{e}}^{1}(\bar{r}-\bar{e})\,\bar{r}\zeta_j(\bar{r})\beta_j'\mathrm{d}\bar{r} - \frac{1}{\pi\rho R^2}\int_{\bar{e}}^{1}(\bar{r}-\bar{e})m\zeta_j(\bar{r})\beta_j''\mathrm{d}\bar{r}\end{aligned} \tag{4.7.55}$$

$$\bar{T}_{\mathrm{Sh}} = -\frac{C_{\mathrm{l}\alpha}\sigma\theta_{\mathrm{r}}}{2N}I_{02} - \frac{C_{\mathrm{l}\alpha}\sigma\theta_j}{2N}J_{02}^{j} + \frac{C_{\mathrm{l}\alpha}\sigma}{2N}\int_{e}^{1}\bar{r}\lambda\mathrm{d}\bar{r} - \frac{C_{\mathrm{l}\alpha}\sigma\beta'}{2N}I_{11} - \beta''S_{\beta} \tag{4.7.56}$$

其中

$$\begin{aligned} I_{nm} &= \int_{e}^{1}(\bar{r}-\bar{e})^{n}\,{}_{r}^{-m}\mathrm{d}\bar{r}\\ J_{nm}^{j} &= \int_{e}^{1}(\bar{r}-\bar{e})^{n}\,{}_{r}^{-m}\xi_j(\bar{r})\mathrm{d}\bar{r}\\ I_{nm}^{j} &= \int_{e}^{1}(\bar{r}-\bar{e})^{n}\,{}_{r}^{-m}\zeta_j(\bar{r})\mathrm{d}\bar{r}\\ S_{\beta}^{j} &= \frac{1}{\pi\rho R^2}\int_{e}^{1}\zeta_j(\bar{r})(\bar{r}-\bar{e})m\mathrm{d}\bar{r}\end{aligned} \tag{4.7.57}$$

一个 N 叶片风轮在多叶片坐标系里的推力系数为

$$\begin{aligned}\begin{bmatrix}C_{\mathrm{T}}\\C_{\mathrm{Tc}}\\C_{\mathrm{Ts}}\end{bmatrix} = &-\frac{C_{\mathrm{l}\alpha}\sigma}{2}\sum_{j=1}^{J}J_{02}^{j}\begin{bmatrix}\theta_{j0}\\\theta_{jc}\\\theta_{js}\end{bmatrix} - \frac{C_{\mathrm{l}\alpha}\sigma}{2}I_{02}\begin{bmatrix}\theta_{\mathrm{r}0}\\\theta_{\mathrm{rc}}\\\theta_{\mathrm{rs}}\end{bmatrix} + \frac{C_{\mathrm{l}\alpha}\sigma}{2}\begin{bmatrix}I_{01}&0&0\\0&I_{02}&0\\0&0&I_{02}\end{bmatrix}\begin{bmatrix}\lambda_0\\\lambda_{\mathrm{c}}\\\lambda_{\mathrm{s}}\end{bmatrix}\\ &-\frac{C_{\mathrm{l}\alpha}\sigma}{2}\sum_{j=1}^{J}I_{11}^{j}\left\{\begin{bmatrix}\beta_0'\\\beta_{\mathrm{c}}'\\\beta_{\mathrm{s}}'\end{bmatrix} + \begin{bmatrix}0&0&0\\0&0&1\\0&-1&0\end{bmatrix}\begin{bmatrix}\beta_0\\\beta_{\mathrm{c}}\\\beta_{\mathrm{s}}\end{bmatrix}\right\}\\ &-\sum_{j=1}^{J}S_{\beta}^{j}\left\{\begin{bmatrix}1&0&0\\0&1&0\\0&0&1\end{bmatrix}\begin{bmatrix}\beta_{j0}''\\\beta_{jc}''\\\beta_{js}''\end{bmatrix} + \begin{bmatrix}0&0&0\\0&0&2\\0&-2&0\end{bmatrix}\begin{bmatrix}\beta_{j0}'\\\beta_{jc}'\\\beta_{js}'\end{bmatrix} + \begin{bmatrix}0&0&0\\0&-1&0\\0&0&-1\end{bmatrix}\begin{bmatrix}\beta_{j0}\\\beta_{jc}\\\beta_{js}\end{bmatrix}\right\}\end{aligned} \tag{4.7.58}$$

作用在转子轴中心的气动力矩可以分解出两部分：一个是在根部分的振动力

矩；另一个是在根部分剪切力的剪切力力矩。因此，第 k 个叶片中心整个的力矩可以表示为

$$M_{\text{hub}.k} = \int_e^R (F_z - m\ddot{z})_k r\mathrm{d}r \approx \int_e^R (L(\beta) - m(r-e)\ddot{\beta})_k (r-e)\mathrm{d}r$$

$$+ e\int_e^R (L(\beta) - m(r-e)\ddot{\beta})_k \mathrm{d}r \tag{4.7.59}$$

因此，第一个积分可以表示为

$$\int_e^R (L(\beta) - m(r-e)\ddot{\beta})_k (r-e)\mathrm{d}r = I_b\Omega^2\left\{\overline{M}_\beta - \sum_{j=1}^J \bar{I}^j_\beta \frac{\partial^2\beta_j}{\partial\psi^2}\right\} \tag{4.7.60}$$

通过利用振动平衡方程，右手侧根据叶片固有频率和惯性积分可以表示为

$$\int_e^R (L(\beta) - m(r-e)\ddot{\beta})_k (r-e)\mathrm{d}r = I_b\Omega^2\left\{\sum_{j=1}^J \bar{I}^j_{\beta h}\beta_j + \sum_{j=1}^J \bar{I}^j_\beta\omega^2_{\beta j}\beta_j\right\} \tag{4.7.61}$$

其中

$$\bar{I}^j_\beta = \frac{1}{I_b}\int_c^R \zeta_j(r)m(r-e)^2\mathrm{d}r$$

$$\bar{I}^j_{\beta h} = \frac{1}{I_b}\int_e^R \zeta_j(r)mr(r-e)\mathrm{d}r \tag{4.7.62}$$

所以

$$M_{\text{hub},k} = \int_e^R (F_z - m\ddot{z})_k r\mathrm{d}r \approx I_b\Omega^2\left\{\sum_{j=1}^J \bar{I}^j_{\beta h}\beta_j + \sum_{j=1}^J \bar{I}^j_\beta\omega^2_{\beta j}\beta_j\right\} + eT_{\text{Sh}\_k} \tag{4.7.63}$$

通过上面的关系 $\pi\rho R^5\Omega^2$，无维度的方程是

$$C_{\text{hub\_moment}} = \frac{M_{\text{hub},k}}{\pi\rho R^5\Omega^2} \approx \frac{I_b}{\pi\rho R^5}\left\{\sum_{j=1}^J \bar{I}^j_{\beta h}\beta_j + \sum_{j=1}^J \bar{I}^j_\beta\omega^2_{\beta j}\beta_j\right\} + \bar{e}\,\overline{T}_{\text{Sh}\_k} \tag{4.7.64}$$

因为

$$\frac{I_b}{\pi\rho R^5} = \frac{C_{l\alpha}\bar{c}}{\pi\gamma} = \frac{C_{l\alpha}\sigma}{N\gamma} \tag{4.7.65}$$

$$C_{\text{hub\_moment}} \approx \frac{C_{l\alpha}\sigma}{N\gamma}\left\{\sum_{j=1}^J \bar{I}^j_{\beta h}\beta_j + \sum_{j=1}^J \bar{I}^j_\beta\omega^2 k_{\beta j}\beta_j\right\} + \bar{e}\,\overline{T}_{\text{Sh}\_k} \tag{4.7.66}$$

N 个叶片上求和：

$$C_{\text{HM}} \approx \frac{C_{l\alpha}\sigma}{\gamma}\left\{\sum_{j=1}^J (\bar{I}^j_{\beta h} + \bar{I}^j_\beta\omega^2_{\beta j})\beta_j\right\} + \bar{e}C_T \tag{4.7.67}$$

所以，在多叶片坐标系里：

$$\begin{bmatrix} C_{\mathrm{HM0}} \\ C_{\mathrm{HMc}} \\ C_{\mathrm{HMs}} \end{bmatrix} = \bar{e}\begin{bmatrix} C_{\mathrm{T}} \\ C_{\mathrm{Tc}} \\ C_{\mathrm{Ts}} \end{bmatrix} + \frac{C_{\mathrm{l\alpha}}\sigma}{\gamma}\sum_{j=1}^{J}(\bar{I}^{j}_{\beta\mathrm{h}} + \bar{I}^{j}_{\beta}\omega^2_{\beta j})\begin{bmatrix} 1 & 0 & 0 \\ 0 & 1 & 0 \\ 0 & 0 & 1 \end{bmatrix}\begin{bmatrix} \beta_{j0} \\ \beta_{jc} \\ \beta_{js} \end{bmatrix} \tag{4.7.68}$$

在 x 和 y 轴上的中心力矩分量为

$$\begin{aligned} C_{\mathrm{M}} &= -C_{\mathrm{HMc}} \\ C_{\mathrm{L}} &= C_{\mathrm{HMs}} \end{aligned} \tag{4.7.69}$$

最后，风轮盘推力系数通过 C_{T} 给出，所以

$$\begin{bmatrix} C_{\mathrm{T}} \\ C_{\mathrm{M}} \\ C_{\mathrm{L}} \end{bmatrix} = \begin{bmatrix} 1 & 0 & 0 \\ 0 & 0 & 0 \\ 0 & 0 & 0 \end{bmatrix}\begin{bmatrix} C_{\mathrm{T}} \\ C_{\mathrm{Tc}} \\ C_{\mathrm{Ts}} \end{bmatrix} + \begin{bmatrix} 0 & 0 & 0 \\ 0 & -1 & 0 \\ 0 & 0 & 1 \end{bmatrix}\begin{bmatrix} C_{\mathrm{HM0}} \\ C_{\mathrm{HMc}} \\ C_{\mathrm{HMs}} \end{bmatrix} \tag{4.7.70}$$

然后

$$\begin{bmatrix} C_{\mathrm{T}} \\ C_{\mathrm{M}} \\ C_{\mathrm{L}} \end{bmatrix} = \begin{bmatrix} 1 & 0 & 0 \\ 0 & -e & 0 \\ 0 & 0 & e \end{bmatrix}\begin{bmatrix} C_{\mathrm{T}} \\ C_{\mathrm{Tc}} \\ C_{\mathrm{Ts}} \end{bmatrix} + \frac{C_{\sigma}}{\gamma}\sum_{j=1}^{J}(\bar{I}^{j}_{\beta\mathrm{h}} + \bar{I}^{j}_{\beta}\omega^2_{\beta j})\begin{bmatrix} 0 & 0 & 0 \\ 0 & -1 & 0 \\ 0 & 0 & 1 \end{bmatrix}\begin{bmatrix} \beta_{j0} \\ \beta_{jc} \\ \beta_{js} \end{bmatrix} \tag{4.7.71}$$

4.7.7 风轮转矩系数：一般表达式

风轮产生的主要力矩为风轮转矩，还可以产生风轮轴轴线的主要组成，其中它可以转换成电能。这个转矩可以通过轴线平面内负荷力矩的积分得到。对于第 K 个叶片，可以得到风轮转矩为

$$N_{\mathrm{hub},k} = \int_0^R (F_{\mathrm{y}} - m\ddot{y})_k r\mathrm{d}r \approx \int_e^R (D + L(\beta)\phi)_k r\mathrm{d}r - \dot{\Omega}\int_0^R mr^2\mathrm{d}r \tag{4.7.72}$$

因此

$$N_{\mathrm{hub},k} = \frac{1}{2}\rho\Omega^2 R^5 \bar{c}\int_e^1 (C_{\mathrm{d}}\bar{r} + C_{\mathrm{l\alpha}}\alpha u_{\mathrm{P}})_k \bar{r}^2\mathrm{d}\bar{r} - \dot{\Omega}R^2\int_0^1 m\bar{r}^2\mathrm{d}\bar{r} \tag{4.7.73}$$

通过上面的关系 $\pi\rho R^5\Omega^2$，无维度的方程是

$$\frac{N_{\mathrm{hub},k}}{\pi\rho R^5\Omega^2} = \frac{C_{\mathrm{l\alpha}}\sigma}{2N}\int_e^1\left(\frac{C_{\mathrm{d}}}{C_{\mathrm{l\alpha}}}\bar{r} + \alpha u_{\mathrm{P}}\right)_k \bar{r}^2\mathrm{d}\bar{r} - \frac{\dot{\Omega}}{\Omega^2}\int_0^2 \frac{m}{\pi\rho R^3}\bar{r}^2\mathrm{d}\bar{r} \tag{4.7.74}$$

理论上的气动力风轮转矩系数为

$$C_{\mathrm{Q}} = \frac{N_{\mathrm{aero}}}{\pi p R^5\Omega^2} = \frac{C_{\mathrm{l\alpha}}\sigma}{2}\int_e^1\left(\frac{C_{\mathrm{d}}}{C_{\mathrm{l\alpha}}} + \alpha u_{\mathrm{P}}\right)_k \bar{r}^2\mathrm{d}\bar{r} \tag{4.7.75}$$

理论上的气动力风轮转矩系数简化为

$$C_{\mathrm{Q}} = \frac{C_{\mathrm{l\alpha}}\sigma}{2}\frac{C_{\mathrm{d}}}{C_{\mathrm{l\alpha}}}\frac{1-\bar{e}^4}{4} + \frac{C_{\mathrm{l\alpha}}\sigma}{2}\int_e^1(\bar{r}\alpha u_{\mathrm{P}})_k\bar{r}\mathrm{d}\bar{r} \tag{4.7.76}$$

其中

$$\bar{r}\alpha = \lambda - (\bar{r} - \bar{e})\sum_{j=1}^{J}\zeta_j(\bar{r})\beta_j' - \bar{r}\theta_r(t) - \sum_{j=1}^{J}\bar{r}\theta_j\xi_j(r) \tag{4.7.77}$$

$$u_P = \lambda - (\bar{r} - \bar{e})\sum_{j=1}^{J}\zeta_j(\bar{r})\beta_j' \tag{4.7.78}$$

假定 $u_P \approx \lambda \approx \lambda_{i0} + \lambda_f$，理论上的气动力风轮转矩系数为

$$C_Q = \frac{C_{l\alpha}\sigma}{2}\frac{C_d}{C_{l\alpha}}\frac{1-\bar{e}^4}{4} + (\lambda_{i0} + \lambda_f)C_T \tag{4.7.79}$$

4.7.8 风轮转矩系数：在不断流入和有稳定根间距的刚性叶片的情况下

在不断流入的情况下，Pitt – Peters 模型简化为

$$\frac{384}{225\pi}\frac{d\lambda_{r0}}{dt} + \frac{\lambda_{i0}}{2(\lambda_f + 2\lambda_{f0})} = C_T \tag{4.7.80}$$

简洁地表示 $C_{l\alpha} = \alpha_\infty$，推力方程为

$$\bar{T}_{sh} = \frac{\alpha_\infty\sigma(\lambda_{i0} + \lambda_f)}{2N}\frac{1-\bar{e}^2}{2} - \frac{a_\infty\sigma}{2N}\frac{1-\bar{e}^3}{3}\theta_r \tag{4.7.81}$$

一个 N 叶片风轮的推力方程为

$$C_T = \frac{\alpha_\infty\sigma(\lambda_{i0} + \lambda_f)}{2}\frac{1-\bar{e}^2}{2} - \frac{a_\infty\sigma}{2}\frac{1-\bar{e}^3}{3}\theta_r \tag{4.7.82}$$

其中

$$C_T = \frac{a_\infty\sigma}{2}\frac{1-\bar{e}^2}{2}\lambda_{i0} + \frac{a_\infty}{2}\frac{1-\bar{e}^2}{2}\lambda_f - \frac{a_\infty\sigma}{2}\frac{1-\bar{e}^3}{3}\theta_r \tag{4.7.83}$$

因此，气动力力矩系数和流入动力分别为

$$C_Q = \frac{a_\infty\sigma}{2}\frac{C_d}{a_\infty}\frac{1-\bar{e}^4}{4} + \frac{a_\infty\sigma}{2}\left((\lambda_{i0} + \lambda_f)^2\frac{1-\bar{e}^2}{2} - \theta_r(\lambda_{i0} + \lambda_f)\frac{1-\bar{e}^3}{3}\right) \tag{4.7.84}$$

$$\frac{384}{225\pi}\frac{d\lambda_{i0}}{dt} + \frac{1}{2}\left(\frac{1}{(\lambda_f + 2\lambda_{i0})} - a_\infty\sigma\frac{1-\bar{e}^2}{2}\right)\lambda_{i0} = \frac{1}{2}a_\infty\sigma\frac{1-\bar{e}^2}{2}\lambda_f - \frac{1}{2}a_\infty\sigma\frac{1-\bar{e}^3}{3}\theta_r \tag{4.7.85}$$

涉及 λ_{i0} 和 λ_f 的转换函数为

$$\lambda_{i0} = \frac{a_\infty\sigma\frac{1-\bar{e}^2}{2}\lambda_f - a_\infty\sigma\frac{1-\bar{e}^3}{3}\theta_r}{\left\{\frac{768}{225\pi}s + \frac{1}{(\lambda_f + 2\lambda_{i0})} - a_\infty\sigma\frac{1-\bar{e}^2}{2}\right\}} \tag{4.7.86}$$

$$\lambda_f + \lambda_{i0} = \frac{\left(\frac{768}{225\pi}s + \frac{1}{\lambda_f}\right)\lambda_f - \alpha_\infty\sigma\frac{1-\bar{e}^3}{3}\theta_r}{\left\{\frac{768}{225\pi}s + \frac{1}{(\lambda_f + 2\lambda_{i0})} - a_\infty\sigma\frac{1-\bar{e}^2}{2}\right\}} \tag{4.7.87}$$

上面的方程仅仅适合很小的流入量。在稳态情况下：

$$\lambda_f + \lambda_{i0} = \frac{1 - a_\infty \sigma \dfrac{1-\bar{e}^3}{3}\theta_r}{\dfrac{1}{(\lambda_f + 2\lambda_{i0})}\left\{1 - a_\infty \sigma \dfrac{1-\bar{e}^2}{2}(\lambda_f + 2\lambda_{i0})\right\}} \tag{4.7.88}$$

这个可以表示为

$$\lambda_f + \lambda_{i0} = (\lambda_f + 2\lambda_{i0}) \frac{\left(1 - a_\infty \sigma \dfrac{1-\bar{e}^3}{3}\theta_r\right)}{\left\{1 - a_\infty \sigma \dfrac{1-\bar{e}^2}{2}(\lambda_f + 2\lambda_{i0})\right\}} \tag{4.7.89}$$

因此

$$\lambda_{i0} + \lambda_f = \lambda_f \left(\frac{1 - a_\infty \sigma \dfrac{1-\bar{e}^3}{3}\theta_r}{1 - 2a_\infty \sigma \dfrac{1-\bar{e}^2}{3}\left(\theta_r - \dfrac{3}{4}(\lambda_f + 2\lambda_{i0})\right)} \right) \tag{4.7.90}$$

式（4.7.90）可以通过 $\lambda_{i0} + \lambda_f$ 反复地迭代解出来，表达式为 $\lambda_{i0} + \lambda_f = \lambda_f (1 + K_{tifr})$。

理论上的风轮转矩系数给出如下：

$$C_Q = \frac{C_{l\alpha}\sigma}{2} \frac{1-\bar{e}^2}{2} \left(\frac{C_d}{C_{l\alpha}} \frac{1+\bar{e}^2}{2} + \lambda_f^2 (1 + K_{tifr}(\lambda_f))^2 + \frac{2}{3} \frac{1-\bar{e}^3}{1-\bar{e}^2} \theta_r \lambda_f (1 + K_{tifr}(\lambda_f)) \right) \tag{4.7.91}$$

理论上的功率因数可以由转矩系数得到：

$$C_P = \frac{C_Q}{\lambda_f} = \frac{C_{l\alpha}}{2} \frac{1-\bar{e}^2}{2} \left(\frac{C_d}{C_{l\alpha}\lambda_f} \frac{1+\bar{e}^2}{2} + \lambda_f (1 + K_{tifr}(\lambda_f))^2 + \frac{2}{3} \frac{1-\bar{e}^3}{1-\bar{e}^2} \theta_r (1 + K_{tifr}(\lambda_f)) \right) \tag{4.7.92}$$

理论上的最大功率因数可以得到数值。水平轴风力机对 C_P 的主要贡献是式（4.7.92）里的第二项。然而，使用这个公式得到的值通常是较小的，一个更实际的真实功率因数的估计是通过风力机站点测量和使用近似曲线拟合程序得到的。这样的一个近似值将在 4.8 节讨论。

4.8 实际的功率因数和它依靠在叶片安装上的角度

典型地，功率因数 C_P 可以表示为

$$C_P = 0.22\left(\frac{116}{\Gamma} - 0.4 \times \theta - 5\right) e^{-12.5/\Gamma} \tag{4.8.1}$$

$$\Gamma = \frac{1}{\left(\dfrac{1}{\lambda_{tsr} + 0.08\theta} - \dfrac{0.035}{1+\theta^2}\right)}$$

$$\frac{1}{\Gamma} = \frac{1}{\lambda_{str} + 0.08\theta} - \frac{0.035}{(1+\theta^2)} \tag{4.8.2}$$

一个通用表示 C_P 的方式为

$$C_P=0.22\left(\frac{c(1)\times1450}{\Gamma}-5(c(2)\times12.5+c(3)\times\theta)\right)e^{-1/(c(4)\Gamma)} \quad (4.8.3)$$

$$\frac{1}{\Gamma}=\frac{1}{\lambda_{tsr}+c(5)\theta}-\frac{7}{16}\frac{c(6)}{(1+\theta^{0.16/c(7)})} \quad (4.8.4)$$

$$c(i)=0.08,\ i=1,\cdots,7 \quad (4.8.5)$$

在上面的表达式里，Γ 被认为是相当于气动力尖端速度比率。

为了找到可以使功率因数 C_P 最大的合适的叶片俯仰角 θ：

$$\frac{\partial}{\partial\theta}C_P=0 \quad (4.8.6)$$

对于一个最大值，可以表示为

$$\frac{\partial}{\partial\theta}\left(\frac{1}{\Gamma}\right)=-\frac{1}{\Gamma^2}\frac{\partial\Gamma}{\partial\theta}=-\left\{\frac{0.08}{(\lambda_{tsr}+0.08\theta)^2}-\frac{0.07\theta}{(1+\theta^2)^2}\right\} \quad (4.8.7)$$

因此，为了最大：

$$\frac{1}{2900\left(\frac{12.5}{\Gamma}-1\right)-312.5(0.4\times\theta+5)}=\frac{0.08}{(\lambda_{tsr}+0.08\theta)^2}-\frac{0.07\theta}{(1+\theta^2)^2} \quad (4.8.8)$$

把上面的叶片间距设置角度重新整理一下：

$$\theta=\frac{116}{5}\left(\frac{12.5}{\Gamma}-1\right)-\frac{0.008}{\frac{0.08}{(\lambda_{tsr}+0.08\theta)^2}-\frac{0.07\theta}{(1+\theta^2)^2}}-12.5 \quad (4.8.9)$$

上面的方程可以用来解决最适合的数值上的叶片俯仰角。

功率因数 C_P 可以用另外一种便利的方式来表示。当 $\theta=0$ 时，

$$C_{P0}=0.22\left(\frac{116}{\Gamma_0}-5\right)e^{-12.5/\Gamma_0}$$
$$\frac{1}{\Gamma_0}=\frac{1}{\lambda_{tsr}}-0.035 \quad (4.8.10)$$

因此

$$\frac{C_P}{C_{P0}}=\frac{\left(\frac{116}{\Gamma}-0.4\times\theta-5\right)}{\left(\frac{116}{\Gamma_0}-5\right)}e^{-12.5\left(\frac{1}{\Gamma}-\frac{1}{\Gamma_0}\right)} \quad (4.8.11)$$

其中

$$\frac{1}{\Gamma}-\frac{1}{\Gamma_0}=0.035\left(\frac{\theta^2}{1+\theta^2}\right)-\frac{0.08\theta}{\lambda_{tsr}(\lambda_{tsr}+0.08\theta)} \quad (4.8.12)$$

所以，C_P 和俯仰安装角的比率为

$$\frac{C_P}{C_{P0}}=\left\{1+\frac{\left(116\left(\frac{1}{\Gamma}-\frac{1}{\Gamma_0}\right)-0.4\times\theta\right)}{\left(\frac{116}{\Gamma_0}-5\right)}\right\}e^{-12.5\left(\frac{1}{\Gamma}-\frac{1}{\Gamma_0}\right)} \quad (4.8.13)$$

式（4.8.13）可以表示为

$$\frac{C_{\mathrm{P}}}{C_{\mathrm{P0}}}=\left\{1-\lambda_{\mathrm{tsr}}\theta\frac{(116f(\lambda_{\mathrm{tsr}},\theta)-0.4)}{(116-9.06\lambda_{\mathrm{tsr}})}\right\}\mathrm{e}^{12.5\theta f(\lambda_{\mathrm{tsr}},\theta)} \tag{4.8.14}$$

$$f(\lambda_{\mathrm{tsr}},\theta)=-\frac{1}{\theta}\left(\frac{1}{\Gamma}-\frac{1}{\Gamma_0}\right)=\frac{0.08}{\lambda_{\mathrm{tsr}}(\lambda_{\mathrm{tsr}}+0.08\theta)}-0.035\left(\frac{\theta}{1+\theta^2}\right) \tag{4.8.15}$$

用 C_{P} 的通用表达式来使关于尖端速度比率的 C_{P} 最大：

$$\frac{\partial}{\partial\lambda_{\mathrm{tsr}}}C_{\mathrm{P}}=0 \tag{4.8.16}$$

$$C_{\mathrm{P,max}}=0.22\left(\frac{c(1)\times1450}{\Gamma_{\mathrm{cp\,max}}}-5(c(2)\times12.5+c(3)\times\theta)\right)\mathrm{e}^{-1/(c(4)\Gamma_{\mathrm{cp,max}})} \tag{4.8.17}$$

$$\frac{1}{\Gamma_{\mathrm{cp\,max}}}=\frac{1}{\lambda_{\mathrm{cp\,max}}+c(5)\theta}-\frac{7}{16}\frac{c(6)}{(1+\theta^{0.16/c(7)})} \tag{4.8.18}$$

因此，对于$\frac{\partial}{\partial\lambda_{\mathrm{tsr}}}C_{\mathrm{P}}=0$：

$$\frac{1}{\Gamma_{\mathrm{cp\,max}}}=\frac{5(c(2)\times12.5+c(3)\times\theta)}{c(1)\times1450}+c(4) \tag{4.8.19}$$

$$\frac{1}{\lambda_{\mathrm{cp\,max}}+c(5)\theta}=\frac{7}{16}\frac{c(6)}{(1+\theta^{0.16/c(7)})}+\frac{5(c(2)\times12.5+c(3)\times\theta)}{c(1)\times1450}+c(4) \tag{4.8.20}$$

最适合的尖端速度比率为

$$\lambda_{\mathrm{cp\,max}}=\frac{1}{\frac{7}{16}\frac{c(6)}{(1+\theta^{0.16/c(7)})}+\frac{5(c(2)\times12.5+c(3)\times\theta)}{c(1)\times1450}+c(4)}-c(5)\theta \tag{4.8.21}$$

当 $c(i)=0.08$ 时，$i=1$，…，7，这些表达式可以简化为

$$\frac{1}{\Gamma_{\mathrm{cp\,max}}}=\frac{0.4\times\theta+5}{116}+\frac{1}{12.5}=\frac{178.5+5\theta}{1450} \tag{4.8.22}$$

$$\lambda=\lambda_{\mathrm{cp\,max}}=\frac{1450\times(1+\theta^2)}{(1+\theta^2)(178.5+5\theta)+50.75}-0.08\theta \tag{4.8.23}$$

4.9 最大功率点跟踪和防止过度风转矩

所有现代的风力机具有最大功率点控制和跟踪系统，以确保风力机的最佳操作。为了达到最大的转化率，风力机必然工作在最佳叶尖速比，这在很大程度上取决于与叶尖速比相关的功率系数的变化，这种关系只能通过实验确定。在目前大多数风力机设计中，这可以通过适当地控制所述发电机的旋转速度来实现，这首先由 Connor 和 Leithead（1993）提出。当主变量可以测量时，Datta 和 Ranganathan（2003）讨论并开发了一些最大功率点跟踪（MPPT）算法。MPPT 的概念在 20 世纪 70 年代为航天器从电源中最大化传输能量的目标而设计的太阳能光伏传输阵列

中首次引人。Esram 等人（2006）讨论了一些最近跟踪光伏阵列的问题。MPPT 算法通常从属于三类算法：①最大化在电网上产生的功率；②最大化风轮上从风的动力到发电机的能量传输；③最大化传输给电网总功率。在以后的实际中能够设置发电机的速度使得从风传递到发电机的能量最大是必要的，即按照电路理论的最大功率传输定理，发电机的源阻抗匹配于风力机的输出阻抗。Qiao 等人（2008）、Taraft 等人（2008）、Lee 等人（2009）、Örs（2009）、Jou 等人（2008）均给出了风力机最大功率点跟踪算法的例子。

MPPT 算法的经典版本采用最大功率搜索算法（即爬山法），这些典型实例在 Van den Heever 等人（1989）、Wang 和 Chang（2004）、Tan 和 Islam（2004）的动态操控操作点在最大功率点的课题中均有呈现。爬山法寻求优化从风力机传递至发电机的估计功率或从风传递到风力机的功率。大多数方法依赖于最大化后者，这并不能保证从风力机传递到发电机的实际功率也被优化。这些方法的另一个缺点是风力机捕获的风能或产生的能量的实时计算会有显著的估计误差，这会导致高频率的功率波动，这可以说是很不利的。人们提出一些方案，除了估计功率系数之外实时估计风速，以减轻由于估计误差产生的问题，而其他方案使用了基于模糊逻辑的相对鲁棒控制技术（如 Abo - Khalil 等人（2004）的研究）。由 Munteanu 等人（2009）提出了另一种方法，引入一个小的探测信号或噪声以准确地确定最佳点。

Hohm（2003）和 Yu 等人（2003）为各种电力系统实现 MPPT 和控制提出了多种策略。除了前面提到的研究，最近出现了一些由 Bhowmik 等人（1999）、Qiao 等人（2009）、Koutroulis 和 Kalaitzakis（2006）、Kawabe 等人（2007）基于某种优化控制形式对风力发电机组提出的 MPPT 控制器。事实上，最近 Munteanu 等人（2008）出版的书在这个议题上涵盖了相当广泛的基于优化控制策略。Qiao 等人、Abo - Khalil 和 Lee（2008）也提出了一些基于某种风速的最优估计形式的方法。Boukhezzar 和 Siguerdidjane（2005）也已提出了基于非线性控制器的风力机 MPPT 方法。假如有高度可靠的非线性估计算法用于估计风力机的工作状态，优化控制策略可以在风力机上有效的实施。Vepa（2011）描述并实施了这一方法。

大多数风力机控制系统在现行中各不相同，当极端风存在操作 MPPT 控制器不安全时，它们要限制转换为电能的能量。因此，风力发电机组控制系统可分为两大类。倾斜调整式风力机具有主动控制系统，该系统可以改变绕其自身轴线的涡轮机叶片俯仰角，以减少由固定速度涡轮机叶片产生的转矩以及减小可变速度涡轮机的旋转速度。这种类型的控制通常在极端的风速的情况下，以及当高速旋转和气动转矩会损坏发电机和电力电子变换器时使用。当风速发电高于额定功率时，叶片将倾斜，由于沿叶片长度流动分离增加从而有较少的升力和较大的阻力。这将减慢涡轮机的旋转速度或传递到轴上的力矩，使得旋转速度或转矩保持恒低于设定的阈值。倾斜调节涡轮在额定风速前功率不断增加，超过额定风速后功率恒定，直到某个风速时倾斜控制不再能够限制转速/气动力矩或者其他力如结构振动、湍流或阵风对旋转风力机造成威胁。

叶片俯仰角被设定在所希望的值 $\theta=\theta_d$ 以保护发电机防止过度的风力负载。该设置可确保从风传递到风力机的最大功率被限制。叶片角度设定点从一定的运行风速范围内最大功率因数设定值估计。这将确保当风力机跟踪最大功率点时，传送的功率将小于或等于由叶片倾斜角所确定的上限。当风力机被关闭时，叶片俯仰角设定为最大允许值 $\theta=\theta_d|_{max}$，并根据运行风速减小。依照预先定义的电源设置定义功率因数的设定值：

$$P=\frac{1}{2}\rho V_1^3\pi R^2 C_p$$
$$C_{p,set\_pt}=\frac{P_{set\_pt}}{\frac{1}{2}\rho V_1^3\pi R^2} \tag{4.9.1}$$

为了从风力机的最大额定功率和所估计的随时间帧最大预期风速计算所需的叶片安装角，首先使用下式进行功率因数设定值估计：

$$C_{p,set\_pt}=\frac{P_{rated\_max}}{\frac{1}{2}\rho V_{max,e}^3\pi R^2} \tag{4.9.2}$$

如果满足

$$C_{p,set\_pt}\geqslant C_{p,max}|_{\theta=0}$$
$$\theta_d=0 \tag{4.9.3}$$

如果 $C_{p,set\_pt}<C_{p,max}|_{\theta=0}$，$\theta_d$ 必须满足：

$$C_{p,set\_pt}=C_{p,max}|_{\theta=\theta_d}=0.22\left(\frac{116}{\Gamma_{cp\,max,d}}-0.4\times\theta_d-5\right)e^{-12.5/\Gamma_{cp\,max,d}} \tag{4.9.4}$$

$$\frac{1}{\Gamma_{cp\,max,d}}=\frac{178.5+5\theta_d}{1450} \tag{4.9.5}$$

$$\lambda_{cp\,max,d}=\frac{1450\times(1+\theta_d^2)}{(1+\theta_d^2)(178.5+5\theta_d)+50.75}-0.08\theta_d \tag{4.9.6}$$

通常，这个可以做一个表查找函数在 MATLAB 中使用，使用一个表的值 $C_{p,max}$ 里的一系列的值。对于给定的 C_{p,set_pt}，表查找函数可以通过合适的插值法来估计相应的 $\theta_d=\theta$。

失速调节风力机，另一方面，有它们自己设计的叶片，这样当风速很高时，回转速度或者气动力矩可以减少电力生产中风速增加到超过某个失速的问题（当叶片被抛到某个失速时，这个速度和通常的额定风速不一样）。由于在风力机叶片上非定常空气动力失速流中的影响，功率会随着风速增加而增加（叶片区域是失速的，随着风速的增加从中心向外扩散）。叶片设计成这样，它们在高风速里没有激活控制的需要，在保护风力机时会表现得很糟糕。在俯仰调节上的失速好处是限制和降低了风力机和维护更多移动部件的资本成本。像俯仰调节风力机、失速的风力机，都是装备了气动力和机械制动器来使风力机停止，在极端风速里使升力和阻力最小。

俯仰调节风力机和失速风力机之间的区别在高风速时会显而易见。失速风力机系统要依赖叶片的气动力部分来控制气动力力矩和风力机在高风速里的回转速度，而俯仰调节系统用一个活跃间距来控制叶片。这个会允许俯仰调节系统在额定风速时有一个恒定的功率。另一方面，失速风力机使用很少的生产能量，因此在能量提取里就比俯仰调节风力机更有效率。失速风力机的设计在大多数合适的实例里，通常需要使用叶片结构形状变形，或者是使用主动流动控制技术来引起失速。

4.10 柔性风轮叶片上的准稳定气动负载

在叶片固定的未变形体坐标系中，在某点 x 处自叶根方向的叶片速度分量分别是

$$\begin{bmatrix} U_R \\ U_T \\ U_P \end{bmatrix} = \left(\begin{bmatrix} \dot{u} \\ \dot{v} \\ \dot{w} \end{bmatrix} + \begin{bmatrix} -v \\ x \\ v_{in} \end{bmatrix} \right) \tag{4.10.1}$$

上述表达式中，$[u\ v\ w]$ 是弹性平动位移；v_{in}是整体流入速度。

如果 $\boldsymbol{T}$ 是自未变形到已变形坐标系的变形量，则在已变形坐标系中的叶片速度分量为

$$\begin{bmatrix} U_R \\ U_T \\ U_P \end{bmatrix} = \boldsymbol{T} \left(\begin{bmatrix} \dot{u} \\ \dot{v} \\ \dot{w} \end{bmatrix} + \begin{bmatrix} -v \\ x \\ v_{in} \end{bmatrix} \right) \tag{4.10.2}$$

θ 的一阶速度分量为

$$U_T = \Omega R \bar{x} + \dot{v} \tag{4.10.3}$$

$$U_P = -\Omega R \bar{x} \left(\theta_G + \phi_e + \int_0^x v' w'' \mathrm{d}x \right) + \Omega R \lambda_{in} + \dot{w} - (\theta_G + \phi_e) \dot{v} + \Omega v w' \tag{4.10.4}$$

在以上所述中，θ_G 是包括扭曲和控制扭曲输入的几何螺旋角，ϕ_e 是弹性扭转。当地的流入角定义为 $\phi = \tan^{-1}\left(\dfrac{U_P}{U_T}\right)$。考虑到 $\psi = \Omega t$：

$$L_w = 2\pi\rho_\infty bR\left[(\theta_G + \phi_e) U_T^2 - U_P U_T + \left(\frac{3}{2} + \bar{x}_{ac} \right) U_T bR\Omega \frac{\mathrm{d}}{\mathrm{d}\psi} (\theta_G + \phi_e) \right] \tag{4.10.5}$$

$$L_v = -2\pi\rho_\infty bR\left[(\theta_G + \phi_e) U_P U_T - U_P^2 + \left(\frac{C_{d0}}{2\pi} \right) U_T^2 - \left(\frac{3}{2} + \bar{x}_{ac} \right) U_P bR\Omega \frac{\mathrm{d}}{\mathrm{d}\psi} (\theta_G + \phi_e) \right] \tag{4.10.6}$$

$$M_{\phi}=2\pi\rho_{\infty}(bR)^2\left[\bar{x}_{ac}((\theta_G+\phi_e)U_T^2-U_PU_T)-(1+\bar{x}_{ac})\left(\frac{1}{2}+\bar{x}_{ac}\right)U_TbR\Omega\frac{d}{d\psi}(\theta_G+\phi_e)\right] \tag{4.10.7}$$

线性化上面的表达式：

$$[L_w\ L_v\ M_{\phi}]\equiv\frac{2\pi}{2}\rho_{\infty}(2b)\left(\Omega^2R^2\left[-\bar{x}\lambda_{in}\lambda_{in}^2-\bar{x}^2\frac{C_{d0}}{2\pi}0\right]-\Omega^2R^2[\bar{x}^2\ \bar{x}\lambda_{in}0](\theta_G+\phi_e)\right)$$
$$+\frac{2\pi}{2}\rho_{\infty}(2b)\Omega R(\Omega\bar{x}[(b-v)R\bar{x}\textstyle\int_0^x(\ )w''dx0000][w'v']$$
$$-\left[\bar{x}\lambda_{in}-2\bar{x}(\theta_G+\phi_e)-\frac{3b}{2}\bar{x}\ \bar{x}(\theta_G+\phi_e)-2\lambda_{in}2\bar{x}\frac{C_{d0}}{2\pi}\right.$$
$$\left.+\lambda_{in}(\theta_G+\phi_e)000\frac{b^2}{2}\bar{x}[\dot{w}\dot{v}\dot{\phi}_e]\right)-\frac{2\pi}{2}\rho_{\infty}(2b)\left[\frac{b}{2}00000000\right][\ddot{w}\ddot{v}\ddot{\phi}_e] \tag{4.10.8}$$

自由流 λ_f 的流入和诱导流入 λ_i 假定在风轮盘上是统一的，因此：

$$\lambda_{in}=\lambda_f+\lambda_i \tag{4.10.9}$$

假定感应流是稳定控件与瞬变控件之和，其公式如下：

$$\lambda_i=\lambda_{i0}+\Delta\lambda_i,\lambda_{in0}=\lambda_f+\lambda_{i0} \tag{4.10.10}$$

诱导流入的固定分量是从稳定的估计系数中推导出来的：

$$\lambda_{i0}=\sqrt{\frac{\lambda_f^2}{4}+\frac{C_{T0}}{2}}-\frac{\lambda_f}{2} \tag{4.10.11}$$

插入流入表达式，丢弃所有的高阶项：

$$[L_wL_vM_{\phi}]=\frac{2\pi}{2}\rho_{\infty}(2b)\left(\Omega^2R^2\left[-\bar{x}\lambda_{in0}\lambda_{in0}^2-\bar{x}^2\frac{C_{d0}}{2\pi}0\right]\right.$$
$$\left.+\Omega^2R^2[-\bar{x}^2\lambda_{in0}-\bar{x}\theta_G0]\Delta\lambda_i-\Omega^2R^2[\bar{x}^2\ \bar{x}\lambda_{in0}0](\theta_G+\phi_e)\right)$$
$$-\frac{2\pi}{2}\rho_{\infty}(2b)\left(\Omega R\left[\bar{x}\lambda_{in0}-2\bar{x}0_G-\frac{3b}{2}\bar{x}\ \bar{x}\theta_G-2\lambda_{in0}2\bar{x}\frac{C_{d0}}{2\pi}\right.\right.$$
$$\left.\left.+\lambda_{in0}\theta_G000\frac{b^2}{2}\bar{x}\right][\dot{w}\dot{v}\dot{\phi}_e]+\left[\frac{b}{2}00000000\right][\ddot{w}\ddot{v}\ddot{\phi}_e]\right)$$
$$+\frac{2\pi}{2}\rho_{\infty}(2b)(\Omega^2R\bar{x}[b00000][w'v']) \tag{4.10.12}$$

因此：

$$L_w=\frac{2\pi}{2}\rho_{\infty}(2b)(\Omega^2r\bar{x}bw'-\Omega^2R^2\bar{x}\lambda_{in0}-\Omega^2R^2\bar{x}\Delta\lambda_i-\Omega^2R^2\bar{x}^2(\theta_G+\phi_e))$$
$$-\frac{2\pi}{2}\rho_{\infty}(2b)\Omega R\left\{\bar{x}\dot{w}+(\lambda_{in0}-2\bar{x}\theta_G)\dot{v}-\frac{3b}{2}\bar{x}\dot{\phi}_e+\frac{b}{2\Omega R}\ddot{w}\right\} \tag{4.10.13}$$

$$L_v=\frac{2\pi}{2}\rho_{\infty}(2b)\left(\Omega^2R^2\left(\lambda_{in0}^2-\bar{x}^2\frac{C_{d0}}{2\pi}\right)+\Omega^2R^2(2\lambda_{in0}-\bar{x}\theta_G)\Delta\lambda_i-\Omega^2R^2\bar{x}\lambda_{in0}(\theta_G+\phi_e)\right)$$

$$-\frac{2\pi}{2}\rho_\infty(2b)\left(\Omega R\left\{(\bar{x}\theta_G-2\lambda_{in0})\dot{w}+\left(2\bar{x}\frac{C_{d0}}{2\pi}+\lambda_{in0}\theta_G\right)\dot{v}\right\}\right) \tag{4.10.14}$$

第 K 个叶片的推力为

$$\text{Thurst}_k=\int_{R_h}^{R}(F_z-m\ddot{z})_k\mathrm{d}r\approx\int_{R_h}^{R}(L_w-m\ddot{w})_k\mathrm{d}r \tag{4.10.15}$$

通过上面的关系 $\pi\rho R^4\Omega^2$，推力系数是

$$C_T=\frac{\text{Thrust}}{\pi\rho_\infty R^4\Omega^2}=\frac{1}{\pi\rho_\infty R^3\Omega^2}\int_{\bar{x}_h}^{1}L_w\mathrm{d}\bar{r}-\frac{1}{\Omega^2R}\int_{\bar{x}_h}^{1}\frac{m}{\pi\rho_\infty R^2}\ddot{w}\mathrm{d}\bar{r} \tag{4.10.16}$$

$$\frac{1}{\pi\rho_\infty\Omega^2R^3}\int_{\bar{x}_k}^{1}L_w\mathrm{d}\bar{r}=-2\left((\lambda_{in0}+\Delta\lambda_i)\int_{\bar{x}_h}^{1}\bar{b}\,\bar{r}\mathrm{d}\bar{r}+(\theta_G+\phi_e)\left(\frac{1-\bar{x}_h^3}{3}\right)\right)$$
$$+2\int_{\bar{x}_h}^{1}\bar{b}^2w'\bar{r}\mathrm{d}\bar{r}-\frac{2\bar{b}}{\Omega R}\int_{\bar{x}_h}^{-1}\left\{\bar{r}\dot{w}(\lambda_{in0}-2\bar{r}\theta_G)\dot{v}-\frac{3R\bar{b}}{2}\bar{r}\dot{\phi}_e\right\}\mathrm{d}\bar{r}-\frac{1}{\Omega^2R}\int_{\bar{x}_h}^{1}\bar{b}^2\ddot{w}\mathrm{d}\bar{r} \tag{4.10.17}$$

$$\frac{1}{\Omega^2R}\int_{\bar{x}_h}^{1}\frac{m}{\pi\rho_\infty R^2}\ddot{w}\mathrm{d}\bar{r}=\frac{1}{\Omega^2R}\int_{\bar{x}_h}^{1}\mu\ddot{w}\mathrm{d}\bar{r} \tag{4.10.18}$$

$$\mu=\frac{m}{\pi\rho_\infty R^2}$$

因此如果

$$\bar{\bar{b}}=\frac{2}{1-\bar{x}_h^2}\int_{\bar{x}_h}^{1}\bar{b}\,\bar{r}\mathrm{d}\bar{r} \tag{4.10.19}$$

$$C_T=-2\left((\lambda_{in0}+\Delta\lambda_i)\left(\frac{1-\bar{x}_h^2}{2}\right)\bar{\bar{b}}+(\theta_G+\phi_e)\left(\frac{1-\bar{x}_h^3}{3}\right)\right)+2\int_{\bar{x}_h}^{1}\bar{b}^2w'\bar{r}\mathrm{d}\bar{r}$$
$$-\frac{2\bar{b}}{R}\int_{\bar{x}_h}^{-1}\frac{\partial}{\partial\psi}\left\{\bar{r}w+(\lambda_{in0}-2\bar{r}\theta_G)v-\frac{3R\bar{b}}{2}\bar{r}\phi_e\right\}\mathrm{d}\bar{r}-\frac{1}{R}\int_{\bar{x}_h}^{1}(\mu+\bar{b}^2)\frac{\partial^2}{\partial\psi^2}w\mathrm{d}\bar{r} \tag{4.10.20}$$

在固定流入里：

$$C_{T0}=-2\left(\lambda_{in0}\left(\frac{1-\bar{x}_h^2}{2}\right)\bar{\bar{b}}+\theta_G\left(\frac{1-\bar{x}_h^3}{3}\right)\right) \tag{4.10.21}$$

在有稳定几何间距不断流入的情况下，Pitt－Peters 的动态流入的有限状态模型可以简化为

$$\frac{384}{225\pi}\frac{\mathrm{d}\Delta\lambda_{\mathrm{i}}}{\mathrm{d}t}+\frac{\Delta\lambda_{\mathrm{i}}}{2(\lambda_{\mathrm{f}}+2\lambda_{\mathrm{i0}})}=C_{\mathrm{T}} \tag{4.10.22}$$

叶片的负荷准定常气动力可以表示为

$$\begin{aligned}
[L_{\mathrm{w}}\ L_{\mathrm{v}}\ M_{\phi}/R] = {} & 2\frac{m\Omega^2 R}{\mu}\bar{b}\left(\left[-\bar{x}\lambda_{\mathrm{in0}}\lambda_{\mathrm{in0}}^2-\bar{x}^2\frac{C_{\mathrm{d0}}}{2\pi}0\right]+[\bar{x}2\lambda_{\mathrm{in0}}-\bar{x}\theta_{\mathrm{G}}0]\Delta\lambda_i-[\bar{x}^2\ \bar{x}\lambda_{\mathrm{in0}}0]\theta_{\mathrm{G}}\right) \\
& -2\frac{m\Omega^2 R}{\mu}\bar{b}\left(\left[\bar{x}\lambda_{\mathrm{in0}}-2\ \bar{x}\theta_{\mathrm{G}}-\frac{3\ \bar{b}}{2}\bar{x}\ \bar{x}\theta_{\mathrm{G}}-2\lambda_{\mathrm{in0}}2\ \bar{x}\frac{C_{\mathrm{d0}}}{2\pi}+\lambda_{\mathrm{in0}}\theta_{\mathrm{G}}000\ \frac{\bar{b}^2}{2}\bar{x}\right]\right. \\
& \left.\times\frac{\partial}{\partial\psi}[\bar{w}\ \bar{v}\ \varphi_{\mathrm{e}}]+\left[\frac{\bar{b}}{2}00000000\right]\frac{\partial^2}{\partial\psi^2}[\bar{w}\ \bar{v}\varphi_{\mathrm{e}}]\right) \\
& +2\frac{m\Omega^2 R}{\mu}\bar{b}\ \bar{x}[\bar{b}0-\bar{x}00-\lambda_{\mathrm{in0}}000]\left[\frac{\partial}{\partial\bar{x}}[\bar{w}\ \bar{v}]\phi_{\mathrm{e}}\right]
\end{aligned} \tag{4.10.23}$$

4.11 弹性风轮叶片的动力学和气动力弹性学

人们已经比较充分地了解了有关风力机风轮的结构动力学和气动弹力学问题。随着现代计算机性能上的提升，以及将基于模型的非线性弹性分析应用到直升机和风力机风轮上面，在20世纪的过去30年里，风力机风轮动力学领域取得了重大的进展。Friedmann（2003）、Friedmann 和 Hodges（2003）关于旋转翼飞机气动力弹性学的现状做出了广泛的总结。Friedmann 和 Hodges（2003）表明，在直升机旋翼桨叶动力学领域，许多不同的分析方法已经被提出，这些方法也适用于风力机。从简单但经典的基于能量方法的拉格朗日方程，到计算密集型但通用和强大的有限元方法，人们提出了一系列应用于风力机风轮的方法。风轮叶片动力学的问题可以分为两个主要阶段——制定叶片运动方程及其求解。风力机叶片，其受到非常高的振动负荷，随着叶片旋转，耦合叶片关于两个正交轴弹性变形，从而通常具有复杂的动态特性。相对于弹性轴的重心偏移（CG）在分析风轮叶片的气动力弹性稳定性时起着非常重要的作用（根据2003年 Friedmann 和 Hodges 的研究）。风轮叶片受到由于空气动力和叶片旋转所产生的离心力的谐波驱动。离心力取决于风轮叶片半径，它会导致叶片变硬。科里奥利力（Coriolis forces）是由叶片旋转和叶片变形引起的，它影响风轮叶片的动态稳定性。自转效应在风轮叶片动力学方面发挥重要作用，它们不可忽视，需要被列入考虑。风力机叶片的自由度是相互耦合的，而这种耦合可以对叶片动力学和稳定性有着显著的影响。因此，依据一些假定模式的风轮叶片运动方程表达式也相互耦合。如果想要正确地预测叶片行为，耦合条件不容忽视。Houbolt 和 Brooks（1957）建立了细长梁模型（slender beam），推导出了弯曲和扭转的风轮叶片的联合运动学方程。在 Kaza 和 Kvaternik（1977，1979）的著作中，可以找到针对直升机旋翼在翼面向和翼弦方向扭曲的气动弹性方程。人们提出了排序方案并应用到运动方程中，保留重要条件，忽略那些不对叶片行为产生明显影响的条件（Friedmann 和 Hodges 2003）。尽管风力机风轮叶片动力学可以借助牛顿描述方法和欧拉运动方程应用到一个风轮叶片的集总质量模型中（Bramwell 等人 2001），但这是能量方法，它代表最方便的推导运动方程的方式。能量方法基于虚功原理和哈密顿原理。拉格朗日方程是对这些原理进行应用的产物。拉格朗日方法通过拉格朗日偏微分方程推导运动方程，这可能以动态系统的动能和势能的角度表现出来。Rosen 和 Freidmann（1979）将旋转的风轮叶片的动力学运动方程在非线性区域进行了较大幅度的扩展，Floros（2000）将旋转的风轮叶片的非线性动力学运动方程扩展到了拥有封闭横截面的分层复合材料叶片领域。如图 4.7 所示，所有封闭区域的剖面几何特性的综合利用正向和切向坐标被表示了出来。

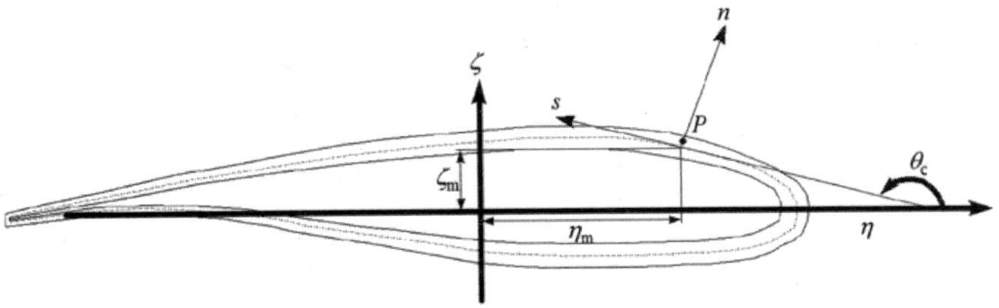

图 4.7　定义封闭横截面的坐标

由于风力机风轮叶片的纵横比比较高，它们可以被视为细长梁。为了风轮叶片的灵活建模，大多数动态问题采用了无限细的梁。虽然在现实中无数种模式可以用来描述一个风力机风轮叶片的动力学问题，可以借助占主导地位的主要模式足够近似地模仿其行为。假设模态方法属于全局方法，它代表一个求解风轮叶片运动的相当受欢迎的方式。一系列方程（振型）被用于叶片形状的一阶近似。拉格朗日法和 Raleigh – Ritz 法是假设模态的最经典的一些方法。他们允许估计模态振型和相应的模态频率。然而，基于能源考虑的 Galerkin 方法是这些方法里面最普及的方法，它适用于非线性或非保守问题，解决拉格朗日方法和 Raleigh – Ritz 法不能解决的问题，因而得到广泛应用（Bramwell 等人 2001）。Galerkin 方法将叶片运动的偏微分方程替换成一个近似函数。Galerkin 方法应用到风力机风轮中最重要的方面是一系列气动加载和流入动态模型可以被纳入分析。如果考虑不同 n 的振型和频率，它转化成 n 常微分方程系统（Bramwell 等人，2001）。叶片固有频率和实际的模式形状就由这些公式确定。因此，通过结合线性结构动态运动方程与线性化的空气动力载荷表达式，可以获得一套完整的线性方程。针对不同的风轮转速（见图 4.8）或不同的流入速度（见图 4.9），可以得到一组典型的根轨迹。

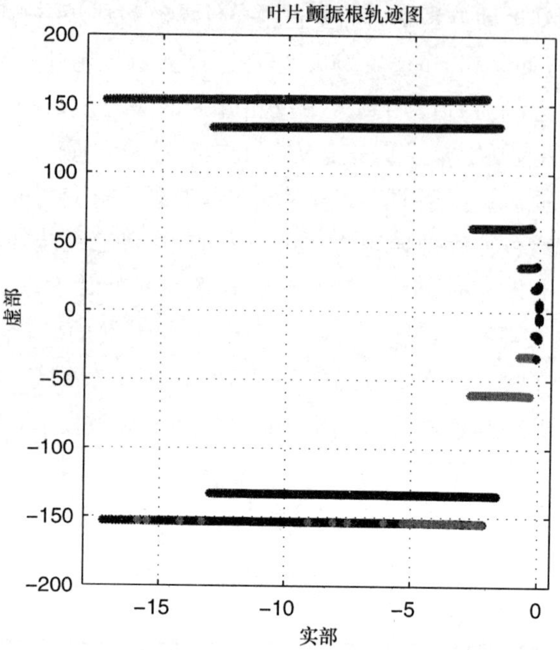

图 4.8　改变风轮转速的叶根轨迹，CG 和张力轴偏移量等于零

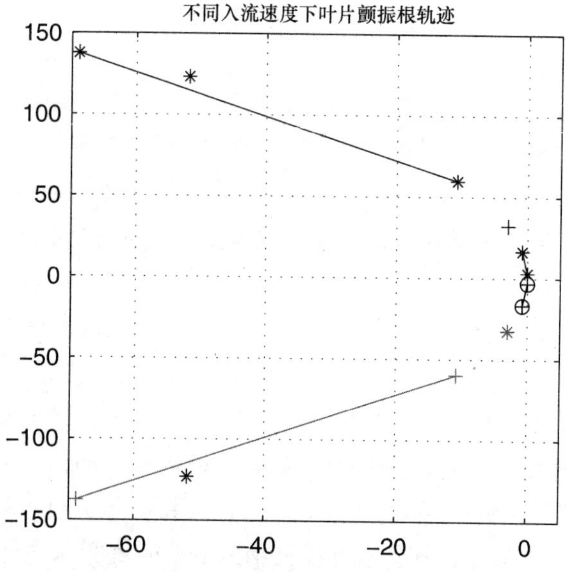

图 4.9　提高流入速度的叶根轨迹，CG 和张力轴偏移量等于零

4.12　风场速度分布和谱

Burton 等人（2001）讨论了常规情况下一块土地上的风场分布。风是大规模的气团在大气中运动；这些气体运动主要是由整个地球大气层的太阳能差异造成

的。在给定位置的风速不断变化。湍流是指在短时间内的风速波动。风速可以被描述成平均风速 U_0 与浮动分量 Δu_f 的和。湍流分量的标准偏差 σ_u 取决于湍流强度 I_U 和平均风速，它由此公式得出：$\sigma_u = I_U \times U_0$。湍流强度模型来源于 Rosas（2003）建立的模型：

$$I_U = I^*((a+15/U_0)/(a+1)) \tag{4.12.1}$$

其中，若 $I^* = 0.18$，代表更高的湍流站；若 $I^* = 0.16$，代表更低的湍流站。其对应的系数值 a 分别为 2 和 3。

Rosas（2003）使用的模型为 Kaimal 模型，它是湍流的功率谱密度模型，也是 von Karman 的风湍流谱模型的衍生模型：

$$S(f) = \sigma_u^2 \frac{x_L}{U_0}\left(1+\frac{3}{2}\left(\frac{fx_L}{U_0}\right)\right)^{-\frac{5}{3}} \tag{4.12.2}$$

式中，σ_u 是方差；x_L 是湍流长度尺度（建议最大为600m）；U_0 是中心高度的平均风速。

为上述频谱制定一个统一有效的近似十分困难，因为它不是关于 f^2 的函数。尽管如此，可以用它来近似和构造一个用来模拟风的整形滤波器。一个关于 Kaimal 的谱逼近的曲线拟合为

$$S(f) = \frac{\sigma_u^2(x_L/U_0)}{\left(1+\frac{3}{2}\left(\frac{fx_L}{U_0}\right)\right)^{\frac{5}{3}}} \approx \frac{\sigma_u^2(x_L/U_0)}{\left(1+k\left(\frac{\omega x_L}{2\pi U_0}\right)^2\right)^{\frac{5}{3}}} \tag{4.12.3}$$

其中，为了精确建模，中频 $k \approx 10$，浮动在 0.01 ~ 1.0rads/s；低频 $k \approx 40$，浮动在 <0.01rads/s，高频 $k \approx 1$，浮动在 >1.0rads/s。

给定一个 Butterworth 型整形滤波器的传递函数形式：

$$G_{vv}(s) = \sigma_u \sqrt{x_L/U_0} \times \sqrt{1/(1+\sqrt{k}(s/\omega_c))}$$
$$\omega_c = 2\pi u_0/x_L \tag{4.12.4}$$

功率谱密度可以被近似为

$$\Phi_{vv}(\omega) = \sigma_u^2 \frac{x_L}{U_0} \frac{1}{[1+k(\omega/\omega_c)^2]} \tag{4.12.5}$$

比较式（4.12.2）给出的 Kaimal 谱和式（4.12.5）给出的第一阶近似，结果体现在图 4.10 中。在归一化量级分别为 0.7、0.5 和 0.3 时匹配 Butterworth 过滤器与 Kaimal 谱，分别得到系数 $k = 1$、10、20。虽然不是完美契合，可以看出，Butterworth 谱可以通过适当地选择滤波器常数以适应在指定频带中的 Kaimal 谱。由此开发出的 Butterworth 过滤器代表 Kaimal 谱的近似值，被选择用来仿真。究其原因在于，这个过滤器便于实现更简单的模拟。这个整形滤波器的相关状态方程为

$$\dot{z}(t) = -\frac{\omega_c}{\sqrt{k}} z(t) + \omega_c \sigma_u \sqrt{\frac{x_L}{kU_0}} w(t)$$
$$y = z(t) \tag{4.12.6}$$

式中，$w(t)$是单位强度白噪声。

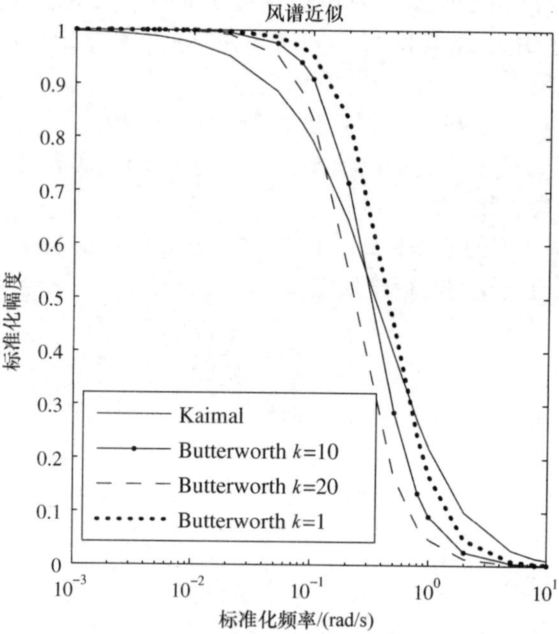

图 4.10　一阶 Butterworth 谱与 Kaimal 谱比较，$k=1$、10 和 20

4.13　支撑结构

4.13.1　塔动力学和气动伺服弹性

水平轴风力机，其包括风轮、齿轮系和发电机，同时其他相关组件必须支撑在特定的操作设计高度，在这个设计高度上预期捕获最大风能。因此，水平轴风力机必须被支撑在一个从地面至风轮轮毂高达 100m 甚至更高的塔上。塔结构的实际设计高度由风轮半径和在现场的风力条件来确定。一般地，风速随离地面的高度并不是线性增加，在高海拔地，由于风切变可以增加风轮捕获的动力，具有更高的风速。因此，虽然增加塔的高度可以增加功率输出，但存在一个高度，在该高度之上风力机产生的功率边际增加值被由参与安装和在这样的高度维持风力机的成本抵消。

塔本身可以模拟为一个非均匀的固定到地面的变横截面梁结构，另一端在一个非保守正常推力和一组三个相互垂直的轮毂力矩风轮轮毂轴线相交点激发。通常，作为非保守正常推力和三个相互垂直的轮毂力矩是叶片动力学自由度的函数，而叶片动力学本身是轮毂基部运动和旋转的函数，该塔动力学与叶片动力学相耦合。为了尽量减少这种动态耦合的影响，塔动力学的固有频率必须选择在与风轮动力学相关的自然频率不重叠的域中。叶片周围的空气动力流动场指通常流体粒子穿过对应于 20 ~100Hz 频带的叶片弦长需 10 ~50ms。一个典型的 20m 长的风轮叶片上面有 1.67Hz 非旋转频率。在旋转的影响和风力的存在下固有频率以 2 ~3 倍的因数增加，因此，风轮动力学固有频率为 5 ~10Hz。因此，该塔结构固有频率通常选择低于 1.6Hz，以尽量减少与风轮的动态耦合效应。耦合振动通常导致较大的振幅，进一步减少了机器的疲劳寿命。一个顺风状态下工作的风力机也必须承受称为塔架阴影的涡流脱落离开塔产生的影响。当风轮叶片穿过塔架阴影区域时，脱落涡流激发叶片，这往往显著增加噪声和振动。

动态流入指与风轮和风轮叶片的流场关联的非定常空气动力学。当考虑升力系数的变化和迎角动态变化，尤其是高迎角区域叶片升力容易发生动态失速时，非定常气动叶片流场导致滞后效应升力系数与迎角的动态有限状态模型已被提出并验证了几个风轮的配置，并且应用在风力机稳定性的耦合气动弹性分析中，用于确保风力机总是工作在稳定风力条件下。通过使用反馈提供额外的稳定控制，以控制叶片的操作桨距角，以便操作在低于发生动态失速的迎角下，从而提供最佳的或最大功率点操作。因为在气动弹性分析中包含叶片桨距角动态反馈控制和叶片伺服作动（servoactuation），该分析被称为气动伺服弹性分析。

4.13.2 海上和浮动支撑结构

风电在海上的位置，特别是在北大西洋相邻的几个北欧国家、英国、北美以及在这个星球上的其他几个地点提供了获取大量电力的可能性。单个风轮直径 80m 的海上风力机可以产生通常高达 2MW 的功率，风轮与直径达 120m 的风力机可产生高达 5MW 的功率，同时典型的风电场可以产生高达 300 ~500MW 的功率。在一般情况下，海上用于发电的风质量比陆上更好，因为它不仅更强大和更持久，并且更容易预测。然而，仍然存在许多的技术问题，如支撑在海洋中停泊塔结构的设计或浮动平台，需要对所有的天气条件自主操作，同时需具备能承受一些故障保持无故障运行的能力，这要求必须先安装海上风力发电系统来解决。遵循集成设计方法、可靠性、可用性、可维护性和可服务性在操作过程中是至关重要的，以减少由于出错造成的停机时间。海上风电场连接（或断开）电网，需要完整的集成控制和电网一体化。海上环境会给风力机增加一些特殊要求，这对于岸上的风力机是不存在的。

海上风力机可基于①结构配置；②基础类型和③安装原则进行分类。典型的结构配置包括一个单塔或支撑体系或网格塔架。基础类型在堆积或重力基础上会各不相同，同时安装可能是托起或浮动安装。单基桩型的锥形桩支撑结构在北海用在水深约 20m。而水深超过 6 ~100m 时浮动安装通常是必要的，此深度以下需要底部安装停泊设计。对于大功率发电，提出了在许多公海打造平台上安装多单元浮动海上平台，可容纳多达 16 个独立的风力机。由于在浅水区波浪载荷在低于 0.04Hz 和高于 0.4Hz 频率时显著变低，海上应用一般采用最低固有频率大于 0.45 ~0.5Hz 的结构。对于深水应用，通常使用具有超过 1Hz 的固有频率的结构。

在堆结构的情况下，塔被建成变横截面梁结构，梁结构的主要构成部分嵌入了具有非均匀的平移刚度和旋转刚度随深度增加和正比例平移阻尼与旋转阻尼的弹性介质。阻尼特性被用来反映土壤内的土壤阻尼和内部摩擦。一般，海上的刚度和阻尼特性不同于岸上的结构。

在重力的基础的情况下，假定塔要附加到具有相同的密度、剪切模量和泊松比作为土壤弹性半空间。谨慎的刚度和阻尼参数在很大程度上是由基础板，其用于确定所述等效平移刚度、旋转刚度、平移阻尼和旋转阻尼特性中关键参数的大小和几何形状的影响。

最后，存在一个流体动力载荷的问题是指一个负载范围。该动力载荷包括由水下结构脱落的涡流阻力、旋涡脱落相关的振动负载造成的阻力、由于静止或者以均匀的流速流动的附加流体质量产生的惯性力、流体流动经过大型结构时因波衍射效应产生的衍射负载以及由于波浪破碎效应带来的拍打（slam and slap）负载。前两个与所述涡旋脱落相关联，而后三个是与波流和一致性相关的惯性效应。显然，这可被用于确定一个无量纲数，用来决定是拖拉相关还是惯性相关的力在特定结构中占主导。这样一个无量纲的数就是 Keulegan – Carpenter 数，是典型的阻力与典型的惯性力的比值。一般来说，结构部件的直径与波长的比值小于 0.2 时拖曳阻力占主导地位，高于这个值后衍射的程度变得显著。当水深大于半波长度和结构部件的直径波长的比值小于 0.2 时，Keulegan – Carpenter 数减少到结构部件的直径与波长的比值的 π 倍。当 Keulegan – Carpenter 数小于 1 时，拖曳阻力小于惯性力的 0.05 倍。当 Keulegan – Carpenter 数超过 40 时拖曳阻力主导。结构部件的直径与波长的比值小于 0.2，Morrison 方程可以用来确定一个组成结构上水动力载荷的大小和方向。反之衍射效应主导和势流方法可以用来确定速度势和压力分布，然后集成在湿体的表面来确定作用于它的力和力矩。

4.13.3 水动力和水下冰荷载

考虑海风和海浪结合效应的方法是首选的海上风力机的分析和设计方法。时域分析通常是用于海上风力机的设计，所以加载和结构响应所涉及的非线性可以很容易表示出来。同时，包括随机风和波描述的时域分析更适合海上风力机的设计和支撑结构。这种分析方法非常适合反映整个系统的动态，尽管在非线性波浪载荷的影响上有一些不足。

线性波理论也被称为小振幅波理论，是最常用在推导浮动平台上的波载荷（Newman 1977）。线性小振幅波理论的解可以用表 4.1 中的方程概括，方程中海洋表面波被认为是一个简单的正弦信号。结构上的波力包括由于入射波带来的力和力矩（被称为 Froude – Krylov 力）以及由于波辐射和衍射产生的额外的力。Froude – Krylov 力发现于合成入射波压力在身体的表面以及分解合成力和力矩到组件的过程中。

表 4.1 线性波理论中的方程

波性质	波方程
表面轮廓	$\eta = A\cos(kx - \omega t)$
正交分量	$\eta^{\perp} = A\sin(kx - \omega t)$
水平粒子速度	$u = \frac{2\pi}{T}\frac{\cosh k(z+d)}{\sinh kd}\eta$
垂直粒子速度	$w = \frac{2n}{T}\frac{\mathrm{siah} k(z+d)}{\sinh kd}\eta^{\perp}$
粒子水平加速度	$\dot{u} = \frac{4\pi^2}{T}\frac{\cosh k(z+d)}{\sinh kd}\eta^{\perp}$
粒子垂直加速度	$\dot{w} = -\frac{4\pi^2}{T}\frac{\sinh k(z+d)}{\sinh kd}$
动态压力	$p = \rho g\frac{\cosh k(z+d)}{\cosh kd}\eta$
波速	$c = [(g/k)\tanh kd]^{1/2}$
群速度	$c_g = \frac{c}{2}\left\{1 + \frac{2kd}{\sinh(2kd)}\right\}$

在现实中，海面波浪不是简单的正弦曲线。波浪表面受风的影响由随机几种不同长度和频率的波浪的总和组成。波是由当地的风产生，这被称为风海。此外，在其他时间和其他领域产生的波浪传播到被观察到的区域则被称为膨胀。然而，膨胀通常由波长和频率相似的波组成。

波的实际频率由一组标准的海况光谱确定，该光谱定义波振幅的一个随机分布。如果假设波振幅函数 $\eta(t)$ 是广义平稳随机过程，并且自相关函数的 $\eta(t)$ 由白噪声通过一个线性滤波器获得。线性系统的输入/输出关系可表示为卷积积分。因此，自相关函数的傅里叶变换即 $\eta(t)$ 的功率谱 $S(\omega)$ 可以表示成积：

$$S(\omega) = H(\omega)H^*(\omega) \tag{4.13.1}$$

式中，$H^*(\omega)$ 是 $H(\omega)$ 的复共轭，同时也是 $H(\omega)$ 的傅里叶变换。

$H(\omega)$ 的近似实现被称为海况滤波器，并且通过过滤随机宽带白噪声便于随机海洋的模拟。此外，在特定频率 ω_k 处的典型波幅可以从下述方程中获得：

$$A(\omega_k) = \sqrt{2S(\omega_k)\Delta\omega} \tag{4.13.2}$$

式中，$\Delta\omega$ 是被采样频谱的离散频率之间的频率间隔。

海况谱的一个典型的例子是 Bretschneider（1963）海浪谱，由下式给出：

$$S(\omega) = \frac{5}{16\omega}\left(\frac{\omega_m}{\omega}\right)^4 H_s^2 \exp\left(-\frac{5}{4}\left(\frac{\omega_m}{\omega}\right)^4\right)$$

$$\omega_m = 0.4\sqrt{\frac{g}{H_s}} \tag{4.13.3}$$

式中，ω 是频率（rad/s）；ω_m 是任何给定的波的模态（最有可能的）频率；g 是由于重力局部加速度；H_s 是显著波高度。

另一个典型的例子是 JONSWAP 谱，JONSWAP 谱的开发是为了定义由 Hasselman 等人（1973）联合北海波浪项目中发表的波。公式从改进的 Pierson – Moskowitz

(1964）公式导出。Pierson - Moskowitz 谱公式为

$$S(\omega)=\frac{8.1}{1000\omega}\left(\frac{\sqrt{g}}{\omega\sqrt{H_s}}\right)^4 H_s^2\exp\left(-0.032\left(\frac{\sqrt{g}}{\omega\sqrt{H_s}}\right)^4\right) \tag{4.13.4}$$

Pierson - Moskowitz 谱公式可以表示为无量纲形式：

$$\bar{S}(\Omega)=\frac{1}{\Omega^5}\exp\left(-\frac{\beta}{\Omega^4}\right) \tag{4.13.5}$$

它可以通过以下形式的离散海况滤波器进行模拟：

$$y_n=-\sum_{k=1}^{l}a_k y_{n-k}+\sum_{k=0}^{l}b_k w_{n-k} \tag{4.13.6}$$

式中，ω_k 表示一个带限随机白噪声输入序列；系数 a_k 和 b_k 由近似和期望的光谱之间最小化均方误差数值获得。

对于特定 β 值的一组典型系数列于表 4.2。考虑到无量纲 Pierson - Moskowitz 谱，可以观察到，当 $\Omega=1$ 时，$\bar{S}(\Omega)=\exp(-\beta)$，当 $\Omega^4=\beta$ 时，$\bar{S}(\Omega)=1/e\beta^{5/4}$。此外，$\Omega^4=4\beta/5$ 时，$\bar{S}(\Omega)$ 取得最大值。

表 4.2　当 $\beta=1$ 时用于模拟缩放后无量纲的 Pierson - Moskowitz 频谱数字滤波器系数表

系数	0	1	2	3	4	5	6	7
b_k	8.1047	−25.140	11.136	37.368	−38.057	−12.058	23.579	−0.85629
a_k	0	−92.280	2.308	132.860	−89.433	21.836	34.409	−19.221

JONSWAP 谱是为北海有限的风区海岸产业而开发的并获得了广泛使用。距离背风岸的距离或风连续吹过的距离被称为吹程。该 JONSWAP 谱定义为

$$S(\omega)=\frac{\alpha}{\omega}\left(\frac{\sqrt{g}}{\omega\sqrt{H_s}}\right)^4 H_s^2\exp\left(-\frac{5}{4}\left(\frac{\omega_0}{\omega}\right)^4\right)\gamma^\delta$$

$$\delta=\exp\left(-\frac{(\omega-\omega_0)^2}{2\tau^2\omega_0^2}\right) \tag{4.13.7}$$

式中，α 是与风速为 U_w 的主风速场和吹程为 x 的有关参数；γ 是一个过调或峰度参数；τ 定义频谱的形状。参数 α、τ、γ、ω_0 和 x_0 分别被定义为

$$\alpha=0.76(x_0)^{-0.22} \tag{4.13.8}$$

$$\tau=0.07(\omega\leqslant\omega_0)$$

$$\tau=0.09(\omega>\omega_0) \tag{4.13.9}$$

$$1\leqslant\gamma\leqslant6 \tag{4.13.10}$$

$$\omega_0=2\pi(g/U_w)(x_0)^{-0.33} \tag{4.13.11}$$

$$x_0=gx/U_w^2 \tag{4.13.12}$$

当 x 未知时，$\alpha=0.0081$。γ 的典型取值为 $\gamma=3.3$。另一个由 Ochi 和 Hubble（1976）开发的谱为 Ochi 谱。这是一个三参数的 Bretschneider 海浪谱的拓展，使发展海域更宽（$\lambda<1$），膨胀更窄（$\lambda>1$）：

$$S(\omega)=\frac{1}{4\omega\Gamma(\lambda)}\left(\frac{4\lambda+1}{4}\right)^\lambda\left(\frac{\omega_m}{\omega}\right)^{4\lambda}H_s^2\exp\left(-\left(\frac{4\lambda+1}{4}\right)\left(\frac{\omega_m}{\omega}\right)^4\right) \tag{4.13.13}$$

式中，λ 是限定光谱的相对宽度的参数；$\Gamma(\cdot)$是 Gamma 函数。

相对于波长大机构，线性衍射理论适用。在这种情况下，总的速度势被认为是入射和散射势的总和，两者通过求解含有边界条件的拉普拉斯方程得到，边界条件通过在结构部件的主体的表面、海洋底部以及海洋表面的自由表面获取。总速度势的解简化为到速度势的边界积分方程又通过数值方法求解。边界积分方程对于无限或有限深度采用自由表面 Green 函数（Wehausen 和 Laitone 1960）。这样做可以得到无限深度的情况：

$$\phi(x, y, 0) = \phi^i(x, y, 0) + \sum_{m=-\infty}^{\infty} \int_{S_B} G(x, y, 0;\xi, \eta)[k\phi(\xi, \eta, 0) - w(\xi, \eta)]\mathrm{d}\xi\mathrm{d}\eta \tag{4.13.14}$$

式中，$G(x, y, 0; \xi, \eta)$是自由表面 Green 函数且满足：

$$\nabla^2 G = 0(-\infty < z < 0) \tag{4.13.15}$$

$$\frac{\partial G}{\partial z} - kG = -\delta(x-\xi, y-\eta)(z=0) \tag{4.13.16}$$

$$G, \ |\nabla G| \to 0, \ z \to -\infty \tag{4.13.17}$$

$z=0$ 时，可以得到 Green 函数为

$$G(x, y, 0; \xi,\eta) = -\frac{k}{4\pi}\left(\frac{2}{Z} - \pi(\boldsymbol{H}_0(Z) + Y_0(Z) - 2i\pi J_0(z))\right), Z = k\sqrt{(x-\xi)^2 + (y-\eta)^2} \tag{4.13.18}$$

式中，$\boldsymbol{H}_0(Z)$是零阶 Struve 函数；$J_0(Z)$是第一类零阶的 Bessel 函数；$Y_0(Z)$是第二类零阶（Abramowitz 和 Stegun 1972）的 Bessel 函数。对于速度势，主体上的压力分布被确定然后集成到体表面上，再将所得的力和力矩分解以确定组件。

当结构构件直径与波长的比小于 0.2 时，Morrison 方程获得来自惯性力和拖曳力分量的合力。它在描述拖曳力和质量系数、流体的密度、结构部件的直径以及与流体相关的结构部件的速度和加速度时是一个经验关系，用来定义作用于单位部件长度的力矢量的增量。对于均匀速度 V 流体的垂直圆筒的直径为 D 的部件高度 dz，Morrison 方程由下式给出：

$$\mathrm{d}F = C_{\mathrm{M}}\rho\frac{\pi D^2}{4}\dot{V}\mathrm{d}z + C_{\mathrm{D}}\rho\frac{D}{2}|V|V\mathrm{d}z \tag{4.13.19}$$

在 Morrison 方程中，C_{M}和 C_{D} 为惯性和阻力系数。速度 V 不是一个常量，并且表示多个贡献流的组合。Morrison 方程可以被改写成下式，多个流程明确列入公式中。Morrison 方程表达式为

$$\mathrm{d}F = \rho\frac{\pi D^2}{4}a_{\mathrm{w}}\mathrm{d}z + (C_{\mathrm{M}}-1)\rho\frac{\pi D^2}{4}(a_{\mathrm{w}} - \ddot{s})\mathrm{d}z + C_{\mathrm{D}}\rho\frac{D}{2}|u_{\mathrm{w}} + u_{\mathrm{c}} - \dot{s}|(u_{\mathrm{w}} - u_{\mathrm{c}} - \dot{s})\mathrm{d}z \tag{4.13.20}$$

式中，a_{w} 是波的加速度；μ_{w} 是波速；μ_{c} 是当前速度；s 表示结构的位移。

作用在长度为 L 的有限段结构上的力和力矩由下式给出：

$$F = \int_0^L \mathrm{d}F$$
$$M = \int_0^L z\mathrm{d}F \tag{4.13.21}$$

尽管最初 Morrison 方程只是为立式圆筒上所受水平波浪力提出的，但可以推广到倾斜圆柱体的情况，并且能够给出作用在部件上的合理的力矢量结果。对于倾斜圆柱体，Morrison 方程以方程组形式表示，即力的法向分量和切向分量：

$$\mathrm{d}F_{\mathrm{n}} = C_{\mathrm{M}}\rho \frac{\pi D^2}{4}\dot{V}_{\mathrm{n}}\mathrm{d}z + C_{\mathrm{D}}\rho \frac{D}{2}|V_{\mathrm{n}}|V_{\mathrm{n}}\mathrm{d}z \tag{4.13.22}$$

$$\mathrm{d}F_{\mathrm{t}} = C_{\mathrm{f}}\rho \frac{\pi D}{2}|V_{\mathrm{t}}|V_{\mathrm{t}}\mathrm{d}z \tag{4.13.23}$$

式中，V_{n} 和 V_{t} 是流体的相对速度矢量的法向和切向分量。

此外，当波和均匀流都存在时上述公式可以进一步推广。

水动力系数、每单位长度组成结构的阻力（约为 0.7）和表观质量（约为 2）系数是 Reynolds 数和 Keulegan – Carpenter 数的函数，并根据经验或实验获得。另一个重要的作用于水下结构部件的负载是由于冰原的存在，运动、阻断和压迫形成的载荷，尤其是在靠近两极的海底条件下这种负载更大。在每个条件下，所产生的负荷可被建模为在有限的频率带宽和预定振幅下的随机外部负载。因此，在整个结构的总负载和其对这些负载的响应可以通过标准方法获得。

4.13.4 浮体动力学及波流体动力学

通常，浮动的海上风力机被连接到用绳拴着的浮动标杆上，它由一个非均匀垂直圆筒组成，提供必要的浮力以保持风力机的稳定浮动平衡。三个或以上的钢丝连接到圆筒，绳子拴在钢丝的末端，系绳连接至这些辐条的末端。系绳通常固定在海底的对应点上，并且当浮子处于平衡时是垂直的。系绳的浮动风力机可以通过三种方式进行配置：①绳索拉紧以稳定平台；②用系绳作为悬链系泊设备，用安定器稳定浮动标杆；③用浮动标杆浮力稳定就像在游艇里一样，系绳再次担任系泊链。所有三种配置浮子被限制为围绕垂直轴对称运动，也是由于这个原因，只有起伏、激增、倾斜运动需要将其动态分析考虑进去。在纯起伏中，浮体运动的方程为

$$(M + A_{33})\frac{\mathrm{d}^2 h}{\mathrm{d}t^2} + \rho g S_{\mathrm{wh}} h = F_{\mathrm{h}} \tag{4.13.24}$$

式中，M 是浮子的质量；A_{33} 是由水中的浮体以及辐射波引起的附加质量；h 是由于入射波和衍射效应引起的自由起伏程度的位移；ρ 是水的密度；g 是重力加速度；S_{wh} 平面由水面线封闭；F_{h} 是由于波浪作用于浮子引起的外力。

所有起伏阻尼项假定为可以忽略不计：

$$(M + A_{33}) = \rho d_{\mathrm{h}} S_{\mathrm{wh}} / c_{33} \tag{4.13.25}$$

式中，d_h 是船体的深度；c_{33}是一个常数：

$$\frac{d^2h}{dt^2}+c_{33}\frac{g}{d_h}h=c_{33}\frac{F_h}{\rho d_h S_{wh}} \tag{4.13.26}$$

在纯激增的情况下，恢复力几乎可以忽略，它们激增方程可以用牛顿第二运动定律简单地表示。

在纯倾斜的情况下，浮子的运动方程为

$$(I_{55}+A_{55})\frac{d^2\theta}{dt^2}+\rho g I_{xxb}\theta=M_\theta \tag{4.13.27}$$

式中，I_{55}是浮动的惯性倾斜力矩；A_{55}是由水中的浮体以及辐射波引起的附加力矩；θ是自由倾斜程度的角位移；I_{bxx}是浮子横梁的二次矩。

$b(x)$由下式定义：

$$I_{bxx}=\int_L x^2 b(x)\,dx \tag{4.13.28}$$

M_θ 由于作用于塔的波浪力和作用于塔和风轮的风力产生的外部力矩，引发倾斜运动，所有倾斜阻尼项假定为可以忽略不计，并忽略：

$$(I_{55}+A_{55})=\rho d_h I_{bxx}/c_{55} \tag{4.13.29}$$

式中，d_h 是船体的深度；c_{55}是一个常数：

$$\frac{d^2\theta}{dt^2}+c_{55}\frac{g}{d_h}\theta=c_{55}\frac{M_\theta}{\rho I_{bxx}d_h} \tag{4.13.30}$$

对于大多数浮体，常数 c_{55}和 c_{33}的范围为$0.1\leqslant c\leqslant 0.16$。

对于浮动标杆本身，因为圆筒是关于垂直轴对称的，几乎没有任何偏航模式的风险。通过沿较佳方向选择轴，摇摆和滚动可以忽略，因为原则上它们类似于激增和倾斜，在滚动中假定浮子是稳定的。在纯滚动中，浮体的运动方程是

$$(I_{44}+A_{44})\frac{d^2\phi}{dt^2}+\rho g V_d \mathrm{GM}\phi=M_\phi \tag{4.13.31}$$

式中，I_{44}是浮子的惯性滚转力矩；A_{44}是由水中的浮体以及辐射波引起的附加惯性滚转力矩；ϕ是自由滚动度的角位移；V_d 为由浮子置换成水的体积；GM 是定倾中心高度；M_ϕ 是由于作用于塔的波浪力和作用于塔和风轮的风力产生的外部力矩，引发滚动运动。

所有滚动阻尼项被假定为可以忽略不计，并忽略：

$$(I_{44}+A_{44})=\rho V_d b_m^2/c_{44} \tag{4.13.32}$$

式中，b_m 是浮子的平均束（mean beam）；c_{44}是一个常数：

$$\frac{d^2\phi}{dt^2}+c_{44}\frac{g\mathrm{GM}}{b_m^2}\phi=c_{44}\frac{M_\phi}{\rho V_d b_m^2} \tag{4.13.33}$$

对于大多数浮子，常数 c_{44}的范围为$0.3\leqslant c_{44}\leqslant 0.5$。从浮力元中心到定倾中心的距离由水平面关于纵向轴在与滚动轴平行的水平线上的二次矩与代替的水的体积的比值给出。

海上浮子的静态稳定条件总结如下：

引力沿结构的重心向下。这点是固定的，除非该浮子的质量被故意控制力改变。净浮力和它的中心沿由浮子瞬间排开液体的质量中心向上。这点不同于重心，取决于浮子相对于海的摆动。浮力的瞬时中心定义定倾中心，这是瞬时垂直于它并与浮力的平衡中心的连线和重心的交点。重力在浮力的瞬时中心之上的情形下，浮子只有当定倾中心在重心的正上方时才是稳定的。当浮子微微滚动，回复力矩逐渐滚动浮子回到平衡和浮力中心向后移至其平衡位置。然而，浮力中心继续移动而远离其平衡位置时，浮子是不稳定的。因此，由于宽度或横梁增加，浮子的稳定性增加。对于梁不足够宽或不能做成足够宽的结构，稳定性是由具有低于浮心的重心实现的，该结构具有钟摆一样的滚动稳定性。浮力箱可用于实现稳定性，就像潜水艇一样。重心位置高度和定倾中心之间的差别定倾中心高度 GM。对于稳定的浮子，这个值是正的。

在一般情况下，一个物体可以包括所有的自由度，但使用三个自由度模型是适用于大多数风力机应用的。整个系统就像一个弹簧约束的倒立摆，激增方向的刚度比其他两个方向的刚度柔软。因此，起伏和倾斜运动相对较小。系绳的存在使得激增（和摇摆）运动和起伏运动之间的耦合是非线性的，因此，该系绳的长度必须足够长以减少非线性带来的不稳定的影响。浮动海上平台结构系统的运动微分方程的形式与那些海洋运作交通工具的运动方程形式相同［Fossen（1994）和 Fossen 和 Smogeli（2004）提出］。运动方程是

$$(\boldsymbol{M}+\boldsymbol{A})\ddot{\boldsymbol{x}}+(\boldsymbol{C}+\boldsymbol{B})\dot{\boldsymbol{x}}+\boldsymbol{K}\boldsymbol{x}+\boldsymbol{K}_{\mathrm{R}}\boldsymbol{x}+\boldsymbol{K}_{\mathrm{G}}\boldsymbol{x}=\boldsymbol{F}_{\mathrm{Wave}}+\boldsymbol{F}_{\mathrm{Aero}}+\boldsymbol{F}_{\mathrm{Con}} \tag{4.13.34}$$

式中，$\boldsymbol{M}$、$\boldsymbol{C}$ 和 $\boldsymbol{K}$ 分别是与浮动海上平台结构系统相关的惯性矩阵、阻尼矩阵和刚度矩阵；$\boldsymbol{A}$ 是流体动力学附加质量矩阵；$\boldsymbol{B}$ 是流体动力学附加阻尼矩阵；$\boldsymbol{x}$ 是平台自由度中平移和转动的位移矢量；$\boldsymbol{K}_{\mathrm{R}}$ 是一阶静恢复力矩阵；$\boldsymbol{K}_{\mathrm{G}}$ 是使用 Morrison 方程导出的系泊刚度矩阵；$\boldsymbol{F}_{\mathrm{Wave}}$是广义波激振力和力矩矢量；$\boldsymbol{F}_{\mathrm{Aero}}$是风轮和塔的广义空气动力学激振力和力矩矢量；$\boldsymbol{F}_{\mathrm{Con}}$是控制力矢量。在定义一阶静水恢复力矩阵 $\boldsymbol{K}_{\mathrm{R}}$ 时，仅起伏、倾斜和滚动自由度需要被考虑。

当风力机安装在浮动标杆上时，浮子的倾斜运动导致风力机的空气动力学旋翼拉力产生偏航力矩，并基于这个原因，自由偏航程度也必须被包括在风力机和浮子的耦合动力学的分析中。确保浮子和风力机系统的动态稳定是系统动态分析的首要目标。此外，一些模拟研究似乎表明，在张力平台即系绳承受张力以保持在适当位置的平台，风轮浮子耦合最小。

4.13.5 浮子－风轮被动及主动解耦控制

安装海上风力机的主要技术挑战是最小化风力机风轮的波浪引起的运动和理解支撑结构和风力机之间的耦合，同时实现优异的静态和动态稳定性。在可变风中进行最大功率点跟踪的叶片变桨风轮机，其标准控制算法将引起推力变化，增加倾斜和激增运动的负阻尼。另外，浮子的波浪引发的运动增加了风轮机设计的复杂性。改进的控制算法要求保证风轮完全从浮子解耦，反之亦然。此外，系泊系统面临昂

贵的设计挑战，来抑制浮子对波浪引起的激励的响应幅度。

通常，在传统的陆上风力机的分析中，风轮被假定为一个短刚性轴将风轮圆盘和毂运动耦合在塔架上。风轮圆盘将力和力矩传递到塔架上。然而，对于海上风力机的情形，风轮在一端被假定为柔性悬臂支撑，风轮圆盘和轮毂被支撑在塔的另一端。风轮旋转与浮动平台的倾斜耦合，导致陀螺耦合的塔扭转运动和浮动平台的横摆运动。为了尽量减少这种耦合，风轮动态运动必须完全从浮子的倾斜运动解耦。假设风轮圆盘以角速度 Ω 稳定旋转，弹性风轮的运动方程可以表示为

$$\begin{bmatrix} m_d & 0 & 0 & 0 \\ 0 & m_d & 0 & 0 \\ 0 & 0 & I_d & 0 \\ 0 & 0 & 0 & I_d \end{bmatrix} \frac{d^2}{dt^2} \begin{bmatrix} x_d \\ y_d \\ \theta_d \\ \psi_d \end{bmatrix} + \Omega \begin{bmatrix} 0 & 0 & 0 & 0 \\ 0 & 0 & 0 & 0 \\ 0 & 0 & 0 & I_p \\ 0 & 0 & -I_p & 0 \end{bmatrix} \frac{d}{dt} \begin{bmatrix} x_d \\ y_d \\ \theta_d \\ \psi_d \end{bmatrix} \tag{4.13.35}$$

$$+ \begin{bmatrix} k_1 & 0 & 0 & k_2 \\ 0 & k_1 & k_2 & 0 \\ 0 & -k_2 & k_3 & 0 \\ k_2 & 0 & 0 & k_3 \end{bmatrix} \begin{bmatrix} x_d \\ y_d \theta_d \\ \psi_d \end{bmatrix} = \begin{bmatrix} F_{Hx} \\ F_{Hy} \\ M_{Hx} \\ M_{Hy} \end{bmatrix} + \begin{bmatrix} F_{Tx} \\ F_{Ty} \\ M_{Tx} \\ M_{Ty} \end{bmatrix}$$

式中，m_d 是风轮圆盘的质量；I_d 为对称风轮圆盘关于风轮盘平面的轴线的转动惯量；I_p 是风轮圆盘的极惯性矩；k_i，$i=1$、2、3，是风轮轴的刚度系数；x_d、y_d、θ_d 和 ψ_d 是风轮圆盘的平移和旋转自由度；F_{Hx} 和 F_{Hy}、M_{Hx} 和 M_{Hy} 分别是作用在风轮轴的风轮盘毂的力和力矩；F_{Tx} 和 F_{Ty}、M_{Tx} 和 M_{Ty} 是塔和浮子运动作用于风轮轴上诱发的力和力矩。

在海上风力机的情况下，风轮盘毂力和力矩是浮子位移和旋转的函数。此外，尽管塔架被认为是一个简单的悬臂，并且风轮在塔架上表现出一个弯曲力矩和扭转力矩，风轮动力学仍与塔架运动耦合。因此，为了保证风轮圆盘和浮子的完全解耦，风轮轴运动必须完全与浮子解耦。这可以通过主动反馈控制来实现，涉及浮子运动到风轮轴悬架系统的反馈，或者由浮动本身的反馈控制以确保风力机的防振支撑。浮子运动的被动阻尼可以大大减缓在风轮轴和塔架的动力学中浮子运动的影响。许多被动和主动阻尼的概念目前正在为未来海上风力机设备实施和测试。

参考文献

Abo-Khalil AG, Lee D-C (2008) MPPT control of wind generation systems based on estimated wind speed using SVR. IEEE Trans Ind Electron 55(3):1489–1490

Abo-Khalil AG, Lee D-C, Seok J-K (2004) Variable speed wind power generation system based on fuzzy logic control for maximum output power tracking. In: Proceedings of 2004 IEEE 35th annual power electronics specialists conference-PESC 04, vol 3. Aachen, Germany, pp 2039–2044

Abramowitz M, Stegun IA (eds) (1972) Handbook of mathematical functions with formulas, graphs, and mathematical tables. Dover Publications, New York, ISBN 978-0-486-61272-0

Bhowmik S, Spee R, Enslin JHR (1999) Performance optimization for doubly fed wind power generation systems. IEEE Trans Ind Appl 35(4):949–958

Bisplinghoff RL, Ashley H, Halfman RL (1955) Aeroelasticity. Addison-Wesley, Cambridge

Boukhezzar B, Siguerdidjane H (2005) Nonlinear control of variable speed wind turbines without wind speed measurement. In: Proceedings of 44th IEEE conference on decision and control. Seville, Spain, pp 3456–3461

Bramwell ARS, Done G, Balmford D (2001) Bramwell's helicopter dynamics, 2nd edn. Butterworth-Heinemann, Oxford. ISBN 0-7506-5075-3

Bretschneider CL (1963) A one-dimensional gravity wave spectrum. In: Proceedings of a conference on ocean wave spectra. Prentice-Hall, Englewood Cliffs, pp 41–56

Burton T, Sharpe D, Jenkins N, Bossanyi E (2001) Wind energy handbook. John Wiley & Sons Ltd, England

Chu C (1951) The effect of initial twist on the torsional rigidity of thin prismatical bars and tubular members. In: Proceedings of the 1st US national congress of applied mechanics. pp 265–269

Connor B, Leithead WE (1993) Investigation of fundamental trade-off in tracking the Cp_{max} curve of a variable speed wind turbine. In: Proceedings of the 12th British wind energy conference. pp 313–7

Curti G, Risitano A (1979) Coupled free torsional and axial vibration of pre-twisted bars. Meccanica 157–162

Datta R, Ranganathan VT (2003) A method of tracking the peak power points for a variable speed wind energy conversion system. IEEE Trans Energy Convers 18(1):163–166

Drela M (1989) XFOIL: an analysis and design system for low Reynolds number airfoils. In: Mueller TJ (ed) Low Reynolds number aerodynamics. Lecture notes in engineering, vol 54. Springer, New York, pp 1–12

Drela M, Giles MB (1987) Viscous-inviscid analysis of transonic and low Reynolds number airfoils. AIAA J 25(10):1347–1355

Eppler R (1990) Airfoil design and data. Springer, New York

Esram T, Kimball JW, Krein PT, Chapman PL, Midya P (2006) Dynamic maximum power point tracking of photovoltaic arrays using ripple correlation control. IEEE Trans Power Electron 21(5):1282–1291

Floros MW (2000) Elastically tailored composite rotor blades for stall alleviation and vibration reduction. Ph.D. dissertation, The Pennsylvania State University, Department of aerospace engineering

Fossen TI (1994) Guidance and control of ocean vehicles. Wiley, New York

Fossen TI, Smogeli ØN (2004) Nonlinear time-domain strip theory formulation for low-speed manoeuvring and station-keeping. Model Ident Control 25(4):201–221

Fox ME (1993) Blade mounted actuation for helicopter rotor control. M.Sc. thesis, Massachusetts Institute of Technology, pp 83–125

Friedmann PP (1977) Recent developments in rotary-wing aeroelasticity. AIAA J Aircr 14–11:1027–1041

Friedmann PP (2003) Rotary wing aeroelasticity: a historical perspective. In: AIAA paper no. 2003–1817, Proceedings 44th AIAA/ASME/ASCE/AHS/ASC structures, structural dynamics and materials conference. Norfolk, VA. (Special 1 hour invited paper-in the dynamics specialist part of the conference)

Friedmann PP, Hodges DH (2003) Rotary wing aeroelasticity—a historical perspective. In: Proceedings of 10th international workshop on aeroelasticity of rotorcraft systems, Atlanta, Georgia

Friedmann P, Shamie J (1975) Aeroelastic stability of trimmed helicopter blades in forward flight. Paper presented at the 1st European rotorcraft and powered lift aircraft forum, University of Southampton, England

Giguére P, Selig MS (1998) New airfoils for small horizontal axis wind turbines. ASME J Sol Energy Eng 120:108–114

Hasselman K et al (1973) Measurements of wind-wave growth and swell decay during the joint north sea wave project (JONSWAP). Deutschen Hydrographischen Zeitschrift, Supplement A, 8(12):95ff

Hodges DH (1980) Torsion of pretwisted beams due to axial loading. J App Mech 47:393–397

Hohm RME (2003) Comparative study of maximum power point tracking algorithms. Prog Photovolt: Res Appl 47–62

Houbolt JC, Brooks GW (1957) Differential equations of motion for combined flapwise bending, chordwise bending, and torsion of twisted nonuniform rotor blades. NACA-TN-3905

Jou H-L, Wu K-D, Wu J-C, Shen J-M (2008) Simplified maximum power point tracking method for the grid-connected wind power generation system. Electr Power Compon Syst 36(11):1208–1217

Kawabe I, Morimoto S, Sanada M (2007) Output maximization control of wind generation system applying square-wave operation and sensorless control. In: Proceedings of power conversion conference, vol 1. Nagoya, Japan, pp 203–209

Kaza KRV, Kvaternik RG (1977) Nonlinear flap-lag axial equations of a rotating beam. AIAA J 15(6):871–874

Kaza KRV, Kvaternik RG (1979) Examination of the flap-lag stability of rigid articulated rotor blades. J Aircr 16(12):79–4150

Kosmatka JB (1992) Extension-bend-twist coupling behaviour of nonhomogeneous anisotropic beams with initial twist. AIAA J 30(2):519–527

Koutroulis E, Kalaitzakis K (2006) Design of a maximum power tracking system for wind-energy-conversion applications. IEEE Trans Ind Electron 53(2):486–494

Krenk S (1983) The torsion-extension coupling in pretwisted elastic beams. Int J Solids Struct 19(1):67–72

Lee C-Y, Shen Y-X, Cheng J-C, Chang C-W, Li Y–Y (2009) Optimization method based MPPT for wind power generators. World Acad Sci Eng Technol 60:169–172

Liu K-C, Friend J, Yeo L (2009) The axial–torsional vibration of pretwisted beams. J Sound Vib 321:115–136

Manwell JF, McGowan JG, Rogers AL (2010) Wind energy explained, theory, design and application, 2nd edn. Wiley, UK

Miley SJ (1974) On the design of airfoils for low Reynolds numbers. In: Proceedings of AIAA/MIT/SSA 2nd international symposium of the technology and science of low-speed and motorless flight, soaring society of America. Los Angeles, pp 82–96 also AIAA Paper No. 74-1017

Munteanu I, Bratcu AI, Cutululis N-A, Ceanga E (2008) Optimal control of wind energy systems: towards a global approach, 1st edn. Springer, pp 109–128, chapter 5 (In the series on advances in industrial control)

Munteanu I, Bratcu AI, Ceanga E (2009) Wind turbulence used as searching signal for MPPT in variable-speed wind energy conversion systems. Renew Energy 34:322–327

Newman JN (1977) Marine Hydrodynamics. The MIT Press, Cambridge

Ochi M, Hubble E (1976) On six parameter wave spectra. In: Proceedings of 15th international conference on coastal engineering, ICCE, vol 1. Pp 301–328

Örs M (2009) Maximum power point tracking for small scale wind turbine with self-excited induction generator. Control Eng Appl Inform (CEAI) 11(2):30–34

Padfield GD (1996) Helicopter flight dynamics. Blackwell Science Ltd, Oxford

Pierson WJ, Moskowitz L (1964) A proposed spectral form of fully developed wind seas based upon similarity theory of S. A. Kitaigorodskii. J Geophys Res 69

Pitt DM, Peters DA (1981) Theoretical predictions of dynamic-inflow derivatives. Vertica 5:21–34

Qiao W, Zhou W, Aller JM, Harley RG (2008) Wind speed estimation based sensorless output maximization control for a wind turbine driving a DFIG. IEEE Trans Power Electron 23(3):1156–1169

Qiao W, Gong X, Qu L (2009) Output maximization control for DFIG wind turbines without using wind and shaft speed measurements. IEEE Energy Convers Congress Exposition, ECCE 2009, DOI: 10.1109/ECCE.2009.531613:404-410

Rosas P (2003) Dynamic influences of wind power on the power system. Ph.D. dissertation, Ørsted Institute, Section of electric power engineering, Technical University of Denmark

Rosen A (1983) Theoretical and experimental investigation of the nonlinear torsion and extension of initially twisted bars. J App Mech 50:321–326

Rosen A, Friedmann PP (1977) Nonlinear equations of equilibrium for elastic helicopter and wind turbine blades undergoing moderate deformation UCLA-ENG-7718 (revised June 1977), also published as NASA CR-159478, Dec 1978

Rosen A, Friedmann PP (1979) The nonlinear behavior of elastic slender straight beams, undergoing small strains and moderate rotations. ASME J App Mech 46:161–168

Slootweg JG, de Haan SWH, Polinder H, Kling WL (2003) General model for representing variable speed wind turbines in power systems dynamics simulations. IEEE Trans Power Syst 18(1):144–151

Sokolnikoff IS (1956) Mathematical theory of elasticity. McGraw-Hill Book Company, New York

Tan K, Islam S (2004) Optimum control strategies in energy conversion of PMSG wind turbine system without mechanical sensors. IEEE Trans Energy Convers 19(2):392–398

Taraft S, Rekioua D, Aouzellag D (2008) Performances study of the DFIG associated to the variable speed wind turbine connected to the grid. Int J Electr Power Eng 2(5):353–364

Tsuiji T (1985) Free vibrations of thin-walled pretwisted beams. Bull JSME 28(239):894–898

Van den Heever PD, Oberholzer S, Enslin JHR (1989) High-efficient solar panel/wind turbine converter with maximal power control. Proc Eur Conf Power Electron Appl 663–668

Vepa R (2011) Nonlinear, optimal control of a wind turbine generator. IEEE Trans Energy Convers 26(2):468–478

Wang Q, Chang L (2004) An intelligent maximum power extraction algorithm for inverter-based variable speed wind turbine systems. IEEE Trans Power Electron 19(5):1242–1248

Wehausen JV, Laitone EV (1960) Surface waves. Springer, Berlin

Wortmann FX (1974) The quest for high lift. In: Proceedings of AIAA/MIT/SSA 2nd international symposium of the technology and science of low-speed and motorless flight, soaring society of America. Los Angeles, pp 97–101, also AIAA paper no. 74-1018

Xu XS, Zhong WX, Zhang HW (1997) The Saint-Venant problem and principle in elasticity. Int J Solids Struct 34(22):2815–2827

Yu GJ, Jung YS, Choi JY, Kim GS (2003) A novel two-mode MPPT control algorithm based on comparative study of existing algorithms. Sol Energy 455–463

第 5 章

燃气轮机和压缩机的动态模型

5.1 燃气轮机：典型组成和动态模型

燃气轮机毫无疑问是人类创造的使用最广的动力机械。它们的使用无处不在，如被用在飞机、船舶、火车、汽车中。燃气轮机也是喷气发动机的主要子系统。燃气轮机是由许多组件构成的复杂设备，其中含有许多机械旋转和固定部分。每一个组件子系统的特点就是自己的性能特征。每个子系统的性能依赖于流入和流出子系统的液体的空气动力学或者热力学，或者在某些情况下也依赖于液体在一个控制体内的空气动力学和热力学的交互作用。燃气轮机的建模、仿真和控制需要对所有组件子系统的动力学和交互作用的全方位理解。出于这个原因，对于构成燃气轮机的每一个组件子系统的建模和仿真的了解是非常重要的。通常情况下，位于进气口一侧的低压压缩机或者风扇是由低压涡轮驱动的，而高压压缩机是由高压涡轮驱动的。总的质量流率在初级流量和旁通流量间分离。燃料被注入燃料室然后在里面发生燃烧。低压压缩机和燃气轮机可能安装在一个轴上，而高压压缩机和燃气轮机安装在第二个轴上。轴的自转速率是由每一个燃气轮机产出功率和相关的压缩机的消耗功率的差值决定的。总质量流量和主要质量流率是由高压燃气轮机的头部和低压燃气轮机的尾部的窒息条件来驱动的。最后，发动机是由注入燃烧室的燃料的多少和排气装置的横截面积所控制的。典型的多级燃气轮机的主要构成和燃气轮机发动机的关键特征已经由 Mattingly（2005）详细论述，下面只进行简要阐述：

1）单轴或多轴压缩机或者在某种情况下的离心压缩机：压缩机的主要目的就是把压缩空气传送到下一阶段，通常来讲就是燃烧室。燃气涡轮喷气发动机中的压缩机获得由于能量传递的流动带来的增压。通常来讲在这种类型的压缩机里，进入的流体在转子中被传递给它的动能所加速。由于流体在一个分岔的通道中被减速导致动能转化为势能。在一开始，由于动叶片传递给了流体动力导致流体的总压力增加。在增压过程的最后一步，流体的减速导致压力上升，因为在总能量保持不变的情况下，动压力转化为静压力。压缩机的性能常常是由压缩机性能图来详细表示的，由曲线来表示，涉及自转速度、压缩机的压力增量和压缩机的质量流。具有恒定旋转速度的稳定运行点由压缩机特征来表示。负载线和节流线表示了系统的压力需求。因此，压缩系统的稳定运行点是由压缩机的特点和负载线的交点决定的。当面对燃气涡轮发动机里的压缩机的扰动时，稳定运行点必须是足够稳定的。离特征区域有一定安全距离来操控压缩机可以确保稳定运行，在这个特征区域里，压缩机趋向于不稳定。旋转失速与喘振是两种不稳定形态，这两种不稳定形态是与通过燃气涡轮发动机中的轴流式压缩机的流量相关联的。旋转失速是指非轴对称的环绕在压缩机的内齿轮上的流动扰动，它本身限制在叶片上的流量分离的小区域内，在这里流动是失速的，被称为失速区。旋转失速起始于流体的动能和势能不足以克服流过叶片而保持流动不分离所需的压差，因此流体局部失速。振荡是指由压缩机的空气管道下游的压缩空气的存储和释放的交替所引起的流体的大幅度轴向振动。当流体的压缩系数作为非线性弹簧时，局部的非线性压缩特征提供了一个减少的甚至是负阻尼力，因此导致了较大的振幅摆动。旋转失速和振荡都是动态不稳定性，静态不稳定性可以在压缩机设计时避免，依靠保证流体的非线性等效弹簧刚度总是正值来实现。旋转失速通常是许多发电机中振荡开始的前兆。通常情况下，旋转失速和振荡的影响范围从压缩机叶片的应力与磨损到压缩机运行点的扰动，明显影响了在燃烧室附近的压缩机的条件顺流，导致了一些不良后果。影响燃气涡轮发动机的性能的主要变数之一就是压缩效率。压缩比和压缩等熵或多变效率是自转速率和轴向质量流率的函数。旋转失速和振荡是严重限制压缩机性能的两个因素，然而这都可以用现代的压缩机设计来避免使其能被被动或主动地控制。

压缩机性能依赖于（在其他参数中）压缩阶段的轴向速度对切线速度的比值。切线速度与轴转速成正比。压缩机的性能能在压缩机所有阶段中靠限制轴向速度对切线速度的比值的变化来提升。把压缩物“分裂”放进两个独立的机器可在每个压缩机中提升对比值范围的控制。结果是用这种方法通过两个机器提升了机器中的压缩性能。

2）燃烧室通过燃烧的这个过程把化学能转化为热能。以最小的由压缩系统产生的压力损失来执行这个转换是满足需要的，所以压力损失对于燃烧室来讲是一个重要的品质因数。另一个重要的因素是整个过程的稳定性。燃烧室目的是获得所需的出口温度和流量，所以它能够推动一个或多个涡轮机。燃气轮机燃烧室是靠燃料的添加和燃烧来增加从压缩机流入的空气流的温度的设备。为此，燃烧器必须满足许多相互矛盾的要求。而它在一个很宽的条件范围内平稳运行时，必须有容易起动点火的能力。本质上讲，在任何操作点，它必须提供燃料的完全燃烧同时使污染物的形成和排放最小化。为了避免损坏涡轮机，在燃烧室里必须要进行充分的混合来获得合适的出口气体温度分布。同时，燃烧器也必须以压力损失最小作为实际操作来维持较高的整体性能。最后，所有功能的实现都需要在固定配置下，即有最小的尺寸、重量和成本，而且要足够耐用来达到一个可以接受的使用期限。如果假定化学计量的或理论的燃烧，即燃料完全燃烧的理想燃烧过程，则燃烧过程涉及分子的混合过程、燃烧以及热能平衡，同时服从基于质量和能量守恒的热力学混合规则。

通常来讲，先形成反应物的理论上的配比混合，跟着是燃烧，相当于物质转换，然后是燃烧产物和稀释剂之间的热平衡。从始至终，热力学平衡条件都贯穿在流体组成之中，而流场则遵守多元气体动力守恒方程。

3）高/低压涡轮由于膨胀把燃烧室中流出的气体的热能转化成机械能。来自燃烧室出口的高温气体进入涡轮机，在这里经历等熵膨胀而压力值降到了和周围压力等值。经历膨胀之后，能量从流体转移到机械叶轮或转子上。然后废气离开涡轮机进入大气中，因此就完成了一个热力学循环，通常被称为 Brayton 循环或者其变体之一。涡轮机里的膨胀过程是等熵的，在涡轮机叶轮里的工作是由涡轮机中温差以及在恒定压力下涡轮机里气体的比热系数而运行的。因为温度比是压力比的直接函数，因此涡轮机的具体的工作输出是压缩压力比、环境温度和绝热指数的函数。高/低压涡轮机通常安装在同一轴上，正如相应的高/低压压缩机一样，因此能提供动力来驱动后者。大多数被用在燃气涡轮发动机的涡轮机是轴向式的。涡轮机广泛地分两类，即冲力式涡轮机和反动式涡轮机。冲力式涡轮机中，气体在喷嘴处达到高速并流过转动的叶片。转动的叶片仅仅改变了流体的方向，同时这种流体方向的改变使能量做功。在叶片上没有膨胀或者压力下降。在反动式涡轮机里，膨胀或者压力下降会发生在部分静叶片和动叶片上。可以证明，当叶片速度是气流速度的一半时，涡轮机可以获得最大效率。为了以最大的效率运行和传递最大的输出功率需要涡轮机运行在多个阶段。因此，在某些阶段可能会实现速度下降或者压力下降。复式多级降速涡轮机或降压涡轮机都被用来连接燃气涡轮发动机的其他组件。涡轮机所需的工作输出和运行速度是由应用决定的，涡轮机入口压力和入口温度也是如此。涡轮机的设计只剩下选择机器类型和主要几何参数的选项，主要几何参数例如叶片高度和转子直径的比、叶片和喷嘴角度、转子间隙和转子直径的比和出口漩涡角，出口漩涡角影响涡轮阶段的损失。在恒定的涡轮效率下，涡轮入口和喷嘴口的阻力意味着涡轮膨胀比是面积比的函数。涡轮设计者必须选择一组最优的几何参数来在给予操作条件下获得最高的效率。

4）在燃气涡轮喷气发动机的情况下，需要额外配备一个喷嘴和/或一个加力燃烧室来产生所需的推力。一般地，来自涡轮机的废气流通穿过喷嘴，同时喷嘴的主要任务就是产生推力。喷嘴通过膨胀（加速）气流产生推力。当气流加速时，静压和温度下降（热能转换成机械能）。如果假设这个过程是等熵的，那么整个过程中总压力和总温度是恒定不变的。喷嘴是关键因素，因为它决定了涡轮机入口温度，还有发动机的质量流以及出口速度和压力。因此，喷嘴不仅影响涡轮机的工作而且决定着推力的大小。通常情况下，喷嘴是一个面积可变的导管，在这里流速在阻塞区域达到界限值和通过这个阻塞区域后压力增加以致产生所需的推力。现代喷嘴设计是靠收缩和然后扩散横截面积提高通过阻塞区域的速度来增加推力的。然而，喷嘴产生最大推力是有极限的。

有三种基础类型的喷气发动机目前在使用中，它们分别是涡轮喷气发动机、涡轮风扇发动机和涡轮螺旋桨发动机。历史上，涡轮喷气发动机是建造的首款喷气发动机，也是这三种类型中最简单的。它的主要组成部分包括压缩机、燃烧室、驱动压缩机的涡轮机和排气喷嘴，它们在图5.1中被说明。它产生相当高的单位推力被定义为每单位质量流的推力。它被用在高亚音速和超音速中。涡轮风扇发动机也有压缩机、燃烧室和一个驱动压缩机的涡轮机。另外，它还在主要的压缩机前有一个风扇，在第一个涡轮机后面另外有一个动力涡轮机来驱动这个风扇。涡轮风扇发动机目前被设计和安装在各种各样不同的结构中。有高涵道比和低涵道比涡轮风扇发动机，后燃涡轮风扇发动机，轴流式压缩机或离心式压缩机型涡轮风扇发动机，单轴、双轴或三轴涡轮风扇发动机以及后风扇或齿轮减速风扇型涡轮风扇发动机。高涵道比和低涵道比指的是输送到发动机核心周围的空气的数量。低涵道比涡轮风扇发动机通常有高的单位推力。一种典型的现代涡轮风扇发动机在图5.2中被说明。风扇的流通能力实际上在设计中是大于压缩机的流通能力的，多余的气流绕过燃烧室并通过一个单独的喷嘴排出。这个分流方法降低了特定发动机的推力而增加了推进效率，因此减少了燃料消耗，它被用在大多数亚音速商用飞机上。现代涡轮风扇发动机的基于组件模型的框图在图5.3中被说明。涡轮螺旋桨发动机或涡轮轴发动机在图5.4中被说明，其中包含涡轮式喷气发动机作为它的核心和动力涡轮机但是没有风扇。它的动力涡轮机通过一个齿轮减速装置能驱动外部的螺旋桨或直升机旋桨。这个旋转体或螺旋桨进一步增加了整个发动机的空气流量，减小了单位推力，并增加了推进效率。涡轮轴发动机对于直升机和小型的低速的商用飞机来说是最好的动力装置类型。

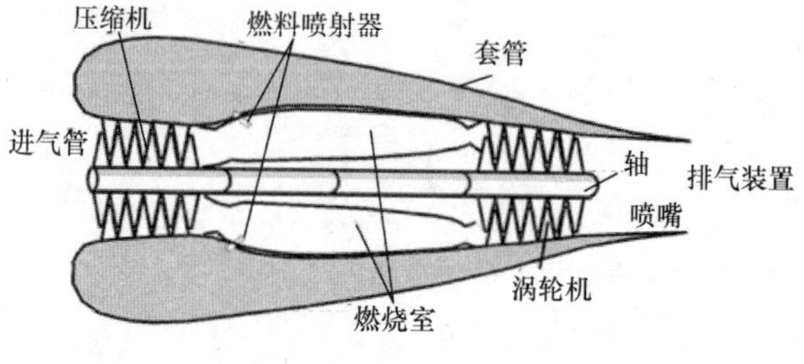

图5.1　基本的涡轮喷气发动机组件图解

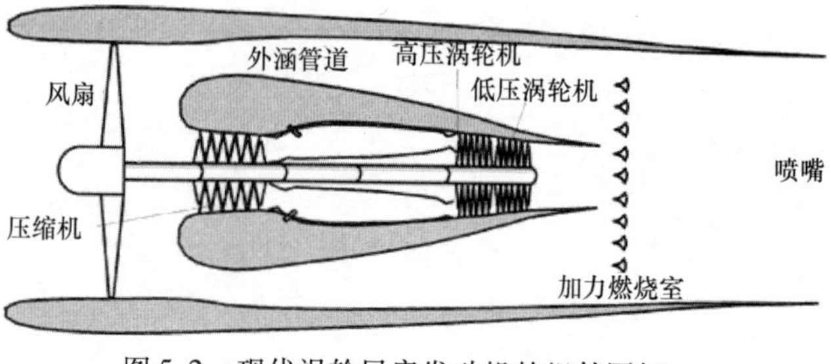

图5.2　现代涡轮风扇发动机的组件图解

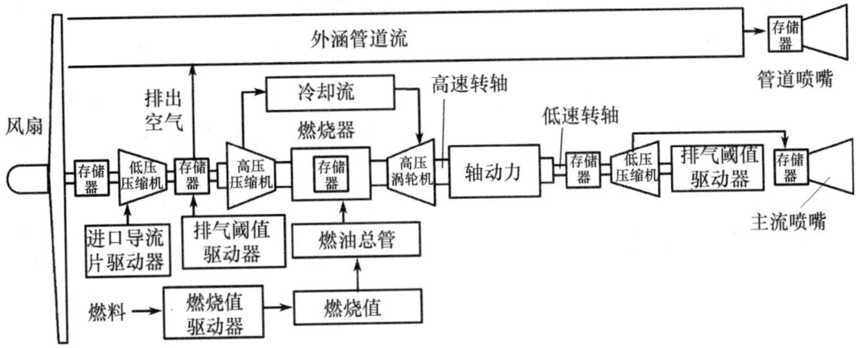

图5.3 现代涡轮风扇发动机基于模型的组件框图

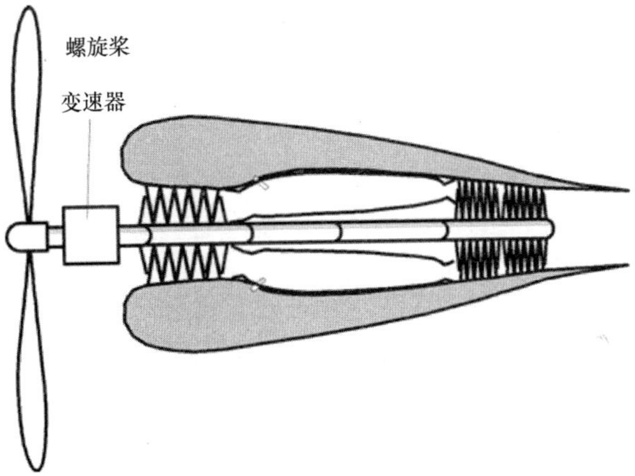

图5.4 涡轮螺旋桨发动机概念图图解

加力燃烧室是安装在燃气涡轮发动机里的低压涡轮机出口处的子系统。加力燃烧室的主要组成有扩散器用来降低流速，吸音衬垫来减弱可能出现的横向振动，燃油管来提供燃料的合理的分布以及火焰稳定器用来稳定回流区的火焰。二次燃烧是一种增加基础推力的方法，短时间内产生于喷气发动机的喷嘴来提升发生在飞机降落、攀升或者战斗中的推力。注入燃烧室的燃料通常在过量的空气里燃烧。因此，从燃烧室排出的燃料和空气的混合物有足够的氧来支持进一步的燃烧，但没有足够的燃料。因为这个因素，为了提升喷气发动机产生的总的推力，为了涡轮机下游的燃烧额外注入燃料是可行的。先于进入喷嘴的流体把燃料注入喷嘴管的二次燃烧提供了短时间内推力增大的最好的方法。使用二次燃烧喷嘴管比普通喷嘴管的更大目的是获得一个速度相对减小的气流。因此，二次燃烧喷嘴管的尾端是二位或面积可变的喷嘴，这样可以在所有的条件下都能运行。为了气流的容量，喷嘴打开或者关闭来提供一个合适的出口横截面积，这样可以阻止喷嘴管里的压力增加。在燃料注射进加力燃烧室之前，首先依靠混合旁道和涡轮流在低涵道比发动机上获得二次燃烧。在这种情况下，燃烧是发生在混合的排出气流中。交替地，燃料被注入和火焰各自地在旁道和涡轮流中保持稳定。接下来的燃烧，在喷嘴出口处气体达到了通常的出口温度。

5）在发电燃气涡轮机中，大功率发电机也被安装在同轴上作为涡轮机和压缩机对中的一员。

5.2 轴流压缩机系统：一维管道模型

典型的轴流压缩机的模型起始于描述稳态性能的标准的压缩机性能图。这是一组关于不同转子转速的曲线，每条曲线都描述了在增加质量流速率时，压缩压力比的变化率。压缩机性能图最好由实验来获取。在性能图上选择稳态点，它一定要落在曲线上，作为参考并定义一个无量纲的压力比以及质量流变量，性能图上的所有曲线都能由一个三次方程式的形式来表示：

$$\Psi_{\mathrm{comp}}(\Phi) = \Psi_{C0} + H\left(1 + \frac{3}{2}\left(\frac{\Phi - \Phi_0}{F} - 1\right) - \frac{1}{2}\left(\frac{\Phi - \Phi_0}{F} - 1\right)^3\right) \quad (5.2.1)$$

式中，$\Psi_{\mathrm{comp}}(\Phi)$是无量纲的压缩机压缩比，它是无量纲的质量流率变量 Φ 的函数；Φ_0 和Ψ_{C0}是稳态点的无量纲质量流率和无量纲的压缩机压缩比；H 和 F 是两个定义压缩机特性形状的参数。

当 $\Phi = \Phi_0$时，$\Psi_{\mathrm{comp}}(\Phi_0) = \Psi_{C0}$，这表明了已确定的特性与稳态点的端点相关。质量流率和压力突变都被假设为一维的。通常在导管中，这意味着变量是周向平均的。

5.2.1 激盘理论

对于大部分的性能评估来说，静态压缩性能是足够的。通常，补充的特性是来自一种流动模型，被称为激盘法。激盘法的基本思想是由 Hawthorne 和 Horlock（1962）具体提出的，与压缩机有关，此方法是用等效面积的可渗透的圆盘代替压缩机，在这里来自压缩机叶片的力均匀分布在圆盘上。实际上，在这个方法里，压缩机被描述成带有圆盘表面外力的给定分布的极薄的圆盘。激盘上的分布力取决于通过圆盘的局部速度，通常来讲就是转子盘周围的整个流场。激盘被假设为一个极限情况，在这里压缩机叶片的数量是无限的。通过圆盘的质量流量被认为是连续的。通过圆盘的动态压力突变假定被给予来自压缩机性能图定义的压力突变。激盘理论本质上忽略了所有的径向力。通过激盘上游的流速和动压力的上升，现在可以计算下游的流速。此外，可以证明圆盘本身的速度是入口和出口处速度的平均值。

5.3 Moore – Greitzer 模型

Moore 和 Greitzer（1986）对于旋转失速和喘振发明了一个现象学模型。这个模型在图 5.5 中被说明，它由连续的四个部分组成：第一部分是进气导管，它允许在导管进口处的极小的扰动扩散直到它们达到可以在压缩机表面被感知的程度；第二部分是压缩机本身，物理上可以被建模成为与一个无量纲压缩机性能图相关的激盘，靠在流体上做功来增加压力比；第三部分是充气室（或扩散器）下游，它充当一个大的容器或者 Helmholtz 共振器来应对在激盘后带有压力波动的质量流中的波动；第四部分也是最后一个部分是节流阀，来表示压缩机上的荷载。

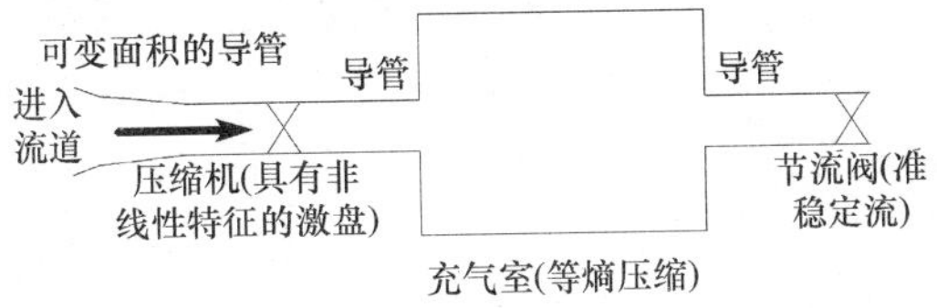

图 5.5 Moore – Greitzer 压缩机模型

Moore – Greitzer 模型导致了一组有三个重要流量参数的可解的有限的常微分方程。变量中的第一个是无量纲的，代表通过压缩机的周向平均的一维的质量利率，第二个是代表通过压缩系统的无量纲的总静压的上升，第三个是代表着旋转失速的非轴对称质量流率波动的振幅。Moore – Greitzer 模型的基本假设是①在非轴对称质量流率波动的振幅的小扰动下是有效的；②控制由旋转失速引起的非轴对称质量流率波动的振幅的动力学时间标尺是比控制周向平均轴对称质量流率的扰动的动力学时间标尺快很多的。Moore – Greitzer 模型是小扰动模型，不能解释在压缩机中引起不稳定的潜在的非线性机制。然而，这个模型常常被用来预测在什么条件下扰动会扩大和使设计者综合参数的改变和反馈控制来控制和抑制不稳定性。此外，既然旋转失速通常是喘振的前兆，那么旋转失速发生率的预测也是喘振发生和发展的征兆。而且，可以设计两组控制：第一个能调节压缩机和节流阀性能图所定义的稳态特性来保证稳定性；第二个是一个物理不稳定反馈控制系统设计，用来在导管前或充气室自身中把空气注入系统，反过来能抑制旋转失速。改变 Helmholtz 共振器或充气室的动态特性是另一个新颖的切实可行的控制不稳定性的方法。

5.3.1 压缩机喘振和旋转失速

压缩机喘振和旋转失速振动基本限制飞机发动机的性能和保留了轴流式压缩机与风扇阶段的发展过程中固有的问题。压缩机喘振和旋转失速仅仅是由于流体力学不稳定性，而叶片摆动、失速颤振以及喘振颤振和它们的变体包含了叶片振动和流体运动的气动弹性不稳定性。尽管旋转失速颤振和旋转失速常常发生在压缩机或风扇的叶片以大冲角和/或高速运行时和非定常黏性流动分离，它们在这些现象中都起关键作用，但各种振动现象发生在压缩机喘振的前面。

喘振以不稳定压力的大幅度波动、周向均匀和环向平均的质量流为特征。它是一维不稳定的，总的来说通过压缩系统传播和在压缩机特性图中的极限环颤振中到达顶点。大部分情况下，喘振起始于压缩机，这时压缩机质量流被阻塞和节流。振动的频率在一个相对的低频波段（$<25\sim30$Hz）伴随着气动弹性的振动模式。喘

振的压缩机的性能特点是效率损失导致叶片的高气动弹性振动，同时也影响了这种情况下的应力水平。在喷气发动机中，喘振会导致所谓的燃烧室的熄火，涉及逆流和混沌振动。

基于质量流和压力脉动的振幅，喘振被分成四个不同种类：轻微的喘振、标准的喘振、缓和的喘振和大幅的喘振。这个分类现在被广泛接受和被用来区分不同形式的喘振和旋转失速振动。在轻微的喘振的范围内，振动的频率是在Helmholtz频率附近，与腔内共振相关，也就是说与压缩机导管的共振频率和与压缩机相连的充气室的容积相关。这个频率典型地比最大旋转失速频率小一个数量级以上，后者通常和转子频率同阶。标准的喘振是一种非线性现象，正如在较大振幅下的分叉和混沌，比起轻微的喘振它有更低的频率，但质量流振动仍然是积极的。缓和的喘振是标准的喘振和旋转失速的混合。大幅的喘振，与循环部分上的逆流有关，远低于Helmholtz频率的振动频率，且是由充气室里瞬态非线性过程导致的。轻微的喘振可以被看作复杂非线性现象的第一阶段，对压缩机节流以减小平均质量流量的方式把它变成其他形式的喘振。轻微的喘振通常来讲是一个相对的低频现象（5 ~ 10Hz），而旋转失速是相对的高频现象（25 ~ 30Hz）。

有两种压缩机的稳定控制模式，第一种是基于回避喘振，这涉及在不稳定自由区域使压缩机运行（Epstein 等人 1989；Gu 等人 1996）。现在用于工业的大多数控制系统都是基于这个控制策略的。在这个基本的策略中，控制点是由带有重新定义的稳定裕度的参数空间所定义的，这个稳定裕度来自依据失速点所定义的不稳定的条件。这个稳定裕度是由①失速点位置上典型的不确定性；②典型的包含负载变动、进口畸变和燃烧噪声的扰动；③考虑到可用的传感器和致动器和其局限性所定义的。一般来说，排气阀或者其他形式流体的排出和再循环常常被用来削减节流的影响。控制可以在气门位置也可以采用一个开/关方式就像在脉冲宽度调制，一个周期内相对完整的排气阀的开启时间。这样的方法以损失性能的代价获得了稳定性，且当流体是可压缩时，此方法并不很合适。简言之，避免喘振方法不是性能最优的。也有一些与不稳定性监测有关的问题。第二个控制模式包含质量流的连续反馈控制，这里引入了一个控制阀或者独立的可控风扇。这个方法会获得稳定性增强，因为质量流的变化会有效地改变不稳定情况并因此提升了稳定裕度。不是操作远离了不稳定区域，而是区域被推离了操作点。基于众多早期研究人员的实验表现（例如 Greitzer 2009），依靠这种稳定性提高的方式，质量流的20%的提升是可以接受的。

已经多次尝试把叶片动力学影响纳入失速模型的预测中。压缩机喘振本身对性能就有基本的限制。因此，主动控制方法常常抑制各种失速形式，使此系统先于喘振的发生在参数空间上被有效使用。此外，以全面和综合的方式考虑各种失速形式是重要的，因为不可能设计单独控制系统来消除每一个不稳定性。为此，开发一个全面和综合的动态模型也是重要的。Moore 和 Greitzer（1986）开发的模型是基于假设除了在充气室以外系统是不可压缩的，这里假定把压缩和涡轮阶段封装为一个，并假设径向变异是不重要的，这里把压缩机喘振描述成Helmholtz型的水动力不稳定性。在经典的Moore - Greitzer模型中，用了压缩机的经验性半激盘表述，整合了Hawthorne和Horlock（1962）的经典的轴流式压缩机的激盘模型，充当了结合旋转失速的基本模型。通过引入半经验激盘理论到模型中，Moore和Greitzer能预测旋转失速和喘振。Moore - Greitzer模型的优点是分析者能结合大量的滞回模型到压缩机特性，允许预测各种极限周期的相应特征。Gravdahl和Egeland（1997）扩展了Moore - Greitzer模型，把阀芯运动和输入转矩加进了和经典模型一样的框架中，因此允许包含动力学的控制输入。模型可以靠有限容积类型分析的应用获得，也可以扩展到旋转失速不稳定性和引起摆动的旋转失速的情况中。在Moore - Greitzer模型中，下游流畅被假设为带有漩涡的线性流动，所以参照上游情况来找到解决方案。充气室被假定为一个等熵的可压缩室，在里面流体极小，扰动是完全混合和分散的。因此，充气室仅仅扮演了“流体爆炸”的角色。节流阀模式化为一个简单的准稳定装置，经过这里的压力下降仅仅是质量流率的函数。经过压缩机的流体的变化受转子和定子中流体惯性滞后的支配，这些滞后决定了旋转失速的转速。旋转失速的稳定性是由压缩机总静压力上升图的斜率决定的。Greitzer（2009）讨论了失速和旋转失速的主动控制的可能性，靠控制相关的Helmholtz腔内共振频率，其可以由结构反馈获得。

大量的由线性控制规则合成方法的应用提出的综合控制规则的方法，仅仅适合轻微的喘振的稳定性有保证的情况，除此之外，许多非线性控制规则合成方法也已经被提出。为了设计一个能控制大幅的喘振的主动反馈控制装置，一个内在的非线性喘振控制模型是必要的。许多非线性模型已经被提出（Chen等人1988；Krstic等人1995；Nayfeh和Abed 1999；Paduano等人1993；Young等人1998），但是几乎所有的这些都是面向旋转失速控制合成的，并且包含了主要的周向模态振幅的动力学。这些模型中的许多（Gu等人1997；Hõs等人2003）用来完成分歧分析目的是探索不稳定后的动力学特征。

在这里，Moore - Greitzer模型的不稳定的非线性和扩展版本被提出以促进喘振和失速控制器的合成。动机是需要一个全面而低阶的模型来描述各种形式的失速，还有就是需要独立地表示暂态扰动和压缩机压力上升动力的控制输入。此外，Moore - Greitzer模型的扩展版本把独立模型参数的数量削减到了最低。初步研究表明，模型可以有效地获得压缩机喘振现象的动态和它的过失速不稳定行为很好地代表了真正的轴流式压缩机的观察行为。控制器被合成两步：第一步，在最小流量到压缩机出口处压力脉动的变化峰值的四分之一处的所需均衡节流位置和所需无量纲的压力比的平衡值已被确定，这定义了平衡点并确保所需的平衡点是稳定的；第二步，依靠关于压缩机出口处的稳定质量流率的质量流率变化的恰当的反馈，平衡点处的稳定界限被调整或提升。第一步可以被认为是平衡点控制器，而第二步相当于稳定性增强。这样的两步法能确保所需的平衡解是可获得的，并且关于平衡点的任何扰动是足够稳定的。

5.3.2 Moore - Greitzer 模型方程式的推导

Moore - Greitzer 模型的主要参数在图 5.6 中被定义。充气室由导管连接到大气中，在这里压缩机工作。如果连接管道的长度比起压力振荡的波长较小，则导管中的气体被假定为不可压缩的。压缩性效应仅和充气室中的压缩有关，而惯性效应集中在压缩机导管中气体的加速上。压缩机被激盘和长度为 L_c 的直导管取代。压缩机管道的几何形状被假定为正如在模型中一样，一个给定的质量流变化导致在实际管道中相同的压力差。节流行为建模为一个简单的带有已知流动特性的阀。下面主要的假设产生在模型推导中：

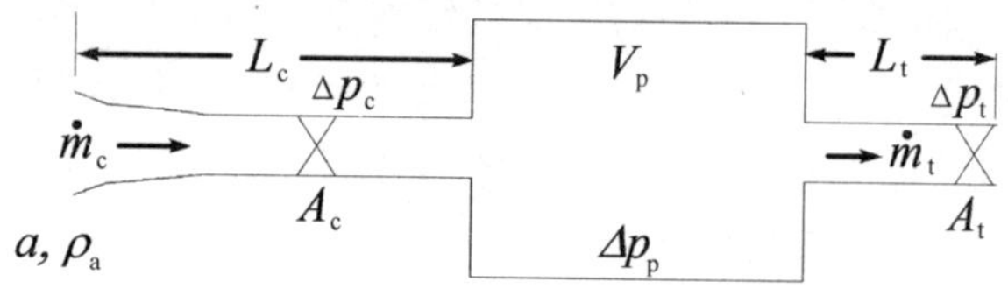

图 5.6 Moore - Greitzer 模型中的基本变量

1）管道中的流动是一维的和不可压缩的。
2）充气室中流体的行为能以等熵的压缩过程来表述。
3）在充气室，速度是可以忽略不计的，而压力是均匀分布的。
4）压缩机和节流阀行为被认为是准稳态的。
5）假定转子转速变化的影响可以忽略不计。
6）整个系统的温度被认为是几乎相同的。

为了描述导管和充气室中气体的一维流动，应用了质量、动量和能量守恒原则。一般的无热能增加和摩擦损失的准一维流动的不稳定、平衡和动态可以由在第 1 章定义的连续性方程、动量守恒方程和能量守恒方程来表述，正如：

$$\frac{\partial}{\partial t}(\rho A)+\frac{\partial}{\partial x}(\rho Au)=0 \tag{5.3.1}$$

$$\frac{\partial}{\partial t}(\rho Au)+\frac{\partial}{\partial x}(\rho Au^2)=-A\left(\frac{\partial p}{\partial x}+\rho g_u\right) \tag{5.3.2}$$

$$\frac{\partial}{\partial t}(\rho Ah)+\frac{\partial}{\partial x}(\rho Auh)=\frac{\partial}{\partial t}(pA)+\frac{\partial}{\partial x}(pAu)-\frac{\partial q}{\partial x} \tag{5.3.3}$$

另外，理想气体的关系式被应用：

$$\begin{aligned} p&=\rho RT \\ h&=c_p T \end{aligned} \tag{5.3.4}$$

压缩机和节流阀管道中，温度被认为是统一的，所以能量方程可以被认为是满足的。此外，管道中的流动被认为是不可压缩的。因此，连续性方程和质量守恒方程是满足的。而且，与喘振相关的速度波动应该有小的量级，所以速度的二阶项可以被忽略。这样，在导管中的不可压缩流动上应用一维动量方程：

$$\rho A\frac{\partial u}{\partial t}=-A\frac{\partial p}{\partial x} \tag{5.3.5}$$

对压缩机导管体积积分，等式变为

$$\frac{L_c}{A_c}\frac{d\dot{m}_c}{dt}=-(p_{plenum}-p_{atmos}-\Delta p_c) \tag{5.3.6}$$

式中，A_c是压缩机导管的平均横截面积；$\dot{m}_c=\rho A_c u$ 是通过压缩机的质量流率；p_{plenum}是充气室里的压力；p_{atmos}进管口的压力；Δp_c 是通过压缩机激盘的离散增压。

考虑到流体经过单出入口的节流阀，流体经历了压降，因为它流过了节流阀，而没有做功。如果假设这个过程是绝热的以及忽略动能和势能，则质量守恒方程和能量守恒方程得到满足。这个过程被称为节流过程，当节流理想气体时，温度不会改变。与压缩机导管相似，节流导管中的流体能被表示为

$$\frac{L_t}{A_t}\frac{d\dot{m}_t}{dt}=(p_{plenum}-p_{atmos}-\Delta p_t) \tag{5.3.7}$$

式中，L_t是节流导管的长度；A_t是节流导管的平均横截面积；$\dot{m}_t=\rho A_t u$ 是流经节流阀的质量流率；Δp_t 是通过节流阀的离散压降。

充气室中流速可以忽略不计，温度是恒定的，仅仅连续性方程一定满足，它可表示为

$$\frac{\partial}{\partial t}(\rho A)=-\frac{\partial}{\partial x}(\rho A u) \tag{5.3.8}$$

在充气室内，在一个一维上积分，得

$$V_p\frac{d\rho_p}{dt}=-(\dot{m}_t-\dot{m}_c) \tag{5.3.9}$$

式中，V_p是充气室的体积；ρ_p是充气室的密度。因为室内流体是等熵的，可以表示成

$$\frac{d\rho_p}{dt}=\frac{1}{\gamma}\frac{\rho_p}{p_{plenum}}\frac{dp_{plenum}}{dt} \tag{5.3.10}$$

所以在充气室里：

$$\frac{1}{\gamma}\frac{V_p\rho_p}{p_{plenum}}\frac{dp_{plenum}}{dt}=-(\dot{m}_t-\dot{m}_c) \tag{5.3.11}$$

用状态方程，$p=\rho RT$ 和声速满足 $a=\sqrt{\gamma RT}=\sqrt{\gamma p/\rho}$：

$$\frac{V_p}{a_p^2}\frac{dp_{plenum}}{dt}=-(\dot{m}_t-\dot{m}_c) \tag{5.3.12}$$

用$\rho_c A_c U_t$和 $(1/2)\rho_c U_t^2$缩小质量流和压力的比例，管流和充气室内压力方程可以被表示为

$$\frac{\mathrm{d}(\dot{m}_{\mathrm{c}}/\rho_{\mathrm{c}}A_{\mathrm{c}}U_{\mathrm{t}})}{\mathrm{d}t}=-\frac{2(p_{\mathrm{plenum}}-p_{\mathrm{atmos}}-\Delta p_{\mathrm{c}})/p_{\mathrm{c}}U_{\mathrm{t}}^{2}}{2L_{\mathrm{c}}/U_{\mathrm{t}}} \tag{5.3.13}$$

$$\frac{\mathrm{d}(\dot{m}_{\mathrm{t}}/\rho_{\mathrm{c}}A_{\mathrm{c}}U_{\mathrm{t}})}{\mathrm{d}t}=\frac{2(p_{\mathrm{plenum}}-p_{\mathrm{atmos}}-\Delta p_{\mathrm{t}}/\rho_{\mathrm{c}}U_{\mathrm{t}}^{2})}{(2L_{\mathrm{c}}/U_{\mathrm{t}})(L_{\mathrm{t}}A_{\mathrm{c}}/L_{\mathrm{c}}A_{\mathrm{t}})} \tag{5.3.14}$$

$$\frac{\mathrm{d}(2p_{\mathrm{plenum}}/p_{\mathrm{c}}U_{\mathrm{t}}^{2})}{\mathrm{d}t}=-\frac{(\dot{m}_{t}-\dot{m}_{c}/\rho_{\mathrm{c}}A_{\mathrm{c}}U_{\mathrm{t}})}{U_{\mathrm{t}}V_{\mathrm{p}}/2A_{\mathrm{c}}a_{\mathrm{p}}^{2}} \tag{5.3.15}$$

在上述方程中，假设充气室内音速和周围环境音速相同，$a_{\mathrm{p}}=a$。就充气室而言，压缩机导管和组合腔的 Helmholtz 自然频率可以由下式得到：

$$\omega_{\mathrm{H}}=a\sqrt{\frac{A_{\mathrm{c}}}{V_{\mathrm{p}}L_{\mathrm{c}}}}=\frac{a}{L_{\mathrm{c}}}\sqrt{\frac{A_{\mathrm{c}}L_{\mathrm{c}}}{V_{\mathrm{p}}}} \tag{5.3.16}$$

因此，管流和充气室压力方程能被表示为

$$\frac{\mathrm{d}(\dot{m}_{\mathrm{c}}/\rho_{\mathrm{c}}A_{\mathrm{c}}U_{\mathrm{t}})}{\omega_{\mathrm{H}}\mathrm{d}t}=-\frac{2(p_{\mathrm{plenum}}-p_{\mathrm{atmos}}-\Delta p_{\mathrm{c}})/\rho_{\mathrm{c}}U_{\mathrm{t}}^{2}}{2\omega_{\mathrm{H}}L_{\mathrm{c}}/U_{\mathrm{t}}} \tag{5.3.17}$$

$$\frac{d(\dot{m}_{\mathrm{t}}/\rho_{\mathrm{c}}A_{\mathrm{c}}U_{\mathrm{t}})}{\omega_{\mathrm{H}}dt}=\frac{2(p_{\mathrm{plenum}}-p_{\mathrm{atmos}}-\Delta p_{\mathrm{t}})/\rho_{\mathrm{c}}U_{\mathrm{t}}^{2}}{(2\omega_{\mathrm{H}}L_{\mathrm{c}}/U_{\mathrm{t}})(L_{\mathrm{t}}A_{\mathrm{c}}/L_{\mathrm{c}}A_{\mathrm{t}})} \tag{5.3.18}$$

$$\frac{\mathrm{d}(2p_{\mathrm{plenum}}/\rho_{\mathrm{c}}U_{\mathrm{t}}^{2})}{\omega_{\mathrm{H}}\mathrm{d}t}=-\frac{(\dot{m}_{\mathrm{t}}-\dot{m}_{\mathrm{c}})/\rho_{\mathrm{c}}A_{\mathrm{c}}U_{\mathrm{t}}}{U_{\mathrm{t}}/(2\omega_{\mathrm{H}}L_{\mathrm{c}})} \tag{5.3.19}$$

5.3.3 Moore－Greitzer 模型方程

考虑到压缩机的上游和下游流量的不稳定和稳定流体力学，而黏性效应局限于在压缩机的激盘内，这样可以定义无量纲的总静压上升图。压缩系数被认为是局限于压缩机下游的充气室，这里压缩假设是均匀和等熵的。节流图是关于通过系统的质量流，它是充气室压力和节流阀开度的函数。定义压缩机的流动特性是至关重要的。充气室压力的变化率取决于一维连续性条件和它是关于压缩机和节流阀流体表面平均的压缩机流量的差值的函数。第二个方程是由与动态压力相关的一维动量变化率定义的。另外两个方程完成了 Moore－Greitzer 模型的完全动力学的定义：第一个涉及节流的变化率；第二个定义了压缩机动力学和它是基于激盘模式的不稳定适应。这些方程式由 Greitzer（1967）首先提出。

无量纲的压缩机质量流被定义为ϕ_{c}，ψ 是无量纲的充气室增压值，$\Psi_{\mathrm{c,ss}}$是无量纲的压缩机性能图给予的稳态压缩机增压，而Ψ_{c}是无量纲的动态压缩机增压。无量纲的节流阀质量流是用ϕ_{t}来表示的，通过节流阀的无量纲的压降是Ψ_{t}：

$$\frac{1}{B}\frac{\mathrm{d}}{\mathrm{d}\tau}\phi_{\mathrm{c}}=\Psi_{\mathrm{c}}-\psi \tag{5.3.20}$$

$$\frac{G}{B}\frac{\mathrm{d}}{\mathrm{d}\tau}\phi_{\mathrm{t}}=\psi-\Psi_{\mathrm{t}} \tag{5.3.21}$$

$$B\frac{\mathrm{d}}{\mathrm{d}\tau}\psi=\phi_{\mathrm{c}}-\phi_{\mathrm{t}} \tag{5.3.22}$$

$$\tau_c \frac{d}{d\tau}\Psi_c = \Psi_{c,ss} - \Psi_c \tag{5.3.23}$$

式中，$\phi_c = \dot{m}_c/(\rho_a A_c U_t)$；$\phi_t = \dot{m}_t/(\rho_a A_c U_t)$；$\Psi_c = 2\Delta p_c/(\rho_a U_t^2)$；$\Psi_t = 2\Delta p_t/(\rho_a U_t^2)$，$B$ 是 Greitzer 参数，$B = U_t/2\omega_H L_c$，$\omega_H = \alpha\sqrt{A_c/(V_p L_c)}$是充气室的 Helmholtz 空腔共振频率；$\tau$ 是无量纲的依据 Helmholtz 频率和时间 t 所定义的时间，$t = \omega_H t$；G 是节流阀导管和控制体的几何比例参数，由 $G = (L_t/A_t)(L_c/A_c)$得到；τ_c是压缩系统的时间常数，其对于失速和旋转失速来说是不同的。

在之前的模型参数定义中，$\dot{m}_c$是经过压缩机的质量流率，$\dot{m}_t$是经过节流阀的质量流率，Δp_c是经过压缩机的增压，Δp_t是经过节流阀的压降，ρ_a是周边空气密度，a 是与周围环境相关的音速，A_c是控制体的横截面积，L_c是控制体的长度，A_t是节流阀导管的横截面积，L_t是节流阀导管的长度，V_p是充气室的容积，U_t是转子尖端速度。

在稳定流动中，每一个旋转速度的压缩机性能图是由带有通过压缩机的无量纲的质量流率的无量纲压力值做成的图。然而，这些图有相似性，能依靠缩放无量纲的质量流率和无量纲的动压力的增加来简化为单一的图。压缩机喘振线可以简单地靠连接特定转速的关于每个压缩机特性的最大值点来获得。对于每个旋转速度以无量纲的方式表示压缩机特性和适当的缩放轴，无非是把“喘振线”简化为单一的点，即最大特征点。接着，Hõs 等人（2003）当$\phi_c = \phi_{cs}$时，稳定流的缩放的压缩机性能图被假设为

$$\Psi_{c,ss}(\phi_{cs}) = \Psi_{c0} + \frac{H}{2}\left(2 + 3\left(\frac{\phi_{cs}}{F} - 1\right) - \left(\frac{\phi_{cs}}{F} - 1\right)^3\right) \tag{5.3.24}$$

式中，H 是在压缩机出口处压力脉动峰值变化或压力脉动振幅的一半；F 是稳定的质量流率变化值的一半。

参数 H 和 F 的定义在图 5.7 中被说明。

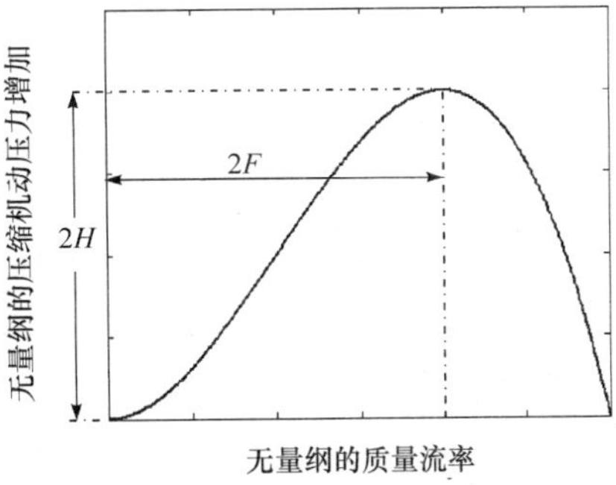

图 5.7 压缩机特征参数 H 和 F 的定义

当$\phi_t = \phi_{ts}$时，稳定流的节流图被看做是

$$\Psi_{t,ss} = (\phi_{ts}/C_t\gamma)^2 \tag{5.3.25}$$

式中，C_t是无量纲节流阀参数，定义完全打开节流阀能力的系数；γ 是无量纲的节流阀位置。

根据 Gravdahl 和 Egeland（1997）的研究，压缩机的输入转矩被包含在内，轴的动力学作为另一个状态方程由下式给出：

$$I(d\omega/dt) = T_{ext} - T_c \tag{5.3.26}$$

式中，I 是压缩机转子的质量惯性矩；ω 角速度依照 Greitzer 参数和齿顶圆角半径表示，$\omega = U_t/R_t = 2\omega_H L_c B/R_t$；$T_{ext}$是外转矩；$T_c$是所需的驱动压缩机的转矩，可

以依据滑动比 σ 给出，$T_c=\rho_a A_c U_t^2 R_t \phi_c \sigma$。

滑动比 σ 可以被定义为压缩机出口导流叶片处流体的切速度和叶顶速度的比值。外转矩可以以无量纲的形式表示 $\Gamma_{ext}=T_{ext}/\rho_a A_c U_t^2 R_t$。因此，可以以无量纲的形式表达：

$$dB/d\tau=B^2(\Gamma_{ext}-\phi_c\sigma)/\mu \tag{5.3.27}$$

式中，$\mu=I/2\rho_a R_t^2 A_c L_c$ 是无量纲的惯性参数；Γ_{ext}是无量纲的转矩输入。

在分析中，所有的控制起初都被认为是固定的，就像一开始不受控制的动力学被认为的那样。因此，所有可能包含的排气阀是关闭的，所有的压力扰动调节都被假定为零。

5.3.4 稳定流分析

假设在稳定流的条件下，方程如下：

$$\frac{I}{B}\frac{d}{d\tau}\phi_c=\Psi_c-\psi=0 \tag{5.3.28}$$

$$\frac{G}{B}\frac{d}{d\tau}\phi_t=\psi-\Psi_t=0 \tag{5.3.29}$$

$$B\frac{d}{d\tau}\psi=\phi_c-\phi_t=0 \tag{5.3.30}$$

$$\tau_c\frac{d}{d\tau}\Psi_c=\Psi_{c,ss}-\Psi_c=0 \tag{5.3.31}$$

$$\frac{dB}{d\tau}=\frac{B^2}{\mu}(\Gamma_{ext}-\phi_c\sigma)=0 \tag{5.3.32}$$

对于式（5.3.30），在稳定流假设条件下有

$$\phi_{cs}=\phi_{ts}=\phi_{s0} \tag{5.3.33}$$

稳定流条件可以从式（5.3.28）和式（5.3.29）以及由 $\Psi_{c,ss}=\Psi_{t,ss}$ 得到，例如

$$\Psi_{c,ss}(\phi_{s0})=\Psi_{c0}+\frac{H}{2}\left(2+3\left(\frac{\phi_{s0}}{F}-1\right)-\left(\frac{\phi_{s0}}{F}-1\right)^3\right)=(\phi_{s0}/C_t\gamma)^2 \tag{5.3.34}$$

参数 p 被定义为

$$p=(2/H)(F/C_t\gamma_n)^2 \tag{5.3.35}$$

式中，p 是最小流量下节流阀无量纲增压；参数 p_0：

$$p_0=\frac{2}{H}\Psi_{c0}+2 \tag{5.3.36}$$

这个是最小流量下无量纲增压和压缩机出口处压力脉动变化峰值的四分之一的比值，于是，式（5.3.24）推得

$$\Psi_{c,ss}(\phi_{s0})=\frac{H}{2}(p_0+3x-x^3)=p\frac{H}{2}(1+x)^2 \tag{5.3.37}$$

式中，变量 x 是

$$x = (\phi_{s0}/F) - 1 \tag{5.3.38}$$

如果假设随着最小流量流过压缩机和节流阀，流动总是稳定的，那么根据 $\phi_{s0}/F = 1$，从式（5.3.35）得

$$p_0 = 0 \tag{5.3.39}$$

假设节流阀位置 γ 被设为标准值 $\gamma = \gamma_n$，当式（5.3.37）~式（5.3.39）被满足时，式（5.3.37）可以被整理和写成

$$\Psi_{c0} = \frac{H}{2}(p-2) \tag{5.3.40}$$

消除 Ψ_{c0}，稳定流特性完全可以依据压缩机和节流阀性能图参数 H 和 F 以及乘积 $\gamma_n C_t$ 定义：

$$3x - x^3 = px(x+2) \tag{5.3.41}$$

式（5.3.41）可以表示为

$$x(x^2 + px + 2p - 3) = 0 \tag{5.3.42}$$

从式（5.3.42）的第一因数，再获得假设解 $\phi_{s0} F = 1$。假设 $x \neq 0$，得到 p 的解为

$$p = (3 - (\phi_{s0}/F - 1)^2)/(\phi_{s0}/F + 1) \tag{5.3.43}$$

如果假设经过压缩机和节流阀的流量达到最小值或低于最小值，那么总是稳定的，则随着 $x = x_0$，当

$$\frac{H}{2}(p_0 + 3x_0 - x_0^3) = p\,\frac{H}{2}(1 + x_0)^2 \tag{5.3.44}$$

消除 p_0 得到

$$3(x - x_0) - (x^3 - x_0^3) = 2p(x - x_0) + p(x^2 - x_0^2) \tag{5.3.45}$$

求解 p 得

$$p = \frac{3 - (x^2 + xx_0 + x_0^2)}{x + x_0 + 2} \tag{5.3.46}$$

当 $x_0 = 0$ 时，式（5.3.46）变成式（5.3.43）。

5.3.5 不稳定非线性扩展 Moore – Greitzer 模型

与其合并压缩机增压的准稳态和瞬态分量，不如单独定义这两个增压分量各自的贡献。如果假设 $\Delta\Psi_c = \Psi_c - \Psi_{c,qs}$，因为压缩机增压的暂态扰动和压力控制组件，前三个不稳定方程可以被表示成

$$\mathrm{d}\phi_c/B\mathrm{d}\tau = \Psi_{c,qs} - \psi + \Delta\Psi_c \tag{5.3.47}$$

$$G\mathrm{d}\phi_t/B\mathrm{d}\tau = \psi - \Psi_{t,qs} \tag{5.3.48}$$

$$B\mathrm{d}\psi/\mathrm{d}\tau = \phi_c - \phi_t \tag{5.3.49}$$

缺少压力控制输入，压缩机暂态扰动和控制动力学完全可以依据 $\Delta\Psi_c$ 定义：

$$\tau_c \mathrm{d}\Delta\Psi_c \mathrm{d}\tau = -\Delta\Psi_c + \Psi_{c,ss} - \Psi_{c,qs} \tag{5.3.50}$$

式中，$\Psi_{c,qs}$ 是不稳定的压缩机特性；$\Psi_{t,qs}$ 是不稳定节流阀特性，它们假设完全满

足准稳态模型方程由下面的方程给出：

$$\Psi_{c,qs}(\phi_c)=\Psi_{c0}+\frac{H}{2}\left(2+3\left(\frac{\phi_c}{F}-1\right)-\left(\frac{\phi_c}{F}-1\right)^3\right) \tag{5.3.51}$$

$$\Psi_{c0}=\frac{H}{2}(p-2)$$
$$\Psi_{t,qs}=\left(\frac{\phi_t}{C_t\gamma}\right)^2 \tag{5.3.52}$$

此外

$$\Psi_{c,ss}(\phi_{s0})=\frac{H}{2}\left(p+3\left(\frac{\phi_{s0}}{F}-1\right)-\left(\frac{\phi_{s0}}{F}-1\right)^3\right) \tag{5.3.53}$$

进一步由参数 p 的定义得出

$$C_t^2\gamma_n^2=2F^2/pH \tag{5.3.54}$$

在式（5.3.54）中，考虑节流阀的无量纲标称位置，$\gamma=\gamma_n$是不变的，任何对它的扰动被看做是偏差。$\Delta\gamma$ 是标称位置的节流阀位置的偏差，$\gamma=\gamma_n$，那么一般情况下，式（5.3.54）可以被写成

$$C_t^2\gamma^2=(\sqrt{2F^2/pH}+C_t\Delta\gamma)^2 \tag{5.3.55}$$

考虑到压缩机轴的动力学的最后一个等式，假设无量纲的转矩输入Γ_{ext}由无量纲的输入功率得出，且可以被定义为 $\Gamma_{ext}=\Pi_{ext}/B$。对于轴的动力学方程是

$$\frac{dB}{d\tau}=\frac{B}{\mu}(\Pi_{ext}-B\phi_c\sigma) \tag{5.3.56}$$

这里，无量纲输入功率和实际功率 P_{ext}相关，方程为

$$\Pi_{ext}=P_{ext}/2\rho_a U_t^2A_c\omega_H L_c \tag{5.3.57}$$

在涉及喷气发动机的大多数实际情况中，功率由燃烧室传给驱动压缩机的涡轮机，这可以被独立建模。

用式（5.3.47）~式(5.3.56)，不包含控制输入的完整的不稳定非线性方程可以依据五个量，即ϕ_c、ϕ_t、ψ、$\Delta\Psi_c$和 B 表示：

$$\frac{d\phi_c}{d\tau}=B\Psi_{c,qs}+B(\Delta\Psi_c-\psi) \tag{5.3.58}$$

$$\frac{d}{d\tau}\phi_t=-\frac{B}{G}\frac{\phi_t^2}{(\sqrt{2F^2/pH}+C_t\Delta\gamma)^2}+\frac{B\psi}{G} \tag{5.3.59}$$

$$\frac{d}{d\tau}\psi=\frac{\phi_c-\phi_t}{B} \tag{5.3.60}$$

$$\frac{d\Delta\Psi_c}{d\tau}+\frac{\Delta\Psi_c}{\tau_c}=\frac{\Psi_{c,ss}-\Psi_{c,qs}}{\tau_c} \tag{5.3.61}$$

$$\frac{dB}{d\tau}=\frac{B}{\mu}(\Pi_{ext}-B\phi_c\sigma) \tag{5.3.62}$$

$$p=(3-(\phi_{s0}/F-1)^2)/(\phi_{s0}/F+1) \tag{5.3.63}$$

八个模型参数是ϕ_{s0}/F、H、G、τ_c、F、$C_t\Delta\gamma$、μ 和 σ。模型的输入由压缩机的无量纲输入功率Π_{ext}来定义。

5.3.6 旋转失速振动应用

式（5.3.58）~式（5.3.63）是在一维模型中描述喘振的，但没有包含旋转失速。所需的扩展详细地被 Moore 和 Greitzer（1986）用 Galerkin 投影来推导和解释，展示了此方法的本质。Galerkin 投影过程指出一组基本或坐标函数的微分方程的简化来获得带有有限模式集的轴位方向的行为。通过 Galerkin 投影的一种模式截断根据新的变量 J 引出一个附加的方程，这个方程包含在式（5.3.58）~式（5.3.63）里。新变量 J 的二次方代表着非对称质量流率波动的振幅。接下来，根据 Hõs、Champneys 和 Kullmann（2003）的研究，J 的动力学描述如下：

$$\tau_J\frac{dJ}{d\tau}=\frac{H}{F}J\left(1-\left(\frac{\phi_c}{F}-1\right)^2-\frac{1}{4}J\right) \tag{5.3.64}$$

这里，时间常数τ_J和 N 阶压缩机的时间常数τ_c相关，对于压缩机管道流量参数的斜率 m，关系式是 $\tau_J=\omega_H R(1+ma)/3aU_t$，$a=R/\tau_c U_t$。

旋转失速的存在影响了压缩机特性，由式（5.2.1）给出。接下来，根据 Hõs 等人（2003）的研究，被修改为

$$\Psi_{c,ss}(\phi_{cs})=\Psi_{c0}+\frac{H}{2}\left(2+3\left(\frac{\phi_{cs}}{F}-1\right)\left(1-\frac{J}{2}\right)-\left(\frac{\phi_{cs}}{F}-1\right)^3\right) \tag{5.3.65}$$

稳定流现在需要额外的条件，要么是 $J=J_s=0$，对应于带有无旋转失速扰动的平衡；要么是 $J=J_s=4$（$1-x^2$），对应于带有旋转失速扰动的平衡。既然 J 表示旋转失速扰动的振幅，为了避免旋转失速，J 必须趋近于 0。如果它趋近于其他的有限值，旋转失速振幅不是 0，则说明旋转失速存在。在旋转失速不是 0 的情况下，式（5.3.35）和式（5.3.36）是不变的。式（5.3.42）和式（5.3.43）分别被修改，这种情况下，J 由后者非零平衡点给出：

$$5x^2-xp-3-2p=0 \tag{5.3.66}$$

$$p=(5(\phi_{s0}F/-1)^2-3)/(\phi_{s0}/F+1) \tag{5.3.67}$$

这里参数 p 的定义没有改变。在这个模型中，值得注意的是 Greitzer 参数 B 不再是一个参数而是一个缓慢变化的状态。在这点上，本书的分析是不同于 Moore 和 Greitzer（1986）的研究的，把它当作一个参数，声明颤振的条件依据这个参数。对于控制应用程序，特别地当对外控制输入是起因于一个控制转矩时，允许 Greitzer 参数 B 变化是最合适的。然而，当假设 Greitzer 参数 B 是变化的时，压缩机稳定特征参数 H 和 F 不是常量，而是 B 的函数是一定的。基于一组典型特征，参数 H 和 F 假设是 Greitzer 参数 B 的线性函数，由下式得到：

$$\begin{aligned}H&=H_0+H_B B\\F&=F_B B\end{aligned} \tag{5.3.68}$$

这里 H_0、H_B和 F_B假设是常量。因此，在稳定状态下，但 $B=B_0$时，H 和 F 由下式给出：

$$H_s = H_0 + H_B B_0$$
$$F_s = F_B B_0 \tag{5.3.69}$$

如果定义在不稳定情况下 J 的变化为 $\Delta J = J - J_s$，式（5.3.58）~式（5.3.63）可以被修改为

$$\frac{d\phi_c}{d\tau} = B\Psi_{c,qs} + B(\Delta\Psi_c - \psi) \tag{5.3.70}$$

$$\frac{d}{d\tau}\phi_t = -\frac{B}{G}\frac{\phi_t^2}{(\sqrt{2F^2/pH} + C_t\Delta\gamma)^2} + \frac{B\psi}{G} \tag{5.3.71}$$

$$\frac{d}{d\tau}\psi = \frac{\phi_c - \phi_t}{B} \tag{5.3.72}$$

$$\frac{d\Delta\Psi_c}{d\tau} + \frac{\Delta\Psi_c}{\tau_c} = \frac{(\Psi_{c,ss} - \Psi_{c,qs})}{\tau_c} \tag{5.3.73}$$

$$\frac{dB}{d\tau} = \frac{B}{\mu}(\Pi_{ext} - B\phi_c\sigma) \tag{5.3.74}$$

$$\tau_J\frac{d\Delta J}{d\tau} = \frac{H}{F}(J_s + \Delta J)\left(1 - \left(\frac{\phi_c}{F} - 1\right)^2 - \frac{1}{4}(J_s + \Delta J)\right) \tag{5.3.75}$$

其中

$$J_s = 0 \tag{5.3.76}$$

或

$$J_s = 4(1 - ((\phi_{s0}/F) - 1)^2) \tag{5.3.77}$$

这里参数 F 是在稳定情况下被评估的。前者仅仅被使用，它也需要稳定的平衡点。另外，这里有一个额外的参数τ_J，它与τ_c相关，如下：

$$\tau_J = \tau_c\omega_H(1 + mR\tau_c/U_t)/3 \tag{5.3.78}$$

但被看作独立的参数。式（5.3.70）~式（5.3.78）表示一个有六种形态的压缩系统的动力学动态模型。

5.3.7 模型响应和不稳定性

尽管本书的主要兴趣是建立一个综合主动喘振控制器的非线性模型，但也需要了解非受控模型的动态响应，它不仅在不稳定领域附近，也在参数空间的后不稳定领域中。处于这个原因，前面提出的模型的动态响应没有考虑包含任何控制，它可以包含影响压缩机瞬态动力学的排放阀或反馈控制。起初先忽略旋转失速动力学。

表 5.1 列出了参数所谓的代表值、参数的初始值和动态响应仿真的输入，在这些情况下系统是稳定的。参数 p 没有在表 5.1 中展示，是因为它能由表中参数计算得到。然而它是一个重要的参数，它的值高时，代表了更高位置的节流和通过节流阀减小的质量流率。除非 H 为负值或 $\gamma < \gamma_n$，否则系统是稳定的。稳定响应的典型

例子在来自 Vepa（2010）的图 5. 8 中展示。

表 5. 1 仿真参数与初始状态值

参数	主要值	状态/输入	初始值
ϕ_{s0}	0. 375	ϕ_c	0. 4
F_B	0. 625	ϕ_t	0. 3
H_0	0. 06	ψ	0. 0
H_B	0. 3	$\Delta\Psi_c$	1. 0
G	2	B	0. 4
σ	0. 9	ΔJ	3. 0 或 0. 1
$C_t\Delta\gamma$	0. 0	J_s	0
μ	40	Π_{ext}	0. 17
τ_c	0. 05	τ_J	0. 5

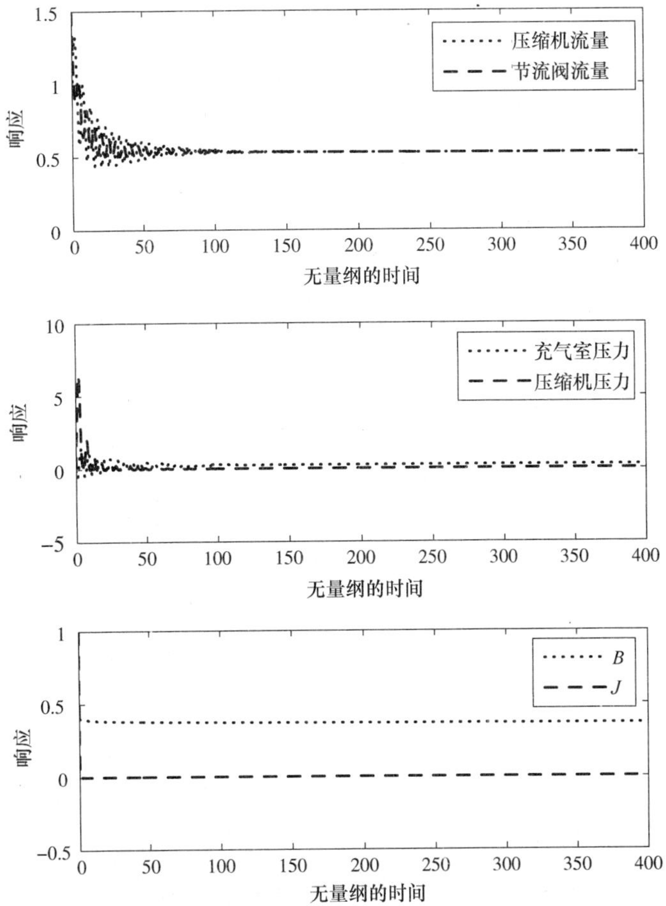

图 5. 8 对于所谓的参数典型值，对扰动的稳态响应情况

第一个被考虑的情况是在$C_t\Delta\gamma=0$条件下。在这种情况下，尽管稳定与不稳定行为都被观察，但没有观察到混沌行为。压缩机稳定时，其行为总是轻微衰减和振

荡的。让参数 $\gamma=\gamma_n$ 代表对压缩机调整和匹配节流阀的一种情况。大部分情况下，靠参数的适当调整可以消除不稳定性和非主动稳定被认为是必要的。

当 H 在局部是负数时，它相当于在特征中负斜率的情况，这个被 Hõs 等人（2003）考虑到。当 H 是负值和参数 $\gamma>\gamma_n$ 时，节流阀质量流量和压缩机质量流量不匹配。尽管系统是不稳定的，但观察不到混沌。当 H 是负值和 $\gamma<\gamma_n$ 时，在经过压缩机的流量中有明显的混沌发生，这个由一维的 Poincaré 图来辨认。H 为负值的混沌响应是有重大意义的，因为它代表了喷气发动机熄火的情况。然而，这种情况对于控制器合成没有多大实际意义，因为压缩机在它变得混沌前就变为不稳定的。

当在旋转失速情况下 H 为负值和 $\gamma>\gamma_n$ 时，B 和 J 的响应在图 5.9 中展示。明显地，Greitzer“参数”在这种情况下自身是稳定的，但是在 J 远离平凡平衡解（trivial equilibrium solution）（$J=0$）的情况下，持续的响应代表旋转失速扰动的存在。

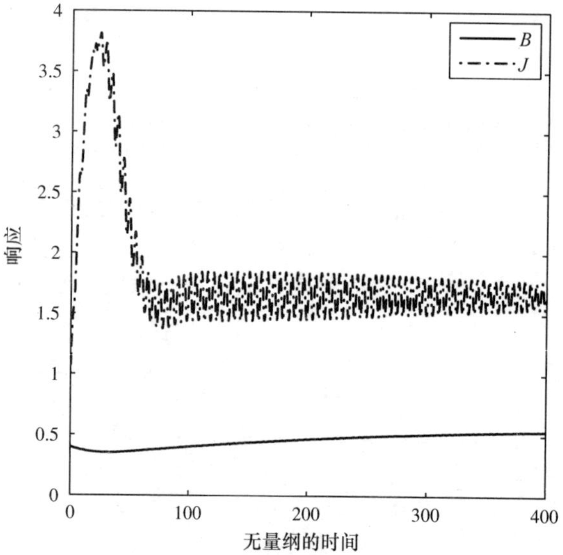

图 5.9　当在旋转失速情况下 H 为负值和 $\gamma<\gamma_n$ 时，B 和 J 的典型响应

考虑到 H 为正值和 $C_t\Delta\gamma=0$ 的旋转失速的情况，当响应聚合到稳态时，系统总是展现出稳定性。在 $\gamma\neq\gamma_n$ 或 $\gamma=\gamma_n$、H 为正值和 $\phi_{s0}/F<2$ 的情况下，平衡解从一个在 $J_s=0$ 情况下的跳跃到一个在 $J_s=1$ 情况下的和接着是充气室的压力趋近于零。这种情况下的状态响应在图 5.10a 中被阐明。相应的不稳定压缩机性能图和图上的操作点在图 5.10b 中被展示。

尽管如此，但当压缩机流量和节流阀流量匹配时，例如 $\gamma=\gamma_n$，系统是稳定的，维持 J 处于零也很重要，因为它表示旋转失速扰动幅度的振幅。可以推得靠用一个类似自动控制排气阀的控制器，开环稳定性是不足以能够使操作点到 $\gamma=\gamma_n$ 的情况和抑制旋转失速扰动的。排气阀靠自身不总是能够维持 J 为零，额外的反馈对于靠改变操作平衡点来抑制旋转失速扰动来说是必要的。一些作者（Gu 等人 1996）已经提及这个需求，并称其为“分岔控制”。

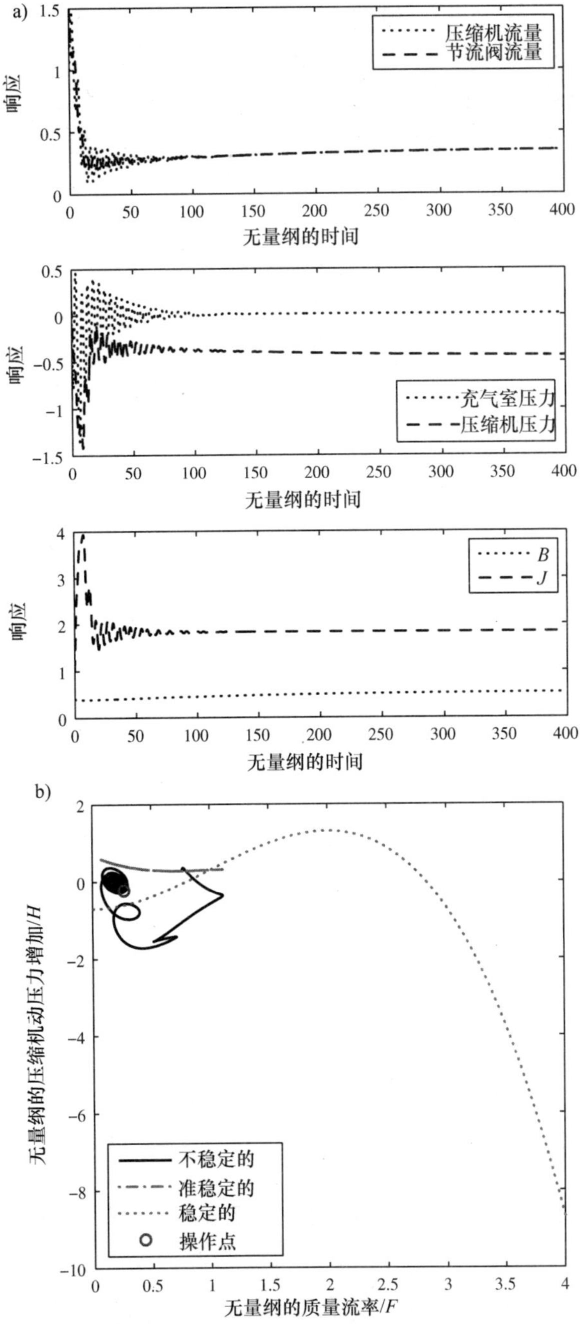

图 5.10　a）在旋转失速情况下，当 H 为正值和 $\phi_{s0}/F<2$ 时，典型的开环状态响应

b）和图 5.10a 相对应的压缩机的不稳定的、准稳定的、稳定的特性

5.3.8 节流阀调整的控制规则

为了设计这个节流阀控制器，重写了式（5.3.71）：

$$\frac{\mathrm{d}}{\mathrm{d}\tau}\phi_t = -\frac{B}{G}\frac{\phi_t^2}{(\sqrt{2F^2/p_d H}+C_t\Delta\gamma)^2}+\frac{B\psi}{G} \tag{5.3.79}$$

式中，p_d是所需要的 p 的设定值。

设计控制器的第一步是选择恰当的 p_d 值。接下来的步骤是根据一些动态规则逐渐消除 $\Delta\gamma$，例如：

$$\tau_u\frac{\mathrm{d}\Delta\gamma}{\mathrm{d}\tau} = -\Delta\gamma \tag{5.3.80}$$

式中，τ_u是一个恰当的时间常数，所以消除并没有干扰对象的动态特性。

如果进一步选择 $x>1$，在 $J=J_s=0$ 下的平衡是稳定的。为了确立控制器参数 p_d，可以做恰当的选择，首先选择 x_0、操作点 x 和利用式（5.3.46）。一个标准的选择可能是 $x_0=1$ 和 $x>1$ 而 $p_d<0.666$。如果 p 的初始值是 p_0和大于这个值，那么 $\Delta\Psi_c$的稳态值一定增加：

$$\Delta\Psi_{c,ss} = \frac{H}{2}(p_d-p_0) = \frac{H\Delta p}{2} \tag{5.3.81}$$

那么对于 $\Delta\gamma$ 来说，响应的初始条件由下式给出：

$$\Delta\gamma(t)\mid_{t=0} = \gamma-\gamma_n = \gamma-\frac{\sqrt{2F^2/p_d H}}{C_t} \tag{5.3.82}$$

5.3.9 旋转失速振动强度控制

为增加 $\Delta\Psi_c$ 的稳态值，提高压缩机传递的稳定流很重要。这可以通过增加压缩机输入做到。为在模型中结合该特点，假定在压缩机入口处有一个分散的压力源，并将压缩机不稳定压力的包含压力源控制的动态公式写为

$$\frac{\mathrm{d}\Delta\Psi_c}{\mathrm{d}\tau}+\frac{\Delta\Psi_c}{\tau_c} = \frac{(\Psi_{c,ss}-\Psi_{c,qs})}{\tau_c}+\frac{\Delta u_0}{\tau_c} \tag{5.3.83}$$

式中输入控制是控制集成在压缩机的入口区域并依据控制规律选择的压力源分布：

$$\Delta u_0 = \frac{H}{2}(p_d-p_0)+\Delta u = \frac{H\Delta p}{2}+\Delta u \tag{5.3.84}$$

式中，Δu 代表控制输入扰动提供的反馈。

包含控制器的完整模型公式可由式（5.3.70）~式（5.3.77）表示为

$$\frac{\mathrm{d}\phi_c}{\mathrm{d}\tau} = B\Psi_c(p_0,\phi_c)+B(\Delta\Psi_c-\psi) \tag{5.3.85}$$

$$\frac{\mathrm{d}}{\mathrm{d}\tau}\phi_t = -\frac{B}{G}\frac{\phi_t^2}{(\sqrt{2F^2/p_d H}+C_t\Delta\gamma)^2}+\frac{B\psi}{G} \tag{5.3.86}$$

$$\frac{\mathrm{d}}{\mathrm{d}\tau}\psi = \frac{(\phi_c-\phi_t)}{B} \tag{5.3.87}$$

$$\frac{\mathrm{d}\Delta\Psi_{\mathrm{c}}}{\mathrm{d}\tau}+\frac{\Delta\Psi_{\mathrm{c}}}{\tau_{\mathrm{c}}}=\frac{(\Psi_{\mathrm{c,ss}}(p_0,\phi_{\mathrm{cs}})-\Psi_{\mathrm{c}}(p_0,\phi_{\mathrm{c}}))}{\tau_{\mathrm{c}}}+\frac{\Delta u_0}{\tau_{\mathrm{c}}} \tag{5.3.88}$$

$$\frac{\mathrm{d}B}{\mathrm{d}\tau}=\frac{B}{\mu}(\Pi_{\mathrm{ext}}-B\phi_{\mathrm{c}}\sigma) \tag{5.3.89}$$

$$\tau_{\mathrm{J}}\frac{\mathrm{d}\Delta J}{\mathrm{d}\tau}=\frac{H}{F}(J_{\mathrm{s}}+\Delta J)\left(1-\left(\frac{\phi_{\mathrm{c}}}{F}-1\right)^2-\frac{1}{4}(J_{\mathrm{s}}+\Delta J)\right) \tag{5.3.90}$$

$$\tau_{\mathrm{u}}\frac{\mathrm{d}C_{\mathrm{t}}\Delta\gamma}{\mathrm{d}\tau}=-C_{\mathrm{t}}\Delta\gamma \tag{5.3.91}$$

$$\Psi_{\mathrm{c}}(p_0,\phi_{\mathrm{c}})=\frac{H}{2}\left(p_0+\left(\frac{\phi_{\mathrm{c}}}{F}-1\right)\left(1-\frac{J}{2}\right)-\left(\frac{\phi_{\mathrm{c}}}{F}-1\right)^3\right) \tag{5.3.92}$$

$$\Psi_{\mathrm{c,ss}}(p_0,\phi_{\mathrm{cs}})=\Psi_{\mathrm{c}}(p_0,\phi_{\mathrm{c}})\mid_{t\to\infty} \tag{5.3.93}$$

$$\Delta u_0=\frac{H}{2}(p_{\mathrm{d}}-p_0)+\Delta u=\frac{H\Delta p}{2}+\Delta u \tag{5.3.94}$$

为实施这种控制器，参数 p_0 必须已知。这个参数必须事先脱机定义出一个推理的或自适应的参数，因此这种控制能够合成。

5.3.10 控制均衡的稳定性

控制器的确认（校验）中的一个重要步骤是死循环式均衡的稳定性估计。为确定控制均衡的稳定性，首个线性化公式［式（5.3.85）~式（5.3.91）］，控制的平衡解具有 $p=p_{\mathrm{d}}$、$\phi_{\mathrm{c}}=\phi_{\mathrm{t}}=\phi_{\mathrm{sd}}$的特性。状态矢量和控制输入的扰乱线性化为式（5.3.85）~式（5.3.91），平衡态结果为

$$\begin{aligned}\frac{\mathrm{d}\Delta\phi_{\mathrm{c}}}{\mathrm{d}\tau}=&\left(\Psi_{\mathrm{c}}(p_{\mathrm{d}},\phi_{\mathrm{sd}})+B_0\frac{\mathrm{d}\Psi_{\mathrm{c}}(p_{\mathrm{d}},\phi_{\mathrm{sd}})}{\mathrm{d}B}\right)\Delta B+\\&B_0\left(\frac{\mathrm{d}\Psi_{\mathrm{c}}(p_{\mathrm{d}},\phi_{\mathrm{sd}})}{\mathrm{d}\phi_{\mathrm{c}}}\Delta\phi_{\mathrm{c}}+\frac{\mathrm{d}\Psi_{\mathrm{c}}(p_{\mathrm{d}},\phi_{\mathrm{sd}})}{\mathrm{d}J}\Delta J+\Delta\Psi_{\mathrm{c}}-\Delta\psi\right)\end{aligned} \tag{5.3.95}$$

$$\frac{\mathrm{d}\Delta\phi_{\mathrm{t}}}{\mathrm{d}\tau}=\frac{B_0\Delta\psi}{G}$$

$$\frac{\mathrm{d}\Delta\phi_{\mathrm{t}}}{\mathrm{d}\tau}=\frac{B_0\Delta\psi}{G}-\frac{B_0}{G}\frac{p_{\mathrm{d}}H_{\mathrm{s}}\phi_{\mathrm{sd}}}{2F_{\mathrm{s}}^2}\left(2\Delta\phi_{\mathrm{t}}-\frac{2\phi_{\mathrm{sd}}C_{\mathrm{t}}\Delta\gamma}{\sqrt{2F_{\mathrm{s}}^2/p_{\mathrm{d}}H_{\mathrm{s}}}}-\left(\frac{F_{\mathrm{B}}}{F_{\mathrm{s}}}-\frac{H_{\mathrm{B}}}{2H_{\mathrm{s}}}\right)\frac{\phi_{\mathrm{sd}}}{\sqrt{2F_{\mathrm{s}}^2/p_{\mathrm{d}}H_{\mathrm{s}}}}\Delta B\right) \tag{5.3.96}$$

$$\frac{\mathrm{d}}{\mathrm{d}\tau}\Delta\psi=\frac{(\Delta\phi_{\mathrm{c}}-\Delta\phi_{\mathrm{t}})}{B_0} \tag{5.3.97}$$

$$\frac{\mathrm{d}\Delta\Psi_{\mathrm{c}}}{\mathrm{d}\tau}+\frac{\Delta\Psi_{\mathrm{c}}}{\tau_{\mathrm{c}}}=-\frac{1}{\tau_{\mathrm{c}}}\left(\frac{\mathrm{d}\Psi_{\mathrm{c}}(p_{\mathrm{d}},\phi_{\mathrm{sd}})}{\mathrm{d}\phi_{\mathrm{c}}}\Delta\phi_{\mathrm{c}}+\frac{\mathrm{d}\Psi_{\mathrm{c}}(p_{\mathrm{d}},\phi_{\mathrm{sd}})}{\mathrm{d}J}\Delta J+\frac{\mathrm{d}\Psi_{\mathrm{c}}(p_{\mathrm{d}},\phi_{\mathrm{sd}})}{\mathrm{d}B}\Delta B\right)+\frac{\Delta u}{\tau_{\mathrm{c}}} \tag{5.3.98}$$

$$\frac{\mathrm{d}\Delta B}{\mathrm{d}t}+\frac{\Delta B}{\mu}(2B_0\phi_{\mathrm{sd}}\sigma-\Pi_{\mathrm{ext}})=-\frac{B_0^2F_{\mathrm{s}}\sigma}{\mu}\frac{\Delta\phi_{\mathrm{c}}}{F_{\mathrm{s}}} \tag{5.3.99}$$

$$\tau_{\mathrm{J}}\frac{\mathrm{d}\Delta J}{\mathrm{d}\tau}=-\frac{H_{\mathrm{s}}}{F_{\mathrm{s}}}\left(2J_{\mathrm{s}}\left(\frac{\phi_{\mathrm{cs}}}{F_{\mathrm{s}}}-1\right)\frac{\Delta\phi_{\mathrm{c}}}{F_{\mathrm{s}}}\right)$$

$$-\frac{H_{\mathrm{s}}}{F_{\mathrm{s}}}\left(\left(\left(\frac{\phi_{\mathrm{cs}}}{F_{\mathrm{s}}}-1\right)^2-1+\frac{J_{\mathrm{s}}}{4}\right)J_{\mathrm{s}}\left(\frac{H_{\mathrm{B}}}{H_{\mathrm{s}}}-\frac{F_{\mathrm{B}}}{F_{\mathrm{s}}}\right)\Delta B+\left(\left(\frac{\phi_{\mathrm{cs}}}{F_{\mathrm{s}}}-1\right)^2-1+\frac{J_{\mathrm{s}}}{2}\right)\Delta J\right)\tag{5.3.100}$$

$$\tau_{\mathrm{u}}\frac{\mathrm{d}C_{\mathrm{t}}\Delta\gamma}{\mathrm{d}\tau}=-C_{\mathrm{t}}\Delta\gamma\tag{5.3.101}$$

式中，Δu 代表输入控制扰动；$\Delta\phi_{\mathrm{c}}$、$\Delta\phi_{\mathrm{t}}$、$\Delta\psi$、$\Delta\Psi_{\mathrm{c}}$、ΔJ、ΔB 代表对应状态的扰动。

综上所述，可以看出线性扰动公式的最后三个［式（5.3.99）~式（5.3.101）］与之前的四个［式（5.3.95）~式（5.3.98）］弱耦合。稳定性分析表明受控系统是稳定的。假设压缩机扰动质量流 $\Delta\phi_{\mathrm{c}}$ 是可测的，控制系统的根轨迹示意图如图 5.11 所示。轻阻尼杆对应与 $\Delta\psi$ 和 $\Delta\phi_{\mathrm{c}}$ 相关联的模式。为增加稳定裕度，可以包含和稳增负反馈（增益 =3.3），在后面计算闭合回路中详细阐述。增加的值的选择是基于控制系统的根轨迹图对应最大的稳定裕度。

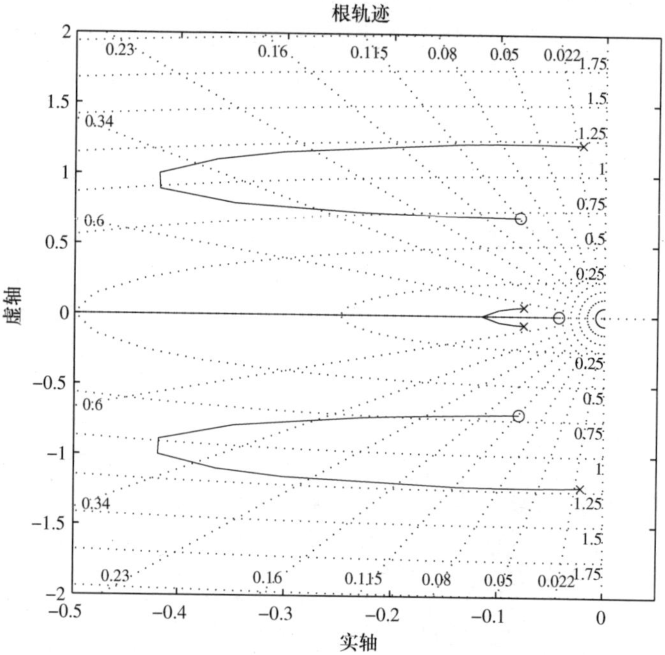

图 5.11　说明 $\Delta\phi_{\mathrm{c}}$ 的负反馈影响的根轨迹图

控制器如今能够通过模拟和完整的非线性设备进行测试。压缩机的案例将列于表 5.1 中的参数纳入考虑范围。期望的压缩机流量比选为 $\phi_{\mathrm{sd}}/F=2.1$。参数 p 的期望值为 $p=p_{\mathrm{d}}$ 通过式（5.3.67）估计出。$\Delta\gamma$ 的初值选择为 −0.2。闭合回路模拟结果包括负反馈，在图 5.12a 中详细阐述，对应于图 5.10a 中无反馈情况的案例。

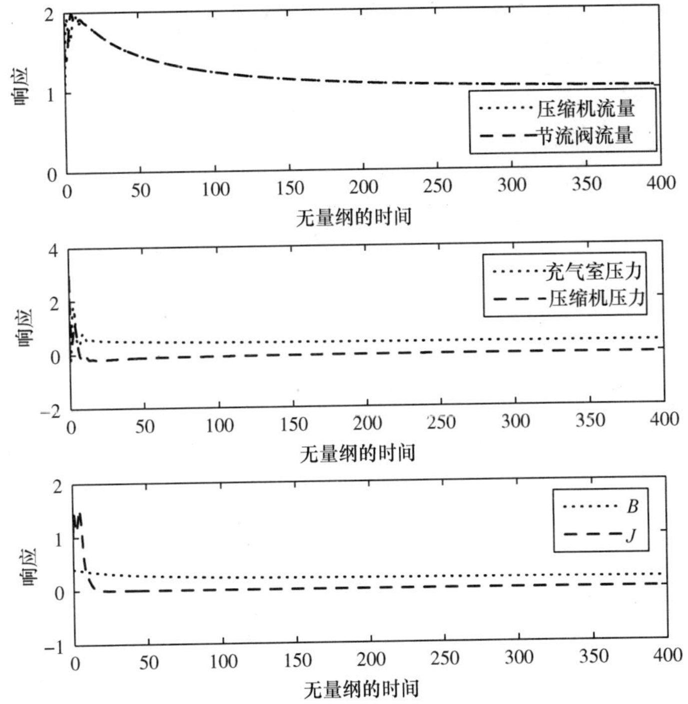

a)

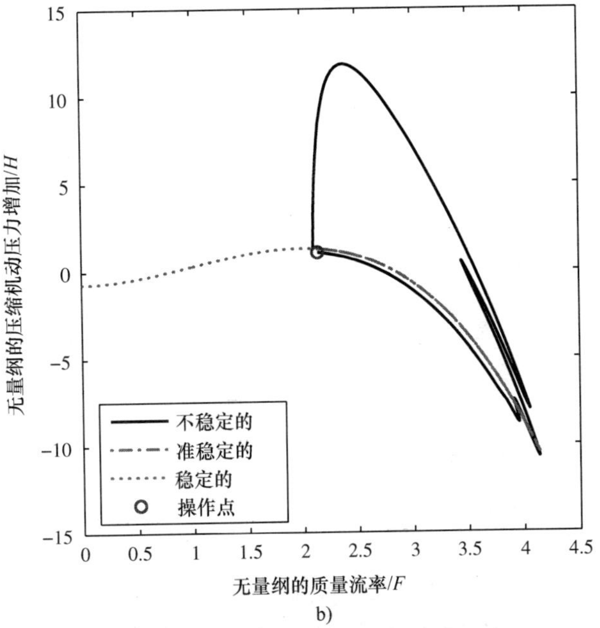

b)

图5.12　a）在旋转失速的情况下，当 H 为正值和 $\phi_{sd}/F>2$ 时，典型的闭环状态响应

b）闭环压缩机不稳定的、准稳定的、稳定的特征

图5.12b 阐述了对比于稳定特性的闭合回路压缩机的不稳定特性，在图中也显

示了稳态闭合回路操作要点。结果清晰地说表明了压缩机通过 $J=J_s=0$ 的平衡操作是稳定的，因此旋转失速扰动被淘汰。

5.3.11 压缩旋转失速控制

压缩机失速动力学以重新参数化的形式，能够促进压缩机失速活跃的非线性控制的非线性规则的建立。参数空间中，$\gamma=\gamma_n$、$H>0$、$J=J_s=0$ 被认为是稳定性能区域，$\gamma\neq\gamma_n$ 或 $H<0$、$J\neq0$ 被认为是不稳定性能。这导致控制规则保持$\gamma=\gamma_n$、$H>0$和 $J=J_s=0$ 能够积极稳定压缩机。需要注意的一点是，仅仅在最佳平衡位置设定节流阀不能够保证 $J=J_s=0$。另一个附加控制输入旨在操纵瞬变现象和式(5.3.88）定义的动态压力调节，这包含了压缩机入口导流叶片的控制或其他方式的反馈控制。这反过来指出需要一个更好的压缩机升压模式结合动力学的控制输入。然而在本节中应用的相对简单和系统观点的方法突出了控制器的主要特点，即能够抑制压缩机浪涌和旋转失速。而且，该方法能够被其他轴流式压缩机采纳来提供压缩机稳态，节流阀特性已知。此外，之前的线性扰动控制器合成可以被通过应用 Krstic 等人（1995）提出的逐步后推（back stepping）法非线性控制器系统化代替。这种控制器的初步的安装支持了需要改良、匹配包含干扰和非确定性效应的非线性压缩机压力升压模式的观点。在后来的研究结果中包含了稳健的非线性 H_∞ 最优控制规则能够在别处显示。结合 Greitzer（2009）的观点，浪涌和旋转失速的主动控制能够通过压缩机动力学的现实低阶模型有效地获得。

5.4 燃烧

燃料是通过喷嘴的压力下降，使燃料液滴雾化后以雾化形式进入燃料室。雾化的液滴进入燃料室后会经过一个或者多个过程（雾化后），也就是碰撞、分裂或者蒸发。蒸发的燃料进入空气，最终发生燃烧。燃烧过程可以细分为预先混合、未混合和部分混合。在均匀充电的火花点火器里和贫燃燃气轮机里，燃料处于预混合状态。通过化学热力学，反应物可以确定热化学反应后的生成物。这对于确定反应速度十分重要，反应速率会根据加热速率、物质传输和加热区域变化。燃烧是热能和化学物质对流和传输的化学反应的集合。因此，燃烧是一种包含了热量和物质传输的热化学反应。特点是在一个小区域中火焰可见，燃料部分气化，放出大量热量。所以关键参数是火焰区域和热量传播。概括来说，火焰可以分为两类：预混合，即燃烧开始前反应物在分子尺度上混合；未混合，即反应物仅在燃烧时才接触。预混合火焰可以分为以下三类：

1）爆燃。在这种情况下，燃烧波或者火焰区域以亚音速传播。爆燃包含亚音速持续传播的热气流（燃烧的气流）遇到冷气流（未燃烧的气流）提高温度至化学反应发生。然而，由于化学反应速率对温度十分敏感，大部分反应集中于一个狭小区域或者临近高温地点。该区域内的气流可能是层状的或者紊乱的。基本所有的燃烧都是紊乱的，因为紊乱混合能够提高燃烧速率，每立方米会产生更多能量。

2）爆炸。燃烧波以超音速传播。在这种情况下，爆炸是燃烧释放能量发出的持续冲击波。燃烧过程，是轮流的冲击波压缩并产生高温。爆炸包含流体力学过程（冲击波）和热化学过程（燃烧）。在这种情况下，爆震波的上下游性能间存在一定差异，类似于正激波，尽管正激波和爆震波之间也存在一定差异。爆炸和爆燃速度可以通过类似于第1章里正激波的分析方法进行分析。

3）均匀火焰。固定的物质在一定空间内均匀分布，温度和压力也均匀分布。此外，空间内不增殖，但时间上动态变化。

与燃烧相关的化学反应大多十分复杂，接近于一步总反应。为获得反应速率的定量模型，可以将反应物按照反应物分子比例按比例投放，反过来与反应物浓度成比例。考虑一个该形式的反应：

$$n_A A + n_B B \rightarrow n_C C + n_D D \tag{5.4.1}$$

质量作用定律说明了反应速率：

$$\frac{d}{dt}\left\{\frac{[A]}{n_A}\right\} = \frac{d}{dt}\left\{\frac{[B]}{n_B}\right\} = -\frac{d}{dt}\left\{\frac{[C]}{n_C}\right\} = -\frac{d}{dt}\left\{\frac{[D]}{n_D}\right\} = -k_f[A]^{n_A}[B]^{n_B} \tag{5.4.2}$$

式中，$[S]$ 代表每立方米中 S 物质的摩尔质量。

通过最初反应的速率可以计算出 k_f 比率。通过气体定律可以计算出全部反应物每立方米的气体摩尔质量，$p = n\rho R_u T$，式中 R_u 代表通用气体常数。每个特定物质的浓度由总浓度乘以物质的摩尔质量占反应中总体摩尔质量 n 的比例。反应速率常数 k_f 通常是 Arrhenius 形式

$$k_f = k_{f0} T^a \exp(-E/R_u T) \tag{5.4.3}$$

式中，E 代表激活物质（cal/mol）[㊀]；k_{f0} 和 a 代表实验所用的质量。Boltzman 在 19 世纪指出，大于某一 E 值的气体分子间的部分平移功能与 $\exp(-E/R_u T)$ 成比例。因此，E 代表反应发生时的能量。

5.4.1　燃烧室

在燃烧室中，推进剂通过一些同轴的注射器被注入。氧化剂的注入通常通过中心部件，燃料通过其他部件，这样可以促进物质快速预混合。注射器通常是同轴剪切注射器，对于推进两种密度差异较大的物质混合可能是有效的，而碰撞和涡旋注射器是用来推进两种密度相似的液体的。在涡旋注射器中，两个注射器中的一个给了一个初始角速度。注射器的几种几何变化对于物质的燃烧性能和稳定性都具有很大影响。现代的汽轮机越来越多的都是基于燃烧室操作的预混合形式。这种优化形式和伴随的设计变化主要是基于严格控制类似于 NO_x 和 CO 等的污染物。满足排放标准的主要策略是在倾斜等值比率下燃烧空气混合物。在贫燃条件下，热 NO_x 产物由于降低温度会大大降低。然而，贫燃的缺点之一是预混合的操作方式使这些燃烧室的设计倾向于自我刺激。特定汽轮机的环焰喷灯发出声音，伴随着气火焰、振

㊀　1cal = 4.1868J。——译者注

动和部件松动。自激热声振荡的动态现象通常在燃烧现象不稳定时发生，并伴随有燃烧室的自然空气声学模式。燃烧的不稳定是由于燃烧带中声学、热量释放和涡流动力的复杂交换作用。这些不稳定性对于燃烧室有害，并会影响其性能和污染物排放。

声学振荡通过热源释放的波动放大，1878 年由 Rayleigh 提出（Rayleigh 1878a，b）。热力学循环中，高压下的热量的加入导致净能量输入，可用来做功。如果通过不稳定燃烧得到的热量超过功率，声波振幅增长。1945 年 Rayleigh 描述了这种现象。Rayleigh 的自激热声振幅的能量标准本质上是描述燃烧室的不稳定，不稳定燃烧过程能量增量与声振动相协调是可行的。总体上来说，如果声振动的增加大于声能量释放率，这种不稳定性会被促进并持续。本质上说，流量变数的扰乱会引起火焰热量释放率的变化。火焰热量释放的不稳定性会导致声波产生。声波引起流量变数的更大变化，这个过程与内在不稳定的反馈回路近似。在典型的燃烧室里，反馈机制如图 5.13 所示，可以被各种类似于振动等值比、速度场振动、火焰废止、涡流动力、火墙相互作用和一些其他机制发起。取决于操作条件，这些机制中的一个或多个都能够维持振动。

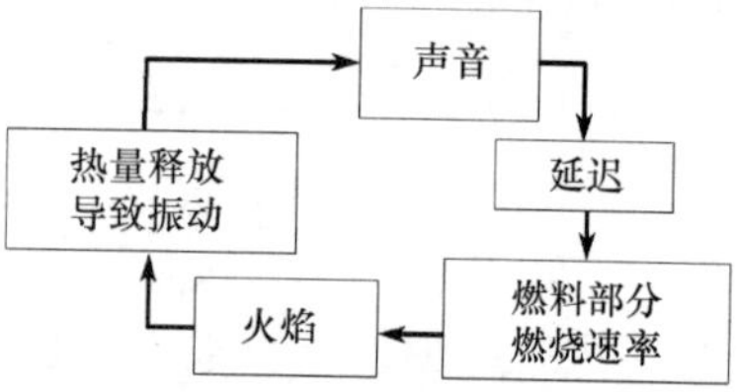

图 5.13　热声耦合振动自动反馈回路

燃烧室体积是 V，表面积是 S，不稳定供热为 q，数学上小振幅干扰声波增长条件为

$$\frac{(\gamma-1)}{\rho a^2}\int_V(\overline{\Delta p\ q})\,\mathrm{d}V > \int_S \overline{\Delta p\boldsymbol{u}}\cdot \mathrm{d}\boldsymbol{S} \tag{5.4.4}$$

式中，Δp 代表不稳定压力（代表覆盖其物质的平均值）；$\boldsymbol{u}$ 代表流量的速度矢量；q 代表流量密度；a 为声速；γ 为比热容比。当满足式（5.4.4）的不等式时，通过不稳定燃烧得到的能量超过其对周围做功的速度。当振幅增加和供热波动发生时，燃烧室中的声能增加。后来的热量增加振幅小于能量损耗。当式（5.4.4）左右两边相等时，得到不变振幅极限环。

5.4.2　燃烧室空气声学

当扰动非常小时，系统动力学可以用线性空气声学求得。除了振幅预测频率和增长率外，线性分析也可以提供系统不稳定时的操作系统信息。从实际观点出发，燃气轮机设计不仅致力于不稳定频率，还有振幅极限环的存在及其不稳定性。存在一个依据振动极限环频率的不稳定振幅（基于潜在硬件损坏或性能影响）的“可接受/不可接受阈值”。

由于火焰区域比较稀疏，可以将空间中热源粗略估计为狄拉克 δ 函数表示的点声源。假设忽略体积力和黏滞力，导管中的燃烧和点热源，包含物质、能量和线动量保护的单面模型方程式可以简化为

$$\frac{\partial p}{\partial t}+\frac{\partial}{\partial x}(\rho u)=0 \tag{5.4.5}$$

$$\frac{\partial u}{\partial t}+u\frac{\partial u}{\partial x}=-\frac{1}{\rho}\frac{\partial \Delta p}{\partial x} \tag{5.4.6}$$

$$\frac{\partial \Delta p}{\partial t}+\gamma p\frac{\partial u}{\partial x}+u\frac{\partial \Delta p}{\partial x}=(\gamma-1)q(t)\delta(x-x_{\mathrm{f}}) \tag{5.4.7}$$

因此，接下来将波动部件线性化并忽略其二阶脉动分量，假设对于低马赫数流量，压力的阶梯变化相比于平均速度或平均密度的变化来说是微不足道的，同时平均压力和平均速度的空间梯度较小，可以得出速度和压力扰动的线性方程组为

$$\frac{\partial u}{\partial t}+\frac{1}{\bar{\rho}}\frac{\partial \Delta p}{\partial x}=0 \tag{5.4.8}$$

$$\frac{\partial \Delta p}{\partial t}+\gamma\,\bar{p}\frac{\partial u}{\partial x}=(\gamma-1)q(t)\delta(x-x_{\mathrm{f}}) \tag{5.4.9}$$

区分第一个与空间变量和第二个与时间，不稳定压力 Δp 被用来满足不同种类的波动方程：

$$\frac{\partial^2 \Delta p}{\partial t^2}-a^2\nabla^2(\Delta p)=(\gamma-1)\frac{\partial q}{\mathrm{d}t}\delta(x-x_{\mathrm{f}}) \tag{5.4.10}$$

在热量释放来源分布比率的情况下（对于分布式放热率来源），不同种类波动方程的等式右侧是不一致的且是空间分布形式。1988 年 Cullick 提出了一个更加通用的表达式。控制热量释放来源的空间分布比率使声模成为控制燃烧室不稳定的一种方法。式（1001）[㊀]右侧描述了热量的不稳定增加产生声学压力源。振荡压力表示成一系列满足相关边界条件的模式。因此，典型的式子可以假设为

$$\Delta p=\sqrt{\frac{2}{\bar{\rho}L_{\mathrm{eq}}}}\sum_{i=1}^{\infty}\cos\left(\frac{2i-1}{2L_{\mathrm{eq}}}\pi x\right)\eta_i(t) \tag{5.4.11}$$

式中，L_{eq}代表管道的声学等效长度；压力模式振幅 $\eta_i(t)$满足：

$$\frac{\mathrm{d}^2\eta_i(t)}{\mathrm{d}t^2}+\omega_i^2\eta_i(t)=-\bar{\rho}(\gamma-1)\sqrt{\frac{2}{\bar{\rho}L_{\mathrm{eq}}}}\cos\left(\frac{2i-1}{2L_{\mathrm{eq}}}\pi x_{\mathrm{f}}\right)\frac{\mathrm{d}q(t)}{\mathrm{d}t} \tag{5.4.12}$$

管道一端的固有频率 ω_i 相当于腔的特殊情况，输送管共鸣器被称为 Helmholtz 共鸣器。它们是

$$\omega_i=2\pi\left(\frac{2i-1}{4}\right)\left(\frac{a}{L_{\mathrm{eq}}}\right) \tag{5.4.13}$$

当 $i=1$ 时，相当于一端堵住的管道的第一个固有频率，被称为 Rijke 管，并被当做是燃烧室的模型。1895 年 Rijke 管应用一个简易的普通管演示了实验现象。第一个固有频率的奇数谐波产生的管子共振的固有频率较高。Rijke 管的原理可以用

㊀ 此处原书有误。——译者注

一个质量—弹簧—减振的系统使其形象化。质量是陷入长度为 L_{duct} 的输送管内的体积质量，弹簧刚度是腔中的气体压缩性。因此，随着腔体积的增加，固有频率随之降低，并随着导管中气体质量的增加固有频率降低。对于一个相对较长的导管，Helmholtz 共鸣器的最低共振频率的公式为

$$\omega_{\mathrm{H}}=\frac{a}{L_{\mathrm{duct}}}\sqrt{\frac{V_{\mathrm{duct}}}{V_{\mathrm{cavity}}}} \tag{5.4.14}$$

二次方根内的式子代表管道与腔间的声学电容比。对于较短导管而言，Helmholtz 共鸣器的最低共振频率的公式修改为

$$\omega_{\mathrm{H}}=\frac{a}{L_{\mathrm{duct}}}\sqrt{\frac{V_{\mathrm{duct}}}{\mathrm{V}_{\mathrm{cavity}}}\left(\frac{L_{\mathrm{duct}}}{L_{\mathrm{duct}}+\sqrt{A_{\mathrm{duct}}}}\right)} \tag{5.4.15}$$

Helmholtz 共鸣器的物理解释（是）允许人们去模拟任何几何结构的燃烧室。热量释放比率的基于物理原理的发展开始于一维层流预混合火焰的简化方程式调节。热量释放比率是热传导（傅里叶定律）贡献，或者燃料产生的温度和热含量扩散。假设燃料是限制物，燃料的温度分布和质量分数分布依据资源形式而组织，这属于一种不稳定压力形式。依据燃料流动率和温度差异给定流体的热量释放率。不稳定热源通常与压力模式振幅的时间变化率 $\eta_i(t)$ 相关，非线性函数 $\eta_i(t)$ 和 $\dot{\eta}_i(t)$ 的公式为

$$\frac{\mathrm{d}q}{\mathrm{d}t}=-\sum_{i=1}^{\infty}\left(b_{i1}(1-\eta_i^2)+b_{i2}(1-\dot{\eta}_i^2)+b_{i3}(1-\eta_i^2-\dot{\eta}_i^2)+b_{i4}(1-\eta_i^4)\dot{\eta}_i(t)\right) \tag{5.4.16}$$

式中，b_{ij} 为系数，通常根据实验数据或统计数据决定，并包含了温度和燃料流率的影响。

一种典型 Rijke 管不稳定响应为

$$[b_{11}\quad b_{12}\quad b_{13}\quad b_{14}]=[0.7584\quad 0.0969\quad 0.0588\quad 0.9845] \tag{5.4.17}$$

如图 5.14 所示。

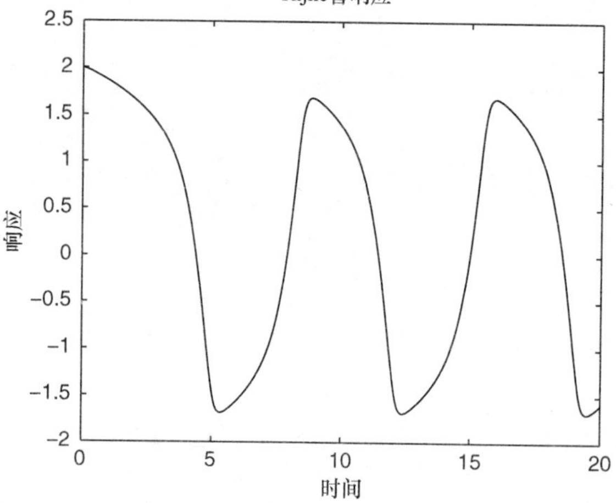

图 5.14　Rijke 管典型的不稳定响应

如 Dowling（2003）和 Morgan（2005）指出的，压力模式振幅的动力学与燃烧室内的燃料流动涡流动力和温度差异动力学基本上都是不稳定和分散的。上述模型中的时间延迟都被忽略了，因为它们会为不稳定性问题带来额外的维数。消除热源，整个压力振动中的非线性动力学都能得到，可以展示参数 b_{ij} 特定数值范围内的极限环振幅。热量释放率的线性模型依据燃料质量流率通过一个“火焰转移函数”建立。火焰转移函数通常视实验的频率范围和模型参数而定。

5.4.3 流量耦合热声不稳定：POGO、嗡鸣、功率振荡和啸叫

流量耦合热声不稳定可以按照它们的频带宽度或发生地点分类（Cullick 1988）。燃烧压力振动、低频率结构振动和推进浇注系统间的强耦合产生了液体燃料推进火箭发动机中的普通不稳定振动。振动不稳定通常发生在相对低频段中。超音速水湾具有触觉振动的特点，通常被称为“嗡鸣”。Bloxside 等人（1988）讨论了热声不稳定的“嗡鸣”形态。共振空腔已被用于小型超音速水湾中以减少这类发生在中心频率（100Hz ~1kHz）范围内的触觉振动。冲压喷气发动机内的电阻振动比较麻烦，它对于触觉振动的影响被称为“功率振荡”，也可在冲压发动机中观测到，并且是低频不稳定的，可通过控制液体推进剂的供给来使其稳定。这种低频振动相当于严格的空间模式，并可以从液体燃料推进式火箭发动机中观测。由于其轻型结构，推力增加器对火焰稳定器或处于被称为“啸叫”的高频（约为 10Hz）不稳定燃烧的基本结构的故障比较敏感的问题十分严峻。

热声不稳定和接着发生的振动可以被有效控制，控制器的设计通过降阶模型的建立而促进，该模型能够简洁地捕捉各种几何结构和火焰锚固机制间的声学、热量释放、涡流动力学、进口动力和燃料供给。Bellucci 等人（2001）指出这类不稳定性的控制方法之一是结合 Helmholtz 共鸣器系统，因此它吸收振幅的方法与 Stockbridge 振动隔离器吸收悬索桥的急性振幅相同。Docquier 和 Candel（2002）应用反馈防治原则来主动控制燃烧不稳定的一系列物理量如气体 - 燃料比、热量释放和热量释放率、质量流动、压力、温度和同种气体 - 燃料混合需要在燃烧室中测量。利用一系列致动器如气体喷射器和喷雾器、控制阀、传声器和加热/制冷部件，各种控制器都能进行试验（DeLaat 和 Chang 2003；Kopasakis 2003；Le 等人 2003；Auer 等人 2004；Campos - Delgado 等人 2003a，b；Evesque 等人 2004；Riley 等人 2004）。

每个喷射发射器的气体相互作用成分间的干扰环境空气，引起压力波动是潜在的干扰源。发动机噪声的主源除来源于燃烧室外还来源于风扇、压缩机、涡轮和喷嘴。喷气噪声是当高温、高速时产生的废气混合环境空气。三种有助于喷气噪声的主体结构是废气和环境空气的紊流混合、在排气口平面形成的振动和形式、与湍流相互作用产生喷射的宽带噪声和高温。混合区域中的大漩涡是产生低频噪声的原因，宽频带光谱中高频噪声的小漩涡从喷射混合区域中产生。这三种来源通常被称为喷射混合噪声，射流冲击噪声和飞机噪声熵。喷气噪声功率谱的典型模拟如图 5.15 所示。

风扇噪声通过三种主要贡献产生，有涡轮风扇发动机的特征。这三种主源是宽带噪声，由转动叶片和进入的空气间的相互作用产生，叶片转动噪声应归因于前向运动风扇旋转速度频率时的叶片压力分布和高次谐波以及风扇的“嗡鸣”或“嗡鸣-锯声”噪声，源于连续风扇叶片的小型几何偏差和不对称振动。

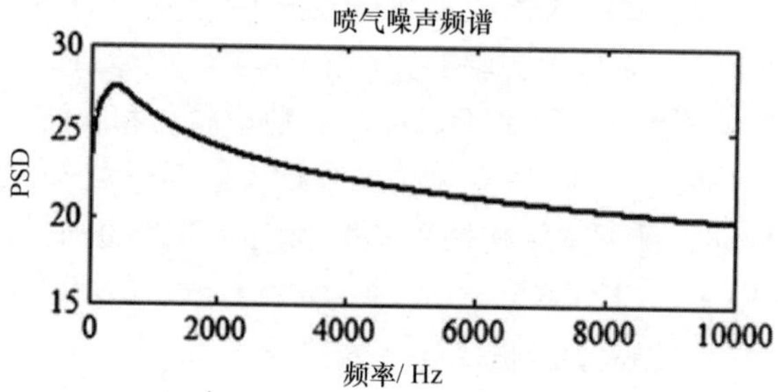

图 5.15　典型的模拟喷气噪声的功率谱

5.5　整体喷气发动机体积动力学建模

现代燃气轮机喷射发动机是一个多维并以非线性随机动态参数为特点的复杂系统。通常要求在不管操作环境中宽频谱的变化的情况下（例如，－60 ~40℃时，变化的湿度和压力）表现出最优性能。最理性的是能够通过飞机燃气动力喷射发动机控制推力传递。然而当要求特定推力的情况下，发动机必须通过和发动机的极限工况来传送这个推力。发动机调节器的辅助目标是，在传送所需要的推力或最大推力后保证发动机能够始终保持其期限工况，不论操作者是否会移动加速杆或处于进口状态（例如，高度或马赫数）。除这些限制之外，全部发动机性能也受到调节标准和机身制造商要求的约束。在许多发动机中，控制变量并不是其本身的实际推力，而是其他直接依赖的变量。例如涡轮风扇发动机中的控制变量是风扇速度。

有限变量中的第一个要求是燃烧室中的温度，第二个要求是压缩机的浪涌和失速裕度。失速裕度是压缩机操作点与操作区域不稳定区域边界分离间的距离。喷气发动机的入口是接触来流场的首个子系统，因此对于整个推进系统来说具有重要意义。入口的用途是为发动机提供必须（所需）的高压低形变的质量流动。入口流场畸变越大，失速裕度的需求越大。目前高性能商用飞机所用发动机为可控制入口流场畸变最糟糕组合情况，即节气门瞬变和发动机容量的失速裕度操作的发动机。在发动机推力失速裕度变化的约束条件下操作，在一定时间延迟后才能达到发动机推力的控制域。因此，预测该时间延时不仅十分重要，而且对于整个子系统的操作也十分重要，以保证达到需求推力时的该时间延迟是最小的。另一个必须满足严格极限性能要求的变量是压力比，压力比基本等于涡轮出口和压缩机进口压力的比值。为达到飞机喷气发动机的整个控制能力，发动机关键变量会被监控，关键变量为片轴速度、入口和出口压缩机压力以及涡轮入口温度。一些环境变量，如高度、飞行马赫数、外部空气温度等也被测量并被持续监控。压缩机控制输入为压缩机出口侧的排放阀和压缩机定子中的入口导流叶片落后角，发动机控制输入为燃料流动比率。建立一个帮助测量变量、控制变量和控制输出变量仿真的喷气发动机的综合动态模型是必不可少的。模型中包含的动力学子系统对于整个喷气发动机、控制输出有很大影响，并能够捕捉到测量变量、输出以及它们与控制输入间的动力学本质特征关系。

建模方法源自 Seldner 等人（1972）、Seldner 和 Cwynar（1978）的工作方法，被 Stuber 和 Melcher（2004）和 Kopasakis（2007）改善为涡轮式喷射发动机，被 Kopasakis 等人（2008）和 Connolly（2009）改善为涡轮风扇发动机。每个组件的最终融入模型的方程式在此被完整清晰地推导出。此外，该涡轮风扇发动机每个组件的方程式被定义为集总－体积－基础系统方程。每个流体流动成分建模用一组导出的守恒方程的标准形式，并以总条件形式列出。基本方程分别是在第1章中定义的连续、动量、能量方程：

$$\frac{\partial}{\partial t}(\rho A)+\frac{\partial}{\partial x}(\rho Au)=0 \tag{5.5.1}$$

$$\frac{\partial}{\partial t}(\rho Au)+\frac{\partial}{\partial x}(\rho Au^2)=-A\left(\frac{\partial p}{\partial x}+\rho g_{\mathrm{u}}\right) \tag{5.5.2}$$

$$\frac{\partial}{\partial t}(\rho Ah)+\frac{\partial}{\partial x}(\rho Auh)=\frac{\partial}{\partial t}(pA)+\frac{\partial}{\partial x}(pAu)-\frac{\partial q}{\partial x} \tag{5.5.3}$$

此外

$$h=c_{\mathrm{p}}T \tag{5.5.4}$$

使式（5.5.1）~式（5.5.3）被线性化并被表示为

$$\frac{\partial}{\partial t}(\rho)=-\frac{1}{A}\frac{\partial}{\partial x}(\rho Au)=0 \tag{5.5.5}$$

$$\frac{\partial}{\partial t}(\rho Au)=-A\frac{\partial p}{\partial x} \tag{5.5.6}$$

$$\frac{\partial}{\partial t}(\rho T)=-\frac{\partial}{\partial x}(\rho Au(h-p/\rho))=-\frac{1}{A}\frac{c_{\mathrm{v}}}{c_{\mathrm{p}}}\frac{\partial}{\partial x}(\rho AuT)=-\frac{\gamma}{A}\frac{\partial}{\partial x}(\rho AuT) \tag{5.5.7}$$

由于 $\rho Au=\dot{m}$ 质量流率，离散空间变量：

$$\frac{\partial}{\partial x}=\frac{\Delta}{l} \tag{5.5.8}$$

密度公式、质量流率和阶段体积温度公式为

$$\frac{\mathrm{d}}{\mathrm{d}t}\rho=-\frac{\Delta\dot{m}}{V} \tag{5.5.9}$$

$$\frac{\mathrm{d}}{\mathrm{d}t}\dot{m}=-\frac{A}{l}\Delta p \tag{5.5.10}$$

$$\frac{\partial}{\partial t}(\rho T) = -\frac{\gamma}{V}\Delta(\dot{m}T) \tag{5.5.11}$$

发动机型号是基于组件数量动态的。等熵过程被假定为扩散器和收缩喷嘴。组件实际表现性能采用的是压缩机和涡轮机的特性。每个组件都以不变特性描述，并伴随一个等体积，在其中存储质量和能量。图 5.16 展示了发动机建模阶段的编号。

发动机是一个类似于 GE J85 单轴涡轮式喷射发动机，带有多级压缩机和二级涡轮的设想发动机。建模方法依据 Connolly（2009）和 Connolly 等人（2010）的研究，尽管在压缩机和涡轮特性的定义中有一些显著差异。

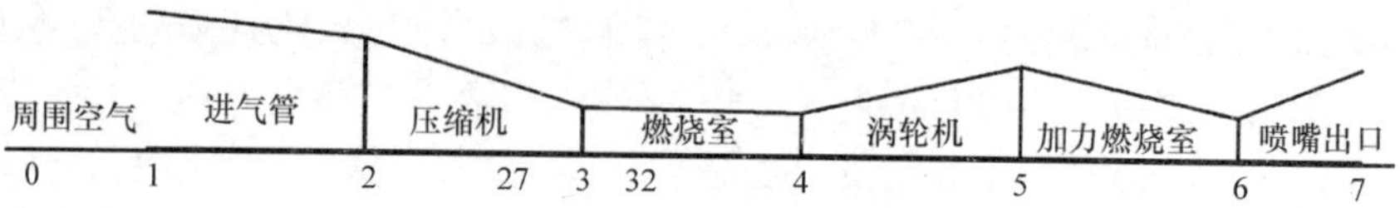

图 5.16　发动机建模阶段的编号

5.5.1　压缩机模型

压缩机被模拟为一个单个集总 - 体积子系统和一个无量纲特征。所有应用于子系统的变量定义见表 5.2。选为每个组件的建模的三态变量为总压力、总温度和质量流率。压缩机被模拟为次音速系统，因此干扰与有限速度一起传播。质量流率干扰向上游传播，而温度和压力干扰则向下游传播。压缩机的无量纲特性是以表格查找形式来获得给定的压力比和效率的，该变量被用于得到压力和温度特征。表格查找是基于无量纲密度流率和特殊发动机转速的，分别依据压缩器入口的总入口温度 T_{inlet} 和总入口压力 P_{inlet} 定义。参考温度 T_{ref} 和参考压力 P_{ref}、压缩机进气道流 $\dot{m}_{\text{cp}}$、设计质量流率 $\dot{m}_{\text{d}}$ 和参考设计发动机速度 N_{ref} 定义如下：

表 5.2　压缩机子系统变量定义

变量	描　述
A_{bv}	排放阀横截面积
A_{cp}	压缩机阶段体积管横截面积
$c_{\text{p\_cp}}$	恒压时的空气比热容
K_{bv}	排放阀系数
l_{cp}	压缩机阶段体积管长度
$\dot{m}_{\text{bv}}$	排放阀质量流率
$\dot{m}_{\text{cb}}$	燃烧室入口质量流率
$\dot{m}_{\text{cm}}$	压缩机无量纲密度质量流率
$\dot{m}_{\text{cp}}$	压缩器入口质量流率
$\dot{m}_{\text{d}}$	压缩器入口设计质量流率
M_{cp}	压缩机阶段体积马赫数
N	实际线轴速度（r/min）

（续）

变量	描　述
N_{cm}	压缩机无量纲特定线轴速度
N_{ref}	压缩机（发动机）参考线轴速度
P_{cp}	压缩机特征压力
P_{cpt}	压缩机出口总压力
P_{cp_ratio}	压缩机压力比特性
P_{inlet}	总入口压力
P_{ref}	压缩机参考压力特性
R_{air}	气体常数
T_{cp}	压缩机特征温度
T_{cps}	压缩机出口静态温度
T_{cpt}	压缩机出口总温度
T_{inlet}	入口总温度
T_{ref}	压缩机特性参考温度
V_{cp}	压缩机阶段体积管体积
γ_{cp}	压缩机阶段比热容比
η_{cp}	压缩机特性效率
ρ_{cp_sv}	压缩机阶段体积密度

$$\dot{m}_{cm} = \frac{\sqrt{T_{inlet}/T_{ref}}}{P_{inlet}/P_{ref}} \frac{\dot{m}_{cp}}{\dot{m}_{d}}$$
$$N_{cm} = \sqrt{\frac{T_{ref}}{T_{inlet}}} \frac{N}{N_{ref}} \tag{5.5.12}$$

以通用特性模拟发动机压缩机的方法如图 5.17 所示。压缩机应用性能、压力比 P_{cp_ratio}和有效性 η_{cp}可从无量纲特性中获得。实际压缩机出口静压力和静态温度可用下式估计：

$$P_{cp} = P_{cp\_ratio} P_{inlet} \tag{5.5.13}$$

$$T_{cp} = \left(1 + \frac{(P_{cp\_ratio})^{\frac{\gamma_{cp}-1}{\gamma_{cp}}} - 1}{\eta_{cp}}\right) T_{inlet} \tag{5.5.14}$$

压缩机出口静态温度和静态压力固有特性，被应用于压缩机阶段体积动力学的状态方程：

$$\frac{d}{dt}\rho_{cp\_sv} = \frac{(\dot{m}_{cp} - \dot{m}_{cb} - \dot{m}_{bv})}{V_{cp}} \tag{5.5.15}$$

$$\frac{d}{dt}\dot{m}_{cp} = \frac{A_{cp}}{l_{cp}}(P_{cp} - P_{cpt})\left(1 + \frac{\gamma_{cp} - 1}{2} M_{cp}^{2}\right)^{\frac{1}{\gamma_{cp}-1}} \tag{5.5.16}$$

$$\frac{\partial}{\partial t} T_{cpt} = \frac{\gamma_{cp}}{\rho_{cp\_sv} V_{cp}} \left(T_{cp}\dot{m}_{cp} - T_{cpt}\left(\dot{m}_{cb} + \dot{m}_{bv}\right)\right) \tag{5.5.17}$$

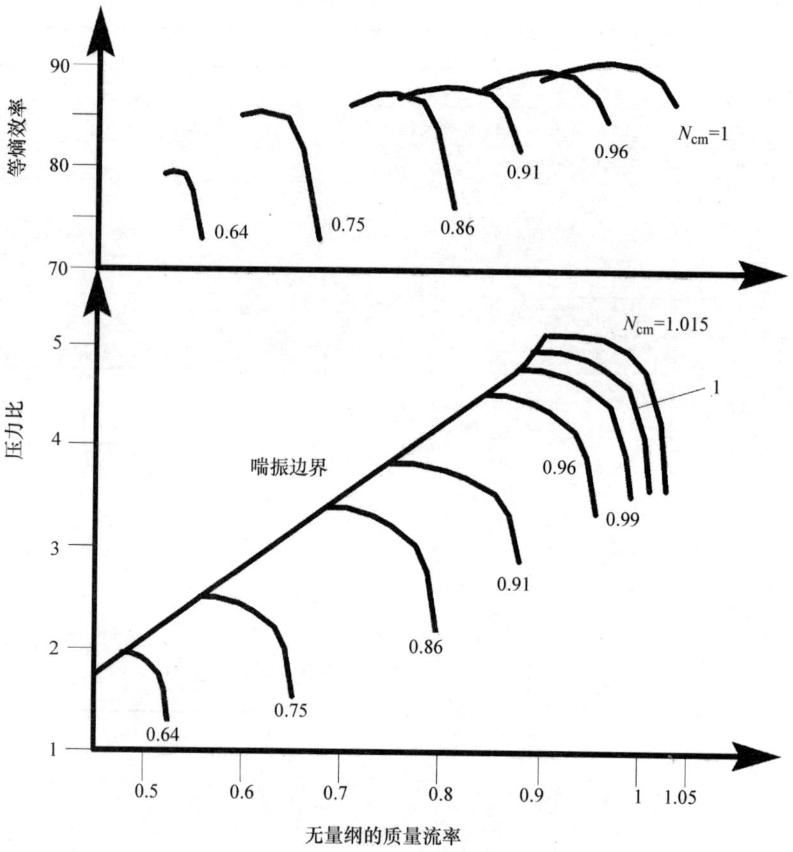

图 5.17　典型压缩机特性图

压缩机出口总压力与压缩机出口总温度相关：

$$P_{cpt} = \rho_{cp\_sv} R_{air} T_{cpt} \left(1 + \frac{\gamma_{cp} - 1}{2} M^2\right)^{\frac{1}{\gamma_{cp} - 1}} \tag{5.5.18}$$

排气阀流量通过下式给出：

$$\dot{m}_{bv} = K_{bv} A_{bv} \frac{P_{cpt}}{\sqrt{T_{cpt}}} \tag{5.5.19}$$

当地马赫数为

$$M_{cp} = \frac{\dot{m}_{cp}}{\rho_{cp\_sv} A_{cp} \sqrt{\gamma_{cp} R_{air} T_{cpt}}} \tag{5.5.20}$$

压缩机出口静态温度从下式得出：

$$T_{cps} = T_{cpt} - \frac{1}{2c_{p\_cp}} \left(\frac{\dot{m}_{cp}}{\rho_{cp\_sv} A_{cp}}\right)^2 \tag{5.5.21}$$

气体常数与普适气体常数的关系为

$$R_{air}=\frac{R_u}{M_{air}} \tag{5.5.22}$$

干燥空气的比热容可接近于233～313℃，气压接近于1atm[⊖]，使用的数据来自Hilsenrath等人（1960），由以下多项式预报恒压时在绝对温度函数T干燥空气的比热（$J\ kg^{-1°}K^{-1}$）容：

$$c_{p\_air}=1005.60+0.017211\ (T-273)\ +0.000392\ (T-273)^2 \tag{5.5.23}$$

5.5.2 燃烧室子系统模型

燃烧室子系统中所有变量的定义见表5.3。燃烧相关燃料流传递函数为

表5.3 燃烧室子系统模型定义

变量	描　述
A_{cb}	燃烧室阶段体积横截面积
c_{p_comb0}	温度为T_0时的c_{p_comb}值
c_{p_comb}	恒压时燃烧室比热容
c_{pg}	温度T_0时温度梯度c_{p_comb}
K_b	燃烧室压力损失常数表达式
K_c	燃烧室压力损失常数表达式
K_p	燃烧室压力损失常数表达式
l_{cb}	燃烧室阶段体积管长度
LHV	低热值的燃料
$\dot{m}_{cb}$	燃烧室入口质量流率
$\dot{m}_d$	压缩器进口设计质量流率
$\dot{m}_f$	燃烧室质量流率
$\dot{m}_{f\ in}$	燃烧室入口燃料质量流率
$\dot{m}_{tb}$	涡轮入口质量流率
M_{air}	气体分子量
M_{cp}	压缩机阶段体积马赫数
M_f	燃料分子量
P_{cbt}	燃烧室出口总压力
P_{cpt}	压缩机出口总压力
ΔP_{cbt}	燃烧室压力损失
P_{inlet}	入口总压力
P_{ref}	燃烧室映射参考压力
R_{comb}	燃烧室气体常数
R_u	普适气体常数
s	拉普拉斯变换变量
t_a	传递函数声学时间延迟
t_{fl}	转移函数火焰动力学滞后时间

⊖ 1atm＝101325Pa＝101.325kPa。——译者注

（续）

变量	描　述
t_{td}	转移函数传递延迟
T_{cbs}	燃烧室出口静态温度
T_{cbt}	燃烧室出口总温度
V_{cb}	燃烧室阶段体积管体积
γ_{cb}	燃烧室阶段体积比热容比
ϕ	燃空比
q_{cb_sv}	燃烧室阶段体积密度

$$\frac{\dot{m}_f}{\dot{m}_{f\,in}}=\frac{\exp(-st_{td})}{(st_{fl}+1)(st_a+1)} \tag{5.5.24}$$

式中，t_{td}代表传递延迟；t_{fl}代表火焰动力学滞后；t_a 表示声学相关延迟。

燃烧室阶段体积动力学状态方程表示为

$$\frac{d}{dt}(\rho_{cb\_sv})=\frac{(\dot{m}_{cb}+\dot{m}_f-\dot{m}_{tb})}{V_{cb}} \tag{5.5.25}$$

$$\frac{d}{dt}\dot{m}_{cb}=\frac{A_{cb}}{l_{cb}}(P_{cpt}-P_{cbt}-\Delta P_{cbt}) \tag{5.5.26}$$

$$\frac{\partial}{\partial t}T_{cbt}=\frac{\gamma_{cb}}{\rho_{cb\_sv}V_{cb}}\left(T_{cpt}\dot{m}_{cb}+\frac{(c_{p\_comb}T_{cbt}+\eta_{cb}\mathrm{LHV})}{c_{p\_comb}}\dot{m}_f-T_{cbt}\dot{m}_{tb}\right) \tag{5.5.27}$$

燃烧室出口总压力与燃烧室出口温度关系为

$$P_{cbt}=\rho_{cb\_sv}R_{comb}T_{cbt} \tag{5.5.28}$$

燃烧室恒压时，在任何温度 T 下的比热容系数 c_{p_comb} 以线性方式表示：

$$c_{p\_comb}(T)=c_{p\_comb0}+(T-T_0)c_{pg} \tag{5.5.29}$$

气体常数公式为

$$R_{comb}=\frac{R_u}{(1-\phi)M_{air}+\phi M_f} \tag{5.5.30}$$

燃烧室中压力损失经验建模公式为

$$\frac{\Delta P_{cbt}}{P_{cbt}}=K_c\left(\frac{\dot{m}_{cb}}{A_{cb}}\right)^2\frac{K_pT_{cpt}-K_bT_{cbt}}{P_{cbt}P_{cpt}} \tag{5.5.31}$$

式中，K_p、K_b 和 K_c 为通过试验确定的常数。

5.5.3 涡轮动力学模型

涡轮由交变的定子组成，每个定子是固定在中心的叶片布置的形式，每个叶片横截面是一种典型的机翼剖面，伴随一个转子，每个转子的布置形式是刀片以旋转的形式围绕中心。每个叶片的横截面类似于对应的静叶片横截面。每行减少了入口液体压力的某一特定要素，通过改变流量将入口压力源转变成动能（“扩大的”）。涡轮通过提取流量的切向速度来给予压缩机动力。涡轮的空间分析解释了其和压缩机的相似之处。因此，涡轮和压缩机的部件特性从根本上很相似相似。典型的涡轮特性曲线如图5.18所示。

全部涡轮子系统的附件变量见表5.4。

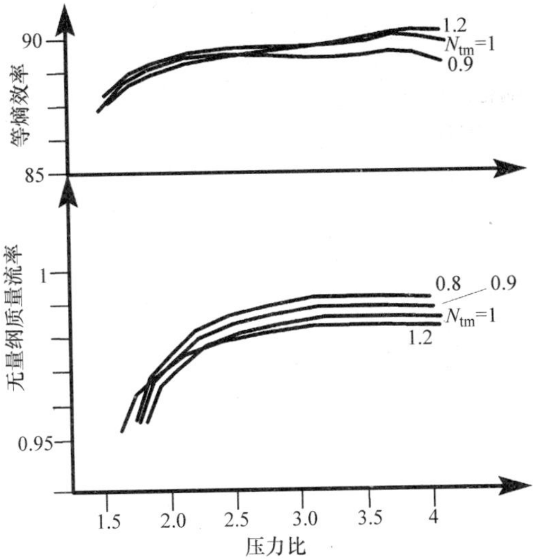

图5.18　典型涡轮特性曲线图

表5.4　涡轮子系统变量定义

变量	描　述
A_{tb}	涡轮阶段体积管横截面积
c_{p_tb}	恒压下涡轮气体比热容
h_{in}	涡轮流入工作流体总热函 sp.
h_{out}	涡轮流出工作流体总热函 sp.
K_{tm}	涡轮相关特性常量
l_{tb}	涡轮阶段体积管长度
$\dot{m}_{ab}$	后燃器入口质量流率
$\dot{m}_{bv}$	排放阀质量流率
$\dot{m}_{ca}$	冷却空气质量流率
$\dot{m}_{tb}$	涡轮入口质量流率
$\dot{m}_{tref}$	涡轮特性质量流率常量
M_{air}	空气分子量
M_{cool_air}	冷却空气分子量
M_f	燃料分子量
M_{tb}	涡轮阶段体积马赫数

（续）

变量	描述
N_{tm}	涡轮无量纲特定轴速度
N_{tref}	涡轮（发动机）参考轴速度
P_{tref}	涡轮特性常量
P_{tbc}	涡轮特性特征压力
P_{tbt}	涡轮总出口压力
$R_{exhaust}$	燃烧室排出气体常数
T_{cat}	总冷却空气温度
T_{tbc}	涡轮特征温度
T_{tbs}	涡轮出口静态温度
T_{tbt}	涡轮出口总温度
T_{tref}	涡轮特性参考温度
V_{cb}	燃烧室阶段体积管体积
γ_{cb}	燃烧室阶段体积比热容比
η_{tb}	涡轮等熵效率
ρ_{cb_sv}	燃烧室级体积密度
χ	冷空气与热空气之比
ω	涡轮机轴转速
$P_{turbine}$	涡轮功率输出
$T_{turbine}$	涡轮转矩输出

涡轮特性由以下形式给出：

$$\dot{m}_{tb}=\frac{\dot{m}_{tref}}{1+K_{tm}(N_{tm}-1)}\left(1-e^{-\frac{P_{tbc}}{P_{tref}}}\right) \tag{5.5.32}$$

式中，$\dot{m}_{tref}$、P_{tref}和K_{tm}代表N_{tm}和N_{tm}的函数，是无量纲涡轮特性比转速

$$N_{tm}=\sqrt{\frac{T_{tref}}{T_{cbt}}}\frac{N}{N_{tref}} \tag{5.5.33}$$

涡轮效率和$\dot{m}_{tref}$、P_{tref}及K_{tm}可查表得到。

涡轮出口特征静态温度通过涡轮特征静态压力计算出：

$$T_{tbc}=\left(1-\eta_{tb}\left(1-\left(\frac{P_{cbt}}{P_{tbc}}\right)^{-\frac{\gamma_{cp}-1}{\gamma_{cp}}}\right)\right)T_{cbt} \tag{5.5.34}$$

涡轮阶段体积动态状态方程可表示为

$$\frac{d}{dt}(\rho_{tb\_sv})=\frac{(\dot{m}_{tb}+\dot{m}_{bv}+\dot{m}_{ca}-\dot{m}_{ab})}{V_{tb}} \tag{5.5.35}$$

$$\frac{d}{dt}\dot{m}_{tb}=\frac{A_{tb}}{l_{tb}}(P_{tbc}-P_{tbt})\left(1+\frac{\gamma_{tb}-1}{2}M_{tb}^2\right)^{\frac{\gamma_{tb}}{\gamma_{tb}-1}} \tag{5.5.36}$$

$$\frac{\partial}{\partial t}T_{tbt}=\frac{\gamma_{tb}}{\rho_{tb\_sv}V_{tb}}\left(T_{tbc}\dot{m}_{tb}+T_{cpt}\dot{m}_{bv}+T_{cat}\dot{m}_{ca}-T_{tbt}\dot{m}_{ab}\right) \tag{5.5.37}$$

涡轮出口总压力与涡轮出口总温度的关系为

$$P_{\text{tbt}}=\rho_{\text{tb\_sv}}R_{\text{exhaust}}T_{\text{tbt}}\left(1+\frac{\gamma_{\text{tb}}-1}{2}M_{\text{tb}}^{2}\right)^{\frac{1}{\gamma_{\text{tb}}-1}} \tag{5.5.38}$$

对应的马赫数为

$$M_{\text{tb}}=\frac{\dot{m}_{\text{tb}}}{\rho_{\text{tb\_sv}}A_{\text{tb}}\sqrt{\gamma_{\text{tb}}R_{\text{exhaust}}T_{\text{tbt}}}} \tag{5.5.39}$$

气体常量为

$$R_{\text{exhaust}}=\frac{R_{\text{u}}}{(1-\phi)((1-\chi)M_{\text{air}}+\chi M_{\text{cool\_air}})+\phi M_{\text{f}}} \tag{5.5.40}$$

涡轮出口静态温度公式为

$$T_{\text{tbs}}=T_{\text{tbt}}-\frac{1}{2c_{\text{p\_tb}}}\left(\frac{\dot{m}_{\text{tb}}}{\rho_{\text{tb\_sv}}A_{\text{tb}}}\right)^{2} \tag{5.5.41}$$

5.5.4 涡轮动力和转矩输出

涡轮产生的动力可用工作流体的热函变化计算。热函基于线性化的热函温度与空气和燃料进入燃烧室的关系，是一种燃烧产物:

$$P_{\text{turbine}}=\eta_{\text{tb}}\dot{m}_{\text{tb}}(h_{\text{in}}-h_{\text{out}}) \tag{5.5.42}$$

式中，P_{turbine}代表涡轮产生的总功率；$\dot{m}_{\text{tb}}$代表进入涡轮的总质量流率；η_{tb}代表涡轮机等熵效率；h_{in}代表进入涡轮机的工作流体的总比焓；h_{out}代表基于温度室的流出涡轮机的工作流体总比焓。

为了估计 h_{in}，需要模拟涡轮机全部组件的输出。

涡轮机的转矩可用涡轮机产生的功率和压缩机转子的角速度计算出:

$$T_{\text{turbine}}=P_{\text{turbine}}/\omega \tag{5.5.43}$$

式中，T_{turbine}代表涡轮机产生的总转矩，整体燃气轮机的可用净力矩 T_{turbine}与运行压缩机所需转矩有区别。

5.5.5 一维可变面积导管：后燃器和喷嘴

后燃器和喷嘴被当作单独组件进行建模。后燃器可用于两种模式之一，包含燃烧或不发生燃烧时的情况。尤其在超音速飞行中，如果采用后燃器，它在超音速飞行中只当起飞或上电状态时才会点燃。在巡航状态中，基本在无量纲状态运行。因此，如果对于在无量纲状态下的飞行模拟，后燃器的无燃烧状态操作满足需求。后燃器主要作用为一个能够衰减干扰的大体积组件。此外，利用可变横截面模拟喷嘴处的质量流率的动力学必须满足出口边界条件。出口边界条件是一种典型的阻塞流。即使喷嘴基于校正的改变了出口横截面积来匹配稳定状态的操作系统，阻塞流也必须保护喷嘴。所有后燃器和喷嘴子系统中的附加变量都在表5.5中定义。喷嘴质量流率为

$$\dot{m}_{\text{nz}}=\frac{K_{\text{nz}A_{\text{nz\_ref}}}P_{\text{abt}}}{\sqrt{T_{\text{abt}}}}\left(\frac{P_{\text{ambient}}}{P_{\text{abt}}}\right)^{\frac{1}{\gamma_{\text{ab}}}}\sqrt{1-\left(\frac{P_{\text{ambient}}}{P_{\text{abt}}}\right)^{\frac{\gamma_{\text{ab}}-1}{\gamma_{\text{ab}}}}} \tag{5.5.44}$$

喷嘴面积变量和流量系数用 K_{nz}代表，而 $A_{\text{nz_ref}}$代表参考喷嘴颈面积。变量可以作为校正因数或控制变量来得到预期的稳定状态结果。

组合喷嘴和后燃器阶段体积动态状态方程可以表示为

$$\frac{\mathrm{d}}{\mathrm{d}t}(\rho_{\mathrm{ab\_sv}}) = \frac{(\dot{m}_{\mathrm{ab}} - \dot{m}_{\mathrm{nz}})}{V_{\mathrm{ab}}} \tag{5.5.45}$$

$$\frac{\mathrm{d}}{\mathrm{d}t}\dot{m}_{\mathrm{ab}} = \frac{A_{\mathrm{ab}}}{l_{\mathrm{ab}}}(P_{\mathrm{tbt}} - P_{\mathrm{abt}})\left(1 + \frac{\gamma_{\mathrm{ab}} - 1}{2}M_{\mathrm{ab}}^2\right)^{\frac{\gamma_{\mathrm{ab}}}{\gamma_{\mathrm{ab}}-1}} \tag{5.5.46}$$

$$\frac{\partial}{\partial t}T_{\mathrm{atb}} = \frac{\gamma_{\mathrm{ab}}}{\rho_{\mathrm{ab\_sv}}V_{\mathrm{ab}}}(T_{\mathrm{tbt}}\dot{m}_{\mathrm{ab}} - T_{\mathrm{abt}}\dot{m}_{\mathrm{nz}}) \tag{5.5.47}$$

后燃器喷嘴出口总压力与后燃器出口总温度相关公式为

$$P_{\mathrm{abt}} = \rho_{\mathrm{ab\_sv}}R_{\mathrm{comb}}T_{\mathrm{abt}}\left(1 + \frac{\gamma_{\mathrm{ab}} - 1}{2}M_{\mathrm{ab}}^2\right)^{\frac{1}{\gamma_{\mathrm{ab}}-1}} \tag{5.5.48}$$

对应的马赫数为

$$M_{\mathrm{ab}} = \frac{\dot{m}_{\mathrm{ab}}}{\rho_{\mathrm{ab\_sv}}A_{\mathrm{ab}}\sqrt{\gamma_{\mathrm{ab}}R_{\mathrm{comb}}T_{\mathrm{abt}}}} \tag{5.5.49}$$

表 5.5 后燃器和喷嘴子系统变量定义

变量	描　述
A_{ab}	后燃器阶段体积管横截面积
A_{ex}	喷嘴出口面积
$A_{\mathrm{nz\_ref}}$	喷嘴参考颈面积
$c_{\mathrm{p\_ab}}$	恒压时后燃器比热容
K_{nz}	喷嘴系数
l_{ab}	后燃器阶段体积管长度
$\dot{m}_{\mathrm{ab}}$	后燃器入口质量流率
$\dot{m}_{\mathrm{nz}}$	喷嘴质量流率
M_{ab}	后燃器阶段体积马赫数
P_{abt}	后燃器出口总压力
P_{ambient}	环境压力
P_{exhaust}	喷嘴出口压力
T_{abt}	后燃器出口总温度
U_e	排放气体速度
U_0	喷气发动机速度
V_{ab}	后燃器阶段体积管体积
γ_{ab}	后燃器阶段体积比热容比
γ_{nz}	喷嘴比热容比
η_{nz}	喷嘴效率
$\rho_{\mathrm{ab\_sv}}$	后燃器阶段体积密度

喷嘴产生的净推力是由于动量变化产生的推力和以及出口横截面积压力变化产生的：

$$\boldsymbol{T} = (U_{\mathrm{e}} - U_0)\dot{m}_{\mathrm{nz}} + (P_{\mathrm{exhaust}} - P_{\mathrm{ambient}})A_{\mathrm{ex}} \tag{5.5.50}$$

式中

$$P_{\mathrm{exhaust}} = P_{\mathrm{abt}}\left(1 - \frac{\gamma_{\mathrm{nz}} - 1}{\eta_{\mathrm{nz}}(\gamma_{\mathrm{nz}} + 1)}\right)^{\frac{\gamma_{\mathrm{nz}}}{\gamma_{\mathrm{nz}}-1}} \tag{5.5.51}$$

5.5.6 线轴动力学模拟

卷轴筒子系统中的全部附加变量在表5.6中定义。卷轴筒动力学为

$$I_{\mathrm{spool}}\frac{\mathrm{d}\omega}{\mathrm{d}t}=\left(\frac{P_{\mathrm{turbine}}-P_{\mathrm{compressor}}}{\omega}\right) \tag{5.5.52}$$

涡轮机产生的动力为

$$P_{\mathrm{turbine}}=\dot{m}_{\mathrm{cb}}c_{\mathrm{p\_comb}}T_{\mathrm{cbt}}+\dot{m}_{\mathrm{ca}}c_{\mathrm{p\_air}}T_{\mathrm{cat}}-\dot{m}_{\mathrm{ab}}c_{\mathrm{p\_ab}}T_{\mathrm{abt}} \tag{5.5.53}$$

压缩机消耗的动力为

$$P_{\mathrm{compressor}}=(\dot{m}_{\mathrm{cb}}+\dot{m}_{\mathrm{bv}})c_{\mathrm{p\_cp}}T_{\mathrm{cpt}}-\dot{m}_{\mathrm{cp}}c_{\mathrm{p\_air}}T_{\mathrm{inlet}} \tag{5.5.54}$$

表5.6 卷轴筒子系统中全部变量定义

变量	描　述
I_{spool}	卷线轴惯性质量距
$P_{\mathrm{compressor}}$	压缩机消耗动力
P_{turbine}	涡轮机传递动力
$c_{\mathrm{p\_air}}$	恒压下入口处气体的比热容

5.5.7 典型模拟结果

Connolly（2009）和 Connolly 等人（2010）提出了一组涡轮风扇发动机的模拟研究的典型结果，读者可以详细参考。

5.6 FADEC

喷气发动机的电子控制器是19世纪80年代发明的。如今，喷气发动机控制者利用高度定制的计算机，用一组传感器输入和执行机构输出来合成控制规则。这种电子控制器导致在多重控制回路和改进的控制规则中允许精确的发动机控制更高发动机操作效率来降低瞬时过冲或负脉冲信号。允许控制规则的实现会导致用传统连线电路的实施比较困难。当下的发动机控制系统已大致实现数字化，并不能被飞行员推翻。这个原因在发动机全权限数字控制器（FADEC）中提到。FADEC的主要目标是当依据产生的推力传递吩咐性能避免在任何全部发动机不稳定的情况下运转机器。喷射发动机的一些不稳定情况可能发生在：浪涌，压缩机和涡轮机上纵向的流动起伏；旋转失速，压缩机叶片间缺乏增压。通常在转子转速发生旋转失速、转子转速较高时发生浪涌。浪涌和旋转失速产生内部空气柱的违反轴向振动，因此引起对压缩机和发动机的实质损害。风扇抛锚可以由以过小的风扇导管喷嘴面积操作引起，升压机抛锚可以由节气门角度减小成较低的发动机转速引起，压缩机失速可以由急速节流阀增加引起。发动机和控制系统的设计必须以足够的设计余量、增加叶尖间隙、成分恶化和在高射角撞击时的发动机/空气流操作来抵消高度的影响来避免浪涌/失速。燃料太多会导致爆裂，以燃料取代氧气和降低温度足够能熄灭火焰。依靠燃烧室压力，燃烧室能够在准备“爆裂”的特定区域中操作。有两种爆裂区域与大多数喷射发动机燃烧室有关：高温爆裂区域被称为“高爆裂区”；低温区域被称为“低爆裂区”。被称为熄灭的火焰熄灭，尽管很稀有，也同样必须避免在燃烧室中发生伴随其他潜在不稳定性的燃烧中断现象，容易导致灾难性后果。

尽管高涡轮机入口温度会导致提高单位推力，较轻的发动机依然需要昂贵的涡轮机材料和复杂的涡轮机冷却系统。它会减小巡航性能。温度的合适的平衡必须能保护发动机，这取决于严格满足发动机大小、重量和燃料需求单位推力的相对重要性。

典型地，FADEC 必须保证没有超过以下限制：

1）风扇最大速度和压缩机速度；

2）最大涡轮机温度；

3）避免风扇和压缩机失速；

4）满足最大和最小压缩机排气压力要求；

5）避免高低爆裂区。

为满足这些要求，必须实现确定测量值最小值：

1）高低压线轴速度；

2）发动机压力比；

3）燃料流率和压缩机出口压力之比；

4）低压涡轮机入口温度；

5）燃料－空气比、压缩机入口导流叶片和可变的喷嘴横截面控制输入。

系统中全部规定都是从测量中得出，由于这个原因，需要一个更大规模的测量。喷气发动机动力模型包括 35 ~40 个状态变数，在实际测量中采用了 4 倍的测量量。

基本的控制策略是控制卷筒轴速度，通常低压线轴直接控制推力。直接控制推力，尽管这种情况比较少，但它在某些喷射发动机中也是可能的。该理论的进一步详细说明在控制器设计中，读者可以去浏览 Spang 和 Brown（1999）的文章。

参考文献

Auer MP, Gebauer C, Mösl KG, Hirsch C, Sattelmayer T (2004) Active instability control: feedback of combustion instabilities on the injection of gaseous fuel. In: Proceedings of the ASME Turbo Expo 2004, power for land, sea and air, Vienna, Austria

Bellucci V, Paschereit CO, Flohr P, Fulvio M (2001) On the use of Helmholtz resonators for damping acoustic pulsations in industrial gas turbines. In: Proceedings of the ASME TURBO EXPO 2001, New Orleans, USA

Bloxsidge GJ, Langhorne PJ, Dowling AP (1988) Reheat buzz: an acoustically coupled combustion instability. II. Theory. J Fluid Mech 193:445–473

Campos-Delgado DU, Schuermans BBH, Zhou K, Paschereit CO, Gallestey EA, Poncet A (2003) Thermoacoustic instabilities: modeling and control. In: IEEE transactions on control systems technology, vol. 11, pp 429–447

Campos-Delgado DU, Zhou K, Allgood D, Acharya S (2003b) Active control of combustion instabilities using model-based controllers. Combust Sci Technol 175:27–53

Chen L, Smith R, Dullerud G (1988) A linear perturbation model for a non-linear system linearized at an equilibrium neighbourhood. In: Proceedings of the 37th IEEE conference on decision and control, Tampa, Florida USA, pp 4105–4106

Connolly JW (2009) Turbo fan engine dynamic modeling and control. Masters thesis, Department of Electrical Engineering and Computer Science, Case Western Reserve University

Connolly JW, Kopasakis G, Lemon KA (2010) Turbofan volume dynamics model for investigations of Aero-Propulso-Servo-Elastic effects in a supersonic commercial transport. NASA/TM—2010-216069

Cullick FEC (1988) Combustion instabilities in liquid fuelled propulsion systems. AGARD-CP-450, 1–1:1–72

de Jager B (1995) Rotating stall and surge control: a survey. In: Proceedings of 34th IEEE conference on decision and control, New Orleans, LA, USA, pp 1857–1862

DeLaat JC, Chang CT (2003) Active control of high frequency combustion instability in aircraft gas-turbine engines. In: Proceedings of 16th international symposium on airbreathing engines, sponsored by the international society for airbreathing engines, NASA/TM—2003-212611, Cleveland, Ohio

Docquier N, Candel S (2002) Combustion control and sensors: a review. Prog Energy Combust Sci 28:107–150

Dowling AP (2003) The challenges of lean premixed combustion. In: Proceedings of the international gas turbine congress, IGTC2003Tokyo KS-5, Tokyo

Dowling AP, Morgans AS (2005) Feedback control of combustion oscillations. Ann Rev Fluid Mech 37:151–182

Epstein AH, Williams JEF, Greitzer EM (1989) Active suppression of aerodynamic instabilities in turbomachinery. J Propul 5:204–211

Evesque S, Park S, Riley AJ, Annaswamy AM, Dowling AP (2004) Adaptive combustion instability control with saturation: theory and validation. J Propul Power 20:1086–1095

Gravdahl JT, Egeland O (1997) A Moore-Greitzer axial compressor model with spool dynamics. In: Proceedings of the 36th conference on decision and control, San Diego, CA, USA, pp 4714–4715

Greitzer EM (1976) Surge and rotating stall in axial flow compressors, Part I, II. J Eng Power 98(2):190–217 (ASME Transactions)

Greitzer EM (2009) Some aerodynamic problems of aircraft engines: fifty years after-the 2007 IGTI scholar lecture. ASME J Turbomach 121(031101):1–13

Gu G, Banda S, Sparks A (1996) An overview of rotating stall and surge control for axial flow compressors. In: Proceedings of IEEE conference on decision and control, Kobe, Japan, pp 2786–2791

Gu G, Sparks A, Banda S (1997) Bifurcation based non-linear feedback control for rotating stall in axial flow compressors. Int J Contr 6:1241–1257

Hawthorne WR, Horlock JH (1962) Actuator disc theory of the incompressible flow in axial compressor. Proc Inst Mech Eng London 196(30):798

Hilsenrath J et al (1960) Tables of thermodynamic and transport properties. Pergamon Press, New York

Hõs C, Champneys A, Kullmann L (2003) Bifurcation analysis of surge and rotating stall in the Moore-Greitzer compression system. IMA J Appl Math 68(2):205–228

Kopasakis G (2003) High-frequency instability suppression controls in a liquid-fueled combustor. In: Proceedings of 39th joint propulsion conference and exhibit, AIAA–2003–1458, Huntsville, AL

Kopasakis G (2007) Feedback control systems loop shaping design with practical considerations, NASA TM-2007-215007

Kopasakis G, Connolly JW, Paxson DE, Ma P (2008) Volume dynamics propulsion system modeling for supersonics vehicle research, NASA.TM- 2008-215172

Krstic M, Protz JM, Paduano JD, Koktovic PV (1995) Backstepping designs for jet-engine stall and surge control. In: Proceedings of IEEE conference on decision and control, pp 3049–3055

Le D, DeLaat J, Chang C (2003) Control of thermo-acoustic instabilities: the multi-scale extended Kalman approach. In: Proceedings of 39th joint propulsion conference and exhibit, AIAA–2003–4934, Huntsville, AL

Mattingly JD (2005) Elements of gas turbine propulsion. McGraw-Hill Education (India) Pvt. Ltd., Noida

Moore FK, Greitzer EM (1986) A theory of post-stall transients in axial compressors: part I—development of the equations. ASME J Eng Gas Turbines Power 8:68–76

Nayfeh MA, Abed EH (1999) High-gain feedback control of surge and rotating stall in axial flow compressors. In: Proceedings of the American control conference, Ca. 2663-2667, San Diego

Paduano JD, Epstein AH, Valavani L, Longley JP, Greitzer EM, Gunette GR (1993) Active control of rotating stall in a low-speed axial compressor. ASME J Turbomach 115:48–56
Rayleigh JWS (1878a) The explanation of certain acoustical phenomena. Nature 18:319
Rayleigh JWS (1878b) The explanation of certain acoustical phenomena. Royal Inst Proc 8:536–542
Rayleigh JWS (1945) The theory of sound. Dover, New York
Rijke PL (1859) Notiz über eine neue Art, die in einer an beiden Enden offenen Röhre enthaltene Luft in Schwingungen zu versetzen. Annalen der Physik und Chemie 183(2–107):339–343
Riley AJ, Park S, Dowling AP, Evesque S, Annaswamy AM (2004) Advanced closed-loop control on an atmospheric gaseous lean-premixed combustor. ASME J Eng Gas Turbines Power 126:708–716
Seldner K, Cwynar DS (1978) Procedures for generation and reduction of linear models of a turbofan engine, NASA TP- 1261
Seldner K, Mihaloew JR, Blaha RJ (1972) Generalized simulation technique for turbojet engine system analysis, NASA TN-D-6610
Spang HA III, Brown H (1999) Control of jet engines. Contr Eng Pract 7:1043–1059
Stueber TJ, Melcher KJ (2004) J85-13 turbojet engine model for propulsion system control studies, NASA TP-2004-212223
Vepa R (2010) Modelling and quasi-linear control of compressor surge and rotating stall vibrations. Math Prob Eng Article ID 314172 (Special Issue on Nonlinear Vibrations, Stability Analysis and Control)
Young S, Wang Y, Murray RM (1998) Evaluation of bleed valve rate requirements in non-linear control of rotating stall on axial flow compressors. Division of engineering and applied science, CALTECH CDS TR 98-001, California Institute of Technology, CA, USA

第6章

燃料电池的建模与仿真

6.1 燃料电池系统

在第1章中，曾经提到燃料电池是将化学能直接转换为电能和热能的能量转换系统。燃料电池技术具有以下一系列优点：部分负荷时发电效率高；低排放甚至零排放污染；无机械运动部件带来的无噪声工作环境；可控的电能和热能转换；节约能源等。尽管由于燃料电池的类型不同，燃料电池系统能量转化效率有所差别，但通常能达到40%或更高，因此燃料电池能大大节约能源。如果采用热电联供这一更有效的热能输出利用方式，则燃料的总利用率可以高达80%以上。

事实上，燃料电池系统主要由三个子系统组成：①燃料处理子系统用来预处理和调节发电燃料；②发电子系统，该子系统由用来发电的燃料电池组组成；③电压调节或者电压后处理系统，用来调节发电电压以直接并入电网供电。

按温度对燃料电池进行分类，可以分成以下五类：①低温（工作温度低于80℃）燃料电池，包括质子交换膜燃料电池和碱性燃料电池；②中温（工作温度在200℃）燃料电池，以磷酸作为电解液、气体作为燃料的磷酸燃料电池（PAFC）；③高温（工作温度不低于650℃）燃料电池，包括熔融碳酸盐燃料电池（MCFC）和固体氧化物燃料电池（SOFC）。最后一种高温燃料电池由于排气温度高，更适用于热电联供，也可以和燃气轮机组成联合循环，非常适用于分布式发电。与MCFC相比，SOFC的主要优势在于高温还可以实现多种（如甲烷、丁烷等）碳氢燃料气体的内部还原。此外，与MCFC的液态电解液相比，SOFC的固态电解液不存在对漏液、腐蚀的保护装置。表6.1比较了各种不同的燃料电池的技术状态。在O'Hayre等人（2006）的文章中对它们进行了详细讨论。

如图6.1所示，可以用输出电压、输出功率与电流密度曲线表示燃料电池的性能。用Gibbs势或反应物的“Gibbs自由能”性质可知开路电压为1.23V。实际上，由于不可避免的损耗，燃料电池电压低于该理论值。在小电流密度区域（区域1），电压降是由于化学反应过程中的活化损耗（或者称之为电化学反应损耗）引起的。在较高的电流密度区域（区域2），电压降主要是由电极的电阻欧姆损耗引起的。在更高的电流密度区域（区域3），反应物的扩散速率决定了电压降速率。由于扩散

表 6.1　燃料电池的比较

燃料电池类型→	PEMFC	PAFC	MCFC	SOFC
电解液→	全氟磺酸（全氟磺酸基），Pt_3Ni 基聚合物	聚四氟乙烯烧结碳化硅矩阵中的 H_3PO_4	多孔铝酸锂基体中的 Li_2CO_3/K_2CO_3	8mol % 钇稳定氧化锆 氧化钪稳定氧化锆 钆掺杂氧化铈
流动离子→	H^+	H^+	CO_3^{2-}	O^{2-}
阳极→	铂（铂）催化，PTFE（聚四氟乙烯）结合，薄膜（碳，铂）	炭黑催化铂	镍或含铬或铝的合金	镍陶瓷金属陶瓷
阴极→	铂催化，PTFE（聚四氟乙烯）结合，薄膜（碳，铂）	炭黑催化铂	氧化镍，NiO	镧锶锰矿
工作温度→	<80℃	约为 200℃	>650℃	>650℃
启动时间→	10s	3~10h	2h	2h
输出功率/(mW/cm²)→	400	150~300	150	150
主要燃料→	氢	氢气、天然气、甲醇、凝固汽油、轻油	氢气、天然气和煤气、甲醇、凝固汽油、石油	氢气、天然气和煤气、甲醇、凝固汽油、石油
还原→	否	否	是	是
效率→	40%~50%	40%	50%~60%	50%~60%
热电联供效率→	—	—	75%	75%
一氧化碳中毒	严重	有限	否	否
应用场景→	备用电源或便携式电源 分布式发电 交通运输业	分布式发电	电力行业 分布式发电	厂用电，电力行业 分布式发电

过程的限制，燃料电池产生的电流有一个最大值称为极限电流。更为理想的燃料电池是具有更加平坦的曲线和较高极限电流的燃料电池。理论上，可以通过增加温度和反应物的压力来改善燃料电池的性能。然而在更高的温度和压力下，材料和硬件的局限性又会降低燃料电池的性能。

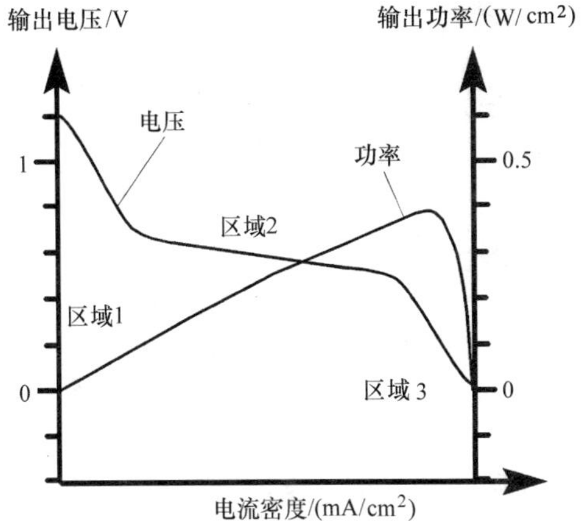

图 6.1　燃料电池输出电压、输出功率与电流密度曲线

6.2　燃料电池的热力学和电化学

6.2.1　燃料电池的热力学

燃料电池是一种电化学设备，用来将燃料和氧化剂的化学能直接转换成电能，这一转换过程是可逆的。下面分别用氢和氧用作燃料和氧化剂举例说明燃料电池的热力学原理。

热力学的第一和第二定律描述了燃料电池的可逆性。反应物（燃料和空气）产生了总输入焓和燃料电池的总输出焓，因此焓的变化 ΔH 可以表示为

$$\Delta H = \sum n_{in} H_{in} - \sum n_o H_o \tag{6.2.1}$$

燃料电池中产生热 q_{FC} 的同时做了可逆功 w_{FC}，相当于以电能的方式输出 $-w_{FC}$，根据热力学第一定律可知：

$$\Delta H = \sum n_{in} H_{in} - \sum n_o H_o = q_{FC} + w_{FC} \tag{6.2.2}$$

燃料电池的输入与输出示意图如图 6.2 所示。

图 6.2　燃料电池的输入/输出

由热力学第二定律可知，系统和周围环境总的熵在任何过程中不会减少，用公式表示为

$$\oint dS \geqslant 0 \tag{6.2.3}$$

在理想状态和可逆过程中：

$$\Delta S = q_{FC}/T_{FC} \tag{6.2.4}$$

因此，由式（6.2.4）可知，可逆功可以表示为

$$w_{FC} = \Delta H - T_{FC}\Delta S \tag{6.2.5}$$

它等于 Gibbs 电势的变化。由此可知，在理想气体和可逆过程中：

$$\Delta G = w_{FC} = \Delta H - T_{FC}\Delta S \tag{6.2.6}$$

其中

$$S(p,T) = S_0 + \int_{T_0}^{T} \frac{C_p(\tau)}{\tau}d\tau - R \cdot \ln\left(\frac{p}{p_0}\right) \tag{6.2.7}$$

因此，Gibbs 电势可以表示为

$$\Delta G(p,T) = \Delta G_0 + RT \cdot \ln(K_{eq}) \tag{6.2.8}$$

式中，K_{eq}是平衡常量，因此，Nernst 电势就可以表示为

$$\Delta V_N = -\frac{\Delta G(p,T)}{n_{el}F} = -\frac{\Delta G_0 + RT \cdot \ln(K_{eq})}{n_{el}F} \tag{6.2.9}$$

6.2.2 燃料电池的电化学反应和电催化作用

在标准氢电极（SHE）条件下，当燃料电池中阳极的热力学势 $E_{0a} = 0.00V$ 时，燃料电池阳极上的电化学反应为

$$H_2 \rightarrow 2H^+ + 2e^-$$

同样，在 SHE 条件下，当燃料电池中阴极的热力学势 $E_{0c} = 1.229V$ 时，在阴极上的电化学反应为

$$O_2 + 4H^+ + 4e^- \rightarrow 2H_2O$$

因此，在标准平衡电动势为 1.229V 的情况下，整体氢燃料电池反应为

$$O_2 + 2H_2 \rightarrow 2H_2O + \text{热量}$$

由于一氧化碳的浓度大于0.5% 时是有毒的，因此燃料电池的燃料通常为纯氢气。如果燃料为碳氢化合物，例如以甲烷为主的天然气，为了产生电池所需气体，必须对燃料进行重整及重整变换。重整反应表示为

$$CH_4 + H_2O \rightarrow 3H_2 + CO$$

重整变换反应表示为

$$CO + H_2O \rightarrow H_2 + CO_2$$

聚合物电解质膜燃料电池（PEMFC）通常利用阳极的铂催化剂把氢气分解为正离子（质子）和负电子。正离子通过膜电解质到达阴极与氧结合产生水。负电子通过外部电路到达阴极与氢离子重新汇合产生了电流。整个反应过程由阳极和阴极的化学反应组成：

$$\text{阳极：} 2H_2 \rightarrow 4H^+ + 4e^-$$

$$\text{阴极：} O_2 + 4H^+ + 4e^- \rightarrow 2H_2O$$

磷酸燃料电池（PAFC）使用液态磷酸作为电解液，电解液被包含在碳化硅基

体中，而碳化硅基体夹在两个涂有铂催化剂的多孔石墨电极中间。熔融碳酸盐燃料电池（MCFC）是一种高温燃料电池，它使用的电解质由悬浮在多孔介质中的熔融碳酸盐混合物和固定在 $LiAlO_2$ 基体中的碱性碳酸盐组成。对于这类燃料电池而言，阳极和阴极的化学反应为

$$H_2 + CO_3^{2-} \rightarrow H_2O + CO_2 + 2e^-$$

$$O_2 + 2CO_2 + 4e^- \rightarrow 2CO_3^{2-}$$

固体氧化物燃料电池（SOFC）用坚硬的非多孔陶瓷复合物作为电解质。由于可以在内部对燃料进行重整，所以 SOFC 和 MCFC 可以使用各种不同的燃料，从而减少了系统中重整装置的费用。对于 SOFC 而言，阳极和阴极的化学反应为

$$H_2 + O^{2-} \rightarrow H_2O + 2e^-$$

$$O_2 + 4e^- \rightarrow 2O^{2-}$$

在燃料电池中电催化起着至关重要的作用，它主要用来将阳极的氢气分解为正离子（质子）和负电子。改善催化剂性能的目的是为了获得比标准碳载铂粒子催化剂和当前燃料电池中使用的其他催化剂更高的催化活性。同时，也必须考虑减轻存在于燃料电池催化剂中杂质所引起的中毒或性能下降现象。有两种途径可以实现这一目的。由于铂基催化剂对一氧化碳中毒极为敏感，因此，对于乙醇类或烃类燃料产生的富氢气体，必须找到另外一种替代用的催化剂或增加一个额外的反应器，以减少燃料气体中的一氧化碳浓度。由于重整而产生一氧化碳时，采用铂与钌等材料制成合金可以减少燃料电池中毒从而保证性能。催化剂通常是通过溶液沉淀制成的，通过沉淀可以减少催化剂中的气相或液相的铂基盐。最常见涂层催化剂的两种技术：一是电极中的气体扩散层（GDL）；二是用来形成催化剂涂层膜（CCM）。MCFC 采用混合催化剂，以最大限度地减少铂的用量。该混合催化剂是采用聚合物黏接剂将炭黑粒子结合在一起而形成的一种整体结构。催化剂的种类很多，一些催化剂在阴极用作氧还原电催化剂，一些在阳极用作氢氧化电催化剂。不管用的是哪种催化剂，它们都能在不改变电极的设计制造工艺的基础上改善燃料电池的性能。

6.3　氢气的产生、存储与扩散

阻碍燃料电池在交通工具上广泛使用的原因之一是氢气的存储问题。氢气都是在化学工厂中从天然气体或者化石燃料经过化学重整生产出来的。燃料电池汽车必须将纯净的氢气以压缩气体的方式存放在车载压力罐里。如同当前的化石燃料驱动的汽车一样，燃料电池驱动的汽车必须要存储一次足以行驶 300～350mile[⊖] 的氢气。可是由于氢气具有较低的能量密度，因此所需存储的氢气的体积是相当可观的。此外，以液态存储氢气又花费巨大。一种替代直接存储氢气的方法是车载重整

⊖ 1mile = 1609.344m。——译者注

装置。但是，这种方法由于需要安装额外的制氢车载重整设备，故而不仅价格昂贵而且整个系统结构复杂。尽管高密度的液体燃料，如甲醇、乙醇和生物燃料、天然气、液化石油气和汽油，也可以用作燃料，但车辆也必须安装从甲醇中重整氢气的燃料重整设备。尽管比目前使用的汽油发动机排放的温室气体少，但是这些重整装置依然会释放二氧化碳（温室气体），增加碳排放量。由此可见，重整装置在扩大燃料电池发动机体积的同时也增加了总的系统成本和维护费用。

所需的制氢的装置应该是紧凑、高效且价格低廉的。这种装置还需要能从甲烷这类液体燃料中以低一氧化碳含量的方式制氢，并且这些一氧化碳会在燃料电池中消耗掉。工业规模制氢是一种比较成熟的技术，它们基于两种方式：①低分子量烃蒸气重整或②高分子量烃类（例如甲烷）的部分氧化。有时，以向甲烷 - 空气混合物中添加蒸气和空气的自热重整代替部分氧化。经过这些方法制造出来的氢气还要在工厂中进行去除一氧化碳、脱硫和提纯处理。根据燃料电池类型的不同，制造出来的氢气中一氧化碳的含量应该为 5 ~50ppm⊖，硫的含量应该为 0.001 ~0.1ppm，因为对燃料电池中的蒸气重整镍基催化剂和铂基阳极催化剂而言，硫是有毒的。脱硫是通过部分吸附或硫的催化转化方法实现的。去除一氧化碳是通过在水煤气转换装置添加蒸气将一氧化碳转化为二氧化碳的方式实现的。为了重整和净化燃气这一目的，研制了基于超渗透膜 Pd 的膜重整和膜净化技术，并应用在了 PEMFC 中。

6.4 燃料电池堆的配置和燃料电池系统

通常将若干个燃料电池串联在一起组成电池堆以增加输出功率。当若干个串联在一起的单独燃料电池并行工作时，就构成了燃料电池堆。电池堆的电压是各个电池的电压之和，各个电池的电流是一样的。燃料电池堆需要空气调节和冷却装置。因此，这些附加在燃料电池上使燃料电池能正常发电的装置称为附属装置。燃料电池堆主要可以分成四个子系统：

1）反应气体流子系统；

2）加湿子系统；

3）堆冷却子系统；

4）电力管理子系统。

在传统的燃料电池堆中，反应气体流子系统由从入口到出口的所有氢气和空气流过的通道组成。氢气通道给阳极提供氢气，空气通道给阴极提供氧气。空气通道中包括一个压缩器用来将空气压缩到理想状态。压缩器的出口通过一根称为供应管的管道和电池堆相连，外界空气经过压缩器后进入电池堆。供应管负责向燃料电池的阴极通道提供空气。加湿器和冷却器位于压缩器和电池堆之间。阴极通道的出口与一根称为回流管的管道相连，废气从这里排放到空气中。

⊖ $1ppm = 1 \times 10^{-6}$。——译者注

电力管理子系统负责向电网中的所有负荷供电，包括电阻、电容和电感负荷、恒电流负荷、恒功率负荷以及感应电动机负荷。在一些应用中，电力管理子系统通过变频器和同步发电机负责将直流电逆变成交流电。为了让燃料电池堆工作在一个稳定的电流下，电力管理子系统还提供超级电容器或电池，用来在输出功率大时放电、输出功率小时充电。

目前，在燃料电池的实际应用中，通常用24～384个燃料电池组成燃料电池堆，以增加输出电压。精心设计和集成的燃料电池结构可以产生高达1.5A/cm^{2}的载流量，因此燃料电池堆可以在没有额外的加湿和冷却装置的情况下工作在稍高于标准大气压（1.6bar㊀）的压力下。将燃料电池并联起来形成燃料电池堆带来以下好处：①循环的外入口使得堆中的空气易于流动；②直接将液态水从阳极的满流型通过所谓疏水性气体扩散层直接传输到膜上，便于采用液态水直接加湿燃料电池膜电极组件（MEA）；③燃料电池堆工作在几乎相同的环境压力中。这些优点使得当前的堆结构变得合理可行。

6.5　面向控制的建模和动力学

为了获得最佳性能和延长使用寿命，暂态和稳态运行时间需要采用适当的控制方法来控制燃料电池的运行。如果控制方法不正确，会大大降低暂态运行时燃料电池的效率和寿命。在很大程度上，燃料电池的效率取决于燃料电池堆控制器和子系统的设计（Yang等人1998）。由于燃料电池和子系统的非线性特征各不相同，燃料电池的控制方法也多种多样（Methekar等人2010）。Methekar等人（2010）指出，对于动态系统的控制而言，与基于第一原则模型相比，基于经验的模型能带来更快的计算速度。Kalhammer等人（1998）讨论了燃料电池系统的辅助部件的正确管理和控制的重要性。Badrinarayanan等人（2001）讨论了燃料电池堆中水含量和燃料电池供电系统中温度管理的影响。Fronk等人（2000）讨论了燃料电池堆性能和温度管理之间的关系。

尽管现在有大量的文献涉及燃料电池建模的问题，但是大部分都不是以控制为目的。文献中的燃料电池模型可以分成三大类：采用偏微分方程的深度（in-depth）模型，采用经验公式、图和数据的燃料系统稳态模型和基于集总假设的燃料电池系统动力学模型。

大部分文献中的燃料电池模型都是针对单个电池建模。这些模型基于热力学、流体力学和电化学的理论和公式。这些模型在不同的工作条件下定义了动态和稳态的单电池的性能。只有动态模型可用于控制器的设计和确定单电池最佳性能的工作条件。Amphlett等人（1994）提出了在不同工况下的单电池的电阻模型。Springer等人（1991）建立了数学模型，对在不同的传送现象下，净流量水分子的每个质子

㊀ 1bar = 10^5Pa。——译者注

建模，并且对于质子流通过膜时膜中水含量产生的阻力建模。Bernardi（1990）提出的模型定义了膜中的水含量净余额的反应物和堆温度条件。Wohr 等人（1998）考虑到了燃料电池电流变化的动态影响，并指出电池电压取决于电流密度和电流比。他们发现，由于膜中水含量的不同，或者即使电流相同，但是电流值相同而电流比不同时，电池电压也是不同的。除了单个燃料电池外，人们也建立了一些燃料电池堆模型。Lee 和 Lalk（1998）建立了面向堆的模型用来确定燃料电池堆工作参数。

最常用的燃料电池系统动态模型是 Pukrushpan 等人（2004a，b，c）提出的。他们提出了燃料电池堆的电压模型、静态冷却管道和加湿模型、压缩机模型、阳极流模型、阴极流模型以及阴极供应和回流管模型。该模型没有考虑堆温度的动态变化。Turner 等人（1999）提出的模型考虑到了燃料电池温度升高时的瞬态效应。

必须加以控制的性能参数包括电极两端的电压差（PEMFC 中跨膜的情况）、输出功率和直接采用液态水加湿燃料电池（PEMFC 膜电极组件）的湿度。需要加以控制的输入包括在阳极的燃料流比和在阴极的氧气流比。因此，燃料电池的控制问题是一个多输入/多输出控制问题。

6.6 PEMFC 的降阶模型

PEMFC 的示意图如图 6.3 所示。由于温度的相对快速变化以及燃料电池内相对湿度和一氧化碳含量缓慢变化会严重影响到 PEMFC 的动态输出功率和效率，因此，对质子传输膜和相关的欧姆损耗受温度和湿度影响程度进行有效建模是至关重要的。同样，在阴极侧的 GDL 的氧浓度是不断变化的，严重地影响电池的性能。

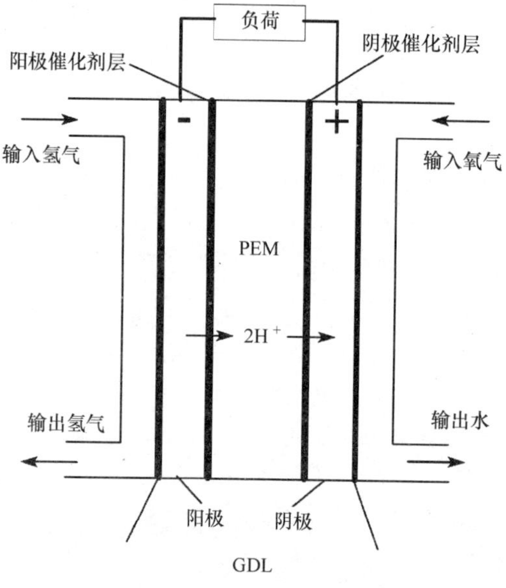

图 6.3　PEMFC 的示意图

Springer 等人（1991）提出了一种基于水传输机制的恒温稳态模型。通过求解所提出的水平衡方程，得到膜电阻和氧气浓度，用于确定燃料电池的阴极电位和 $V-I$ 曲线。Amphlett 等人（1994）提出了稳态参数化模型，在一组给定工作条件下，如给定反应物气体、压力和电流的浓度条件下，给出了燃料电池的电压。该模型的基础是传质性能、热力学平衡电位、过电压。Amphlett 等人（1995）建立了采用线性回归确定过电压的参数化模型，即过电压和通电过电压的参数方程。Amphlett 等人（1996）还建立了暂态模型，当系统出现诸如工作电流阶跃变化或突然关闭等干扰时，用以预测电池电压和温度，电池电压和温度是时间的函数。Mann 等人（2000）提出了 PEMFC 广义稳态电化学模型。Puranik 等人（2010）、El - Sharkh 等人（2004）、Uzunoglu 和 Alam（2006）、Zhang 等人（2006）、Yalcinoz 和 Alam（2008）、Ziogou 等人（2011）提出了动态模型，可以在某种意义上被视为降阶模型在实时滤波、控制和估计中的应用。

Rowe 和 Li（2001）提出了一种非等温模型，研究设计和工作环境对燃料电池性能、热响应和水管理的影响。Wang（2004）写的综述强调了在动态模型中加入代表性的热动态模型的重要性。之后，Wang 和 Wang（2005）、Ju 等人（2005）、Stanton（2005）、Zhang 等人（2006）又详细探讨了热动态模型。Yu 和 Yuvarajan（2004）还提出了一种新的回路模型，可用于热电联供的供电系统。

Pasricha 和 Shaw（2006）、Laffly 等人（2007）、Garnier 等人（2004）在他们的论文中探讨了详细的极化动态模型。Chu 和 Jiang（1999）、Morner 和 Klein（2001）和最近 Adzakpa 等人（2008）进行了一些暂态行为的研究。Wang 和 Wang（2005）考虑到了气体动力学的作用，并且解释了当输出电压发生阶跃跳变时，电流的上下跳变。Ju 等人（2005）的研究指出了用来控制燃料电池热行为的三个重要参数，即扩散层导热系数、输入气体的相对湿度和燃料电池的电流。Pukrushpan 等人（2004a，c）提出了集总参数的动态模型用来预测阴极的气体动态，但是该模型没有考虑到扩散层氧气的影响。Grasser（2005）、Ramousse 等人（2005）、Grasser 和 Rufer（2007）、Hinaje 等人（2008）的研究中主要强调了动力学模型中水含量的重要性。Ceraolo 等人（2003）研究了膜含水量的动态演变，以及它和燃料电池电流的关系，同时还证明了水流动力学对燃料电池输出电压的影响。Ramousse 等人（2005）、Hinaje 等人（2008）提出了一种采用在阴极和阳极膜膜间水含量 λ 的函数来估计通过膜的水流量值的方法。Chia（2006）提出了一种 PEMFC 的数学模型，该模型描述了燃料电池内水平衡的基本物理规则。Shan 和 Choe（2005）探讨了燃料电池的温度梯度分布动态模型、膜中水浓度分布的动态模型、阴极催化剂层中质子浓度的动态模型和阴极扩散层反应物浓度分布的动态模型。Yang 等人（2004）研究了燃料电池膜诸如质子电导率和水流动态模型的理化性质。Yang 等人（2004）还提供了膜中水含量参数建模的有效数据作为水活性参数函数。

6.6.1 PEMFC 模型

典型的 PEMFC 的数学模型包括相应的反应物和产物传输模型，还包括水上传输和热效应模型。为了理解系统动态模型的本质，忽略与输出无关的不可观测量，需要用到实时监测和控制器综合应用模型。对建模而言，只需要和量测有关的变量的动态模型，并且将它们关联起来，以确保在整个时间周期内，这些状态都是可观测的。通过对理想气体定律方程 $PV=nRT$ 进行微分，可以得到氢、氧和水压力的偏微分动态方程，此处，R 是通用气体常数，V 是所讨论的气体体积常量。在纯粹的注入操作中，阳极的氢气气相压力变化和阴极的氧气气相压力变化主要作用于输入流、输出流和反应流。对氢气而言，压力变化的比率与这三股流直接的关系可以用燃料电池的温度 T_{fc} 来表示：

$$\frac{\mathrm{d}P_{H_2}}{\mathrm{d}t}=\frac{RT_{fc}}{V_{an}}(q_{H_2}^{in}-q_{H_2}^{out}-q_{H_2}^{r}) \tag{6.6.1}$$

根据燃料电池中反应物氢气流的电化学反应关系，给定的燃料电池系统电流 I_{fc}、反应物氢气的流率 $q_{H_2}^{r}$ 可以用堆中电池数量 N_s 和法拉第常数 F 来表示：

$$q_{H_2}^{r}=(N_s/2F)I_{fc} \tag{6.6.2}$$

氢气的输入和输出流可以分别用阳极通路输入大气压力 P_A^{in}、水的摩尔流和水压力之比来表示：

$$\begin{aligned} q_{H_2}^{in}&=\frac{(m_{H_2O})_{in}^{a}}{(P_{H_2O})_{in}^{a}}P_A^{in} \\ q_{H_2}^{out}&=q_{H_2}^{in}\frac{(2P_{H_2}-P_A^{in})}{P_A^{in}} \end{aligned} \tag{6.6.3}$$

式中，角标 in 和 out 分别代表输入和输出通路；角标 a 和 c、角标 A 和 C 以及角标 an 和 ca 分别代表阳极和阴极。将式（6.6.2）和式（6.6.3）代入到式（6.6.1）可得

$$\frac{\mathrm{d}P_{H_2}}{\mathrm{d}t}=-\frac{RT_{fc}}{V_{an}}\left(\frac{2(m_{H_2O})_{in}^{a}}{(P_{H_2O})_{in}^{a}}P_{H_2}-\frac{2(m_{H_2O})_{in}^{a}}{(P_{H_2O})_{in}^{a}}P_A^{in}+\frac{N_s}{2F}I_{fc}\right) \tag{6.6.4}$$

同样，对氧气流可得

$$\frac{\mathrm{d}P_{O_2}}{\mathrm{d}t}=-\frac{RT_{fc}}{V_{ca}}\left(\frac{2(m_{H_2O})_{in}^{c}}{(P_{H_2O})_{in}^{c}}P_{O_2}-\frac{2(m_{H_2O})_{in}^{c}}{(P_{H_2O})_{in}^{a}}P_C^{in}+\frac{N_s}{4F}I_{fc}\right) \tag{6.6.5}$$

对水压力可得

$$\frac{\mathrm{d}P_{H_2O}}{\mathrm{d}t}=-\frac{RT_{fc}}{V_{ca}}\left(\frac{2(m_{H_2O})_{in}^{c}}{(P_{H_2O})_{in}^{c}}P_{H_2O}-\frac{2(m_{H_2O})_{in}^{c}}{(P_{H_2O})_{in}^{c}}P_{H_2O}^{sat}+\frac{N_s}{2F}I_{fc}\right) \tag{6.6.6}$$

在阳极，氢气扩散进入阳极电催化反应区发生电化学反应生成氢质子和电子，这在阳极发生的化学半反应可以描述为

$$H_2 \rightarrow 2H^+ + 2e^- \tag{6.6.7}$$

氢质子扩散穿过聚合物电解质膜，而电子通过外部负载。在阴极，氧气扩散进入阴极表面与交叉的质子和电子发生电化学反应生成水：

$$O_2 + 4H^+ + 4e^- \rightarrow 2H_2O \tag{6.6.8}$$

结果是，整个 PEMFC 的化学反应可以表示为

$$O_2 + 2H_2 \rightarrow 2H_2O \tag{6.6.9}$$

式（6.6.9）中的反应是放热反应，也就是说燃料电池将产生热量。因为聚合物膜设计成只允许质子通过，所以反应中的电子就需要经由外部的循环通路回到燃料电池中。燃料电池的温度动态模型可以通过流入和流出的热量流来建立。假定燃料电池堆的总质量为 M_{fc}、指定的热容量为 C_{fc}、电池电化学生成热速率为 $\dot{Q}_{Chem}$、电能转换成热能的速率为 $\dot{Q}_{Elec}$，由电流产生的热量和热传导或对流热损失率为 $\dot{Q}_{Loss}$，则电池温度变化率可以表示为

$$M_{fc}C_{fc}\frac{dT_{fc}}{dt} = \dot{Q}_{Chem} + \dot{Q}_{Elec} - \dot{Q}_{Loss} \tag{6.6.10}$$

在式（6.6.10）中，$\dot{Q}_{Loss}$ 可以用等效的对流热转换系数 h_{s_eq} 和冷却液的传热系数（h_{clt}）、电池数量 N_s、冷却液流比 q_{cool} 和燃料电池与环境温度的温差（假定是已知的）来表示。$\dot{Q}_{Elec}$ 是电池输出电压和电流的乘积，$\dot{Q}_{Chem}$ 与氢的燃烧焓（286kJ/mol），ΔH 成正比。因此：

$$\begin{aligned}
\dot{Q}_{Loss} &= (h_{s_eq}N_s + q_{cool}h_{clt})(T_{fc} - T_{room}) \\
\dot{Q}_{Elec} &= V_{Cell}I_{fc} \\
\dot{Q}_{Chem} &= \Delta NH_sI_{fc}/2F
\end{aligned} \tag{6.6.11}$$

氢的燃烧焓也可以用 Nernst 势能来表示，Nernst 势能将在后面讨论。目前讨论的模型和方程基本上是由不同研究人员提出的标准模型。需要完成的最终模型方程是降阶动态模型，用来从量测值中估计相关状态值。该模型和膜湿度的动态变化有关。

6.6.2　膜湿度模型

对于 PEMFC 而言，膜湿度是至关重要的。在质子交换膜中电导率是水的活性和温度的函数。当质子交换膜中的水含量降低时，需要吸收水以电离磺酸基团。电离使得自由质子可以在固定阴离子间自由跳跃。随着水的吸收，电离的点之间的距离减小，因此跳频速率呈指数下降。当质子交换膜中水含量增加时，电导率呈指数增加。质子交换膜也随之膨胀，逐渐减少了膜对质子传输的阻力。如果膜的湿度不够，电导率将下降，输出电流也随之下降。另一方面，湿度过大也会淹没电极，并阻碍气体向膜/电极接口的传输。因此，在膜中的相对湿度的含量必须保持在一个最佳的水平，也就是刚刚低于 100%。

可以基于燃料电池水质量平衡的基础建立水含量的动态模型。在本节中，以仿

真模拟为目的对膜中水含量进行动态建模，如果是为了估计目的建模，则对于燃料电池降阶模型来说膜中水含量被看做是独立未知的输入量。质量平衡方程中包括了法拉第常数、阳极和阴极室中气体的体积、水积累和水排出率。膜中水积累率取决于膜自身水的吸收和气相中的水。燃料电池中的水排出率取决于现有的每室的水流率。在这里，对这个模型进行离散化和调整，用一阶噪声整形滤波器表示并估计滤波器的时间常量。这是一种相对简单的水含量参数动态模型。

根据 Chia（2006）的燃料电池质量平衡理论可得

$$\left(N_{SO_2}\frac{d\lambda}{da}+(V_{an}+V_{ca})\frac{P_{wv}(T_{fl})}{RT_{fl}}\right)\frac{da_w}{dt}=\frac{i_{fc}}{2F}-(q_a+q_c)\frac{P_{wv}(T_{fl})}{RT_{fl}}a_w \quad (6.6.12)$$

式中，$P_{wv}(T_{fl})$是当前燃料电池温度下的水蒸气压力；N_{SO_2}是膜中磺酸基团的摩尔数；q_a和q_c是阳极和阴极体积流量。

根据 Chia（2006）的研究可知式（6.6.12）可以表示为集总传质系数：

$$N_{SO_2}\frac{d\lambda}{da_w}\frac{da_w}{dt}=k_{GDL}A(a_{GDL}-a_w)-K_AA(a_w-a_a)=kA(\bar{a}_{GDL}-a_w) \quad (6.6.13)$$

式中，A 是薄膜的有效表面积：

$$\bar{a}_{GDL}=\frac{k_{GDL}}{k}a_{GDL}+\frac{k_A}{k}a_a$$
$$k=(k_{GDL}+k_A) \quad (6.6.14)$$

在实际中，为了使得燃料电池加湿效果较好，通常取$\bar{a}_{GDL}\approx 1$。实际上，式（6.6.13）中，用水的摩尔数代替磺酸基团的摩尔数来表示膜中水含量 λ 更合适。故而：

$$d\lambda/dt=\omega_a(\lambda_{\bar{a}_{GDL}=1}-\lambda) \quad (6.6.15)$$

式中

$$\omega_a=kA/N_{SO_2}\frac{d\lambda}{da_w} \quad (6.6.16)$$

式（6.6.15）的右侧是水通过膜的整体流量。Yang 等人（2004）相关实验表明，根据每膜磺酸基团的水分子表示的膜水含量 λ 可以很容易地估计出比率 $d\lambda/da_w$。采用一个简单的多项式拟合 Yang 的数据，可以获得水吸收的表示：

$$\lambda=14.9a_w-44.7a_w^2+70.0a_w^3-26.5a_w^4-0.446a_w^5 \quad (6.6.17)$$

同时还发现，当

$$\lambda|_{a_w=1}=13.354\text{ 时},d\lambda/da_w|_{a_w=1}=27.27 \quad (6.6.18)$$

因此可以用下式估计 ω_a：

$$\omega_a=kA/N_{SO_2}\frac{d\lambda}{da_w}=24.4689\times Am^2 \quad (6.6.19)$$

此外，对 Yang 的式子进行数值代入转换后可得

$$a_w=4.3491\lambda-8.0880\lambda^2+7.2323\lambda^3-2.1269\lambda^4 \quad (6.6.20)$$

两种曲线的比较如图6.4所示。

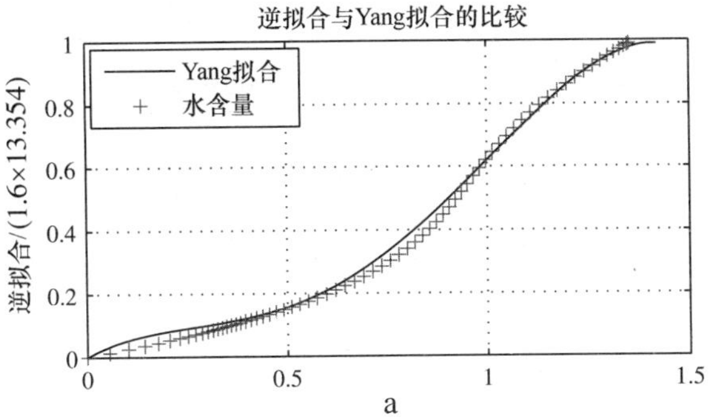

图6.4 逆拟合与Yang拟合的比较

6.6.3 燃料电池输出电极的极化

Nernst方程给出了理想开路条件下电化学反应产生的电动势：

$$E_{\mathrm{Nernst}} = -\frac{\Delta G}{nF} + \frac{RT_{\mathrm{fc}}}{nF}\log\left(\frac{P_{\mathrm{H_2}}\sqrt{P_{\mathrm{O_2}}}}{P_{\mathrm{H_2O}}}\right) \tag{6.6.21}$$

式中，ΔG是变化的Gibbs自由能：

$$\Delta G = G_{\mathrm{f,H_2O}} - G_{\mathrm{f,H_2}} - G_{\mathrm{f,O_2}} \tag{6.6.22}$$

式中，$P_{\mathrm{H_2}}$是燃料电池中氢气的分压力；$P_{\mathrm{O_2}}$是氧气的分压力；$P_{\mathrm{H_2O}}$是电池中水的分压力；F是法拉第常数；n代表的是每摩尔氢转移的电子摩尔数。

在$T=0$时，当压力等于大气压力时，E_{Nernst}等于标准参考电位。因此，所有的压力都是以标准大气压力为单位测量的。

PEMFC具有不同种类的电极极化方式。极化是指由于特殊的物理原因使得Nernst电位降低。第一种是活化极化或活化电位。活化电位下降是由于在电极表面发生化学反应的速度减缓。这取决于温度和工作压力、电极的类型以及所用的催化剂。Tafel方程描述了活化过电位，该方程从忽略了阴极极化的Butler－Volmer方程推出，Butler－Volmer方程是阳极和阴极同时极化的方程。Tafel方程如下：

$$\Delta V_{\mathrm{act}} = \frac{RT_{\mathrm{fc}}}{\alpha nF}\log\left(\frac{I_{\mathrm{fc}}}{I_0}\right) \tag{6.6.23}$$

式中，α是对称因数；I_0是交换电流。

另一方面，Amphlett等人（1995）通过在Tafel方程中添加η_0常量修正了活化损失方程，如下：

$$\Delta V_{\mathrm{act}} = \eta_0 + \frac{RT_{\mathrm{fc}}}{\alpha nF}\log\left(\frac{I_{\mathrm{fc}}}{I_0}\right) \equiv \Delta V_{\mathrm{act0}} + \frac{RT_{\mathrm{fc}}}{\alpha nF}\log(I_{\mathrm{fc}}) \tag{6.6.24}$$

二次极化是各反应物表面浓度平衡的结果。这种极化可以用电极反应速率和电极反应物供给量之间的关系来描述，或者也可以用电极反应速率和由扩散带来的电极反应物消除量之间的关系来描述。因此，这种极化称为浓差极化。这种由于反应

物气体浓度下降引起的，或者说由于氧气和氢气的质量传输引起的电压下降称为浓差过电位，可以表示为

$$\Delta V_{\rm conc} = -\frac{RT_{\rm fc}}{nF}\log\left(1-\frac{j}{j_{\rm Limit}}\right) = -\frac{RT_{\rm fc}}{nF}\log\left(1-\frac{I_{\rm fc}}{I_{\rm Limit}}\right) \qquad (6.6.25)$$

式中，j 是通过质子交换膜的电流密度；$j_{\rm Limit}$ 是它的极限值。该极限值可以由理想气体方程和 Fick 定律得到。

在 PEMFC 中，双层电荷效应引起的电容阻抗和由浓度电流成分与活化过电位引起阻抗是相似的。由双层电荷效应和由浓度电流成分与活化过电位引起的各种过电位都满足以下微分方程：

$$C_{\rm cdl}(R_{\rm act}+R_{\rm conc})\frac{{\rm d}\Delta V_{\rm cdl}}{{\rm d}t}+\Delta V_{\rm cdl}=I_{\rm fc}(R_{\rm act}+R_{\rm conc}) \qquad (6.6.26)$$

式中，$R_{\rm act}\equiv(\Delta V_{\rm act}-\Delta V_{\rm act0})/I_{\rm fc}$ 和 $R_{\rm conc}\equiv(\Delta V_{\rm conc}-\Delta V_{\rm conc0})/I_{\rm fc}$ 是非线性等效电阻；$\Delta V_{\rm conc0}=(RT_{\rm fc}/nF)\ \log I_{\rm Limit}$。

电子流通过电极和各种互连接口的外部电阻和离子流通过电解质的内部膜电阻引起电压降，通常称为欧姆过电位。因此欧姆电位下降是电子通过收集板和碳电极产生的电阻降之和，而电阻降是质子通过固体膜产生的。Amphlett 等人（1996）讨论了这些过电位。当电子电阻建模为常量（通常被忽略）时，膜的欧姆电位差可以用从膜的质子传导性模型推导出来的电阻率参数来表示：

$$\sigma_{\rm m}=\sigma_{\rm m0}\exp\left(4.18\times303\times\left(\frac{1}{303}-\frac{1}{T}\right)\right) \qquad (6.6.27a)$$

当电流密度为 0 时：

$$\sigma_{\rm m0}=(\lambda-0.634)/181.6 \qquad (6.6.27b)$$

参数 $\sigma_{\rm m0}$ 是膜电荷密度 j、燃料电池温度 $T=T_{\rm fc}$ 和 λ 的函数。因此，欧姆损耗可以表示为

$$\Delta V_{\rm Ohmic}=I_{\rm fc}R_{\rm Ohmic} \qquad (6.6.28a)$$

$$R_{\rm Ohmic}=R_{\rm C}+\rho_{\rm m}(l_{\rm m}/A)$$

$$R_{\rm C}=0.003\Omega$$

$$\rho_{\rm m}=\frac{181.6(1+0.03j+0.062(T/303)^2j^{2.5})}{(\lambda-0.634-3j)\exp(4.18((T-303)/T))} \qquad (6.6.28b)$$

除此之外，Amphlett 等人（1993）讨论了由一氧化碳等其他污染物引起的其他潜在损耗。由于一氧化碳污染导致的过电位可以表示为

$$\Delta V_{\rm CO}=-\frac{RT_{\rm fc}}{F}\log(1-\theta_{\rm CO}) \qquad (6.6.29)$$

式中，$\theta_{\rm CO}$ 表示一氧化碳污染物的表面积。

Amphlett 等人（1993）提供了将一氧化碳浓度百万分率（ppm）转换为 $\theta_{\rm CO}$ 的数据：

$$\phi_{co}(C_{co}) = -\log(1-\theta_{CO}) \tag{6.6.30}$$

通过曲线拟合这些数据，可以用一氧化碳浓度百万分率（ppm）的函数来表示这个函数。实际上，$\phi_{co}(C_{co})$可以用下式估计，最大误差小于2%：

$$\phi_{co}(C_{co}) = \phi_{co\_ss}\left\{1 - \exp\left(-\sum_{j=0}^{4} p_j (C_{co})^j\right)\right\} \tag{6.6.31}$$

表6.2中列出了模型参数。当一氧化碳表面积θ_{CO}已知时，可以通过反插值得到一氧化碳浓度C_{co}。因此：

$$\Delta Y_{CO} = \frac{RT_{fc}}{F}\phi_{co\_ss}\left\{1 - \exp\left(-\sum_{j=0}^{4} P_j (C_{co})^j\right)\right\} \tag{6.6.32}$$

表6.2 一氧化碳模型近似参数

ϕ_{co_ss}	18
p_0	-8.22e-7
p_1	1.4716e-4
p_2	-7.9065e-3
p_3	160.61529e-3
p_4	17.96306e-3

假设浓度电流独立部件过电位和活化过电位分别为ΔV_{conc0}和ΔV_{act0}，则电池的输出电压为

$$V_{Cell} = E_{Nernst} - \Delta V_{act0} - \Delta V_{conc0} - \Delta V_{cdl} - \Delta V_{Ohmic} - \Delta V_{CO} \tag{6.6.33}$$

6.7 PEMFC的流基模型

下面将从一个不同的角度简要地讨论另外一种建模方法。本节讨论的建模方法在某种程度上将严格遵循Xue等人（2006）和del Real等人（2007）提出的电极通道流建模方法和GDL气体扩散流建模方法。采用电渗系数，水含量参数和膜中水蒸气质量扩散系数这些参数表示膜。尽管在定义燃料电池电压时采用了和del Real等人（2007）一样的方法，但是由于电池电极的双电荷层，电压过电位电化学模型是具有代表性的。

6.7.1 PEMFC中的动态流建模

首先，假定PEMFC堆是在阴极经供应管提供压缩空气的。假定压缩机从大气中吸取空气，并由直流电动机驱动。在阴极出口处，空气进入到大气中的回流管。供应管、压缩机和回流管的动态模型为

$$\frac{dm_{sm}}{dt} = \dot{m}_{cp,o} - \dot{m}_{sm,o}$$

$$\dot{m}_{sm,o} = K_{sm}(p_{sm} - p_{cach}) \tag{6.7.1a}$$

$$\frac{M_A V_{sm}}{\gamma R}\frac{dp_{sm}}{dt} = \dot{m}_{cp,o}T_{cp} - \dot{m}_{sm,o}T_{sm} \tag{6.7.1b}$$

$$T_{sm}=\frac{M_A V_{sm}}{R m_{sm}}\omega_{cp} J_{cp}\frac{d\omega_{cp}}{dt}=P_{motor}-P_{cp} \tag{6.7.1c}$$

$$\frac{dm_{rm}}{dt}=\dot{m}_{ma,cach,o}-\dot{m}_{rm,o} \tag{6.7.1d}$$

式中，m_{sm}、m_{rm}分别表示供应管和回流管中空气的质量；$\dot{m}_{cp,o}$、$\dot{m}_{sm,o}$分别是压缩机和供应管的质量流率；P_{sm}、P_{cach}分别是供应管和阴极通道的压强；K_{sm}是典型增益，用以表示供应管出口质量流量与管内压力差的关系；T_{cp}和T_{sm}分别是压缩机和供应管的温度；M_A是干燥空气的摩尔质量；V_{sm}是供应管的体积；R是通用气体常量；γ是比热容比率；ω_{cp}、J_{cp}、P_{motor}和P_{cp}分别表示压缩机轴转速、轴惯性、由电动机和压缩机吸收的功率。

当阴极输出流（$\dot{m}_{ma,cach,o}$）达到稳定状态时，回流管质量变化率可以假定为0，且等于回流管的输出流（$\dot{m}_{rm,o}$）。因此，式（6.7.1d）可以表示为

$$\frac{dm_{rm}}{dt}=\dot{m}_{ma,cach,o}-\dot{m}_{rm,o}\approx 0 \tag{6.7.2}$$

假定回流管内的压力等于标准大气压。变量P_{cp}、T_{cp}和$\dot{m}_{cp,o}$可以从一种典型的 Pukrushpan 等人（2004a，c）采用的压缩机图中获得。

假定供应管的出口流是阴极通道的入口流，$\dot{m}_{cach,in}=\dot{m}_{sm_o}$阴极通道的温度等于室温，相对湿度为$\phi_{cach,in}$，阳极通道的入口流为$\dot{m}_{anch,in}=\dot{m}_{H_2anch,in}$。第一步是明确输入气体，假定它们都是加湿过（压缩过）的气体，例如氧气、氮气和水蒸气。这些气体都可以用阴极输入流$\dot{m}_{cach,in}$的分数形式表示如下：

$$\dot{m}_{O_2cach,in}=\frac{0.21M_{O_2}}{1=w_{r,cach-in}}\dot{m}_{cach,in} \tag{6.7.3a}$$

$$\dot{m}_{N_2cach,in}=\frac{0.79M_{N_2}}{1+w_{r,cach-in}}\dot{m}_{cach,in} \tag{6.7.3b}$$

$$\dot{m}_{wvcach,in}=\frac{w_{r,cach-in}}{1+w_{r,cach-in}}\dot{m}_{cach,in} \tag{6.7.3c}$$

式中，M_{O_2}是氧气的摩尔质量；M_{N_2}是氮气的摩尔质量；$W_{r,cach-in}$表示为

$$w_{r,cach-in}=\frac{M_{wv}}{M_A}\frac{\phi_{cach-in}\times p_{sat}(T_{cach,in})}{p_{cach-in}-\phi_{cach-in}\times p_{sat}(T_{cach,in})} \tag{6.7.4}$$

式中，M_{wv}表示水蒸气的摩尔质量；M_A是干燥空气的摩尔质量；$p_{cach-in}$是阴极输入通道压强；p_{sat}是饱和蒸汽压强。

流状态变量中每步必须更新的是$m_{lw,cach}$、$m_{wv,cach}$、$m_{O_2,cach}$、$m_{N_2,cach}$，它们分别表示阴极通道中液态水、水蒸气、氧气和氮气质量，以及$m_{lw,anch}$、$m_{wv,anch}$、$m_{H_2,anch}$，它们分别表示阳极通道中的液态水、水蒸气和氢气质量。阴极通道的总质量$m_{ma,cach}$是$m_{wv,cach}$、$m_{O_2,cach}$、$m_{N_2,cach}$之和，阳极通道的总质量$m_{ma,anch}$是$m_{wv,anch}$和$m_{H_2,anch}$之和。假定流动局限于由某些“控制体积”定义的阳极通道、阴

极通道、膜和气体扩散层。在表 6.3 中列出了不同区域的燃料电池（见图 6.5）的不同的主要流量。

考虑到由阴极和阳极通道确定的控制体积，在阴极和阳极通道中的部分压力（以大气单位表示）可以用下式来估计：

$$p_{O_2,cach} = \frac{RT_{st}}{p_{atm}V_{cach}} \frac{m_{O_2,cach}}{M_{O_2}} \tag{6.7.5a}$$

$$p_{N_2,cach} = \frac{RT_{st}}{p_{atm}V_{cach}} \frac{m_{N_2,cach}}{M_{N_2}} \tag{6.7.5b}$$

$$p_{wv,cach} = \frac{RT_{st}}{p_{atm}V_{cach}} \frac{m_{wv,cach}}{M_{wv}} \tag{6.7.5c}$$

表 6.3　图 6.5 中气体流动区域中主要气流变量

气体流动区域	质量流率变量名	说明
1	$\dot{m}_{anch,in}$	阳极入口通道
2	$\dot{m}_{cach,in}$	阴极入口通道
3	$\dot{m}_{wvAGDL2anch}$	水蒸气，阳极通道到 GDL
4	$\dot{m}_{H_2AGDL2anch}$	氢气，阳极通道到 GDL
5	$\dot{m}_{H_2react}$	氢的反应
6	$\dot{m}_{wv,memb}$	膜水蒸气
7	$\dot{m}_{wv,gen}$	生成水蒸气
8	$\dot{m}_{O_2react}$	氧的反应
9	$\dot{m}_{wvCGDL2cach}$	水蒸气，阴极通道到 GDL
10	$\dot{m}_{O_2CGDL2cach}$	氧气，阴极通道到 GDL
11	$\dot{m}_{anch,o}$	阳极出口通道
12	$\dot{m}_{cach,o}$	阴极出口通道

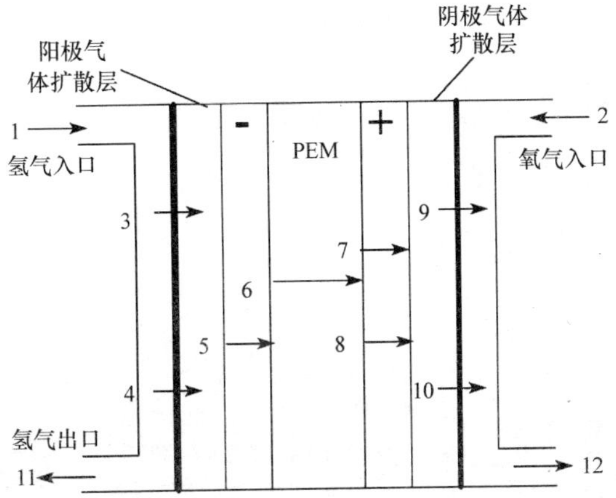

图 6.5　PEMFC 流模型

$$p_{H_2,anch}=\frac{RT_{st}}{p_{atm}V_{anch}}\frac{m_{H_2,anch}}{M_{H_2}} \tag{6.7.5d}$$

$$p_{wv,anch}=\frac{RT_{st}}{p_{atm}V_{anch}}\frac{m_{wv,anch}}{M_{wv}} \tag{6.7.5e}$$

式中，R 是通用气体常数；T_{st}是燃料电池堆温度；V_{cach}和 V_{anch}分别是阴极和阳极通道体积。

阴极和阳极的总压强可以分别表示为

$$p_{cach}=p_{O_2,cach}+p_{N_2,cach}+p_{wv,cach} \tag{6.7.6a}$$

$$p_{anch}=p_{H_2,anch}+p_{wv,anch} \tag{6.7.6b}$$

下式给出了阴极和阳极侧的水蒸气流量，其最大值可达到气体扩散层的最大值：

$$\dot{m}_{evap,cach,in}=A_{fc}p_{sat}(T_{st})\times(p_{sat}(T_{st})-p_{wv,cach})\sqrt{\frac{M_{wv}}{2\pi RT_{st}}} \tag{6.7.7a}$$

$$\dot{m}_{evap,cach}=\min(\dot{m}_{evap,cach,in},\dot{m}_{lw,CGDL2cach}) \tag{6.7.7b}$$

$$\dot{m}_{evap,anch,in}=A_{fc}p_{sat}(T_{st})\times(p_{sat}(T_{st})-p_{wv,anch})\sqrt{\frac{M_{wv}}{2\pi RT_{st}}} \tag{6.7.8a}$$

$$\dot{m}_{evap,anch}=\min(\dot{m}_{evap,anch,in},\dot{m}_{lw,CGDL2cach}) \tag{6.7.8b}$$

阴极出口侧的流量定义如下：

$$\dot{m}_{ma,cach,o}=K_{cach,o}p_{atm}(p_{cach}-1) \tag{6.7.9a}$$

$$\dot{m}_{O_2,cach,o}=\frac{\dot{m}_{O_2,cach}}{\dot{m}_{ma,cach}}\dot{m}_{ma,cach,o} \tag{6.7.9b}$$

$$\dot{m}_{N_2,cach,o}=\frac{\dot{m}_{N_2,cach}}{\dot{m}_{ma,cach}}\dot{m}_{ma,cach,o} \tag{6.7.9c}$$

$$\dot{m}_{wv,cach,o}=\frac{\dot{m}_{wv,cach}}{\dot{m}_{ma,cach}}\dot{m}_{ma,cach,o} \tag{6.7.9d}$$

$$\dot{m}_{lw,cach,o}=\dot{m}_{lw,CGDL2cach}-\dot{m}_{evap,anch} \tag{6.7.9e}$$

阳极出口侧的流量定义如下：

$$\dot{m}_{ma,anch,o}=K_{anch,o}p_{atm}(p_{cach}-1)v_{o/c} \tag{6.7.10a}$$

$$\dot{m}_{H_2,anch,o}=\frac{\dot{m}_{H_2,anch}}{\dot{m}_{ma,anch}}\dot{m}_{ma,anch,o} \tag{6.7.10b}$$

$$\dot{m}_{wv,anch,o}=\frac{\dot{m}_{wv,anch}}{\dot{m}_{ma,anch}}\dot{m}_{ma,anch,o} \tag{6.7.10c}$$

$$\dot{m}_{lw,anch,o}=-\dot{m}_{lw,AGDL2anch}-\dot{m}_{evap,anch} \tag{6.7.10d}$$

在阳极出口流量的表达式中，排气阀 $V_{o/c}$的取值为 1 或者 0。当阀门开时为 1，否则为 0。

假定液态水的质量流量为 0，因此：

$$\frac{\mathrm{d}}{\mathrm{d}t}m_{\mathrm{lw,cach}}=0=-\dot{m}_{\mathrm{lw,cach,o}}-\dot{m}_{\mathrm{evap,cach}}+\dot{m}_{\mathrm{lw,CGDL2cach}} \tag{6.7.11a}$$

$$\frac{\mathrm{d}}{\mathrm{d}t}m_{\mathrm{lw,anch}}=0=-\dot{m}_{\mathrm{lw,AGDL2anch}}-\dot{m}_{\mathrm{evap,anch}}-\dot{m}_{\mathrm{lw,anch,o}} \tag{6.7.11b}$$

这五种物质质量更新方程如下：

$$\frac{\mathrm{d}}{\mathrm{d}t}m_{\mathrm{wv,cach}}=\dot{m}_{\mathrm{wv,cach,in}}-\dot{m}_{\mathrm{wv,cach,o}}+\dot{m}_{\mathrm{wv,CGDL2cach}}+\dot{m}_{\mathrm{evap,cach}} \tag{6.7.12a}$$

$$\frac{\mathrm{d}}{\mathrm{d}t}m_{\mathrm{O_2,cach}}=\dot{m}_{\mathrm{O_2,cach,in}}-\dot{m}_{\mathrm{O_2,cach,o}}-\dot{m}_{\mathrm{O_2,CGL2cach}} \tag{6.7.12b}$$

$$\frac{\mathrm{d}}{\mathrm{d}t}m_{\mathrm{N_2,cach}}=\dot{m}_{\mathrm{N_2,cach,in}}-\dot{m}_{\mathrm{N_2,cach,o}} \tag{6.7.12c}$$

$$\frac{\mathrm{d}}{\mathrm{d}t}m_{\mathrm{wv,anch}}=-\dot{m}_{\mathrm{wv,anch,o}}-\dot{m}_{\mathrm{wv,aAGDL2nch}}+\dot{m}_{\mathrm{evap,anch}} \tag{6.7.12d}$$

$$\frac{\mathrm{d}}{\mathrm{d}t}m_{\mathrm{H_2,anch}}=\dot{m}_{\mathrm{H_2,anch,in}}-\dot{m}_{\mathrm{H_2,anch,o}}-\dot{m}_{\mathrm{H_2,AGDL2anch}} \tag{6.7.12e}$$

式（6.7.10a）表明，从阴极和阳极通道到气体扩散层（GDL）的气流被连接到一起。考虑到从电极通道到GDL的气流，水蒸气气流和液态水，必须明确定义这些界面之间的流量。采用一种和del Real等人（2007）类似的方法估计界面间的气体流量和水蒸气流量（$\dot{m}_{\mathrm{wv,CGDL2cach}}$、$\dot{m}_{\mathrm{O_2,CGL2cach}}$、$\dot{m}_{\mathrm{wv,AGDL2anch}}$和$\dot{m}_{\mathrm{H_2,AGDL2anch}}$），以及界面间的液态水流量（$\dot{m}_{\mathrm{lw,CGDL2cach}}$、$\dot{m}_{\mathrm{lw,AGDL2anch}}$）。因此界面间的气体流量和水蒸气流量可以用相应的摩尔质量、横截面区、黏度系数和摩尔通量表示为

$$\dot{m}_{\mathrm{wv,CGDL2cach}}=A_{\mathrm{fc}}\eta_{\mathrm{fc}}M_{\mathrm{wv}}N_{\mathrm{wv,ca}} \tag{6.7.13a}$$

$$\dot{m}_{\mathrm{O_2,CGDL2cach}}=A_{\mathrm{fc}}\eta_{\mathrm{fc}}M_{\mathrm{O_2}}N_{\mathrm{O_2,react}} \tag{6.7.13b}$$

$$\dot{m}_{\mathrm{wv,AGDL2anch}}=A_{\mathrm{fc}}\eta_{\mathrm{fc}}M_{\mathrm{wv}}N_{\mathrm{wv,an}} \tag{6.7.13c}$$

$$\dot{m}_{\mathrm{H_2,AGDL2anch}}=A_{\mathrm{fc}}\eta_{\mathrm{fc}}M_{\mathrm{H_2}}N_{\mathrm{H_2,react}} \tag{6.7.13d}$$

此外，液态水的毛细流可以采用绝对和相对渗透率μ和μ_{r}、液态水的黏度η_{lw}、下降的液态水饱和度S_{r}以及Leverett函数的斜率J、GDL的厚度δ_{GDL}来表示。斜率J可以根据阳极和阴极GDL的S_{r}计算出来，并用以求取毛细流压力ρ_{c}。Leverett函数的斜率J和毛细流压力ρ_{c}分别定义如下：

$$\begin{gathered}J(S_{\mathrm{r}})=S_{\mathrm{r}}(1.417-S_{\mathrm{r}}(2.120-1.263S_{\mathrm{r}}))\\ \rho_{\mathrm{c}}=\frac{\sigma\cos\theta_{\mathrm{c}}}{(K/\varepsilon)^{1/2}}J(S_{\mathrm{r}})\end{gathered} \tag{6.7.14}$$

式中，σ是对应于水和空气的表面张力；θ_{c}是接触角度；ε是等效毛细管阀的孔隙率；K是阀系数。

故而，液态水的毛细流可以表示为

$$\dot{m}_{\mathrm{lw,CGDL2cach}}=A_{\mathrm{fc}}\eta_{\mathrm{fc}}\mu\frac{\mu_{\mathrm{r,ca}}}{\eta_{\mathrm{lw,ca}}}\left|\frac{\mathrm{d}\rho_{\mathrm{c}}}{\mathrm{d}S_{\mathrm{r,ca}}}\right|\frac{S_{\mathrm{r,ca}}}{\delta_{\mathrm{GDL}}} \tag{6.7.15a}$$

$$\dot{m}_{\mathrm{lw,AGDL2anch}} = A_{\mathrm{fc}}\eta_{\mathrm{fc}}\mu\frac{\mu_{\mathrm{r,an}}}{\eta_{\mathrm{lw,an}}}\left|\frac{\mathrm{d}\rho_{\mathrm{c}}}{\mathrm{d}S_{\mathrm{r,an}}}\right|\frac{S_{\mathrm{r,an}}}{\delta_{\mathrm{GDL}}} \tag{6.7.15b}$$

摩尔通量是有效扩散系数，浓度梯度和 GDL 厚度的函数：

$$N_{\mathrm{wv,ca}} = -\langle D_{\mathrm{wv,ca}}\rangle\left(\frac{c_{\mathrm{wv,cach}} - c_{\mathrm{wv,CGDL}}}{\delta_{\mathrm{GDL}}}\right) \tag{6.7.16a}$$

$$N_{\mathrm{wv,an}} = -\langle D_{\mathrm{wv,an}}\rangle\left(\frac{c_{\mathrm{wv,anch}} - c_{\mathrm{wv,AGDL}}}{\delta_{\mathrm{GDL}}}\right) \tag{6.7.16b}$$

在电化学反应中产生的氧气、氢气以及水蒸气的摩尔通量可以通过化学当量平衡计算出来：

$$\begin{aligned} N_{\mathrm{wv,gen}} &= \frac{1}{2}\frac{I_{\mathrm{st}}}{FA_{\mathrm{fc}}} \\ N_{\mathrm{H_2,react}} &= \frac{1}{2}\frac{I_{\mathrm{st}}}{FA_{\mathrm{fc}}} \\ N_{\mathrm{O_2,react}} &= \frac{1}{4}\frac{I_{\mathrm{st}}}{FA_{\mathrm{fc}}} \end{aligned} \tag{6.7.17}$$

由于气体和水蒸气交界处的流量取决于气体扩散程度，因此首先要估计水蒸气的浓度：

$$c_{\mathrm{wv,CGDL}} = \frac{p_{\mathrm{atm}}}{RT_{\mathrm{st}}}p_{\mathrm{wv,CGDL}} \tag{6.7.18a}$$

$$c_{\mathrm{wv,cach}} = \frac{p_{\mathrm{atm}}}{RT_{\mathrm{st}}}p_{\mathrm{wv,cach}} \tag{6.7.18b}$$

$$c_{\mathrm{wv,AGDL}} = \frac{p_{\mathrm{atm}}}{RT_{\mathrm{st}}}p_{\mathrm{wv,AGDL}} \tag{6.7.18c}$$

$$c_{\mathrm{wv,anch}} = \frac{p_{\mathrm{atm}}}{RT_{\mathrm{st}}}p_{\mathrm{wv,anch}} \tag{6.7.18d}$$

式中，$p_{\mathrm{wv,CGDL}}$和 $p_{\mathrm{wv,AGDL}}$是 GDL 中的水蒸气局部压力，它们是独立静态变量，满足以下微分方程：

$$\frac{\mathrm{d}p_{\mathrm{wv,CGDL}}}{\mathrm{d}t} = RT_{\mathrm{st}}\left(\frac{N_{\mathrm{wv,gen}} - N_{\mathrm{wv,ca}} + N_{\mathrm{wv,memb}}}{\delta_{\mathrm{GDL}}}\right) + \gamma\Delta p_{\mathrm{evap,ca}} \tag{6.7.19a}$$

$$\frac{\mathrm{d}p_{\mathrm{wv,AGDL}}}{\mathrm{d}t} = RT_{\mathrm{st}}\left(\frac{N_{\mathrm{wv,ca}} - N_{\mathrm{wv,memb}}}{\delta_{\mathrm{GDL}}}\right) + \gamma\Delta p_{\mathrm{evap,an}} \tag{6.7.19b}$$

这些是采用与 del Real 等人（2007）类似的方法进行估算的，但是假定在长时间的初始化仿真运行后 GDL 中的水蒸气压力达到了一个稳定值。$\Delta p_{\mathrm{evap},j}$，$j$ = ca 或 an，是蒸发过剩压力，当没有液态水时，假定为 0。当不为 0 时，可以建模为

$$\Delta p_{\mathrm{evap},j} = (p_{\mathrm{sat}}(T_{\mathrm{st}}) - p_{\mathrm{wv},j\mathrm{GDL}}) \tag{6.7.20}$$

采用与 Springer 等人（1991）类似的方法可以用膜中水蒸气质量扩散系数 D_{w}

和电渗阻力系数 η_d 估算出膜的摩尔流量 $N_{wv,memb}$。$N_{wv,memb}$ 可以用下式表示：

$$N_{wv,memb} = \eta_d \frac{I_{st}}{FA_{fc}} - \alpha_w D_w \left(\frac{c_{wv,ca} - c_{wv,an}}{\delta_{memb}} \right) \tag{6.7.21}$$

可以采用与 Shan 和 Choe（2005）相同的方法估算膜的后面两个参数，阴极和阳极浓度 $c_{wv,ca}$ 和 $c_{wv,an}$ 可以用下式求出：

$$(c_{wv,ca}, c_{wv,an}) = \frac{\rho_{memb,dry}}{M_{memb,dry}}(\lambda_{ca}, \lambda_{an}) \tag{6.7.22}$$

式中，$\rho_{memb,dry}$ 是干膜密度；$M_{memb,dry}$ 是干膜分子重量；λ_j，$j = ca$ 或 an，可以用下式求出：

$$\lambda_j = 0.043 + a_j(17.81 - a_j(39.85 - 36.0a_j)) \tag{6.7.23}$$

式中，a_j 是 GDL 中气体的相对湿度。

可以用与 del Real 等人（2007）类似的方法估算出 GDL 的有效扩散系数 $\langle D_{wv,an} \rangle$ 和膜中水蒸气的质量扩散系数 D_w，假定电渗阻力系数 η_d 为

$$\eta_d = (0.0029\lambda_{an} + 0.05)\lambda_{an} - 3.4 \times 10^{-19} \tag{6.7.24}$$

假定气体扩散层的液态水体积 GDL、$V_{1w,CGDL}$ 和 $V_{1w,AGDL}$ 已经到达一个稳定静态值，并且假定为常量。它们可以从下式中求出：

$$\rho_{lw} \frac{dV_{lw,CGDL}}{dt} = -\dot{m}_{lw,CGDL2cach} - \varepsilon\gamma \frac{M_{wv}\Delta p_{evap,ca} V_{GDL}}{RT_{st}} = 0 \tag{6.7.25a}$$

$$\rho_{lw} \frac{dV_{lw,AGDL}}{dt} = -\dot{m}_{lw,AGDL2anch} - \varepsilon\gamma \frac{M_{wv}\Delta p_{evap,an} V_{GDL}}{RT_{st}} = 0 \tag{6.7.25b}$$

式中，V_{GDL} 是 GDL 的实际体积。

6.7.2 电池的输出方程

del Real 等人（2007）的方法非常适用于控制应用。但是，值得一提的是在建模过程中要考虑取决于 Nernst 势能的温度，还要确保正确参数化取决于膜水含量的欧姆电阻。

燃料电池的电压为

$$V_{Cell} = E_{Nernst} - \Delta V_{Ohmic} - \Delta V_{act0} - \Delta V_{cdl} \tag{6.7.26}$$

欧姆过电位可以用阻力参数表示。而这个阻力参数又是充电电流密度、燃料电池温度 $T = T_{fc}$ 和膜水含量参数 λ 的函数：

$$\Delta V_{Ohmic} = I_{fc}(R_{p\_Ohmic} + R_e) \tag{6.7.27}$$

$$R_{p\_Ohmic} = \rho_m (l_m / A) \tag{6.7.28}$$

$$\rho_m = \frac{181.6 \times 10^{-4}(1 + 0.03 \times 10^{-4} j + 0.062 \times 10^{-10}(T_{st}/303)^2 j^{2.5})}{(\lambda - 0.634 - 3j \times 10^{-4})\exp(4.18((T_{st} - 303)/T_{st}))} \tag{6.7.29}$$

式中，$\lambda = \lambda_{mem}$，λ_{mem} 是膜中水含量，假定为阳极和阴极 GDL 边界水含量 λ 的平均值，当

$$\lambda_{mem} < 0.634 + 3j \times 10^{-4} \equiv \lambda_{crit} \tag{6.7.30}$$

时，由于质子传导率下降，欧姆阻力会变大。对于全水电池而言，通常假定$\lambda_{mem}=13.5$。

活化过电位的方程如下：

$$\Delta V_{act}=\frac{RT_{st}}{\alpha nF}\log\left(\frac{I_{st}}{I_0}\right) \tag{6.7.31}$$

式中，α 是对称因数；I_0是交换电流。将与电流有关和无关部分分开来，活化过电位可以写成：

$$\Delta V_{act}=\Delta V_{act0}+R_{act}I_{st} \tag{6.7.32}$$

浓差过电位可以表示成

$$\Delta V_{conc}=R_{conc}I_{st}=-\frac{RT_{fc}}{nFI_{st}}\log\left(1-\frac{j}{j_{Limit}}\right)\times I_{st} \tag{6.7.33}$$

式中，j 是通过燃料电池的电流密度；j_{Limit}是它的极限值，且

$$R_{conc}=-\frac{xc(10)T_{fc}}{I_{st}}\log\left(1-\frac{j}{xc(11)}\right) \tag{6.7.34}$$

由双层电荷效应和由浓度电流成分与活化过电位引起的各种过电位都满足以下微分方程：

$$C_{cdl}\frac{\mathrm{d}\Delta V_{cdl}}{\mathrm{d}t}+\frac{\Delta V_{cdl}}{(R_{act}+R_{conc})}=I_{fc} \tag{6.7.35}$$

故而，燃料电池电压可以写成

$$V_{Cell}=xe(1)-I_{fc}(xe(2)+R_{p\_Ohmic})-\Delta V_{cdl}+xe(3)\times T_{st}\log\left(\frac{p_{H_2,anch}\sqrt{p_{O_2,cach}}}{p_{atm}\sqrt{p_{atm}}}\right) \tag{6.7.36}$$

其中

$$R_{p\_Ohmic}=\rho_m(l_m/A) \tag{6.7.37}$$

$$\rho_m=\frac{xe(4)\times10^{-4}(1+0.03\times10^{-4}j+0.062\times10^{-10}(T_{st}/303)^2j^{2.5})}{(xe(5)-0.634-3j\times10^{-4})\exp(4.18((T_{st}-303)/T_{st}))} \tag{6.7.38}$$

系数 $xe(1)$和 $xe(5)$可以用标准系数和堆的温度求出：

$$xe(1)=0.72144+2.23e-03(T_{st}-273) \tag{6.7.39}$$

$$xe(5)=\lambda_{mem}=13.5 \tag{6.7.40}$$

等效电阻 R_{act}和 R_{conc}可以表示为

$$R_{act}=xe(6)T_{st}(\log(I_{st})/I_{st}) \tag{6.7.41}$$

$$R_{conc}=-\frac{xe(7)T_{fc}}{I_{st}}\log\left(1-\frac{j}{xe(8)}\right) \tag{6.7.42}$$

表6.4 列出了用来计算电池输出电压的系数 $xe(j)$，$j=1，2，3，4，5，6，7，8$。从式（6.7.1a）~式(6.7.1c)、式（6.7.12）和式（6.7.21）中可以求出9 阶

状态方程，据此可以求出整个燃料电池的完整的降阶模型。除了假定可以精确测量出燃料电池堆的电流和温度，还可假定堆电压的三种噪声量测值、阳极和阴极通道的湿度以及所有与供应管有关的状态量（质量、压力和压缩机轴的转速）量测值都是已知的。将这些量测标量记为

$$z_j = h_j(\boldsymbol{x}),j = 1,\cdots,6 \tag{6.7.43}$$

式中，$\boldsymbol{x}$ 是用以描述燃料电池动态模型的全部状态矢量。将动态方程和量测值用标准形式表示有助于采用基于最优控制和卡尔曼滤波的控制和滤波技术。将在本章的后面讨论最优控制技术，在第7章中讨论卡尔曼滤波。

表6.4　电化学常数参数

参数	$xe(2)$	$xe(3)$	$xe(4)$	$xe(6)$	$xe(7)$	$xe(8)$
值	0.0003	4.3085e-5	0.01816	9.724e-5	4.3085e-5	2781.28

6.8　SOFC

SOFC是应用最为广泛的燃料电池之一，它在高温条件下运行，由于是在阳极多孔层发生内部吸热反应，因此燃料利用率高且性能卓越。目前常用的SOFC有管型和平板型两种。SOFC堆由多孔阳/阴极、电解质、燃料和空气通道以及固体连接物组成。SOFC的多孔电极让气体可以分别从各自的气体通道渗透穿过多孔层，有利于气体和固体界面处的重整和电化学反应。由反应带来的质量和能量的交换都发生在电池内部。尽管高温有助于提高电池性能且可以使用不同的燃料，但是同时也带来了热应力过大、催化剂降解（碳沉积）和材料中的热不稳定问题。SOFC最初是使用氢气作为燃料，与氧气发生反应产生电。SOFC设计的基础是理解反应动力学以及它对功率输出和电池效率的影响。SOFC化学反应的基础和相应的$\Delta H_{298°K}$形式的焓如下：

$$\text{阳极}:2H_2 + 2O^{2-} \rightarrow 2H_2O + 4e^-$$

$$\text{阴极}:O_2 + 4e^- \rightarrow 2O^{2-},\Delta H_{298°K} = 0$$

$$\text{整体}:2H_2 + O_2 \rightarrow 2H_2O,\Delta H_{298°K} = -286\text{kJ/mol}$$

发生在阳极多孔层的甲烷蒸气重整和电化学反应在燃料电池的热和质量转换过程中是一个至关重要的因素。由于内部重整发生在SOFC的阳极，因此可以用碳氢化合物的混合物作为SOFC的燃料。此外，催化剂可以加快重整速率。然而，理想情况下，催化剂并不参与整个化学反应。在阳极活化层，由甲烷蒸气和水煤气蒸气重整产生的氢气和一氧化碳是电化学反应的主要成分。随之在阳极活化层产生的水和二氧化碳，以及一部分的水可以被用作阳极甲烷蒸气重整，以提高燃料的使用率和整体效率。另一方面，在阴极消耗掉的氧气对于电池内的热转换并没有起什么作用。与重整相关的方程体现在电极电化学反应方程里，因此：

$$CH_4\text{部分氧化}:CH_4 + H_2O \rightarrow CO + 3H_2,\ \Delta H_{298°K} = 206\text{kJ/mol}$$

$$CO\text{ 氧化}:CO + H_2O \rightarrow CO_2 + H_2,\ \Delta H_{298°K} = -41\text{kJ/mol}$$

CH_4氧化：$CH_4 + 2H_2O \rightarrow CO_2 + 4H_2$，$\Delta H_{298°K} = 165kJ/mol$

重整有两种方式：外部重整，在燃料进入电池之前进行重整；内部重整，在燃料电池的阳极进行。这两种重整如图 6.6 和图 6.7 所示。

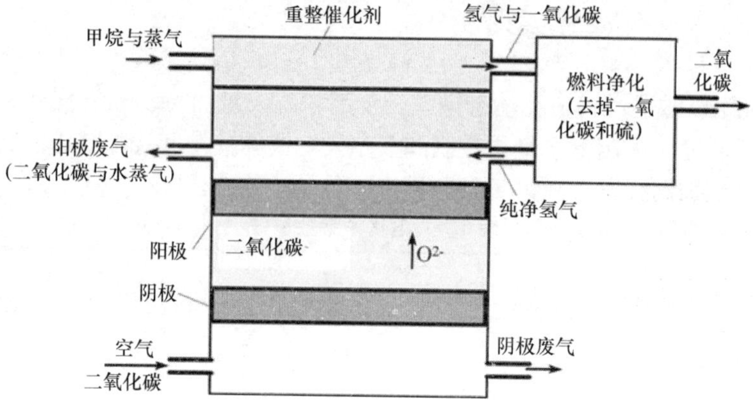

图 6.6　SOFC 的内部重整

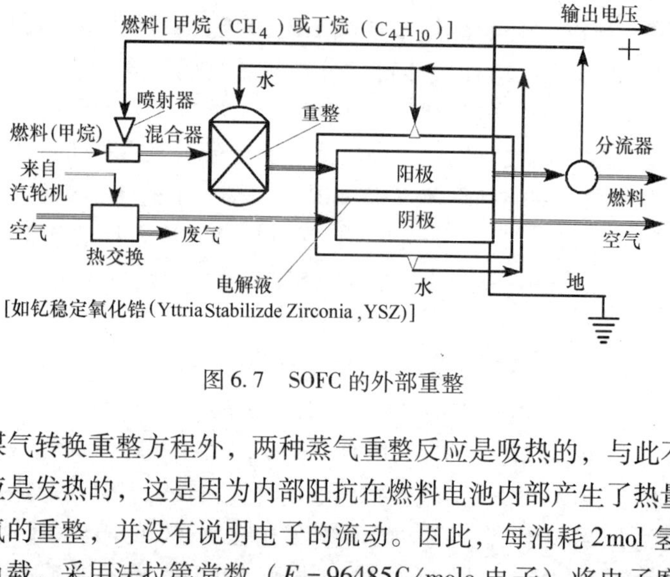

图 6.7　SOFC 的外部重整

除了水煤气转换重整方程外，两种蒸气重整反应是吸热的，与此不同的是，电极电化学反应是发热的，这是因为内部阻抗在燃料电池内部产生了热量。重整反应式只解释了氢的重整，并没有说明电子的流动。因此，每消耗 2mol 氢，就有 4mol 电子通过电负载。采用法拉第常数（$F = 96485C/mole$ 电子）将电子摩尔流转换成电荷单位。由于电流等于电荷流动的速率，因此燃料电池遵循下式给负载供电：

$$功率 = 电流 \times 电压(C \times V = J 和 J/s = W) \tag{6.8.1}$$

燃料电池通过在化学反应中释放焓获得电能，这一化学反应就是氢气氧化形成水：

$$2H_2 + O_2 \rightarrow 2H_2O$$

然而，只有一部分焓转换成了电能，剩下的部分是在反应过程中释放的热量。这部分热量通常通过热交换转换成空气或者氢气燃料。燃料电池的性能通常用它的总功效表示，总功效定义为输出到负载的电能除以从电化学反应中获得的总能量。

在本节中，尽管建立的模型同样适用于外部重整的电池，但只考虑了仅基于内部重整的典型 SOFC。假定反应器是一个宽度窄的管段，在阴极反应区的第 i 个摩尔流量分量 N_i 的摩尔流方程如下：

$$\frac{\mathrm{d}}{\mathrm{d}t}N_{N_2} = \dot{N}_{N_2}^{\mathrm{in}} - \dot{N}_{N_2}^{\mathrm{out}} \tag{6.8.2a}$$

$$\frac{\mathrm{d}}{\mathrm{d}t}N_{O_2} = \dot{N}_{O_2}^{\mathrm{in}} - \dot{N}_{O_2}^{\mathrm{out}} - 0.5\frac{u_1}{2F} \tag{6.8.2b}$$

在阳极反应区：

$$\frac{\mathrm{d}}{\mathrm{d}t}N_{F_i} = \dot{N}_{F_i}^{\mathrm{in}} - \dot{N}_{F_i}^{\mathrm{out}} + \sum_{k=1}^{3} a_{F_{i,k}r_k} + b_{F_i}\frac{u_1}{2F}, i = 1,\cdots,2, b_{F_i} = \begin{bmatrix} -1 \\ 1 \end{bmatrix} \tag{6.8.3}$$

$$\frac{\mathrm{d}}{\mathrm{d}t}N_{E_i} = \dot{N}_{E_i}^{\mathrm{in}} - \dot{N}_{E_i}^{\mathrm{out}} + \sum_{k=1}^{3} a_{E_{i,k}r_k}, i = 1,\cdots,3 \tag{6.8.4}$$

$$a_{F_i,k} = \begin{bmatrix} 3 & 1 & 4 \\ -1 & -1 & -2 \end{bmatrix}$$
$$a_{E_i,k} = \begin{bmatrix} -1 & 0 & -1 \\ 1 & -1 & 0 \\ 0 & 1 & 1 \end{bmatrix} \tag{6.8.5}$$

在上面的方程中，前两项分别表示相应的输入和输出流分量。此外，反应速率与燃料电池电流成正比。如果用 r_i 表示第 i 种物质在燃料电池中的反应速率（通常用 mol/s 为单位），用 I_{cell} 表示电池输出的电流，那么

$$\frac{I_{\mathrm{cell}}}{2F} = \frac{u}{2F} = -r_{H_2} = r_{H_2O} = -2r_{O_2} \tag{6.8.6}$$

Fishtik 等人（2004a，b，c）提出的反应路线网络理论可以用来确定重整方程的反应速率，Master（2010）通过实验确定了速率方程的系数。对基本反应进行线性组合后可以确定反应路线，因此当达到一定数量的物质后，不管是最终的还是中间的，被取消后再产生的新的反应就称为整体反应。通过剔除所有的中间物质，整体反应的结果就是一个完整的路线。如果在反应路线中所有的物质都被剔除，就形成了一个空的路线，该路线中的所有的化学计量系数等于零。Xu 和 Froment（1989a，b）明确了 Langmuir－Hinshelwood 动力学模型中重整反应的内部反应速率。用 mol/s 为单位表示的反应速率定义如下：

$$r_1 = \frac{v_{r1}V_r w_{ca} k_1}{\Delta^2 p_{H_2}^{5/2}}(p_{CH_4}p_{H_2O} - p_{H_2}^3 p_{CO}/K_{eq_1}) \tag{6.8.7a}$$

$$r_2 = \frac{v_{r2}V_r w_{ca} k_2}{\Delta^2 p_{H_2}}(p_{CO}p_{H_2O} - p_{H_2}p_{CO_2}/K_{eq_2}) \tag{6.8.7b}$$

$$r_3 = \frac{v_{r3} V_r w_{ca} k_3}{\Delta^2 p_{H_2}^{3/2}} (p_{CH_4} p_{H_2O}^2 - p_{H_2}^4 p_{CO_2} / K_{eq_3}) \tag{6.8.7c}$$

式中，w_{ca}是所用催化剂的密度；v_{ri}是第 i 个反应发生的实际体积与反应器体积的比值；V_r是反应器体积：

$$\Delta = 1 + K_{CO} p_{CO} + K_{H_2} p_{H_2} + K_{CH_4} p_{CH_4} + K_{H_2O} p_{H_2O} / p_{H_2} \tag{6.8.8}$$

式中，p_{CO}、p_{H_2}、p_{CH_4}、p_{H_2O}是反应体积内的一氧化碳、氢气、甲烷和水的局部压力。这些局部压力是通过下面的理想气体方程计算出来的：

$$p_j V_{anode} = N_j RT, j = CO, H_2, CH_4, H_2O \tag{6.8.9}$$

由 Arrhenius 型关系定义反应速率常数如下：

$$k_i = A_i \exp(-E_i / RT), i = 1,2,3 \tag{6.8.10}$$

K_{eq1}、K_{eq2}和 K_{eq3}是重整反应的平衡常数，可以根据下式计算：

$$K_{eqi} = \exp\left(T_i\left(\frac{1}{T} - \frac{1}{T_{R_i}}\right)\right), i = 1,2,3 \tag{6.8.11}$$

$$K_j = B_j \exp(-\Delta H_j / RT), j = CO, H_2, CH_4, H_2O \tag{6.8.12}$$

表6.5 列出了 Xu 和 Froment（1989a，b）提及的常量 A_i、E_i、T_i、T_{R_i}、B_j 和 ΔH_j。

表 6.5　模型的常量值

i	单位	1	2	3	
j		一氧化碳	氢气	甲烷	水
A_i	$mol \times MPa^{\chi_i}/g_{cat}s$	3.711×10^{11}	5.431×10^{3}	8.961×10^{10}	
χ_i	—	0.5	-1	0.5	
v_{ri}	—	约为1	约为1	约为1	
$E_i \times 10^{-3}$	J/mol	240.1	67.13	243.9	
T_i	K	-26830	4400	-22430	
T_{R_i}	K	890.95	1090	860.11	
B_j	Pa^{-1}	8.23×10^{-10}	6.12×10^{-14}	6.65×10^{-9}	1.77×10^{5}
$\Delta H_j \times 10^{-3}$	J/mol	70.65	82.9	38.28	-88.68

在摩尔流率方程中的分量 F_i是与燃料（氢气）和氧化燃料（水蒸气）相关的分量。分量 E_i 是与重整方程的废水、甲烷、一氧化碳和二氧化碳相关的分量。$\alpha_{F_i,k}$和 $a_{E_i,k}$是在反应 k 中分量 F_i与 E_i的化学计量系数。阳极的总压强，也就是阳极的输入压力如下式所示：

$$p_{anode} = \sum_{j=1}^{4} p_j, j = CO, H_2, CH_4, H_2O \tag{6.8.13}$$

在阴极，氧气的局部压强如下：

$$p_{O_2} V_{cathode} = N_{O_2} RT \tag{6.8.14}$$

阴极的总压强，也就是阴极的输入压力如下式所示：

$$p_{cathode}V_{cathode}=N_{air}RT \tag{6.8.15}$$

式中，N_{air}是阴极的总摩尔流率。

最后，假定阳极和阴极通道的质量流率是

$$\dot{m}_{out,e}=\sqrt{k_e(p_e-p_{out,e})},e=\text{阳极,阴极} \tag{6.8.16}$$

式中，k_e是质量流量的压力差系数。

下面的能量平衡方程给出了燃料电池内的温度：

$$mC_p\frac{dT}{dt}=P_{anode}+P_{cathode}-\sum_{i=1}^{4}\Delta h_j^r r_j-P_{DC}-P_{ht\_loss} \tag{6.8.17}$$

式中，P_{anode}是阳极上电池的总输入功率；$P_{cathode}$是阴极上电池的总输入功率；Δh_j^r是反应j的摩尔比焓变；P_{DC}是输出到外部终端的直流功率；P_{ht_loss}表示从SOFC辐射和传导到周围环境的热损失。

燃料电池电压和开路理论电压以及各种损失有关：

$$E_{cell}=E_{rev}-\eta_a(i)-|\eta_c(i)|-\eta_{conc}(i)-\eta_{ohm}(i) \tag{6.8.18}$$

式中，$\eta_a(i)$和$\eta_c(i)$分别是阳极和阴极的活化损失；$\eta_{conc}(i)$是浓差过电位；$\eta_{ohm}(i)$是欧姆过电位。

对SOFC而言，Nernst方程给出了可逆的电池电位如下：

$$E_{rev}=E_o+\frac{RT}{2F}\ln\left(\frac{p_{H_2}p_{O_2}^{1/2}}{p_{H_2O}}\right) \tag{6.8.19}$$

式中，$E_o=-\Delta G^\circ_{rxn}/2F$，$\Delta G^\circ_{rxn}$是整体反应的Gibbs自由能（在标准压强和电池工作温度下估计的）；$p'_i s$是反应区域内的三相界面的局部压强。

分别用每个反应物如氢气、氧气的Butler－Volmer方程可以得到活化过电压。Butler－Volmer方程描述了活化损失和电流密度之间的函数关系。对氢氧化而言，Butler－Volmer方程如下：

$$i_{H_2}=i_{0,H_2}\left\{\exp\left(\frac{\alpha nF}{RT}\eta_a\right)-\exp\left(-\frac{(1-\alpha)nF}{RT}\eta_a\right)\right\} \tag{6.8.20}$$

式中，i_{0,H_2}是交换电流，可以用下式表示：

$$i_{0,H_2}=c_1\left(\frac{Y_{H_2}}{Y_{H_2,ref}}\right)\exp\left(\frac{E_{act,H_2}}{RT}\right) \tag{6.8.21}$$

这个交换电流方程中的常量可以通过在适当的温度范围（对SOFC而言是750～850℃）内拟合实验数据的方式获得。活化能垒$E_{act,H_2}=110.3\text{kJ/mol}$。用来计算氧还原的修正Butler－Volmer方程形式如下：

$$i_{O_2}=i_{0,O_2}\left\{\exp\left(\frac{\beta_a nF}{RT}\right)-\exp\left(\frac{\beta_c nF}{RT}\right)\right\} \tag{6.8.22}$$

$$i_{0,O_2}=i_{00,O_2}\exp\left(\frac{E_{act,O_2}}{RT}\right) \tag{6.8.23}$$

Zhu 等人（2005）提及了 i_{00,O_2}。假定 $i_{H_2}=i_{O_2}=i_{cell}=i$，然后数字化活化电位以求解该方程。设 $\alpha=0.5$，就可以用下式估计电流：

$$i=i_0\left\{\exp\left(\frac{nF}{2RT}\eta_a\right)-\exp\left(-\frac{nF}{2RT}\eta_a\right)\right\}=2i_0\sinh\left(\frac{nF}{2RT}\eta_a\right) \tag{6.8.24}$$

因此

$$\eta_{act}=\eta_a=\frac{2RT}{nF}\sinh^{-1}\left(\frac{i}{2i_0}\right) \tag{6.8.25}$$

此外

$$\frac{d\eta_{act}}{di}=\frac{2RT}{nF}\frac{1}{\sqrt{4i_0^2+i^2}} \tag{6.8.26}$$

另一方面，用 Tafel - like 方程拟合实验数据可以求出活化损失，在这种情况下，活化过电位可以写为

$$\eta_{act}=\frac{RT}{\alpha nF}\ln\left(\frac{i}{i_0}\right) \tag{6.8.27}$$

欧姆损失可以表示成

$$\eta_{ohm}=R_{tot}j_{cell} \tag{6.8.28}$$

式中，R_{tot}是电池的总比电阻（每单位面积）；j_{cell}是电池电流密度。

对总比电阻影响最大的是电解质，其次阳极和阴极也起了一些作用。因此总比电阻表示为

$$R_{tot}=R_0+t_{elec}/\sigma_{elec} \tag{6.8.29}$$

式中，R_0是一个小常量，表示阳极和阴极电阻率；t_{elec}是电解质的厚度或宽度；σ_{elec}是电解质电导率。

YSZ 在 1000℃左右高温下离子电导率高，因此 YSZ 是 SOFC 中充电最常见的电解质。对 YSZ 而言，在 1000℃高温下，电导率为 6.67×10^{-2}S cm^{-1}。热活化 Arrhenius 方程描述了电导率和温度之间的关系如下：

$$\sigma_{elec}=\frac{\sigma_0}{T}\exp\left(\frac{E_{act,YSZ}}{RT}\right) \tag{6.8.30}$$

对 YSZ 而言，在 1000℃高温时，动作电位 $E_{act,YSZ}=93$kJ/mol。因此，电解质的电导率可以表示为

$$\sigma_{elec}=\sigma_{1273}\frac{1273}{T}\exp\left(\frac{E_{act,YSZ}}{R}\left(\frac{1}{T}-\frac{1}{1273}\right)\right) \tag{6.8.31}$$

式中，T 的单位为 K；σ_{1273}是在 1000℃高温下的电导率。

在 Nerst 方程中，计算开路电压时，物质浓度是作为参考值的。但是，在电池工作时，由于反应物的消耗和作为多孔介质的电极的传质阻力，在反应点的浓度和输入通道的浓度不一样。因此，必须修正阳极和阴极的 Nerst 方程。可以分别写出阳极和阴极的浓差过电位如下：

$$\eta_{conc,an}=\frac{RT}{2F}\ln\left(\left(\frac{p_{H_2}}{p_{H_2O}}\right)_{in}\left(\frac{p_{H_2O}}{p_{H_2}}\right)_{re}\right) \tag{6.8.32a}$$

$$\eta_{conc,cath}=\frac{RT}{2F}\ln\left(\left(\sqrt{p_{O_2}}\right)_{in}\left(\frac{1}{\sqrt{p_{O_2}}}\right)_{re}\right) \tag{6.8.32b}$$

式中，下角表示了电池中的输入通道和反应点。

6.9 SOFC 的热电联产应用

目前，基于 SOFC 的混合动力电厂正在飞速发展中，它的净电效率将超过 60%。基于 SOFC 动态模型和汽轮机系统对混合动力电厂系统进行分析和优化设计，可以优化设计集成了基于传统 Brayton 循环的燃气轮机和燃料电池的混合动力电厂（见图 6.8）。

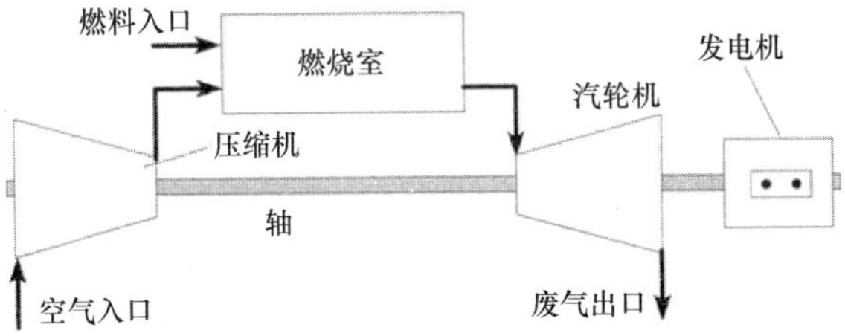

图 6.8 基本的燃气轮机系统

Calise 等人（2004）、Bove 和 Ubertini（2006）、Calise 等人（2006）、Janardhanan 和 Deutschmann（2006）、Kandepu 等人（2006）、Pakalapati（2006）、Pakalapati 等人（2006）、Calise 等人（2007）、Kandepu 等人（2007）、Zhang 等人（2008）、Chen 等人（2012）的文献中提出了一些混合 SOFC 和汽轮机电厂的开环结构（见图 6.9 和图 6.10）和闭环结构（见图 6.11），这些文献中还以不同的方式讨论了燃料电池堆的组合、换热器、压缩机、燃气轮机、重整器、燃烧室以及其他子系统。

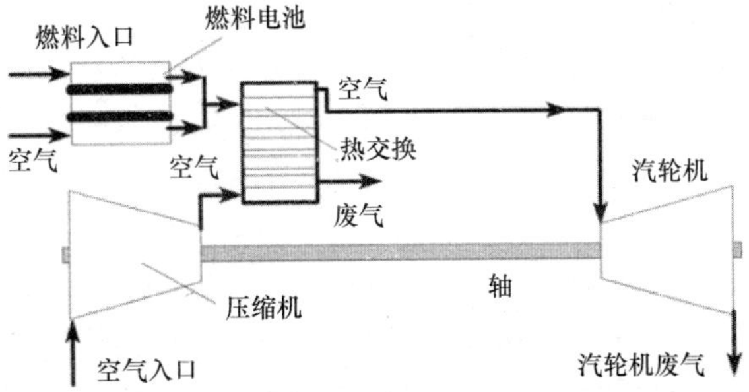

图 6.9 燃料电池驱动的涡轮压缩机系统

第 5 章中建立的用在燃气轮机上的燃料电池模型可以用来仿真和设计混合

SOFC 和汽轮机电厂。

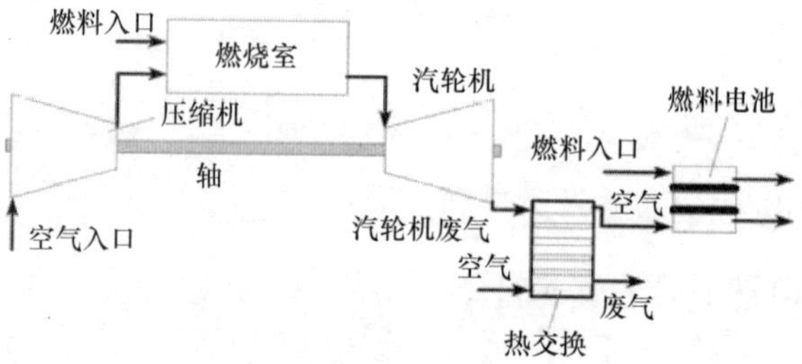

图 6.10　开环 SOFC 热电联产

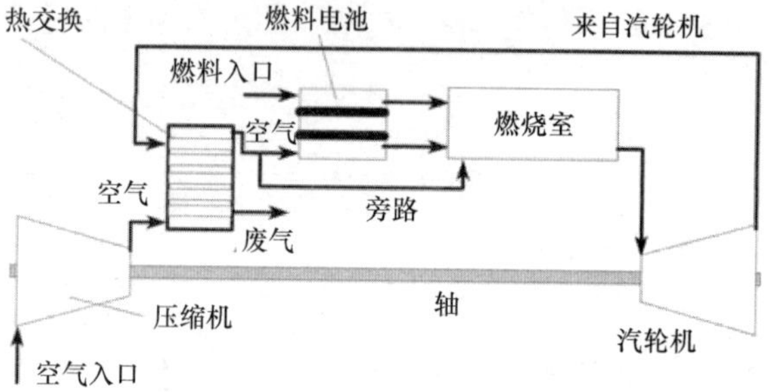

图 6.11　闭环 SOFC 热电联产

6.10　燃料电池仿真

了解子系统的相互作用和控制设计性能上的局限性有助于燃料电池的动态分析与控制器设计。了解各种可行的控制方案的相互作用和局限性，也可以指导传感器选择和控制协调各个子系统。建立一个整体系统的面向控制动态模型是重要的第一步，这不仅是为了解系统的行为，同时也是为了开发和设计控制方法。MATLAB/SIMULINK 等工具提供了一种快速、方便的原型方法来仿真整个开环和各种可行的闭环系统，而无需真正建立控制器和闭环系统进行实验。

对不同燃料电池系统进行仿真可以对 PEMFC、SOFC 的性能进行比较，并预测综合燃料电池系统的空气和氢气流量和压力调节的响应。燃料电池之所以成为研究热点，是因为它们的潜力不仅仅在于给许多应用提供了一种可替代的新能源，还在于它们提高了传统基于化石燃料的常规能源发电系统的效率，而化石燃料正在枯竭。燃料电池发电不仅高效而且不会污染环境。在燃料电池中，化学反应使氢气和氧气产生水，在这一过程中产生电子、产生电流。为了模拟燃料电池的动态模型，一种可行的方法如下：模拟气体流动和局部压强的动态过程，模拟输出电压和过电压的动态过程（这种过电压影响了电池性能）。为了实现仿真，有必要建立一个与电厂输入、输出有关的整个过程的框图模型。图 6.12 所示是一个典型的 SIMULINK 图例，描述了 PEMFC 中输入局部压强、电流和输出电压的关系。

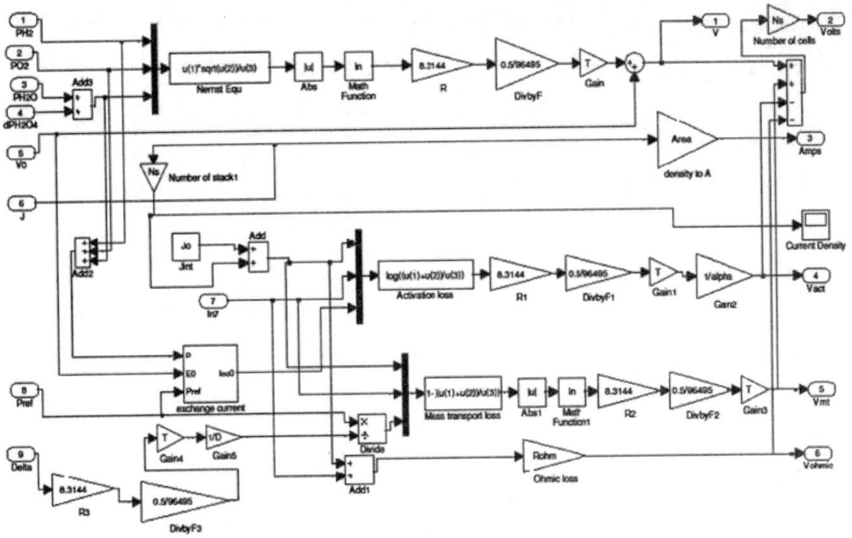

图 6.12　输入局部压力、电流和 PEMFC 输出电压关系的 SIMULINK 图例

6.11　估计燃料电池的参数

滤波和估计燃料电池参数的应用研究并不多。McKay 和 Stefanopoulou（2004）提出了一种集总参数模型用来估计电极的相对湿度。Pukrushpan 等人（2004a）提出了一种非线性估计器用来估计膜湿度、压强和电极入口与出口温度。这个估计滤波器还被用来实现反馈控制器以在负载变化时调节多余的氧比。Arcak 等人（2004）提出了一种用于估计燃料电池氢气的非线性观测器。Görgün 等人（2006）提出了一种用来估计 PEMFC 膜水含量的算法。Ingimundarson 等人（2008）采用了一种基于模型的估计方法用来监视氢气泄漏。Pan 等人（2010）采用卡尔曼滤波解决燃料电池的状态估计问题。Kandepu 等人（2008）、Stiller 等人（2006）、Kandepu 等人（2008，2007，2006，2005）将非线性卡尔曼滤波状态估计方法应用到了混合汽轮机和 SOFC 系统中。Haschka 等人（2006）将非线性估计应用到了用分数（非整数）顺序阻抗模型表示阻抗的 SOFC。Tumuluri（2008）采用扩展非线性卡尔曼滤波估计 PEMFC 的状态。在这些燃料电池应用中的非线性估计算法可以分成三种：确定性的非线性估计、基于扩展卡尔曼滤波（EKF）的和基于无迹卡尔曼滤波（UKF）的估计。在后两类中，过程和测量噪声协方差矩阵假定是常量并且已知。在第一类中，用基于确定性模型滤波对非线性估计算法进行改进。真正的燃料电池中有大量的噪声，因此将噪声引入到过程方程和量测方程中非常重要。另一方面，假定协方差矩阵是常量并已知，但并没有反映真实状况，在一些情况下，EKF 是发散的，而 UKF 是不稳定不收敛的。此外，对于大部分的控制应用来说，协方差矩阵的真实值尽管是常量，也是未知的，或者是难以估计的。

由于真实燃料电池堆的参数和状态未知，因此燃料电池状态估计成为一个亟待解决的问题，急需建立系统的降阶模型来估计状态和定义参数。实际中，大部分参数是动态变化的状态，当这些状态的动态变化缓慢到可以忽略时，就可以把它们当成参数来处理。问题在于一些与主状态仅有弱耦合的状态，如极限电流密度、与一个量测输出值有关的膜平均水含量、堆电压、堆电流、堆温度和阳极与阴极通道的相对湿度。这些弱耦合状态会影响状态的观测值或者参数的可识别性。因此，尽管文献中提及了大量的可以用 MATLAB 实现的燃料电池动态模型，仍然必须认真考虑模型，并且提取出与输出有关的主子系统。此外，在实际燃料电池堆仿真中，难点在于匹配仿真输出结果与真实物理系统。因此，看来唯一可行的方法是，基于实时识别影响燃料电池堆输出的主状态对仿真状态进行调整。

一种用来解决观测性和可识别性问题的方法是采用回路模型，该模型相对容易分离解耦子系统。Fontes 等人（2010）、Yu 和 Yuvarajan（2004）已经采用了这种方法，而 Suares 和 Hoo（2000）、Carnes 和 Djilali（2005）、Pasricha 等人（2007）选择了采用准稳定状态模型，该模型在一定程度上降低了问题的难度。另一种用来解决观测性和可识别性问题的方法是将函数表示问题转换成未知系数，Williams 等人（2007）、Thanapalan 等人（2008）已经实现了这种方法。在这种方法中，当假定模型的参数已知时，通常难以将它们与经典的动态仿真模型中的物理参数关联起来。

图 6.13 所示是非线性状态估计器图，用来举例说明非线性状态估计在燃料电池控制中的作用。在 Vepa（2012）的 PEMFC 状态估计实现过程中，采用了 Julier 和 Uhlmann（2000）、Julier 等人（2000）、Julier（2002）提出的 UKF 和自适应方法估计燃料电池系统的状态空间模型的状态变量。状态估计的原理将在第 8 章讨论。

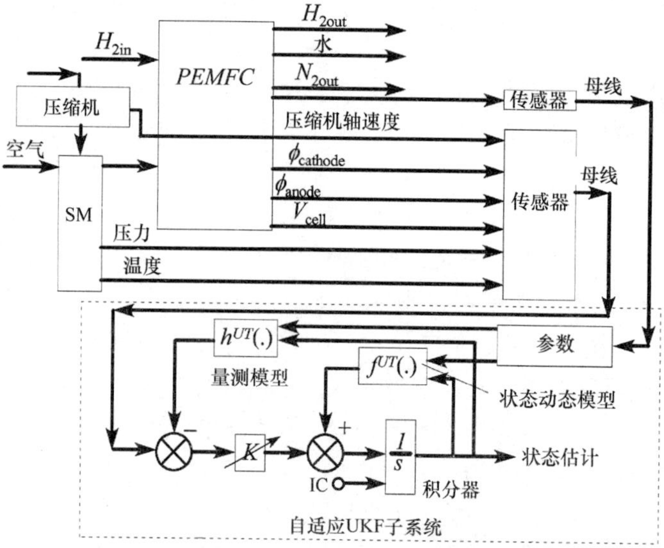

图 6.13　自适应 UKF 框图（自适应回路部分没有绘出）

6.12　燃料电池控制器的设计

燃料电池控制器的设计一般涉及某一性能函数的最小化。需要控制的系统输入包括空气和氢气的流量、压缩机控制和相对湿度容量。电池电压、功率输出、相对湿度、温度是要加以控制和调节系统的输出。重要的是要控制和调节阳极和阴极的堆温度和液态水。温度和相对湿度（液态水）的控制是相互独立的，因此，调节温度和液态水的控制回路仅与主控制回路轻度耦合。首先只考虑燃料电池，为了避免缺氧（氧饥饿）情况，阴极的氧过量的比例必须保持接近预先设定点。通常将阴极进气氧流量看成是状态变量，而反应氧流量被视为一个输入变量，反应氧流量是与燃料电池的电流成正比的。氧过量比等于进气氧流量与反应氧流量的比值。氧气过量比例的调节器构成了主控制回路，用来控制阴极流动通道。当然调节和控制功率损耗、提高效率也非常重要。此外，调节和控制阳极和阴极之间的压差是非常重要的，它可以保持燃料消耗和蒸气在一个可接受的水平内，例如，根据电池和燃料的性质为一个给定的功率输出或负载调节碳比。一般而言，由空气压缩机调节氧气供应，空气压缩机通过供应歧管给燃料电池堆中所有燃料电池供应空气。返回歧管集中从燃料电池出来的空气并排出到大气中。当完成这些后，另外一件要考虑的事情就是压缩机消耗的功率。当氧比过大时，为了维持氧流量所需的压缩机功率迅速增加，因此效率就会下降。对于主控制回路来说，输入是压缩机电压和燃料电池电流，而输出是燃料电池电压和氧过量比。故而，燃料电池是一个多输入多输出系统，其中一些输入、输出用来定义系统性能，另外一些用来实现控制回路。最优控制的方法论和其他一些如模型预测控制（MPC）等相关方法非常适用于构成主控制回路。Pukrushpan 等人（2004b）、Pukrushpan 等人（2004c）、Vahidi 等人（2006）讨论了这一控制问题，并详细给出了相关模型。

通常情况下，用状态空间描述的电厂线性化模型如下：

$$\frac{\mathrm{d}}{\mathrm{d}t}\boldsymbol{x}(t)=\boldsymbol{A}\boldsymbol{x}+\boldsymbol{B}\boldsymbol{u}$$
$$\boldsymbol{y}=\boldsymbol{C}\boldsymbol{x}+\boldsymbol{G}\boldsymbol{u} \tag{6.12.1}$$

上面这个状态空间模型的状态方程给出了一个线性时不变系统，式中 $\boldsymbol{x}$、$\boldsymbol{u}$ 和 $\boldsymbol{y}$ 分别是 $n\times1$ 的状态矢量，$m\times1$ 输入矢量，$1\times k$ 输出矢量。$\boldsymbol{A}$、$\boldsymbol{B}$、$\boldsymbol{C}$ 和 $\boldsymbol{G}$ 分别是 $n\times n$、$n\times m$、$k\times n$ 和 $m\times m$ 矩阵。式（6.12.1）中的第一个式子表示了输入和状态之间的关系，第二个表示了状态和输入、输出之间的关系。因此，理论上，可以通过用第一个式子在第二个式子中剔除状态获得输入、输出转换方程。对于一个单输入单输出（SISO）系统而言，输入的数量和输出的数量是一样的，都只有一个，即 $m=k=1$。

通过最小化成本函数以实现优化性能指标的控制律设计：

$$J_{\mathrm{LQR}} = \frac{1}{2}\int_0^\infty (\boldsymbol{x}^{\mathrm{T}}\boldsymbol{Q}\boldsymbol{x} + \boldsymbol{u}^{\mathrm{T}}\boldsymbol{R}\boldsymbol{u})\mathrm{d}t = \frac{1}{2}\int_0^\infty (\|\boldsymbol{x}\|_{\boldsymbol{Q}} + \|\boldsymbol{u}\|_{\boldsymbol{R}})\mathrm{d}t \tag{6.12.2}$$

第一项 $\frac{1}{2}\int_0^\infty \|\boldsymbol{x}\|_{\boldsymbol{Q}}\mathrm{d}t$ 表示状态响应能量，同时还提供状态组合能量用以评估系统性能。它是状态响应的 H_2 标准。成本函数中的第二项 $\frac{1}{2}\int_0^\infty \|\boldsymbol{u}\|_{\boldsymbol{R}}\mathrm{d}t$ 表示控制信号中包含的能量，这是从控制器反馈到电厂的控制信号。线性二次型调节器（LQR）使用线性控制器，最大限度地减少了状态和控制输入的二次性能成本函数。因此，最优增益矩阵 $\boldsymbol{K}$ 应该这样选取：对于给定的连续时间状态空间模型，选取的状态反馈控制律 $\boldsymbol{u} = -\boldsymbol{K}\boldsymbol{x}$ 使得二次成本函数最小：

$$J_{\mathrm{LQR}} = \frac{1}{2}\int_0^\infty (\boldsymbol{x}^{\mathrm{T}}\boldsymbol{Q}\boldsymbol{x} + \boldsymbol{u}^{\mathrm{T}}\boldsymbol{R}\boldsymbol{u})\mathrm{d}t \tag{6.12.3}$$

同时还使得状态矢量满足模型的动态方程 $\dot{\boldsymbol{x}} = \boldsymbol{A}\boldsymbol{x} + \boldsymbol{B}\boldsymbol{u}$。Bryson 和 Ho（1975）的 Bryson 法则给出了成本函数的矩阵 $\boldsymbol{Q}$ 和 $\boldsymbol{R}$ 的第一选择：对角矩阵，对角线上的元素为

$$q_{ii} = 1/x_i^2 \text{ 的最大期望值} \tag{6.12.4a}$$

$$r_{ii} = 1/u_i^2 \text{ 的最大期望值} \tag{6.12.4b}$$

求解最优控制问题可以方便地写成求解常量 Riccati 矩阵 $\boldsymbol{P}$，定义如下：

$$\mathrm{d}(\boldsymbol{x}^{\mathrm{T}}\boldsymbol{P}\boldsymbol{x})/\mathrm{d}t = -\boldsymbol{x}^{\mathrm{T}}(\boldsymbol{Q} + \boldsymbol{K}^{\mathrm{T}}\boldsymbol{R}\boldsymbol{K})\boldsymbol{x} \tag{6.12.5}$$

用状态反馈代替控制输入并使用上述方程，可以得到

$$J_{\mathrm{LQR}} = \frac{1}{2}\int_0^\infty \boldsymbol{x}^{\mathrm{T}}(\boldsymbol{Q} + \boldsymbol{K}^{\mathrm{T}}\boldsymbol{R}\boldsymbol{K})\boldsymbol{x}\mathrm{d}t = -\frac{1}{2}(\boldsymbol{x}^{\mathrm{T}}\boldsymbol{P}\boldsymbol{x})\Big|_0^\infty = \frac{1}{2}(\boldsymbol{x}^{\mathrm{T}}(0)\boldsymbol{P}\boldsymbol{x}(0)) \tag{6.12.6}$$

问题就变成了 J_{LQR} 存在最小值，并且该最小值可以这样求取：扩展式（6.12.5）并用表示最优解方程的特征值分解方法求解 $\boldsymbol{P}$ 的代数 Riccati 方程：

$$\boldsymbol{A}^{\mathrm{T}}\boldsymbol{P} + \boldsymbol{P}\boldsymbol{A}^{\mathrm{T}} - \boldsymbol{P}\boldsymbol{B}\boldsymbol{R}^{-1}\boldsymbol{B}^{\mathrm{T}}\boldsymbol{P} + \boldsymbol{Q} = 0 \tag{6.12.7}$$

下式给出了最优增益：

$$\boldsymbol{K} = \boldsymbol{R}^{-1}\boldsymbol{B}^{\mathrm{T}}\boldsymbol{P} \tag{6.12.8}$$

LQR 控制器的一个关键特征是，只要系统至少是可控的，这种闭环渐近稳定。此外，对于过程的不确定性而言，LQR 控制器本身是鲁棒的。另外，增益增加时，LQR 控制器增益裕量是无限的，增益下降时，增益裕量为 -6dB，相位裕度至少为 60°。故而，LQR 控制器有很理想的鲁棒性，并且易于调整以满足其他条件，因此非常适合于能源系统的控制器设计。想要了解更多的最优控制方法的相关细节，读者可以参考 Ogata（2001）的文章。

H_∞ 范数最小化控制器最大限度地减少了最坏的情况下，H_2 范数的 H_∞ 性能评估输出 $z_\infty = \boldsymbol{T}_{H_\infty}\boldsymbol{x}$ 和输入 $\boldsymbol{x}$ 的比值，即

$$\| \boldsymbol{T}_{H_\infty}(\mathrm{j}\omega) \|_\infty = \sup_{\omega \in R}\left[\max_{x \in C^n}\left[\frac{\| \boldsymbol{T}_{H_\infty}(\mathrm{j}\omega)\boldsymbol{x} \|_2}{\| \boldsymbol{x} \|_2}\right]\right] \tag{6.12.9}$$

Burl（1999）分别定义了 H_2范数和 H_∞ 范数如下：

$$\| \boldsymbol{T} \|_2 = \left(\frac{1}{2}\int_{-\infty}^{\infty} \mathrm{trace}[\boldsymbol{T}^*(\mathrm{j}\omega)\boldsymbol{T}(\mathrm{j}\omega)]\mathrm{d}\omega\right)^{\frac{1}{2}} \tag{6.12.10}$$

$$\| \boldsymbol{T} \|_\infty = \sup_{\omega}[\sigma_{\max}(\boldsymbol{T}(\mathrm{j}\omega))]$$

H_2范数最小化控制器包括在所有稳定控制器集上找到一个控制律，$\boldsymbol{u}(s) = \boldsymbol{K}(s)\boldsymbol{y}(s)$，以最小化下线性分式变换（LFT）$\boldsymbol{T}_{zw}$中的 H_2范数：

$$\boldsymbol{T}_{zw} = \boldsymbol{G}_{zu}(s)\boldsymbol{K}(s)(\boldsymbol{I} - \boldsymbol{G}_{yu}(s)\boldsymbol{K}(s))^{-1}\boldsymbol{G}_{yw}(s) + \boldsymbol{G}_{zw}(s) \tag{6.12.11}$$

式中，传递函数 $\boldsymbol{G}(s)$定义了输出 $\boldsymbol{z}$ 和 $\boldsymbol{y}$ 与输入 $\boldsymbol{w}$ 和 $\boldsymbol{u}$ 之间的关系：

$$\begin{bmatrix} z \\ y \end{bmatrix} = \boldsymbol{G}(s)\begin{bmatrix} w \\ u \end{bmatrix} = \begin{bmatrix} \boldsymbol{G}_{zw}(s) & \boldsymbol{G}_{zu}(s) \\ \boldsymbol{G}_{yw}(s) & \boldsymbol{G}_{yu}(s) \end{bmatrix}\begin{bmatrix} w \\ u \end{bmatrix} \tag{6.12.12}$$

下式表示了 H_∞ 范数，也就是 $\| \boldsymbol{T}_{zw}(s) \|_\infty$：

$$\| \boldsymbol{T}_{zw}(s) \|_\infty = \left\| \begin{matrix} W_s(s)S(s) \\ W_T(s)T(s) \end{matrix} \right\|_\infty < 1 \tag{6.12.13}$$

式中，$S(s)$是灵敏度传递函数；$T(s)$是互补灵敏度传递函数。

在控制问题中要适当选取 H_∞ 性能权值 W_s和 W_T。H_∞ 范数次优控制器也可以用另外一种方式表述。假定电厂的状态空间形式如下：

$$\dot{\boldsymbol{x}} = \boldsymbol{A}\boldsymbol{x} + \boldsymbol{B}_1\boldsymbol{w} + \boldsymbol{B}_2\boldsymbol{u} \tag{6.12.14a}$$

$$\boldsymbol{z} = \boldsymbol{C}_1\boldsymbol{x} + \boldsymbol{D}_{11}\boldsymbol{w} + \boldsymbol{D}_{12}\boldsymbol{u} \tag{6.12.14b}$$

$$\boldsymbol{y} = \boldsymbol{C}_2\boldsymbol{x} + \boldsymbol{D}_{21}\boldsymbol{w} + \boldsymbol{D}_{22}\boldsymbol{u} \tag{6.12.14c}$$

让 $\boldsymbol{w} \rightarrow \boldsymbol{z}$ 的传递函数为 H_∞ 范数等价于 $\| \boldsymbol{T}_{zw}(s) \|_\infty$ 的 $\boldsymbol{T}_{zw}(s)$。问题就变成了找到一个控制律 $\boldsymbol{u}(s) = \boldsymbol{K}(s)\boldsymbol{y}(s)$，使得 H_∞ 范数边界为 $\| \boldsymbol{T}_{zw\infty} \| < \gamma$，式中 $\gamma \in R$。问题的解可以用两个代数 Riccati 方程（Glover 和 Doyle 1988；Doyle 1989）来表示。

Gahinet 和 Apkarian（1994）已经证明，如果控制器也是动态控制器，这样的次优问题可以用线性矩阵不等式（LMI）表示。Khargonekar 和 Rotea（1991）已经定义了线性动态控制器的混合 H_2/H_∞ 范数优化，和用 LMI 形式表示。但是，经验表明，对于这一问题求解并不容易。

需要两个互相独立的输出来定义 H_2 or H_∞ 范数最优化问题，一个用来估计 H_∞ 的性能，另一个用来估计 H_2的性能。如果这两个输出定义如下：

$$\boldsymbol{z} = [z_\infty \quad z_2]^{\mathrm{T}} \equiv [z_1 \quad z_2]^{\mathrm{T}} \tag{6.12.15}$$

且相应的 $\boldsymbol{w} \rightarrow \boldsymbol{z}_1$ 和 $\boldsymbol{w} \rightarrow \boldsymbol{z}_2$ 传递函数是 $\boldsymbol{T}_1 = \boldsymbol{T}_{z_1,w}(s)$和 $\boldsymbol{T}_2 = \boldsymbol{T}_{z_2,w}(s)$，则要解决 H_2和 H_∞ 范数最优化问题，必须最小化 H_∞ 范数，$\| \boldsymbol{T}_1 \|_\infty$，或者是 H_2 范数满足 $\| \boldsymbol{T}_2 \|_2$。假设电厂的状态空间模型如下：

$$\dot{\boldsymbol{x}} = \boldsymbol{A}\boldsymbol{x} + \boldsymbol{B}_1\boldsymbol{w} + \boldsymbol{B}_2\boldsymbol{u} \tag{6.12.16a}$$

$$z_1 = \boldsymbol{C}_1\boldsymbol{x} + \boldsymbol{D}_{11}\boldsymbol{w} + \boldsymbol{D}_{12}\boldsymbol{u} \tag{6.12.16b}$$

$$z_2 = \boldsymbol{C}_2\boldsymbol{x} + \boldsymbol{D}_{21}\boldsymbol{w} + \boldsymbol{D}_{22}\boldsymbol{u} \tag{6.12.16c}$$

$$\boldsymbol{y} = \boldsymbol{C}_3\boldsymbol{x} + \boldsymbol{D}_{31}\boldsymbol{w} + \boldsymbol{D}_{32}\boldsymbol{u} \tag{6.12.16d}$$

求解 H_2 和 H_∞ 范数最优化问题的关键在于明确由 z_1 和 z_2 方程求得的性能评估输出和用标准形式表示模型。

假定基本电厂建模如下：

$$\begin{aligned} \dot{\boldsymbol{x}}_{\mathrm{p}} &= \boldsymbol{A}_{\mathrm{p}}\boldsymbol{x}_{\mathrm{p}} + \boldsymbol{B}_{\mathrm{p}}\boldsymbol{u} \\ \boldsymbol{y}_{\mathrm{o}} &= [1 \quad 0]\boldsymbol{x}_{\mathrm{p}} \end{aligned} \tag{6.12.17}$$

干扰动态模型如下：

$$\dot{\boldsymbol{x}}_{\mathrm{d}} = \boldsymbol{A}_{\mathrm{d}}\boldsymbol{x}_{\mathrm{d}} + \boldsymbol{w} \tag{6.12.18}$$

则电厂包括了干扰的状态动态模型如下：

$$\dot{\boldsymbol{x}}_{\mathrm{p}} = \boldsymbol{A}_{\mathrm{p}}\boldsymbol{x}_{\mathrm{p}} + \boldsymbol{A}_{\mathrm{pd}}\boldsymbol{x}_{\mathrm{d}} + \boldsymbol{B}_{\mathrm{p}}\boldsymbol{u} + \boldsymbol{B}_{\mathrm{d}}\boldsymbol{w} \tag{6.12.19}$$

则完整的包括了权值滤波的电厂状态空间动态模型如下：

$$\begin{aligned} \dot{\boldsymbol{x}}_{\mathrm{c}} &= \boldsymbol{A}_{\mathrm{c}}\boldsymbol{x}_{\mathrm{c}} + \boldsymbol{B}_{\mathrm{c}}\boldsymbol{u} + \boldsymbol{B}_{\mathrm{cd}}\boldsymbol{w} \\ \boldsymbol{y}_{\mathrm{o}} &= \boldsymbol{C}_{\mathrm{oc}}\boldsymbol{x}_{\mathrm{c}} \\ \boldsymbol{y}_{\mathrm{m}} &= \boldsymbol{C}_{\mathrm{c}}\boldsymbol{x}_{\mathrm{c}} + \boldsymbol{D}_{\mathrm{c}}\boldsymbol{w} \end{aligned} \tag{6.12.20}$$

图 6.14 所示是表示电厂、控制器、量测值 $\boldsymbol{y}_{\mathrm{m}}$ 和性能评价输出 z_1 和 z_2 的传统框图。图 6.15 和图 6.16 所示是 LFT 表示的另一种表示图。值得一提的是图 6.17 是集成了传递函数 W_{T} 的电厂框图，该电厂模型如下：

$$\begin{aligned} \dot{\boldsymbol{x}}_{\mathrm{a}} &= \boldsymbol{A}_{\mathrm{a}}\boldsymbol{x}_{\mathrm{a}} + \boldsymbol{B}_{\mathrm{a}}\boldsymbol{u} + \boldsymbol{B}_{\mathrm{ad}}\boldsymbol{w} \\ [z_{12} \quad \boldsymbol{y}_{\mathrm{m}}]^{\mathrm{T}} &= \boldsymbol{C}_{\mathrm{a}}\boldsymbol{x}_{\mathrm{a}} + \boldsymbol{D}_{\mathrm{a}}\boldsymbol{w} \end{aligned} \tag{6.12.21}$$

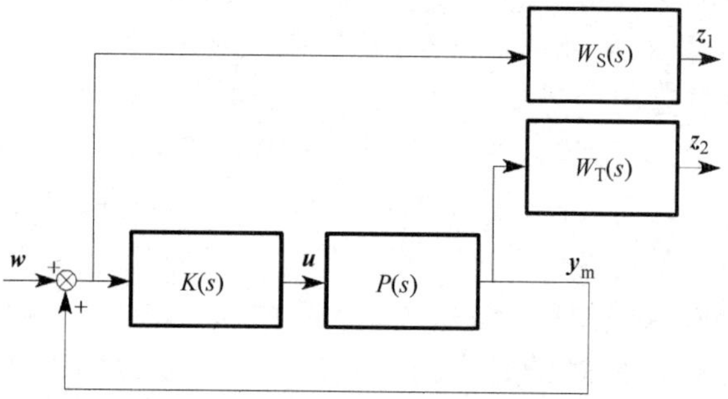

图 6.14 电厂、控制器、量测值 $\boldsymbol{y}_{\mathrm{m}}$ 和性能评价输出 z_1 和 z_2 的传统框图

$\boldsymbol{u}(s) = \boldsymbol{K}(s)\boldsymbol{y}_{\mathrm{m}}(s)$ 给出了最优控制器。采用式（6.12.21）的方式表示动态模型易于在 MATLAB 中使用包含了所有状态的最优控制器综合工具，以及鲁棒控制箱中的输出反馈。在所有状态都有反馈的情况下，采用估计值代替反馈状态。在前面讨论了估计问题。Pukrushpan 等人（2004b）、Pukrushpan 等人（2004c）、Vahidi

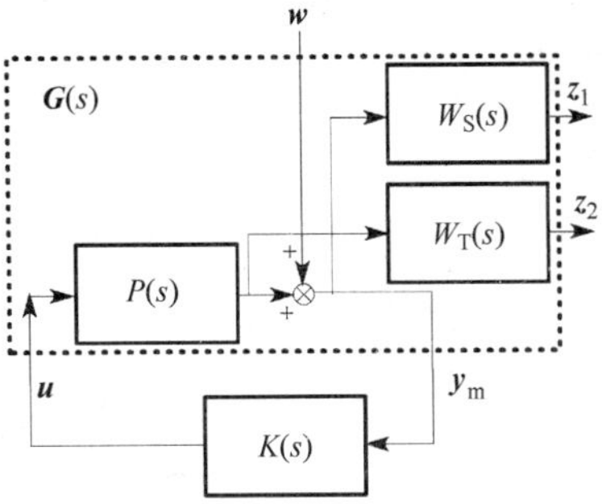

图 6.15　电厂、测量值和控制器的另一种框图

等人（2006）讨论了用最优设计方法解决燃料电池详细控制器综合问题，读者可以参考这些文献。

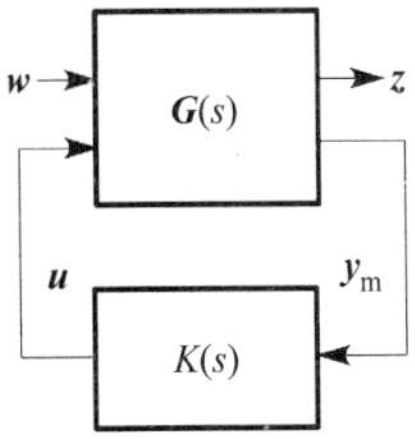

图 6.16　反馈系统的 LFT 形式框图

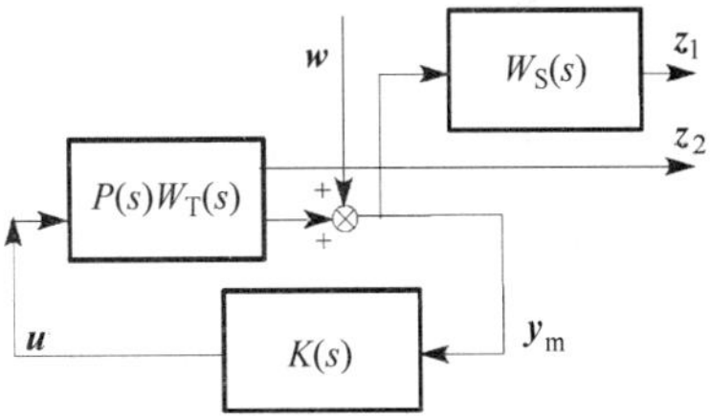

图 6.17　电厂集成权值函数框图

参考文献

Adzakpa KP, Agbossous K, Dube Y, Dostie M, Fournier M, Poulin A (2008) PEM fuel cells modeling and analysis through current and voltage transients behaviors. IEEE Trans Energy Convers 23(2):581–591

Amphlett JC, Baumert RM, Mann RF, Peppley BA, Roberge RR, Rodrigues A (1993) The effect of carbon monoxide contamination on anode efficiency in PEM fuel cells. Am Chem Div Fuel Chem 38:1477–1482

Amphlett JC, Baumert RM, Mann RF, Peppley BA, Roberge RR, Rodrigues A (1994) Parametric modeling of the performance of a 5 kW proton exchange membrane fuel cell stack. J Power Sources 49:349–356

Amphlett JC, Baumert RM, Mann RF, Peppley BA, Roberge RR (1995) Performance modeling of the Ballard mark IV solid polymer electrolyte fuel cell: empirical model development. J Electrochem Soc 145:1–8

Amphlett JC, Baumert RM, Mann RF, Peppley BA, Roberge RR, Rodrigues A (1996) A model predicting transient responses of proton exchange membrane fuel cells. J Power Sources 61:183–188

Arcak M, Görgün H, Pedersen LM, Varigonda S (2004) A nonlinear observer design for fuel cell hydrogen estimation. IEEE Trans Control Syst Technol 12:101–110

Badrinarayanan P, Ramaswamy S, Eggert A, Moore R (2001) Fuel cell stack water and thermal management: impact of variable system power operation. SAE Paper 2001-01-0537

Bernardi D (1990) Water balance calculations for solid polymer electrolyte fuel cells. J Electrochem Soc 137(11):3344–3350

Bove R, Ubertini S (2006) Modeling solid oxide fuel cell operation: approaches, techniques and results. J Power Sources 159(1):543–559

Bryson AE, Ho Y-C (1975) Applied optimal control. Hemisphere Publishing Co., New York

Burl JB (1999) Linear optimal control: H_2 and H_∞ methods, Addison Wesley Longman, Inc

Calise F, d'Accadia MD, Palombo A, Vanoli L, Vanoli R (2004) Modelling, simulation and energy analysis of a hybrid SOFC-gas turbine system. 3rd international symposium on energy and environment, Sorrento

Calise F, d'Accadia MD, Palombo A, Vanoli L (2006) Simulation and energy analysis of a SOFC-gas turbine system. Energy Int J 31(15):3278–3299

Calise F, d'Accadia MD, Palombo A, Vanoli L (2007) A detailed one dimensional finite-volume simulation model of a tubular SOFC and a pre-reformer. Int J Thermodyn 10(3):87–96

Carnes B, Djilali N (2005) Systematic parameter estimation for PEM fuel cell models. J Power Sources 144:83–93

Ceraolo M, Miulli C, Pozio A (2003) Modeling static and dynamic behavior of proton exchange membrane fuel cells on the basis of electro-chemical description. J Power Sources 113:131–144

Chen S, Xue Z, Wang D, Xiang W (2012) An integrated system combining chemical looping hydrogen generation process and solid oxide fuel cell/gas turbine cycle for power production with CO_2 capture. J Power Sources 215:89–98

Chia E-S (2006) A chemical reaction engineering perspective of polymer electrolyte membrane fuel cells. Dissertation, Faculty of Chemical Engineering, Princeton University

Chu D, Jiang R (1999) Performance of polymer electrolyte membrane fuel cell (PEMFC) stacks. Part I. Evaluation and simulation of an air-breathing PEMFC stack. J Power Sources 83:128–133

del Real AJ, Arce A, Bordons C (2007) Development and experimental validation of a PEM fuel cell dynamic model. J Power Sources 173:310–324

Doyle JC, Glover K, Khargonekar PP, Francis B (1989) State-space solutions to the standard H_2 and H_∞ control problems. IEEE Trans Automat Contr 34:831–847

El-Sharkh MY, Rahman A, Alam MS, Byrne PC, Sakla AA, Thomas T (2004) A dynamic model for a stand-alone PEM fuel cell power plant for residential applications. J Power Sources 138:199–204

Fishtik I, Callaghan CA, Datta R (2004a) Reaction route graphs. I. Theory and algorithm. J Phys Chem B 108(18):5671–5682

Fishtik I, Callaghan CA, Datta R (2004b) Reaction route graphs. II. Examples of enzyme- and surface-catalyzed single overall reactions. J Phys Chem B 108(18):5683–5697

Fishtik I, Callaghan CA, Datta R (2004c) Reaction route graphs. III. Non-minimal kinetic mechanisms. J Phys Chem B 109(7):2710–2722

Fontes G, Turpin C, Astier S (2010) A large signal dynamic circuit model of a H_2/O_2 PEM fuel cell. IEEE Trans Ind Electron 57(6):1874–1881

Fronk M, Wetter D, Masten D, Bosco A (2000) PEM fuel cell system solutions for transportation. SAE paper 2000-01-0373

Gahinet P, Apkarian P (1994) A linear matrix inequality approach to H_∞ control. Int J Robust Nonlinear Control 4:421–448

Garnier S, Pera M-C, Hissel D, De Bernardinis A, Kauffmann J-M, Coquery G (2004) Dynamic behavior of a proton exchange membrane fuel cell under transportation cycle load. Proceeding of international symposium on industrial elect 1, pp 329–333

Glover K, Doyle JC (1988) State space formulae for all stabilizing controllers that satisfy an H_∞-norm bound and relations to risk sensitivity. Syst Control Lett 11:167–172

Görgün H, Arcak M, Barbir F (2006) An algorithm for estimation of membrane water content in PEM fuel cells. J Power Sources 157:389–394

Grasser F (2005) An analytical, control-oriented state-space model for a PEM fuel cell system, Ph.D. Dissertation, Ecole Polytechnique Fédérale de Lausanne, Lausanne, Switzerland

Grasser F, Rufer A (2007) A fully analytical PEM fuel cell system model for control applications. IEEE Trans Ind Appl 43(6):1499–1506

Haschka M, Weickert T, Krebs V (2006) Application of a sigma-point Kalman-filter for the online estimation of fractional order impedance *m* Fractional Differentiation and its Applications. Proceeding of the second IFAC workshop on fractional differentiation and its applications 2(1):194:199

Hinaje M, Nguyen D, Rael S, Davat B (2008) Modelling of the proton exchange membrane fuel cell in steady state. Proceeding of IEEE power electronics specialists conference 3550–3556

Ingimundarson A, Stefanopoulou A, McKay DA (2008) Model-based detection of hydrogen leaks in a fuel cell stack. IEEE Trans Control Syst Technol 16(5):1004–1012

Janardhanan VM, Deutschmann O (2006) CFD analysis of a solid oxide fuel cell with internal reforming: coupled interactions of transport, heterogeneous catalysis and electrochemical processes. J Power Sources 162:1192–1202

Ju H, Meng H, Wang C (2005) A single phase, non isothermal model for PEM fuel cells. Int J Heat Mass Transfer 48:1303–1315

Julier SJ (2002) The scaled unscented transformation. Proceeding of the American control conference, vol 6, pp 4555–4559

Julier SJ, Uhlmann J (2000) Unscented filtering and nonlinear estimation. Proc IEEE 92(3):401–422

Julier SJ, Uhlmann J, Durrant-Whyte HF (2000) A new method for the nonlinear transformation of means and covariances in filters and estimators. IEEE Trans Auto Cont 45(3):477–482

Kalhammer F, Prokopius P, Roan V, Voecks G (1998) Status and prospects of fuel cells as automotive engines. State of California Air Resources Board, Ca., USA

Kandepu R, Imsland L, Foss BA, Stiller C, Thorud B, Bolland O (2005) Control-relevant SOFC modeling and model evaluation. Proceedings of ECOS 5

Kandepu R, Foss BA, Imsland L (2006) Integrated modeling and control of a load-connected SOFC-GT autonomous power system. Proceeding of the American control conference 6:5

Kandepu R, Imsland L, Stiller C, Foss BA, Kariwala V (2006b) Control-relevant modeling and simulation of a SOFC-GT hybrid system. Model Ident Control 27(3):143–156

Kandepu R, Huang B, Imsland L, Foss BA (2007) Comparative study of state estimation of fuel cell hybrid system using UKF and EKF. IEEE international conference on control and automation, ICCA

Kandepu R, Imsland L, Foss BA, Stiller C, Thorud B, Bolland O (2007b) Modeling and control of a SOFC-GT-based autonomous power system. Energy 32(4):406–417

Kandepu R, Foss BA, Imsland L (2008a) Applying the unscented Kalman filter for nonlinear state estimation. J Process Control 18(7):753–768

Kandepu R, Imsland L, Foss BA (2008) Constrained state estimation using the unscented Kalman filter. 16th Mediterranean conference on control and automation, pp 1453–1458

Khargonekar PP, Rotea MA (1991) Mixed H_2/H_∞ Control: a convex optimization approach. IEEE Trans Auto Contr 36(7):824–837

Laffly E, Pera M-C, Hissel D (2007) Polymer electrolyte membrane fuel cell modeling and parameters estimation for ageing consideration. Proceeding IEEE international symposium on industrial elect, pp 180–185

Lee J, Lalk T (1998) Modeling fuel cell stack systems. J Power Sources 73:229–241

Mann RF, Amphlett JC, Hooper MAI, Jensen HM, Peppley BA, Roberge RR (2000) Development and application of a generalized steady state electrochemical model for a PEM fuel cell. J Power Sources 86:173–180

Master J (2010) Kinetics, catalysis and mechanism of methane steam reforming, Thesis Submitted to the Faculty of the Worcester Polytechnic Institute Department of Chemical Engineering

McKay D, Stefanopoulou AG (2004) Parameterization and validation of a lumped parameter diffusion model for fuel cell stack membrane humidity estimation. Proceeding of American control conferences 816–821

Methekar RN, Patwardhan SC, Rengaswamy R, Gudi RD, Prasad V (2010) Control of proton exchange membrane fuel cells using data driven state space models. Chem Eng Res Des 88(7):861–874

Morner SO, Klein SA (2001) Experimental evaluation of the dynamic behavior of an air-breathing fuel cell stack. J Solar Energy Eng 123:225–231

O'Hayre R, Cha SW, Colella W, Prinz FB (2006) Fuel cell fundamentals. Wiley, New York

Ogata K (2001) Modern control engineering, 4th edn. Prentice Hall, Chapters 11 and 12

Pakalapati SR (2006) A new reduced order model for solid oxide fuel cells, Ph.D. Thesis, West Virginia University, Morgantown, WV

Pakalapati SR, Yavuz I, Elizalde-Blancas F, Celik I, Shahnam M (2006) Comparison of a multidimensional model with a reduced order pseudo three-dimensional model for simulation of solid oxide fuel cells. Proceeding of the 4th international conference on fuel cell science, engineering and technology, Irvine, CA

Pan S, Su H, Wang H, Chu J (2010) The study of joint input and state estimation with Kalman filtering, Trans Inst Meas Control. ISSN: 01423312. doi:10.1177/0142331210361551

Pasricha S, Shaw SRD (2006) A dynamic PEM fuel cell model. IEEE Trans Energy Convers 21:484–490

Pasricha S, Keppler M, Shaw SR, Nehrir MH (2007) Comparison and identification of static electrical terminal fuel cell models. IEEE Trans Energy Convers 22(3):746–754

Pukrushpan JT, Peng H, Stefanopoulou A (2004a) Control-oriented modeling and analysis for automotive fuel cell systems. ASME J Dyn Syst Measure Control 126(1):14–25

Pukrushpan JT, Stefanopoulou AG, Peng H (2004b) Control of fuel cell power systems: principles, modeling and analysis and feedback design. In series on advances in industrial control. Springer

Pukrushpan JT, Stefanopoulou AG, Peng H (2004c) Control of fuel cell breathing. IEEE Control Syst Mag 30–46

Puranik SV, Keyhani A, Khorrami F (2010) State-space modeling of proton exchange membrane fuel cell. IEEE Trans Energy Convers 25(3):804–813

Ramousse J, Deseure J, Lottin O, Didierjean S, Maillet D (2005) Modelling of heat, mass and charge transfer in a PEMFC single cell. J Power Sources 145(6):416–427

Rowe A, Li X (2001) Mathematical modeling of proton exchange membrane fuel cells. J Power Sources 102:82–96

Shan Y, Choe S-Y (2005) A high dynamic PEM fuel cell model with temperature effects. J Power Sources 145:30–39

Springer T, Zawodzinski T, Gottesfeld S (1991) Polymer electrolyte fuel cell model. J Electrochem Soc 138(8):2334–2342

Stanton K (2005) A thermally dependent fuel cell model for power electronics design. Proceeding of IEEE power electronics specialists conference, pp 1647–1651

Stiller C, Thorud B, Bolland O, Kandepu R, Imsland L (2006) Control strategy for a solid oxide fuel cell and gas turbine hybrid system. J Power Sources 158(1):303–315

Suares GE, Hoo KA (2000) Parameter estimation of a proton-exchange-membrane fuel cell using voltage-current data. Chem Eng Sci 55:2237–2247

Thanapalan K, Wang B, Williams JG, Liu GP and Rees D (2008) Modeling, parameter estimation and validation of a 300 W PEM fuel cell system. Proceeding of UKACC'08, international conference on control 2008, Manchester, UK

Tumuluri U (2008) Nonlinear state estimation in polymer electrolyte membrane fuel cells. Master's Thesis, Chemical Engineering, Cleveland State University

Turner W, Parten M, Vines D, Jones J, Maxwell T (1999) Modeling a PEM fuel cell for use in a hybrid electric vehicle. IEEE 49th vehicular technology conference 2, pp 1385–1388

Uzunoglu M, Alam MS (2006) Dynamic modeling, design, and simulation of a combined PEM fuel cell and ultracapacitor system for stand-alone residential applications. IEEE Trans Energy Convers 21:767–775

Vahidi A, Stefanopoulou AG, Peng H (2006) Current management in a hybrid fuel cell power system: a model-predictive control approach. IEEE Trans Control Syst Technol 14(6):047–1057

Vepa R (2012) Adaptive state estimation of a PEM fuel cell. IEEE Trans Energy Convers 27:457–467

Wang C (2004) Fundamental models for fuel cell engineering. Chem Rev 104(10):4727–4766

Wang Y, Wang C (2005) Transient analysis of polymer electrolyte fuel cells. J Electrochemica Acta 50:1307–1315

Williams JG, Liu GP, Thanapalan K, Rees D (2007) Design and implementation of on-line self-tuning control for PEM fuel cells. Proceeding of EVS-23; sustainability- the future of transportation, Ca. USA, pp 359–375

Wohr M, Bolwin K, Schnurnberger W, Fischer M, Neubrand W, Eigenberger G (1998) Dynamic modeling and simulation of a polymer membrane fuel cell including mass transport limitation. Int J Hydrogen Energy 23(3):213–218

Xu JG, Froment GF (1989a) Methane steam reforming, methanation and water-gas shift. 1. Intrinsic kinetics. AIChE J 35(1):88–96

Xu JG, Froment GF (1989b) Methane steam reforming, 2. Diffusional limitations and reactor simulation. AIChE J 35(1):97–103

Xue X, Tang J, Sammes N, Ding Y (2006) Model-based condition monitoring of PEM fuel cell using Hotelling T^2 control limit. J Power Sources 162:388–399

Yalcinoz T, Alam MS (2008) Dynamic modeling and simulation of air-breathing proton exchange membrane fuel cell. J Power Sources 182:168–174

Yang W, Bates B, Fletcher N, Pow R (1998) Control challenges and methodologies in fuel cell vehicle development. SAE paper 98C054

Yang CR, Srinivasan S, Bocarsly AB, Tulyani S, Benziger JB (2004) A comparison of physical properties and fuel cell performance of Nafion and Zirconium Phosphate/Nafion composite membranes. J Membr Sci 237:145–161

Yu D, Yuvarajan S (2004) A novel circuit model for PEM fuel cells. Proceeding of IEEE APEC, Anaheim, Ca. 1:362–366

Zhang Z, Huang X, Jiang J, Wu B (2006) An improved dynamic model considering effects of temperature and equivalent internal resistance for PEM fuel cell power models. J Power Sources 161:1062–1068

Zhang H, Wang L, Weng S, Su M (2008) Performance research on the compact heat exchange reformer used for high temperature fuel cell systems. J Power Sources 183(1):282–294

Zhu H, Kee RJ, Janardhanan VM, Deutschmann O, Goodwin DG (2005) Modeling elementary heterogeneous chemistry and electrochemistry in solid-oxide fuel cells. J Electrochem Soc 152:A2427

Ziogou C, Voutetakis S, Papadopoulou S, Georgiadis MC (2011) Modeling, simulation and experimental validation of a PEM fuel cell system. Comput Chem Eng 35(9):1886–1900

第 7 章

电池：建模和充电状态估计

7.1 简介

在电池中，在两个电极分别发生氧化反应和还原反应，两个电极之间由对离子导电的电解液分隔开。为了电动势或电压的稳定，通常将几个电化学电池串联一起构成电池。与燃料电池不同的是，电池中的电化学电池是这样一种电池：电池中永久地存储反应物，而不是不断地从外部供给，并且也不会不断地清除反应产物。电化学电池由两个电极，即一个阳极、一个阴极和存储在密封容器内的电解液组成。当无源电路连接到这两个电极时，产生电流，并且电池开始放电。电子从电池的阳极流出，形成了从外部流入的空穴电流。电子从电池的阴极流入，空穴电流从阴极流出。在放电电池中，阳极是负极，因为空穴电流流入的阳极，电子从阳极流出。在放电过程中，外部电路在正极或阴极供给电子，同时电极产生化学还原反应。同样地，在负极或阳极上发生氧化反应以给外部电路输送电子。在电池内部，正电荷的离子通过电解质从负电极流向正电极形成了电路。最初的电池是不能充电的，当它们放完电后就可以丢弃了。另一方面，第二代电池是可充电、可重复使用的电池，通过将电池并联到比电池端电压高的电路上以完成充电。这样就使电流从相反方向流经电池实现充电。电流从与放电相反的方向流经电池就可以完全恢复电池的电荷，相应地逆转了还原和氧化反应。

7.2 电池电化学

根据 Reddy（2010）的研究，在正极的还原反应和在负极的氧化反应，以及整体反应可以分别表示为

$$mB + nE^{+} + ne^{-} \rightarrow dD$$

$$A \rightarrow cC + nE^{+} + ne^{-}$$

$$A + mB \leftrightarrow cC + dD$$

反应以 1mol 的物质 A 开始，C 和 D 是两个电极中的带电物质。假设带电物质的摩尔数和扩散离子物质是统一的，则 C 的数量与正极上的电荷量成正比，E 的数量与通过电解液到达负极的正离子电荷成正比。在大多数电池中也存在催化剂，但

并不影响整体反应。

图7.1所示是一维电池模型示意图。在典型的电池放电过程中，E^+离子扩散到了物质A的负极表面并发生氧化反应，在留下带电物质C后转移到电解液中。带正电荷的E^+离子在电解质K_{OH}中扩散和迁移到正极，在正极与从外部电路进入的电子发生还原反应并扩散成活性金属氧化物颗粒。而在负极反应中产生的电子本身，被电子绝缘隔板阻隔，必须通过外部电路才能回到正极。

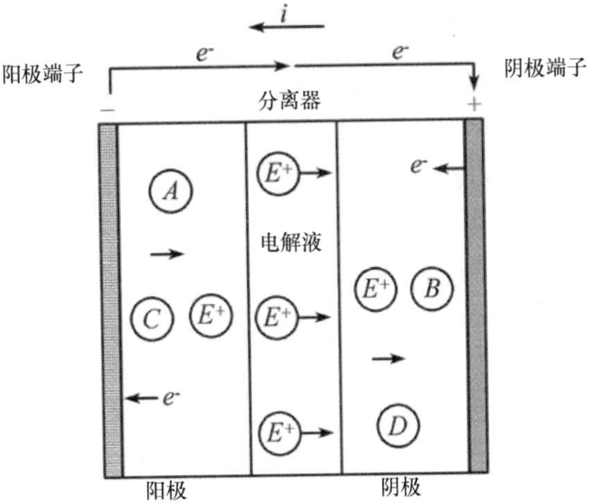

图7.1　一维电池模型示意图

7.3　容量和荷电状态

电池的容量Q代表了在电池充满电时在电池中能存储的电荷总量。因此，容量就是电池能存储的电荷总量，用安－小时（Ah）表示。荷电状态（SOC）定义为电池可用容量（$Q_{\text{available}}$）占电池总容量（$Q = Q_{\max}$）的百分比。理想电池的SOC可以用初始荷电状态、容量和充电电流表示：

$$\text{SOC}(t) = \text{SOC}(0) + \frac{1}{Q}\int_0^t i_c(\tau)\,d\tau \tag{7.3.1}$$

用放电电流表示为

$$\text{SOC}(t) = \text{SOC}(\infty) - \frac{1}{Q}\int_\infty^t i_d(\tau)\,d\tau = 1 - \frac{1}{Q}\int_\infty^t i_d(\tau)\,d\tau \tag{7.3.2}$$

对于SOC的有限值，上述方程表示为

$$\text{SOC}(t) = \text{SOC}(\infty) - \frac{1}{Q}\int_\infty^t \eta(\tau) i_d(\tau)\,d\tau = 1 - \frac{1}{Q}\int_\infty^t \eta(\tau) i_d(\tau)\,d\tau \tag{7.3.3}$$

式中，$\eta(\tau)$是电荷转移效率，等于SOC的低值的单位值。

SOC是用来表征电池在某个时间点寿命的重要参数。Pop等人（2008）、Han

等人（2009）提出了各种各样的 SOC 的估计方法，这些方法通常可以分为四类：基于 Coulomb 计数的方法、基于计算智能技术的方法（如人工神经网络、模糊逻辑和支持向量机）、基于模型的方法和其他混合方法。理论上来说，基于 Coulomb 计数的方法在实时系统中是最简单易行的。在这些方法中，根据对量测电流在时间上积分和完全充电初始状态下的 SOC 值可以计算出 SOC：

$$\mathrm{SOC}(t)=\frac{Q_{\mathrm{available}}}{Q}=\frac{Q\mathrm{SOC}(0)-\int_0^t i_{\mathrm{d}}(\tau)\mathrm{d}\tau}{Q}=\mathrm{SOC}(0)-\frac{1}{Q}\int_0^t i_{\mathrm{d}}(\tau)\mathrm{d}\tau \quad (7.3.4)$$

尽管在理论上基于 Coulomb 计数的方法简单易行，但是该方法还存在着由于误差带来的问题，这些误差是由初始 SOC 值不正确或者估计误差的累积引起的。

此外，因为电池的速率容量和恢复效果，基于 Coulomb 计数的方法不能跟踪电池的非线性容量变化。基于模型的 SOC 估计方法采用状态空间模型来设计如卡尔曼滤波器（KF）的状态观测器以实现实时 SOC 估计，该方法所采用的状态空间模型基于与电池等价的电子电路。实际上，SOC 基于复杂递归非线性估计方法从相关量测值中进行连续动态估计，这些非线性估计方法包括 Plett（2004a，b，c）的扩展 KF 和 Bhangu 等人（2005）、Plett（2006）提出的 KF 的各种变体。在研究 SOC 估计算法中常用的动态模型描述了电池的输出和时间的关系。用来表示完全放电的 SOC 方程通常采用放电电流表示，该方程只有当放电电流是常量时才是通用的。因此

$$\mathrm{SOC}(T)=1-\frac{i_{\mathrm{d}}T}{Q} \quad (7.3.5)$$

故而，当

$$\mathrm{SOC}(T)=1-\frac{i_{\mathrm{d}}t_{\mathrm{s}}}{Q}=0 \quad (7.3.6)$$

$$Q=i_{\mathrm{d}}t_{\mathrm{s}} \quad (7.3.7)$$

给定了 SOC 和恒定的放电电流后，就可以估计出电池放电的小时数。例如，假定一个充满电的电池容量是 50Ah，并且它在 60% SOC，因此，这个电池在完全方完电之前可以产生 10h 的 3A 恒定电流。

7.3.1 Peukert 方程

由于充电和放电、电池使用时间、电池充放电次数、周围环境等非线性因素的影响，以百分比表示的电池真正容量变化很大。因此，需要定义电池的额定容量。Peukert 方程确定电池的额定容量 C 与放电电流和总放电时间有关，如下所示：

$$C=i_{\mathrm{d}}^{\gamma}t_{\mathrm{s}}=\left(\frac{Q}{t_{\mathrm{s}}}\right)^{\gamma}t_{\mathrm{s}} \quad (7.3.8)$$

因此，给定以放电率和以小时为单位的放电时间 H 表示的额定容量：

$$C=\left(\frac{Q}{H}\right)^{\gamma}H \quad (7.3.9)$$

则相应的容量为

$$Q=H\left(\frac{C}{H}\right)^{\frac{1}{\gamma}} \tag{7.3.10}$$

在给定的放电电流 I_d 下，放电时间为

$$T_s=H\left(\frac{Q}{I_d H}\right)^{\gamma} \tag{7.3.11}$$

相应的，给定放电电流 I_d 时，容量为

$$Q_{I_d}=I_d T_s=Q\left(\frac{Q}{I_d H}\right)^{\gamma-1} \tag{7.3.12}$$

式中，γ 取值范围为 $1\leqslant\gamma\leqslant\sqrt{2}$，对于铅酸电池，通常取 $\gamma=1.35$。

Peukert 方程中温度的影响可以建模为将任意温度下的额定容量用给定环境温度 T_0 下的额定容量表示：

$$C_T=C_{T_0}\times(1-\alpha(T_0-T)) \tag{7.3.13}$$

电池的实际温度遵循一条简单的法则，并可以定义为

$$mc_p\frac{dT}{dt}=i_d^2R_{int}-h_cA(T-T_0) \tag{7.3.14}$$

式中，m 是电池的等效质量；c_p 是比热容；R_{int} 内部电阻；h_c 用来表示电池热损失的平均传热系数；A 是外部表面积。

7.3.2 性能曲线

通过绘制特定能量作为特定功率的对数函数曲线，可以将电池和燃料电池的性能特点与其他的能量存储和转换系统进行比较。这一性能曲线通常称为 Ragone 曲线。绘制出来的曲线通常是不同间距的正斜率直线。垂直轴上的间距表示系统需要提取和/或存储能量的相对时间。Ragone 曲线表明，与传统的热力发动机相比，电池和燃料电池的理论能量高，而功率密度低，这一现象表明电池是一种非常理想的能量存储系统。

7.4 电池建模

各种文献表明电池模型基本分为四类：分布参数电化学模型、离散动态电化学模型、基于电荷动力学模型、基于电路模型。对于 SOC 的估计和电池动态性能的仿真而言，通用电池模型和特定的电路模型尤为重要。

分布参数电化学模型并不是一个适于进行电池组的充电状态估计的电池动态模型。分布参数模型是基于这样的事实提出的，在电解质中的离子的流动，如同热扩散一样，也是一个扩散过程，该过程由一个扩散相关的偏微分方程表示。动态方程描述了在时间和空间上的电解质的电活性物质浓度的演变，并且基于 Fick 第一定律和第二定律。给定在间距 x 和时间 t 上的电活性物质的通量分布 $J_s(x, t)$、物质浓度 $C_s(x, t)$ 和扩散系数 D，用微分方程表示的 Fick 第一定律和第二定律如下：

$$
\begin{aligned}
-J_{s}(x,t) &= D\frac{\partial C_{s}(x,t)}{\partial x} \\
\frac{\partial C_{s}(x,t)}{\partial t} &= D\frac{\partial^{2} C_{s}(x,t)}{\partial x^{2}}
\end{aligned}
\tag{7.4.1}
$$

通常在拉普拉斯变换域求解该方程。根据该解法可知在时间 t 时最显著的电荷损耗为

$$
\Delta Q = \int_{0}^{t}\left(1 + 2\sum_{m=1}^{\infty}\exp\left(-\frac{m^{2}}{D^{2}}(t-\tau)\right)\right)i(\tau)\,\mathrm{d}\tau \tag{7.4.2}
$$

这类偏微分方程估计的方法之一是用中心差分近似值代替空间梯度。离散动态模型可以由分布式参数系统模型演化而来，通过采用如离散传输线模型的有限状态逼近，建立分布式参数系统模型，进而可以建立离散动态模型。

另一种分析模型是充电动力电池模型（KBM）或 Manwell 和 McGowan（1993，1994）提出的简单 KBM。KBM 是可以直观推导出来的，最初用来对大型铅酸蓄电池模型化学过程进行动力学过程建模。

KBM 模型基于对两个井之间的流动动力学对电池的化学过程建模。如图 7.2 所示，KBM 假定一个电池有两个电荷井，在两个井之间存储电荷，存储容量比为 c（$0<c<1$）。可用电荷直接向负载供电，而束缚电荷将通过一个阀门向可用电荷井提供电荷，该阀门的放电系数是 k。系数 k 决定了从束缚电荷井到可用电荷井的电荷流速率，也决定了两个井之间的电势能或者高度：$h_1(t)$ 和 $h_2(t)$。$h_1(t)$ 代表了电池的 SOC。当 $h_1(t)$ 为 0 时，电池完全放电。两个井之间的电荷变化可以表示为

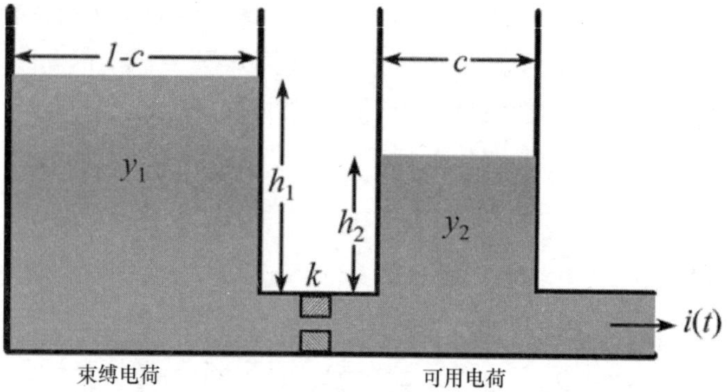

图 7.2　动力电池模型

$$
\begin{aligned}
\frac{\mathrm{d}y_{1}(t)}{\mathrm{d}t} &= -i(t) + k\Delta h(t) \\
\frac{\mathrm{d}y_{1}(t)}{\mathrm{d}t} &= -k\Delta h(t) \\
\Delta h(t) &= h_{2}(t) - h_{1}(t)
\end{aligned}
\tag{7.4.3}
$$

式中，$y_1(t)=ch_1(t)$ 是可用电荷井中的总电荷；$y_2(t)=(1-c)h_2(t)$ 是束缚电荷

井中的总电荷。

当电池以电流 $i(t)$ 放电时，可用电荷的减少速率高于束缚电荷的减少速率，因此在束缚电荷井和可用电荷井之间的电位差就增加了。当电流 $i(t)=0$ 时，$\Delta h(t)=h_2(t)-h_1(t)\to 0$。因此，当电池闲置时，可用电荷井中的可用电荷增长速率高于束缚电荷井中的束缚电荷。这一现象与实际电池的恢复效果和速率效应是一致的。在完全充电的状态，$h_2(t)=h_1(t)=C_n$，额定电池容量可以用来建立状态变量 $y_1(t)$ 和 $y_2(t)$ 的初始条件：

$$y_i(t)=a_i\exp\left(-\frac{k}{c(1-c)}(t-t_0)\right)+b_i\left\{1-\exp\left(-\frac{k}{c(1-c)}(t-t_0)\right)\right\} - y_{ip}(t) \tag{7.4.4}$$

式中，$y_{ip}(t)$ 是特解；a_i 和 b_i 是任意常量。

当 $y_1(t)=ch_1(t)=0$ 时，与零值 SOC 相对应，电荷枯竭为零。不可用电荷用下式表示：

$$u_c(t)=(1-c)\,|\Delta h(t)| \tag{7.4.5}$$

基于电路的模型也可以用来表示电池的电气特性。最简单的电路模型，包括一个与内阻串联的理想电压源（Hussain 和 Batarseh 2011）。但是这一模型并没有考虑电池的 SOC。Shepherd（1965）提出了一种直接用端电压、开路电压、内阻、放电电流、荷电状态表示电池电化学性能的模型，这一模型不仅适用于放电过程也适用于充电过程。Shepherd 的模型把电池的 SOC 作为状态变量来表示电压性能如下：

$$\begin{aligned} V_{oc} &= V_B + i_d R_\Omega + \frac{K_S}{q_s} \\ q_s(t) &= SOC(t) = 1 - \frac{1}{Q}\int_{\infty}^{t}\eta(\tau)i_d(\tau)d\tau \end{aligned} \tag{7.4.6}$$

其他近似估计模型有 Unnewehr 通用模型（Nasar 和 Unnewehr 1993）：

$$V_{oc}=V_B+i_dR_\Omega+K_Uq_s \tag{7.4.7}$$

和 Nernst 模型（该模型与 Nernst 方程有关但不是 Nernst 方程）：

$$V_{oc}=V_B+i_dR_\Omega+K_{N1}\ln(q_s)+K_{N2}\ln(1-q_s) \tag{7.4.8}$$

式中，Q 是电池的总电荷容量。

Plett（2004a，b，c）结合了这两种模型提出了：

$$V_{oc}=V_B+i_dR_\Omega+K_Uq_s+\frac{K_s}{q_s}+K_{N1}\ln(q_s)+K_{N2}\ln(1-q_s) \tag{7.4.9}$$

假定电荷转移效率 $\eta(\tau)$ 等于1，Plett（2004a）模型可以在状态-空间域表示为

$$\frac{dq_s(t)}{dt}=-\frac{i_d(t)}{Q} \tag{7.4.10}$$

$$V_{oc}=V_B+i_dR_\Omega+K_Uq_s+\frac{K_s}{q_s}+K_{N1}\ln(q_s)+K_{N2}\ln(1-q_s) \tag{7.4.11}$$

该方程组在连续时间域上用通用状态空间形式表示为

$$\dot{\boldsymbol{x}} = \boldsymbol{A}\boldsymbol{x} + \boldsymbol{B}\boldsymbol{w} \tag{7.4.12a}$$

$$\boldsymbol{y} = \boldsymbol{H}\boldsymbol{x} + v \tag{7.4.12b}$$

式（7.4.12a）的通解为

$$\boldsymbol{x}(t) = \boldsymbol{\Phi}(t - t_0)\boldsymbol{x}(t_0) + \int_0^t \boldsymbol{\Phi}(t - \tau)\boldsymbol{B}(\tau)\boldsymbol{w}(\tau)\mathrm{d}\tau \tag{7.4.13}$$

假定 $\boldsymbol{B}(\tau) = \boldsymbol{I}$，离散化式（7.4.13）后用迭代方式表示为

$$\boldsymbol{x}_k = \boldsymbol{\Phi}_{k-1}\boldsymbol{x}_{k-1} + \boldsymbol{w}_{k-1} \tag{7.4.14}$$

以上这些表示方法是不同 SOC 估计算法的基础，在 7.5 节中将讨论该算法。

如同 Chan 和 Sutanto（2000）的研究，从 Thevenin 的等价电路中可以推导出有所改进的模型。如图 7.3 所示，这一模型基于与电阻串联的开路电压和与 Warburg 阻抗并联的 RC 电路，Warburg 阻抗是与由 Buller 等人（2005）定义的电容相并联的扩散组件的电荷传递阻抗。该模型改进之处在于，用荷电状态的函数表示 Thevenin 电阻。模型中的所有参数的辨识是基于一个相当复杂的称为阻抗谱技术，Karden（2001）、Mauracher 和 Karden（1997）。

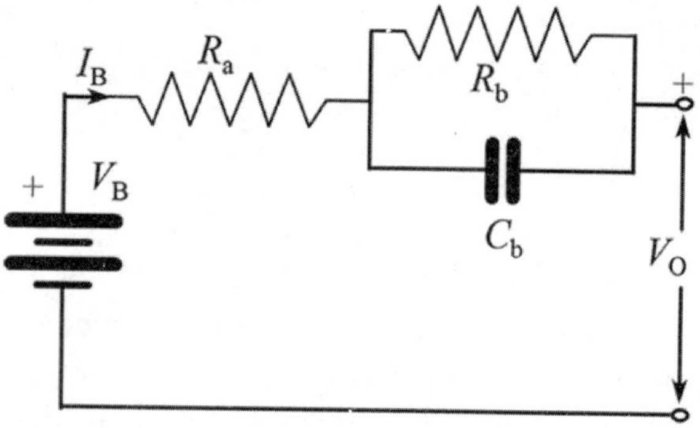

图 7.3　电池的等价电路

如图 7.4 所示，Thevenin 模型的扩展模型是一个线性电池模型。该模型是 Appelbaum 和 Weiss（1982）提出的铅酸蓄电池组模型。该模型采用线性欧姆电阻表示自放电（R_p），网络的电阻和电容来表示各种过电压。该模型尽管更为精确，但是并没有考虑温度影响，以及模型中部分电阻和电容是 SOC 的连续函数。

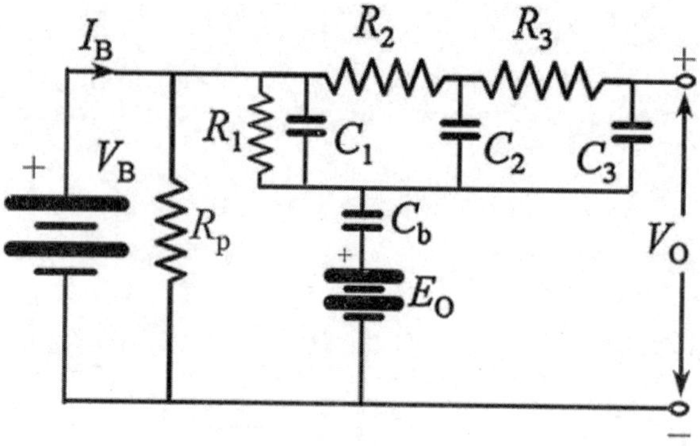

图 7.4　线性等价电模型

图7.5所示是Giglioi和Cerolo（1990）提出的动态模型。这种电池的模型有两个分支：①电解反应分支：包括电阻 R_p 和与之串联的欧姆元件 R_d，和并联的漏电容 C_d，以及表示能量消耗的 R_w 和并联的漏电容 C_w；②通过 R_s 自放电支路。

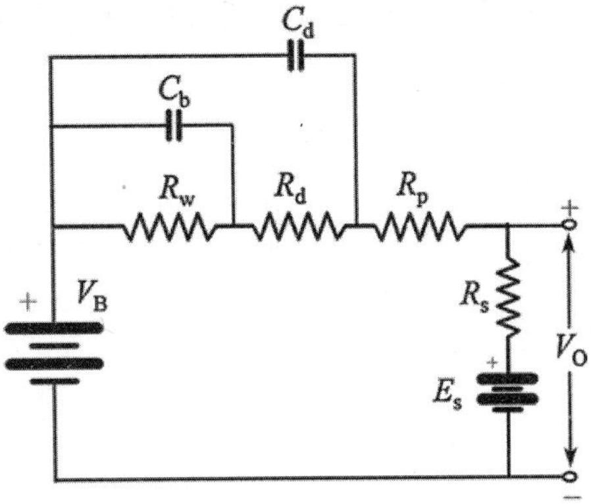

图7.5　四阶动态模型

图7.6所示是一个电池的理论模型，如Robbins和Hawkins（1994）提到的，该模型采用了3个四端元件、一个电容和一个电阻，并可以在SPICE中进行仿真。它包括一个可变电流源和两个可变电压源，模型中电流源代表Peukert关系，电压源代表Nernst关系和内阻上的电压降。基本的电路元件包括与电容器 C_b 并联的可变电阻器 R。

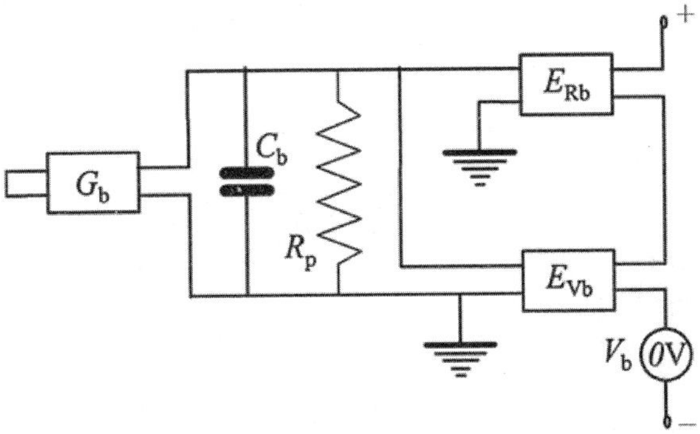

图7.6　过电流的动态模型

在图7.6中，G_b 代表可变电流源用来建模电池电流，该电流源是按照Peukert关系定义的。E_{Vb} 代表可变电压源用来建模电池电压，该电压源是按照Nernst关系定义的。E_{Rb} 代表可变电压源用来表征电池内部电阻电压降，实际上该电压降是用内部电阻 R_{int} 建模的。Salameh等人（1992）以及Casacca和Salameh（1992）基于上述电池模型提出了一个简单但是有代表性的电池模型，如图7.7所示。在保持非线性电池元

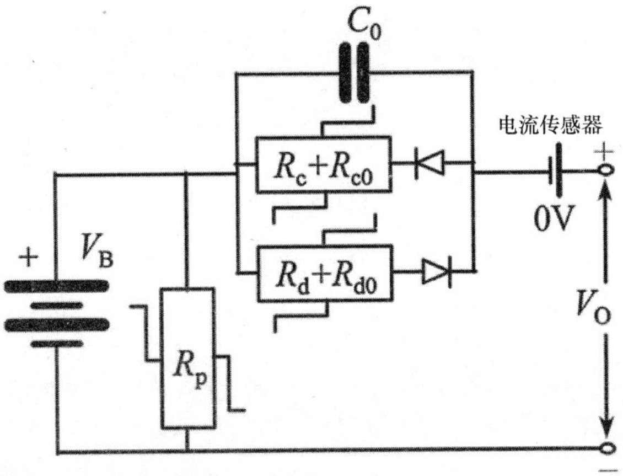

图7.7　改进的电池模型

件特性对电池 SOC 依赖性的基础上，该模型分别描述了在充电和放电过程中的非线性电池元件特性。

该模型中的所有元件都是电池开路电压的函数，也就是与 SOC 相关。该等价电路的基本元件如下：

1）自放电电阻（R_p），表示高电压端的水电解和低电压端电池的缓慢漏液。

2）充电和放电电阻（R_c 和 R_d），它们与电解质的电阻、板阻力和流体阻力相关，流体阻力在放电和充电时是不同的。

3）过充电和过放电电阻，表示在过充电或过放电时由电解质扩散引起内部电阻的增加。

4）电池容量（C_b），代表了把电池当作一个大电容时输送或存储的能量。

5）二极管，表示在每个支路中电流只能从一个方向流过。

通过将大量的并联 *RC* 元件串联到模型中可以将图 7.7 中的模型通用化，这种方法是基于这样一个事实建模：如同传输线一样，电解质模型实际上是一个分布式参数系统。如 Barsali 和 Ceraolo（2002）提到的一样，这样产生的通用模型如图 7.8 所示。

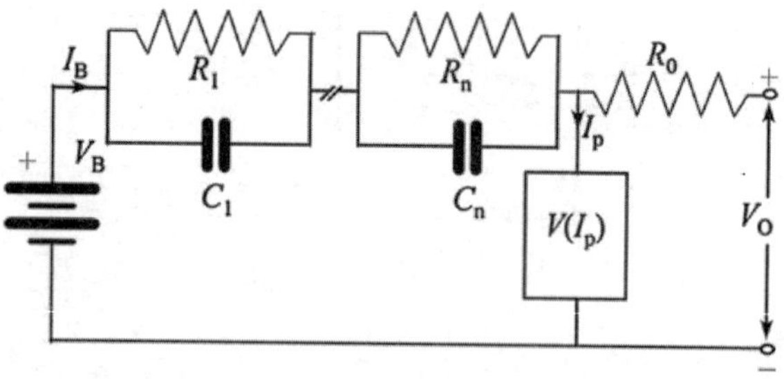

图 7.8　通用电池模型

如果在电路中仅保留了一个并联 *RC* 元件，并忽略自充电元件，模型就退化成图 7.3 所示的等价电路。就现在讨论的电路而言，当没有电流时，电路电压是平衡电压，也可以称之为理想电压，该电压取决于 SOC。用一个等价的常量电阻 R_a 来建模电池中的所有导体。双层电解质电容建模为 $C_b = C_{DL}$。等效电路回路的电阻分支包含电荷转移电阻总和和两个 Warburg 阻抗，Warburg 阻抗是电解液的扩散模型。图 7.2 所示是完整的铅酸蓄电池等效电路。在电路的 *RC* 回路中的元件是非线性的。双层电容可以表示为双层电压 V_{DL} 的函数：

$$C_{DL} = \alpha_{DL}\frac{zF}{\sqrt{RT}}\cosh\left(\frac{zFV_{DL}}{2RT}\right) \tag{7.4.15}$$

常量 α_{DL} 通过根据 Mauracher 和 Karden（1997）的阻抗谱进行实验确定。从第 6 章中可知：

$$R_{CT} = \frac{d\eta_{act}}{di} = \frac{2RT}{nF}\frac{1}{\sqrt{4i_0^2 + i^2}} \tag{7.4.16}$$

通常，Warburg 阻抗是用 Warburg 系数 σ 确定的：

$$\begin{aligned} Z_w &= R_w + jC_w \\ R_w &= \sigma/\omega^{1/2} \\ C_w &= 1/\sigma\omega^{1/2} \end{aligned} \tag{7.4.17}$$

因此

$$R_b \equiv Z_b \equiv Z_w + R_{CT} \tag{7.4.18}$$

Warburg 系数 σ 是根据氧化剂、还原剂的扩散系数（分别用 D_O和 D_R表示），电极的表面积A_e，传输电子数，每单位体积的扩散物质体积浓度的摩尔数（C_O^s 和 C_R^s）计算出来的。值得注意的是，Warburg 阻抗并不是一种纯电阻，而是电阻和电容的无限组合。常见的 Warburg 系数 σ 的计算方法如下：

$$\sigma = \frac{1}{\sqrt{2}}\frac{RT}{n^2F^2}\frac{1}{A}\left(\frac{1}{C_O^s\sqrt{D_O}} + \frac{1}{C_R^s\sqrt{D_R}}\right) \tag{7.4.19}$$

只有当扩散层的厚度无限时，上面这个关于 Warburg 阻抗的式子是有效的。但是实际情况并不如此。当扩散层是有限的并且厚度为 δ 时，较低频率的阻抗不再服从上述方程，而是如下式：

$$Z_w = R_w + jC_w = \frac{\sigma}{\sqrt{\omega}}(1-j)\tanh\left(\delta\sqrt{\frac{2j\omega}{(D_O+D_R)}}\right) \tag{7.4.20}$$

在这种情况下，电解质的扩展是有限的，限定于一个浓度恒定（理想的水库）的库里。然而，当电解质的扩展是有限，被局限于一个非渗透壁内（没有任何物质通过壁传输）时：

$$Z_w = R_w + jC_w = \frac{\sigma}{\sqrt{\omega}}(1-j)\coth\left(\delta\sqrt{\frac{2j\omega}{(D_O+D_R)}}\right) \tag{7.4.21}$$

在少数无限扩展的电解质中，两种 Warburg 阻抗的式子是等价的。实际上，用来仿真电解质的阻抗是两种阻抗的综合，根据壁的情况选择其中一种阻抗。Mauracher 和 Karden（1997）详细描述了其中的细节。

7.5 SOC 估计

在商用电动汽车上，SOC 估计是电池应用的最重要环节之一。任何商用汽车上都需要在任意时刻的当前 SOC 值。因此，经常需要精确估计当前 SOC 值。目前新出现的技术是模型参数估计的主流方法，SOC 是基于系统和参数辨识的一般性主题，特别是基于 Vasebi 等人（2007）提出的卡尔曼滤波基础上。由于系统和参数辨识在能源系统中的重要地位，因此在 7.6 节中将简单讨论系统和参数辨识以及卡尔曼滤波。

7.6 系统和参数辨识

虽然本书并不打算综述非线性系统识别的发展领域，但是简单说明一下主要的研究进展，特别是与生物应用相关的主要研究进展还是必不可少的。从 Gauss、Euler、Chebyshev 和他的两个著名的学生 Aleksandr Lyapunov 和 Andrey Markov 开始，系统辨识的发展历史就非常精彩。Kailath（1974）和 Harris（1976）对线性系统辨识的发展给出了全面的综述。Ljung（1999）和 Juang（1994）所著的教材更是非常好的线性系统辨识学习教材。非线性系统的辨识开始于 19 世纪 70 年代，但是直到 Ljung（2006）、Kershen 等人（2006）发表了一批重要的综述文章后才标志着成为一个独立的成熟的研究领域。Nelles（2001）写的书很好地总结了这一研究领域。动态非线性系统辨识是建模和/或者模型参数辨识的过程。这一过程是根据量测输入/输出数据建立系统动态模型的基础。非线性系统辨识是非线性生物和能源系统控制器设计的先决条件。一个良好的模型结构有助于集成相关的系统模型，并保证模型的精度和结构紧凑性。因此获取量测数据参数的最佳匹配对于选取模型结构是至关重要的。很多文献给出了非线性系统辨识问题的无参数和带参数模型。带参数模型包括黑盒模型、物理和半物理模型、经验模型、面向块的模型、复合局部模型、混合模型和线性参数变化模型（LPV）。黑盒模型适合基于人工神经网络、小波和神经模糊逻辑的神经网络建模。神经网络的通用估计特性［Janczak（2005）提供了例子］为各种各样生物非线性系统的建模提供了坚实基础。面向块的模型由动态线性块和静态非线性块构成，具有可选择不同块来描述给定未知系统特征的灵活性。选择不同的线性和非线性块的模型结构是不同的。Hammerstein 和 Wiener 模型是两个著名的非线性模型，它们由分别与输入或输出静态非线性元件级联的动态线性部分构成。离散表示的组件块几乎不约而同地缩减成具有外部输入的非线性自回归移动平均模型（NARMAX）或 NARMAX 模型的子集。辨识过程的最后一步是多种形式的回归、线性或非线性或者是分类形式。著名的回归方法有盲信号辨识，基于卡尔曼滤波的扩展和自适应方法，基于变分原理的方法。

7.7 节中将讨论的卡尔曼滤波（KF）方法是一种最优估计迭代算法，可以从离散实时采样的噪声数据中实现对线性系统未知状态量的线性、无偏、最小误差方差的估计。如果这个估计过程和（或者）量测值与过程的关系是非线性的，可以线性化这一过程，并且基于当前均值和协方差线性化量测值与状态量的关系实现 KF，这种方法就是扩展卡尔曼滤波（EKF）。但是，EKF 还是存在缺点，因为在经过非线性变换后，各随机变量的分布（在连续情况下的密度）不再正常。EKF 是一种简单的用线性化方法实现贝叶斯法则的状态估计器。Julier 和 Uhlmann（2000）对 EKF 进行了改进，提出了无迹卡尔曼滤波（UKF）。将在 7.7.1 节中讨论该方法。UKF 在一定程度上保证了正常分布，并保证了非线性变换的适当近似。

电厂的干扰噪声和量测噪声应该是已知的，因而可以用 EKF 实现最优估计。当这些噪声是未知时，就需要采用如 Sage（1972）提出的其他自适应方法。此外，电厂噪声的方差估计如果不正确，会导致整个滤波不稳定，甚至滤波器发散的经典问题。解决这一问题的方法是采用以下三个策略之一：

1）误差敏感性分析是用来确定在噪声中的不确定性的性能灵敏度，以确保任何性能下降都是在可接受的范围内；

2）使用如非线性的 H^{∞} 类型滤波器的最小－最大方法，并确定滤波器参数以降低最坏情况下的误差；

3）采用自适应方法并实施估计噪声统计数据。

目前，有四类方法可以实时估计噪声统计：贝叶斯方法、最大似然法、相关方法和协方差匹配方法。最后两类方法特别适于解决由于过程干扰噪声方差的知识不足导致的滤波发散问题。Mehra（1970）提出了一种相关方法用来估计电厂时不变系统的干扰和量测噪声的协方差，这两种噪声都是可观、可控的。

Julier 和 Uhlmann（2000）提出自适应方法可以与 UKF 耦合，用来估计模型的参数。Vepa 和 Zhahir（2011）介绍了自适应卡尔曼滤波的实现细节。基于 UKF 和自适应 UKF 估计器有助于辨识系统，在这种估计器中非线性过程模型增加了估计参数的方程，这些参数被假定为常数。这些辨识融合参数常被用来与替代的 KF 进行比较，即集合卡尔曼滤波（EnKF）。EnKF 是一种最初用来产生未知初始估计值的方法。因此，EnKF 也可以用来估计常量参数，这些常量参数应可以建模为具有初始值的动态变量，理论上这些初始值必须保持不变。像 UKF 一样，EnKF 的优势在于不局限于线性模型，这使得 EnKF 在参数辨识方法中非常受欢迎。Evensen（2003，2007）第一次提出该方法是用在与天气预报相关的大型非线性系统上。EnKF 给人们带来了一种用模型状态集合来估计均值状态和协方差状态的最优状态估计问题解决方法。该方法通过设置参数衍生物等于恒定幅度的白噪声过程实现对参数的动态建模。

7.7　KF 和 EKF

在 Brown 和 Huang（1997）的教材中简单讨论了离散 KF，离散 KF 是 EKF 算法的基础。表示通用微分系统动态状态变量的线性离散时间模型如下：

$$\boldsymbol{x}_k = \boldsymbol{\Phi}_{k-1}\boldsymbol{x}_{k-1} + \boldsymbol{w}_{k-1} \tag{7.7.1a}$$

$$z_k = \boldsymbol{H}_k\boldsymbol{x}_k + v_k \tag{7.7.1b}$$

式中，$\boldsymbol{x}_k$ 是（$n\times1$）状态矢量；$\boldsymbol{\Phi}_k$ 是（$n\times n$）转移矩阵；z_k 是（$m\times1$）量测矢量；$\boldsymbol{H}_k$ 是（$m\times n$）状态测量分布矩阵。

变量 $\boldsymbol{w}_k$ 和 v_k 是互不相关的均值为 0 的高斯白噪声：

$$E\{\boldsymbol{w}_k\} = E\{v_k\} = 0 \tag{7.7.2}$$

协方差矩阵定义为

$$E\{\boldsymbol{w}_k v_i^{\mathrm{T}}\} = 0 \tag{7.7.3a}$$

$$E\{\boldsymbol{w}_k \quad \boldsymbol{w}_i^{\mathrm{T}}\} = 0$$

$$E\{\boldsymbol{w}_k v_i^{\mathrm{T}}\} = 0 \quad i\neq k \tag{7.7.3b}$$

$$E\{\boldsymbol{w}_k\boldsymbol{w}_k^{\mathrm{T}}\}=\boldsymbol{Q}_k$$
$$E\{v_k v_k^{\mathrm{T}}\}=\boldsymbol{R}_k \tag{7.7.3c}$$

式中，$E\{\cdot\}$是期望运算符；参数$\boldsymbol{Q}_k$和$\boldsymbol{R}_k$分别是过程噪声 $\boldsymbol{w}_k$ 的协方差和量测噪声v_k的协方差。

从离散状态矢量迭代方程式（7.7.1a）可知，随机状态矢量的协方差迭代过程可以用线性离散矩阵方程表示：

$$\boldsymbol{P}_k=\boldsymbol{\Phi}_{k-1}\boldsymbol{P}_{k-1}\boldsymbol{\Phi}_{k-1}^{\mathrm{T}}+\boldsymbol{Q}_{k-1} \tag{7.7.4}$$

式中，$\boldsymbol{P}_k=E\ \{\boldsymbol{x}_k\boldsymbol{x}_k^{\mathrm{T}}\}$ 是状态矢量的协方差矩阵。

因此 KF 中的状态和协方差预测方程为

$$\hat{\boldsymbol{x}}_k^-=\boldsymbol{\Phi}_{k-1}\hat{\boldsymbol{x}}_{k-1} \tag{7.7.5a}$$

$$\hat{\boldsymbol{P}}_k^-=\boldsymbol{\Phi}_{k-1}\boldsymbol{P}_{k-1}\boldsymbol{\Phi}_{k-1}^{\mathrm{T}}+\boldsymbol{Q}_{k-1} \tag{7.7.5b}$$

式中，$\hat{\boldsymbol{x}}_k^-$ 是从前一时刻状态矢量中预测估计出的新的状态矢量；$\hat{\boldsymbol{P}}_k^-$ 是相应的预测状态协方差矩阵；$\boldsymbol{P}_{k-1}$是相应的前一时刻状态矢量的协方差矩阵。

KF 的量测更新和校正方程为

$$\boldsymbol{K}_k=\hat{\boldsymbol{P}}_k^-\boldsymbol{H}_k^{\mathrm{T}}(\boldsymbol{H}_k\hat{\boldsymbol{P}}_k^-\boldsymbol{H}_k^{\mathrm{T}}+\boldsymbol{R}_k)^{-1} \tag{7.7.6a}$$

$$\hat{\boldsymbol{x}}_k=\hat{\boldsymbol{x}}_k^-+\boldsymbol{K}_k(z_k-H_k\hat{\boldsymbol{x}}_k^-) \tag{7.7.6b}$$

$$\hat{\boldsymbol{P}}_k=(\boldsymbol{I}-\boldsymbol{K}_k\boldsymbol{H}_k)\hat{\boldsymbol{P}}_k^- \tag{7.7.6c}$$

式中，$\boldsymbol{K}_k$ 是最优卡尔曼增益，用来确定校正预测状态矢量以获得新的估计值。

本节中讨论的 KF 是一种最优估计迭代算法，可以从离散实时采样的噪声数据中实现对线性系统未知状态量的线性、无偏、最小误差方差的估计。如果这个估计过程和（或者）量测值与过程的关系是非线性的，可以线性化这一过程，并且通过基于当前均值和协方差线性化量测值与状态量的关系实现 KF，这种方法就是 EKF。但是，EKF 还是存在缺点，因为在经过非线性变换后，各随机变量的分布（在连续情况下的密度）不再正常。EKF 是一种简单的用线性化方法实现贝叶斯法则的状态估计器。Julier 和 Uhlmann（2000）对 EKF 进行了改进，提出了 UKF。Julier 等人（2000）和 Julier（2002）改进了 UKF，通过采用改进的估计方法在一定程度上保证了正常分布，并保证了非线性变换的适当近似。

用来估计状态或参数，或者用来滤波动态模型相关的数据所采用的大部分动态模型通常都不是线性的。为了克服 KF 滤波中线性模型的局限性，在非线性估计文献中提出了诸如 EKF 等各种方法。不同于 KF，如果连续的线性化不能在整个不确定域很好地近似非线性模型，EKF 可能发散。然而，EKF 提供了一种简单、实用的处理非线性动态模型的方法。给定非线性模型如下：

$$\boldsymbol{x}_k=\boldsymbol{f}_{k-1}(\boldsymbol{x}_{k-1})+\boldsymbol{w}_{k-1} \tag{7.7.7a}$$

$$\boldsymbol{z}_k=\boldsymbol{h}_k(\boldsymbol{x}_k)+v_k \tag{7.7.7b}$$

给定 Jacobians 矩阵：

$$\boldsymbol{\Phi}_{k-1} = \nabla \boldsymbol{f}_{k-1}(\hat{\boldsymbol{x}}_{k-1})\mid_{k-1} \tag{7.7.8}$$

$$\boldsymbol{H}_k = \nabla \boldsymbol{h}_k(\hat{\boldsymbol{x}}_k^-)\mid_k \tag{7.7.9}$$

EKF 定义的状态预测方程如下：

$$\hat{\boldsymbol{x}}_k^- = \boldsymbol{f}_{k-1}(\hat{\boldsymbol{x}}_{k-1}) \tag{7.7.10}$$

协方差预测方程为

$$\hat{\boldsymbol{P}}_k^- = \boldsymbol{\Phi}_{k-1}\boldsymbol{P}_{k-1}\boldsymbol{\Phi}_{k-1}^{\mathrm{T}} + \boldsymbol{Q}_{k-1} \tag{7.7.11}$$

EKF 量测校正方程如下：

$$\boldsymbol{K}_k = \hat{\boldsymbol{P}}_k^- - \boldsymbol{H}_k^{\mathrm{T}}(\boldsymbol{H}_k\hat{\boldsymbol{P}}_k^-\boldsymbol{H}_k^{\mathrm{T}} + \boldsymbol{R}_k)^{-1} \tag{7.7.12a}$$

$$\hat{\boldsymbol{x}}_k = \hat{\boldsymbol{x}}_k^- + \boldsymbol{K}_k[z_k - \boldsymbol{h}_k(\hat{\boldsymbol{x}}_k^-)] \tag{7.7.12b}$$

$$\hat{\boldsymbol{P}}_k = (\boldsymbol{I} - \boldsymbol{K}_k\boldsymbol{H}_k)\hat{\boldsymbol{P}}_k^- \tag{7.7.12c}$$

式（7.7.11）、式（7.7.12a）和式（7.7.2）分别与式（7.7.5b）、式（7.7.6a）和式（7.7.6c）是一样的。用该算法来解决估计问题的难点在于确定 Jacobian 矩阵。为了解决这一难题，Julier 和 Uhlman（2000）提出了一种可行的替代方法 - UKF，UKF 是一种在非线性系统应用 KF 的有效方法。

UKF 名字来源于无迹变换，无迹变换是一种通过非线性变换 $\boldsymbol{y} = \boldsymbol{f}(\boldsymbol{w})$ 计算随机变量的均值和协方差的方法。尽管它是一种无导数的方法，但是它并没有真正解决发散问题。该方法的本质是构建 Sigma 矢量集，并用非线性函数传播。变换后矢量的均值和方差近似为变换后 Sigma 矢量和协方差矩阵的加权和。

7.7.1 UKF

在非线性估计器中通常用非线性函数 $\boldsymbol{f}(\boldsymbol{x})$，而不是它的近似值，来产生合理精度范围内的状态估计值。无迹变换是非线性估计器得以实现的基础。

假定 L 维随机变量 $\boldsymbol{w}$ 经过非线性变换：$\boldsymbol{y} = \boldsymbol{f}(\boldsymbol{w})$。初始条件是 $\boldsymbol{w}$ 的均值为 $\overline{\boldsymbol{w}}$，协方差为 $\boldsymbol{P}_{ww}$。为了计算 $\boldsymbol{y}$，构造出包含 $2L+1$ 个 Sigma 矢量的矩阵 $\boldsymbol{\chi}$。根据下式计算出 Sigma 矢量：

$$\boldsymbol{\chi}_0 = \overline{\boldsymbol{w}} \tag{7.7.13a}$$

$$\boldsymbol{\chi}_i = \overline{\boldsymbol{w}} + \left(\sqrt{(L+\lambda)\boldsymbol{P}_{\mathrm{ww}}}\right)_i, i = 1, 2, \cdots, L \tag{7.7.13b}$$

$$\boldsymbol{\chi}_i = \overline{\boldsymbol{w}} - \left(\sqrt{(L+\lambda)\boldsymbol{P}_{\mathrm{ww}}}\right)_i, i = L+1, L+2, \cdots, 2L \tag{7.7.13c}$$

式中，$\lambda = \alpha^2(L+\kappa) - L$，$\alpha$ 是取值为 0 ~ 1 的尺度参数，κ 是第二尺度参数；$\left(\sqrt{(L+\lambda)\ \boldsymbol{P}_{\mathrm{ww}}}\right)$ 是第 i 列矩阵二次方根。用 Cholesky 分解可以求出矩阵二次方根。Sigma 矢量点的权值求解如下：

$$W_0^{(m)} = \lambda/(L+\lambda) \tag{7.7.14a}$$

$$W_0^{(c)} = (\lambda/(L+\lambda)) + 1 - \alpha^2 + \beta \tag{7.7.14b}$$

$$W_i^{(m)} = W_i^{(c)} = 1/2(L+\lambda), i = 1, 2, \cdots, 2L \tag{7.7.14c}$$

对于高斯分布变量而言，β 取值为 2。用无迹变换方法计算 $\boldsymbol{y}$ 的均值、协方差和互协方差如下：

$$\boldsymbol{y}_i = \boldsymbol{f}(\boldsymbol{\chi}_i) \tag{7.7.15a}$$

$$\bar{\boldsymbol{y}} \approx \sum_{i=0}^{2L} W_i^{(m)} \boldsymbol{y}_i \tag{7.7.15b}$$

$$\boldsymbol{P}_{yy} \approx \sum_{i=0}^{2L} W_i^{(c)} (\boldsymbol{y}_i - \bar{\boldsymbol{y}})(\boldsymbol{y}_i - \bar{\boldsymbol{y}})^{\mathrm{T}} \tag{7.7.15c}$$

$$\boldsymbol{P}_{xy} \approx \sum_{i=0}^{2L} W_i^{(c)} (\boldsymbol{\chi}_i - \bar{\boldsymbol{\chi}})(\boldsymbol{y}_i - \bar{\boldsymbol{y}})^{\mathrm{T}} \tag{7.7.15d}$$

式中，$W_i^{(m)}$ 和 $W_i^{(c)}$ 是权值的集合，权值的取值必须保证均值和协方差的估计值最高为所有非线性高斯输入的三阶近似，最低为非高斯输入的二阶近似。采用没有经过任何线性化的非线性模型方程更新 Sigma 矢量中的 Sigma 点。

假定离散非线性动态系统如下：

$$\begin{aligned} \boldsymbol{x}_{k+1} &= \boldsymbol{f}(\boldsymbol{x}_k, \boldsymbol{u}_k) + \boldsymbol{w}_k \\ \boldsymbol{y}_k &= \boldsymbol{h}(\boldsymbol{x}_k) + v_k \end{aligned} \tag{7.7.16}$$

式中，$\boldsymbol{x}_k \in R^n$ 是 k 时刻的状态矢量；$\boldsymbol{u}_k \in R^r$ 是 k 时刻的已知输入矢量；$\boldsymbol{y}_k \in R^m$ 是 k 时刻输出矢量；$\boldsymbol{w}_k$ 和 v_k 分别是干扰或过程噪声和传感器噪声，是均值为 0 的高斯白噪声；$\boldsymbol{Q}_k$ 和 $\boldsymbol{R}_k = \boldsymbol{I}$ 分别是过程噪声 $\boldsymbol{w}_k$ 和量测噪声 v_k 的协方差矩阵。

状态的无迹变换表示为

$$\begin{aligned} \boldsymbol{f}^{UT} &= \boldsymbol{f}^{UT}(\boldsymbol{x}_k, \boldsymbol{u}_k) \\ \boldsymbol{h}^{UT} &= \boldsymbol{h}^{UT}(\boldsymbol{x}_k) \end{aligned} \tag{7.7.17}$$

变换后的协方差矩阵和互协方差矩阵分别为

$$\begin{aligned} \boldsymbol{P}_k^f &= \boldsymbol{P}_k^f(\hat{\boldsymbol{x}}_k, \boldsymbol{u}_k) \\ \boldsymbol{P}_k^h &= \boldsymbol{P}_k^h(\hat{\boldsymbol{x}}_k) \\ \boldsymbol{P}_k^{fh} &= \boldsymbol{P}_k^{fh}(\hat{\boldsymbol{x}}_k, \boldsymbol{u}_k) \end{aligned} \tag{7.7.18}$$

则 UKF 可以用一种紧凑的方式表示。考虑到滤波器在本节中的应用，假定量测值为状态量的线性组合，状态到量测值的无迹变换可以等价地用状态估计值线性组合表示如下：

$$\boldsymbol{h}_k^{UT}(\hat{\boldsymbol{x}}_k^-) = \boldsymbol{C}_2 \hat{\boldsymbol{x}}_k^- \tag{7.7.19}$$

状态时间更新方程、预测协方差、最优增益、校正协方差和状态估计方程分别如下：

$$\hat{\boldsymbol{x}}_k^- = \boldsymbol{f}_{k-1}^{UT}(\hat{\boldsymbol{x}}_{k-1}) \tag{7.7.20a}$$

$$\begin{aligned} \hat{\boldsymbol{P}}_k^- &= \boldsymbol{P}_{k-1}^f + \boldsymbol{Q}_{k-1} \\ \boldsymbol{Q}_{k-1} &= \hat{\boldsymbol{P}}_{k-1}(\boldsymbol{C}_1^{\mathrm{T}} \boldsymbol{C}_1 \Delta t / \gamma^2) \hat{\boldsymbol{P}}_{k-1} + \boldsymbol{B}_1 \boldsymbol{B}_1^{\mathrm{T}} \Delta t \end{aligned} \tag{7.7.20b}$$

$$L_k = \hat{P}_k^{fh-}(\hat{P}_k^{h-}+I)^{-1} \tag{7.7.20c}$$

$$\hat{P}_k = \alpha_H \hat{P}_{k-1} + (1-\alpha_H)(\hat{P}_k^{-} - L_k(\hat{P}_k^{h-}+I)^{-1}L_k^T) \tag{7.7.20d}$$

$$\hat{x}_k = \hat{x}_k^{-} + L_k[y_k - h_k^{UT}(\hat{x}_k^{-})] \tag{7.7.20e}$$

式（7.7.20a～e）被称为UKF方程。在式（7.7.20a～e）中，选择的参数α_H应尽量接近0，才能保证状态协方差矩阵估计$\dot{P}_k$收敛。

7.7.2　自适应KF

当重新审视KF的校正式（7.7.6b）时就会发现校正是创新序列的函数

$$\nu_k = (z_k - H_k\hat{x}_k^{-}) \tag{7.7.21}$$

当滤波器是最优滤波器时，创新序列是零均值高斯白噪声。此外，量测误差和状态估计误差相互正交。创新序列与残差是不同的，残差定义为

$$r_k = (z_k - H_k\hat{x}_k) = v_k + H_k(x_k - \hat{x}_k) \tag{7.7.22}$$

根据式（7.7.1b），量测噪声v_k可以用两个相互独立的元件的线性组合表示：残差r_k和估计的最佳误差。不考虑量测值，创新序列可以表示为

$$\nu_k = H_k(x_k - \hat{x}_k^{-}) + v_k \tag{7.7.23}$$

该序列的协方差为

$$E\{\nu_k\nu_k^T\} = H_k\hat{P}_k^{-}H_k^T + R_k \tag{7.7.24}$$

假定线性模型的预测状态量和量测值被已知方差的加性高斯噪声污染了，该高斯噪声如式（7.7.3a）所示，则不管初始条件如何，KF将收敛于一个稳定的状态值。因此，自适应KF假定加性高斯噪声的协方差矩阵的大小是未知的，试图估计分别与过程噪声和测量噪声模型相关的噪声协方差矩阵Q_k和R_k。因此，自适应KF是一种协方差矩阵，过程和测量噪声的模型序列的Q_k和R_k的自适应方法。它是通过保持KF创新序列统计与理论协方差一致来实现的。Mehra（1972）提出了该理论，并可以用来调整Q_k和R_k。通过求窗口长度为N的前一个创新序列的平均值，可以估计创新的协方差如下：

$$C_U^{k,N} = \frac{1}{N}\sum_{j=k-N+1}^{k}\nu_j\nu_j^T \tag{7.7.25}$$

理论上，可以利用它们之间的关系更新量测噪声序列的协方差如下：

$$\hat{R}_k = C_U^{k,N} - H_k\hat{P}_k^{-}H_k^T \tag{7.7.26}$$

假定窗口长度是固定的，则可以用迭代的方法求取协方差：

$$C_U^{k+1,N} = C_U^{k,N} + \frac{(\nu_{k+1}\nu_{k+1}^T - \nu_{k-N+1}\nu_{k-N+1}^T)}{N} \tag{7.7.27}$$

也可以根据量测残差直接估计R_k。Mohamed和Schwarz（1999）讨论了这种情况下如何求取R_k：

$$\hat{R}_k = C_r^{k,N} + H_k\hat{P}_kH_k^T \tag{7.7.28}$$

式中

$$C_{\mathrm{r}}^{k,N}=\frac{1}{N}\sum_{j=k-N+1}^{k}\boldsymbol{r}_j\boldsymbol{r}_j^{\mathrm{T}} \tag{7.7.29}$$

过程噪声协方差满足下式：

$$\boldsymbol{Q}_{k-1}=\hat{\boldsymbol{P}}_k^- -\boldsymbol{\Phi}_{k-1}\boldsymbol{P}_{k-1}\boldsymbol{\Phi}_{k-1}^{\mathrm{T}}=\boldsymbol{K}_k\boldsymbol{H}_k\hat{\boldsymbol{P}}_k^- +\hat{\boldsymbol{P}}_k-\boldsymbol{\Phi}_{k-1}\boldsymbol{P}_{k-1}\boldsymbol{\Phi}_{k-1}^{\mathrm{T}} \tag{7.7.30}$$

可以认识到状态估计是一个最佳的估计，并考虑状态校正协方差：

$$\boldsymbol{C}_{\Delta x}^{k,N}=\frac{1}{N}\sum_{j=k-N+1}^{k}(\hat{\boldsymbol{x}}_k-\hat{\boldsymbol{x}}_k^-)(\hat{\boldsymbol{x}}_k-\hat{\boldsymbol{x}}_k^-)^{\mathrm{T}}=\frac{1}{N}\sum_{j=k-N+1}^{k}\Delta\boldsymbol{x}\Delta\boldsymbol{x}^{\mathrm{T}} \tag{7.7.31}$$

式中

$$\Delta\boldsymbol{x}=(\boldsymbol{x}_k-\hat{\boldsymbol{x}}_k^-)-(\boldsymbol{x}_k-\hat{\boldsymbol{x}}_k) \tag{7.7.32}$$

协方差也可以表示为

$$\boldsymbol{C}_{\Delta x}^{k,N}=\frac{1}{N}\sum_{j=k-N+1}^{k}\Delta\boldsymbol{x}\Delta\boldsymbol{x}^{\mathrm{T}}\approx\hat{\boldsymbol{P}}_k^- -\hat{\boldsymbol{P}}_k=\boldsymbol{K}_k\boldsymbol{H}_k\hat{\boldsymbol{P}}_k^= \tag{7.7.33}$$

与创新线性相关的状态校正协方差还可以表示为

$$\boldsymbol{C}_{\Delta x}^{k,N}=\frac{1}{N}\sum_{j=k-N+1}^{k}\Delta\boldsymbol{x}\Delta\boldsymbol{x}^{\mathrm{T}}\approx\boldsymbol{K}_k\boldsymbol{C}_U^{k,N}\boldsymbol{K}_k^{\mathrm{T}} \tag{7.7.34}$$

协方差矩阵之间的关系表明，可以用残差协方差更新 $\boldsymbol{R}_k$，用状态校正协方差更新 $\boldsymbol{Q}_k$。因此，理论上用来更新过程噪声协方差的方程可以写为

$$\boldsymbol{Q}_{k-1}=\hat{\boldsymbol{Q}}_{k-1}\equiv\boldsymbol{C}_{\Delta x}^{k,N}+\hat{\boldsymbol{P}}_k-\boldsymbol{\Phi}_{k-1}\boldsymbol{P}_{k-1}\boldsymbol{\Phi}_{k-1}^{\mathrm{T}} \tag{7.7.35a}$$

在一些文献中［如 Myers 和 Tapley（1976）、Blanchet 等人（1997）］，用无偏估计求状态校正协方差，因此式（7.7.35a）也可以写为

$$\boldsymbol{Q}_{k-1}=\frac{N}{N-1}\boldsymbol{C}_{\Delta x}^{k,N}+\hat{\boldsymbol{P}}_k-\boldsymbol{\Phi}_{k-1}\boldsymbol{P}_{k-1}\boldsymbol{\Phi}_{k-1}^{\mathrm{T}} \tag{7.7.35b}$$

7.7.3 基于自适应 UKF 的参数辨识

要在过程噪声和量测噪声矢量的精确统计未知的情况下应用 UKF，就需要采用 Song、Qi 和 Han（2006）提出的自适应滤波方法来估计和辨识参数。在 UKF 中，量测残差的协方差矩阵是迭代更新的。UKF 中，量测和状态噪声协方差矩阵可以表示为

$$\hat{\boldsymbol{R}}_k\equiv\boldsymbol{C}_U^{k,N}-\hat{\boldsymbol{P}}_k^{hh-} \tag{7.7.36a}$$

$$\hat{\boldsymbol{Q}}_{k-1}\equiv\boldsymbol{C}_{\Delta x}^{k,N}+\hat{\boldsymbol{P}}_k-\hat{\boldsymbol{P}}_{k-1}^{ff} \tag{7.7.36b}$$

上式和式（7.7.26）和式（7.7.35a）的右侧是相似的。根据式（7.7.28），可以把量测噪声协方差写为

$$\hat{\boldsymbol{R}}_k\equiv\boldsymbol{C}_r^{k,N}+\hat{\boldsymbol{P}}_k^{hh} \tag{7.7.37}$$

式中需要通过对状态估计 $\hat{\boldsymbol{x}}_k$ 应用无迹非线性变换 $\boldsymbol{h}^{UT}$（$\hat{\boldsymbol{x}}_k$）进一步计算 $\hat{\boldsymbol{P}}_k^{hh}$。理论上，采用式（7.7.36a）可以更新量测噪声协方差。

协方差矩阵之间的关系表明，可以用残差协方差［式（7.7.37）］更新 $\boldsymbol{R}_k$，用状态校正协方差［式（7.7.36b）］更新 $\boldsymbol{Q}_k$。然而，如 Blanchet、Frankignoul 和 Cane（1997）提出的一样，对 $\boldsymbol{R}_k$ 和 $\boldsymbol{Q}_k$ 同时自适应调整并不鲁棒。因此，由于过程噪声统计数据是真正的未知数据，只关注 $\boldsymbol{Q}_k$ 的自适应。此外，由于滤波增益相对比较小，因此式（7.7.36b）可以近似为

$$\hat{\boldsymbol{Q}}_{k-1} \approx \boldsymbol{C}_{\Delta x}^{k,N} \tag{7.7.38}$$

Plett（2004a，b，c；2006）讨论了在用 EKF 和 UKF 解决电池参数估计问题。

参考文献

Appelbaum J, Weiss R (1982) An electrical model of the lead-acid battery. IEEE telecommunications energy conference, INTELEC82, pp 304–307

Barsali S, Ceraolo M (2002) Dynamical models of lead-acid batteries: implementation issues. IEEE Trans Energy Convers 17(1):16–23

Bhangu BS, Bentley P, Stone DA, Bingham CM (2005) Nonlinear observers for predicting state-of-charge and state-of-health of lead-acid batteries for hybrid electric vehicles. IEEE Trans Vehicular Tech 54:783–794

Blanchet I, Frankignoul C, Cane MA (1997) A comparison of adaptive Kalman filters for a tropical pacific ocean model. Monthly Weather Rev, Am Meteorol Soc 125(1):40–58

Brown RB, Hwang PYC (1997) Introduction to random signals and applied Kalman filtering, 3rd edn. John Wiley, New York

Buller S, Thele M, De Doncker RWAA, Karden E (2005) Impedance-based simulation models of super capacitors and li-ion batteries for power electronic applications. IEEE Trans Ind Appl 41(3):742–747

Casacca MA, Salameh ZM (1992) Determination of lead-acid battery capacity via mathematical modeling techniques. IEEE Trans on Energy Convers 7(3):442–446

Chan HL, Sutanto D (2000) A new battery model for use with battery energy storage systems and electric vehicles power systems. IEEE Power Eng Soc Winter Meeting, 1(IEEE 0-7803-5935-6/00), pp 470–475

Evensen G (2003) The ensemble Kalman filter: theoretical and practical implementation. J Ocean Dyn, Springer 53:343–367

Evensen G (2007) Data assimilation: the ensemble Kalman filter, Springer

Giglioli R, Cerolo P (1990) Charge and discharge fourth order dynamic model of the lead battery. 10th international electric vehicle symposium, Hong Kong, pp 1–9

Han J, Kim D, Sunwoo M (2009) State-of-charge estimation of lead-acid batteries using an adaptive extended Kalman filter. J Power Sources 188:606–612

Harris CJ (1976) Problems in system identification and control. Bulletin of the IMA 12(5):139–150

Hussain AA, Batarseh I (2011) An overview of generic battery models, IEEE power and energy society general meeting, pp 1–6

Janczak A (2005) Identification of nonlinear systems using neural networks and polynomial models. Springer-Verlag, New York

Juang JN (1994) Applied system identification. Prentice-Hall, New Jersey

Julier SJ (2002) The scaled unscented transformation. Proc Am Control Conf 6:4555–4559

Julier SJ, Uhlmann J (2000) Unscented filtering and nonlinear estimation. Proc IEEE 92(3):401–422

Julier SJ, Uhlmann J, Durrant-Whyte HF (2000) A new method for the nonlinear transformation of means and covariances in filters and estimator. IEEE Trans on Automat Contr 45(3):477–482

Kailath T (1974) A view of three decades of linear filtering theory. Trans IEEE, IT-20, pp 146–181

Karden E (2001) Using low-frequency impedance spectroscopy for characterization, monitoring, and modeling of industrial batteries, Ph.D. dissertation, ISEA. RWTH Aachen, Aachen, Germany

Kerschen G, Worden K, Vakakis AF, Golinval JC (2006) Past, present and future of nonlinear system identification in structural dynamics. Mech Syst Sign Process 20:505–592

Ljung L (1999) System identification: theory for the user, prentice hall information and system science series, 2nd edn. Prentice Hall, Upper Saddle River, New Jersey

Ljung L (2006) Identification of nonlinear systems. IEEE ICARV, 1–4244–0342–1/06

Manwell J, McGowan J (1993) Lead acid battery storage model for hybrid energy system. Sol Energ 50:399–405

Manwell J, McGowan J (1994) Extension of the kinetic battery model for wind/hybrid power system. Proc 5th Eur Wind Energy Assoc Conf, pp 1182–1187

Mauracher P, Karden E (1997) Dynamic modelling of lead/acid batteries using impedance spectroscopy for parameter identification. J Power Sources 67:69–84

Mehra RK (1970) On the identification of variances and adaptive Kalman filtering. IEEE transactions on automatic control AC-15(2), pp 175–184

Mehra RK (1972) Approaches to adaptive filtering. IEEE Trans Autom Control 17(5):693–698

Mohamed AH, Schwarz KP (1999) Adaptive Kalman filtering for INS/GPS. J Geodesy 73:193–203

Myers KA, Tapley BD (1976) Adaptive sequential estimation with unknown noise statistics. IEEE Trans Autom Control 21:520–523

Nasar SA, Unnewehr LE (1993) Electromechanics and electric machines, 2nd edn. Wiley, USA

Nelles O (2001) Nonlinear system identification. Springer-Verlag, New York

Plett G (2004a) Extended Kalman filtering for battery management systems of LiPB-based HEV battery packs: part 1. Background J Power Sources 134:252–261

Plett G (2004b) Extended Kalman filtering for battery management systems of LiPB-based HEV battery packs: part 2. Model Ident J Power Sources 134:262–276

Plett G (2004c) Extended Kalman filtering for battery management systems of LiPB-based HEV battery packs: part 3, state and parameter estimation. J Power Sources 134:277–292

Plett G (2006) Sigma-point Kalman filtering for battery management systems of LiPB-based HEV battery packs: Part 1: Introduction and state estimation, J Power Sources 161:1356–368

Pop V, Bergveld H, Danilov D, Regtien P, Notten P (2008) Battery management systems: accurate state-of-charge indication for battery-powered applications. philips research book series. Springer press, Berlin, German

Reddy T (2010) Linden's handbook of batteries. 4th ed, McGraw-Hill professional

Robbins T, Hawkins J (1994) Battery model for over current protection simulation of DC distribution systems, Sixteenth IEEE international telecommunications energy conference, INTELEC94, pp 307–314

Sage AP (1972) System identification-history, methodology, future prospects. In: Pilkey WD, Cohen R (eds) System identification of vibrating structures: mathematical models from test data. ASME, New York

Salameh ZM, Casacca MA, Lynch WA (1992) A mathematical model for lead-acid batteries. IEEE Trans Energ Convers 7(1):93–98

Shepherd C (1965) Design of primary and secondary cells. J Electrochem Soc 112(7):657–664

Song Q, Qi J, Han J (2006) An adaptive UKF algorithm and its application in mobile robot control. ROBIO '06, IEEE international conference on robotics and biomimetic, Kunming, China, pp 1117–1122

Vasebi A, Partovibakhsh M, Mohammad S, Bathaee T (2007) A novel combined battery model for state-of-charge estimation in lead-acid batteries based on extended Kalman filter for hybrid electric vehicle applications. J Power Sources 174:30–40

Vepa R, Zhahir A (2011) High-precision kinematic satellite and doppler aided inertial navigation system. Royal Inst Navig J Navig 64(01):91–108

第 8 章

非常规能源发电：太阳能发电、波浪能发电和潮汐能发电

8.1 简介

能源已成为人类生存发展的重要资源，并成为人类生存和日常生活中必不可少的角色。在人们日常生活中已经成为不可或缺的一部分，例如使用手机、房间取暖、驱动汽车、做饭以及其他许多方面都离不开能源。概括地说，能源可以分为两种：可再生能源和不可再生能源，前者主要包括太阳能、风能、生物质能、波浪能和潮汐能，后者主要是化石燃料，而这种燃料预计将在 50 年内被耗尽。

可再生能源—例如太阳能、风能、水力、潮汐能、地热能，这些都是可再生的自然资源。和不可再生能源不一样的是，可再生资源是在可预见的未来都不会耗尽的能源。可再生能源的例子如下：

太阳—太阳是位于太阳系中心的恒星，主要由氢和氦组成。距离地球 1.5 亿 km 远的距离仍然是为数不多的许多可再生能源技术的主要能源。太阳的直径是 139 万 km，核心温度是 1560 万 K，传送到表面的温度是 5800K。

太阳能或光能可转换成可用的能量形式。如光伏（PV）电池形式的电能，而这个电能是直接通过 PV 的光电效应在电池内转化成电流形成的。通常这是通过反射镜和透镜的第一次聚焦。一些太阳能被绿色植物通过光合作用所吸收用于制造食品，所以最终太阳能是大多数能源资源的最根本的来源，这些能源也包括化石燃料。

这种类型的能源发电的优点是，不产生浪费或污染，也不需要任何额外的燃料将能量转化为电能。也是一种相对便宜并且有助于降低能源成本的开源资源。缺点是，大规模的太阳能转换器需要非常昂贵的建造和安装费用，但这些费用成本随着技术的快速改进而不断下降。太阳能广泛存在于热带国家，在那里大规模转换太阳能最具成本效益。

风能，波浪，潮汐能都是能量来源，例如风能和波浪能可被转换成有用的能量来发电。这样做分别需要通过风力机、波浪涡轮机和潮汐堰坝，在各自的压力下将其各自单独的涡轮机充当发电机来发电。就像人们所知的农场一样，为了产生更多电力，通常有不止一个涡轮机。海浪在很大程度上是从风中获得能量的，因此，在风被海洋利用之前，最好在高海拔处转换风能。

这些类型的能源只能在某些地域运作，并且需要在开放的地域，在那里它们有可能更好地发挥作用。波浪和潮汐能发电涡轮机应该放置在波浪很大或者是潮汐显著的沿海地区。虽然已经建立了一些新的能量转换器，但是波浪和潮汐能转化不是一项容易的任务，它仍然不是一个成熟的技术。

这些能源的主要优势是，它们是开放能源没有浪费或者温室气体产生，不需要二次燃料发电的能源。如果天气条件允许，它们可以生产大量的能源，而且操作和维护也不昂贵。然而，这些能源的缺点是，由于天气是不可预测的和季节性的，这些能源不能保证全年发电。它们必须能够承受嘈杂恶劣天气，而且只能被放置在合适的地点。

生物燃料——这些燃料例如生物质或沼气，与化石燃料的工作方式类似。它们是从生活的有机物质或者是最近有生命的有机体中积累起来的，如植物、木材、垃圾、残留物或天然气等。这些材料可直接用作燃料或用来生产生物燃料，如甲醇、天然气、石油。生物燃料约占可再生能源的 80%，剩余的 20% 大多数来自水力发电供应。

生物燃料的优点是，这种燃料往往是便宜的，更合理地使用废物材料，这通常是合适的化石燃料的替代品。虽然它们可能不会像纯氢一样有效，但是他们可以用在燃料电池中。缺点是，培养和收集足够数量的这些燃料可能是极其困难和费时的一件事情。此外，这些燃料在燃烧室燃烧时，它们也产生温室气体。

非可再生能源——非可再生能源是拥有经济价值的自然资源，它很难被具有同等成本的其他自然资源所取代，因为在一个层次上它们的消费是等同的。这种非可再生资源存在着固定的数量，并且在日常生活中大量使用，它们消耗的速度远远超过自然创造的速度。这种不可再生的材料是如核燃料和像原油、煤和天然气这样的化石燃料。

化石燃料之所以被称为化石燃料，是因为它们已经从 3 亿年前史前动物和植物的有机物中形成，并且是在地下的沉积物中被发现的。化石燃料的三种主要类型是煤、石油和天然气，这一切都很自然地在地球表面下以类似的方式进行。存储在这些元素的能量最初来自太阳，当它们以受控的方式在一个燃烧室燃烧时，能量可以转化为电能的流动或蒸汽推动涡轮机驱动发电机发电。这种能源的优点是相对便宜，容易通过使用管道运输（石油和气体），它们可以提供一个普遍的电力供应，并且发电站可以建在任何地方。缺点包括，它们都是不可再生的，所以一旦它们使用完很难补充。此外，它们通过燃烧产生的污染，像二氧化碳这样的温室气体的形成导致全球变暖。此外，在大型集装箱船舶或运输车运输这些燃料时可能会导致石油泄漏。石油泄漏和煤矿是非常危险的，因为它们完全可以破坏地球的生态平衡。

8.2 太阳电池：特性简介

太阳电池是一种将太阳的光能直接转换为电能的装置。它们也被称为光伏设备。市场上有各种各样的太阳电池，它们都是由不同的材料和结构来区分的。所有的这些都有一个目标就是产生最大限度的能量，同时做到最低限度的安装和生产成本。市场上有超过一半的太阳电池是由硅制成的，由于在地壳中可以提供大量的硅，因此它们非常便宜。就太阳电池年代而言，由于硅是很容易得到的，所以硅是最具有研究开发和使用的元素。

8.2.1　类型和特点

从根本上说，太阳电池是一种半导体器件，1983 年 Fahrenburch 和 Bube（1983）和 Mazer（1997）对太阳电池的基础知识进行了概述。对半导体电子学的基础知识，读者可以参照 Streetman（1995）和 Sze（2001）的研究。在太阳电池的半导体中掺入杂质就能够在半导体中实现自由电子。这些半导体掺杂后制成 n 型硅和 p 型硅，n 型包含自由电子，p 型包含自由空穴。当两个点接触时，在边界区域的自由电子就跳转到 p 型来填补这个空穴失去一个正电荷，自由空穴在边界区域以相同的方法失去一个负电荷。在边界区域相对电荷的引力产生一个阻止扩散到不同连接点的障碍。在交界处电子和空穴的相反方向，当一个光子从阳光进入半导体时，它就从电子－空穴对中释放一个电子。这个连接点附近的电子将扩散到 n 型和 p 型的自由空穴，这将迫使电子通过电路在连接点的末端向带正电荷的空穴移动。另一边的电子流通过外部电路产生一个相反方向的电流。

硅基多结太阳电池是最有效的但也是最昂贵的。目前市场上 A－300 是一种典型的太阳电池，2004 年，美国国家可再生能源实验室 Mulligan 等人报道称这种太阳电池有约 21% 的效率。这是一个相当有效并且生产成本低的太阳电池，据说一个电池可以产生 3W 的电能，并且产生 3kW 的太阳电池需要不到 17m^2 的发电板。它基于一个独特的后接触设计，最大限度地提高了工作面积，从而提高了效率。通过整个太阳光谱的光由于其低电压温度系数、低光性能和高灵敏度，A－300 几乎把通过的每一个光子转化为可用的电力，确保最大化的年度发电量。单晶电池是昂贵的，目前的成本是每瓦小于 2 英镑，A－300 太阳硅电池的基本特性列于表 8.1。

表 8.1　太阳硅电池 A－300 的特性

效率	21%
功率（%/c）	0.38
重量/kg	0.003
尺寸（长×宽）/m	0.125×0.034
厚度/μm	270±40
电压/（mV/℃）	－1.9
最大功率电流/A	1.2
最大功率电压/V	0.59
短路电流/A	1.7
开路电压/V	0.067

除了硅，太阳电池还可以由其他元素构成，例如使用砷化镓和碲化镉，这些材料的电池具有更高的效率，但是生产成本比较高。聚光系统将太阳光汇聚到面积很

小的高性能光伏电池上，但是它需要一个昂贵的跟踪系统跟踪太阳一整天。

8.2.2 光敏器件：操作原理

光电学是电子学的一种，用于处理电与光线之间信号转换的器件。光敏半导体器件在电子学分类的基础上发挥着重要作用，这些操作主要分为三类：光敏二极管、光电电池和光伏电池。重要的是能够认识到这三种类型的设备之间的差异。

硅光敏二极管是封装在一个透明材料中的光敏 p-n 结二极管，当作为光导电池操作时，p-n 结通常工作在反向偏置状态，当作为一个光伏电池操作时，这个光敏二极管往往是无偏置的。当二极管反向偏置时，反向漏电流对光线很敏感。光辐射的作用是提供足够的能量来分离原子的价电子，减少损耗层的厚度。这个厚度减少的效果是增加多达100%的反向电流。图 8.1 显示了这样一个 p-n结类型的硅光敏二极管的结构，光敏二极管的 p-n 结装在管的顶部，上面有一个透镜制成的窗口，以便入射光集中在 p-n 结。

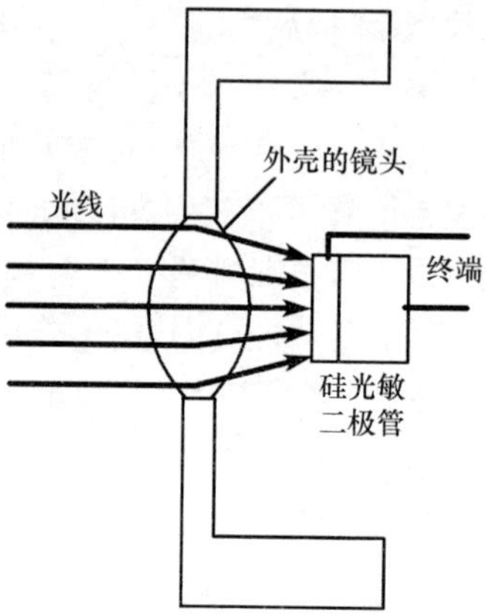

图 8.1 硅光敏二极管的结构

当光照射在 p-n 结的上面时，仅在孔的 n 侧产生空穴，空间电荷区中小于空穴扩散长度（L_p）的电荷会产生电流。此空穴电流可以通过以下关系来表示：

$$L_p = qAL_pG \tag{8.2.1}$$

式中，A 是结横截面积；G 是空穴电子产生率，正比于入射光通量；AL_p 代表产生相关空穴的有效容积。

因为只有那些拥有能量的光子超过了带隙的光子产生的电子—空穴对，光电流与单位时间内入射的光子的数量成正比，可以写为如下：

$$I = I_0(e^{\frac{qV}{kT}} - 1) - qAG(L_p + L_n) \tag{8.2.2}$$

式中，上述方程右边的第一项表示电压 V 影响下的 p-n 结暗电流；第二项表示在这个结的 n 侧空穴产生的光电流和 p 侧产生的光的组合。

硅光敏二极管的等效电路如图 8.2 所示。无光或暗电流特性，并联电流源表明了通过光照产生的电流。在无光和光照下不同输入功率的光敏二极管的典型电流电压特性如图 8.3 所示。当二极管短路时，$V=0$，$I=I_{sc}$，光产生的电流是反向偏置电压非常大时的电流。

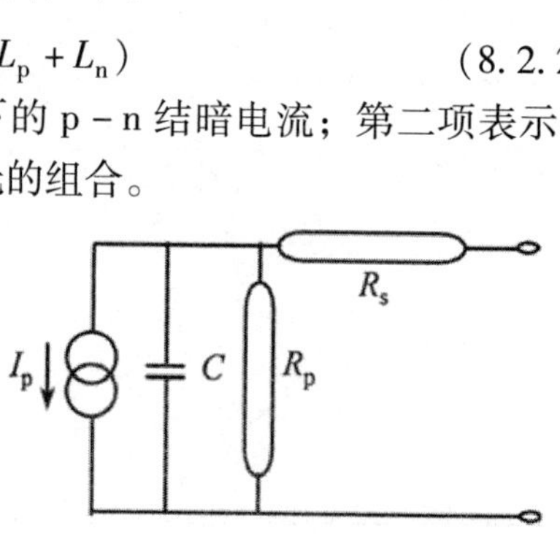

图 8.2 硅光敏二极管的等效电路

光敏电池和光敏电阻的原理是光电导反

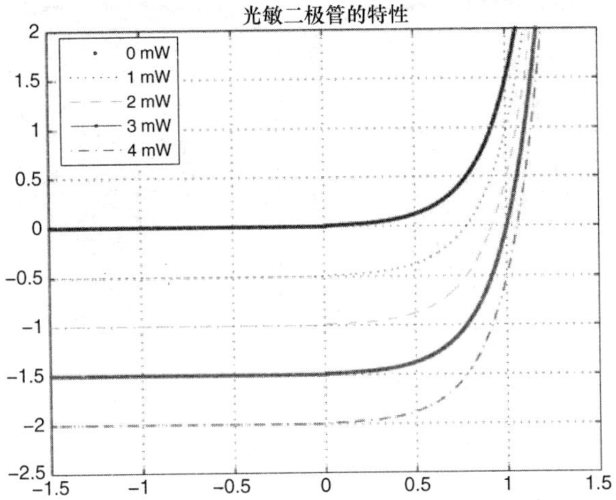

图 8.3　光敏二极管的电流、电压特性

应。光电导反应也会引起某些半导体材料在光照时电阻发生变化。光电导反应的基本过程是半导体吸收光子，从而产生自由载流子。内部和外部光敏器件的原理都是这一电导率变化。一些常见的光敏材料有硒、硫化镉、铅硫化物、硒化物和锑化铟。在光敏材料中，入射光会引起材料本身电子的发射。辐射热测量计的原理也是类似的（入射辐射引起电阻的变化，其辐射通常是红外线），它的敏感部件可以是金属或半导体的材料，而光敏电池的敏感部件是半导体材料。

在外部电势的影响下，光电子与半导体原子发生碰撞产生空穴。对于规定的光通量，当获得平衡传导时，空穴形成的速率等于电子—空穴复合的速率。光电导材料的特性可以概括如下：

1）在短时间内光照后，电流的变化与入射通量成正比。

2）随着光照的延长，稳定电流达到平衡条件时，电流的变化与入射通量的二次方根成正比。

3）当其变化呈现征现正弦时入射通量是不稳定和不断变化的，电流直接与入射通量成正比但与变化的频率成反比。

图 8.4 显示了两种形式的基于硒的光敏电池的结构，右边的单元网格结构的电池是通过安装在玻璃板上的双网格的金或铂在非常薄膜上由冷凝蒸气形成的。通过保持合适的玻璃板的温度，它可以确保硒具有晶体结构。硒薄膜通常是几微米厚（$1\mu m = 0.001mm$），整个电池被封装在保护的装置中。

光照度是衡量遍布在单位面积上光通量的多少，并用 lm/m^2 或国际标准单位 lx 来测量。美国传统单位中的对应单位为 fc，即每平方英尺一流明（$1lm/ft^2 = 1fc$），$1fc = 10.764lx$。充满阳光的户外是 10000 ~ 12000fc（平均 $160000lm/cm^2$ 或 172fc）。光导电池的特征是，即使在完全黑暗情况下也有明显的电流。光导电池的

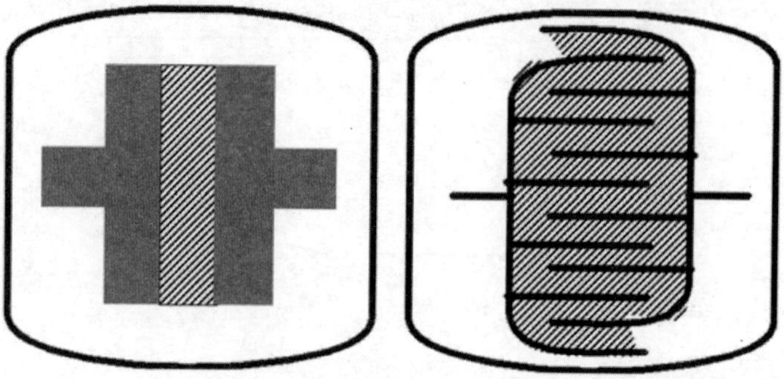

图 8.4　典型的光敏电池结构

暗电阻是由它在黑暗中时提供的阻力，它的范围是 100 ~ 20000kΩ。在光照和黑暗中电流的比值通常是 8 ~ 10，并会在某些情况下要高很多。如图 8.5 所示，电流、电压特性是线性的。这种线性表明，在给定的照明电池电阻是独立于电池电压的。光导电池的电流容量通常不超过几毫安。

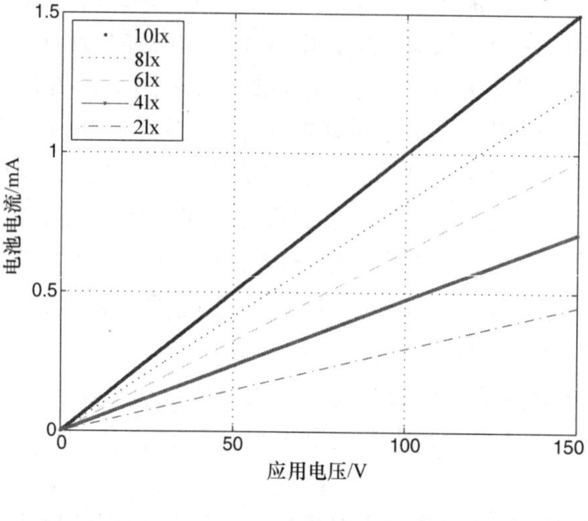

图 8.5　光导电池的电流、电压特性

光导电池对不同的波长有不同的反应。在红色和红外区域，硒电池特别敏感，因此它适合作为红外探测器。图 8.6 显示了典型的硒电池的典型动态响应，这个曲线表明了相对响应主要是与调制频率成正比。

光伏效应是指光照使不均匀半导体或半导体与金属结合的不同部位之间产生电位差的现象。光伏电池和光敏二极管之间的主要区别是外部电压用来偏置光敏二极管的连接点。这些电池可以用半导体 p - n 结以及半导体金属结连接构成。在前者的类型中，反向偏压的效果是由入射光或热辐射所产生的。与一个普通的整流器相比，连接区域必须相当大才能有效。一个典型的硅光伏电池如图 8.7 所示。

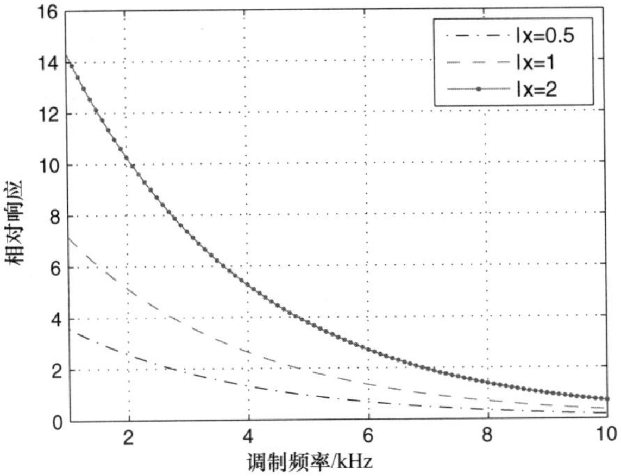

图 8.6 典型的光导硒电池的动态响应曲线

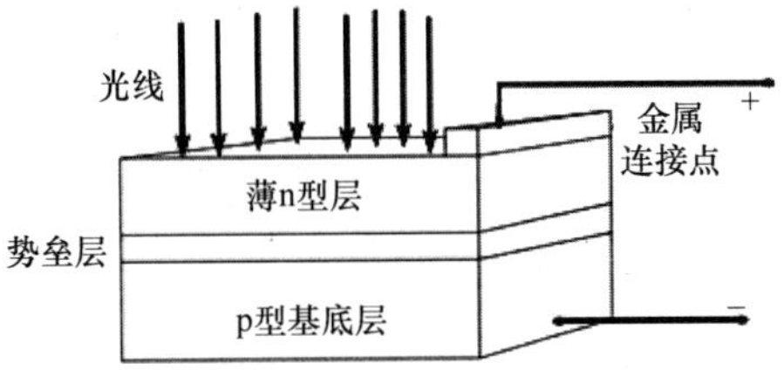

图 8.7 硅光伏电池的例子

硅光电池是通过石英坩埚提炼硅，放在石墨炉融化晶体的工艺制造的。在其中添加如砷或磷这样的五价微量元素，并将所得的晶体切成条，再进一步切成片，对每个切片适当研磨，然后将切片放置在一个充满三氯化硼蒸气的扩散室中，硼由此扩散到 n 型晶体。因此 p 型材料层形成，并在两层之间的接口处存在一个 p－n 结。然后镀硅片，并加入端子线。

在 p－n 结处，用极少的电荷载体形成了一个势垒层。这些势垒层的主要特征就是在电位势垒的交界处不需要反向偏置，它们几乎是一样宽的。从太阳光的辐射能产生一个电子－空穴对，在势垒层中破坏原子之间的共价键。

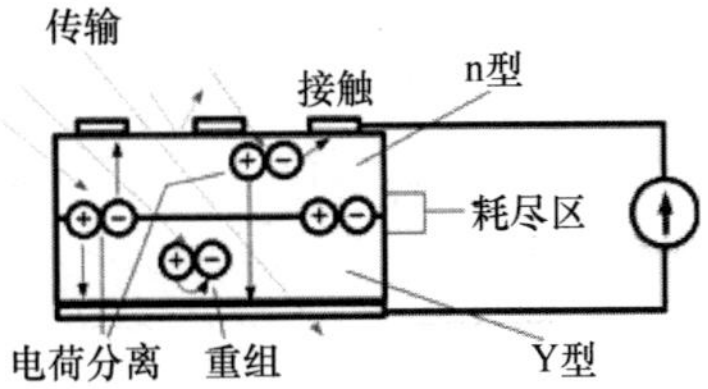

图 8.8 硅电池（太阳电池）电子－空穴对的产生

空穴到 p 侧，电子到 n 侧。如图 8.8 所示。如果外部负载被连接在电路中，电流将会流动并且入射辐射能量的负荷消散。

只有入射光子的能量大于带隙产生电子空穴对，使用普朗克定律，遵循的光子频率必须满足关系 $hf > E_G$，以产生任何光电流。能量间隙就是入射光自己产生的电压函数。因此，不同的半导体材料，暴露在太阳光下产生电阻－空穴对的效率不同，半导体材料的特征是不同的带隙具有不同的效率。图 8.9 显示了当暴露在最大辐射下时，估计理想太阳电池效率为 300K 和电池材料能量间隙的函数。大气通过地球大气层的吸光度相当于假设的 1.5 个气团。

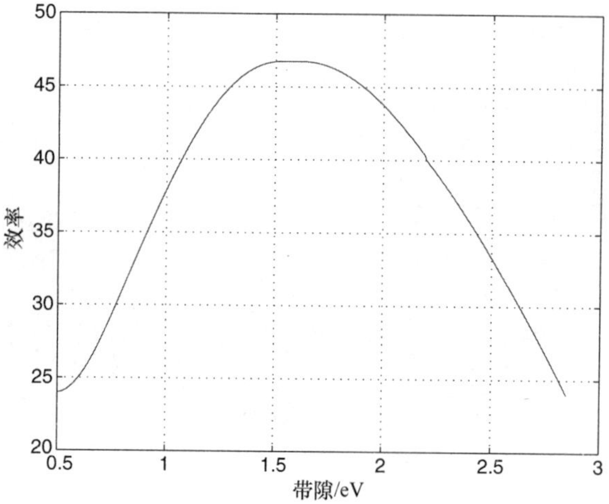

图 8.9　300K 太阳电池的理想效率

太阳电池的电流 - 电压特性可以从图 8.3 的光敏二极管特性的底部右手部分获得，如图 8.10 所示。其目标就是从这样的电池中获得最大功率。因此，工作电流和电压必须这样选择：使它所包围的区域值最大。工作电流和电压产生的比率 $I_m V_m$，以及短路电流和开路电压产生的比率 $I_{sc} V_{oc}$ 总是小于 1，被称为填充因数（$I_{sc} V_{oc}$）。因此，硅光伏电池的最大输出功率可以写成如下：

$$P_{max} = FFI_{sc} V_{oc} \tag{8.2.3}$$

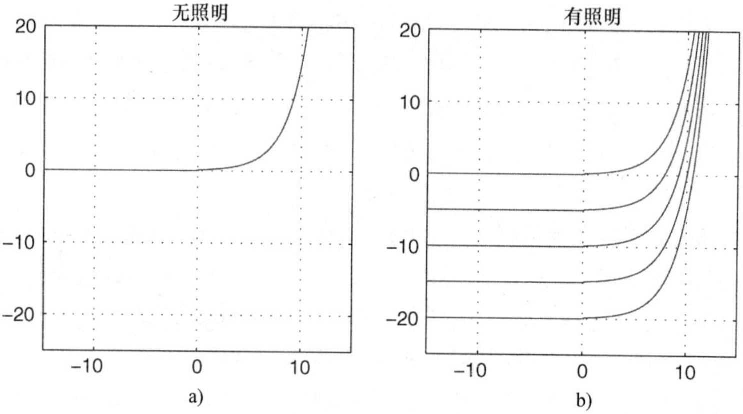

图 8.10　a）无光条件下硅光伏电池的电流、电压特性
b）在不同程度的照明下与硅光敏二极管的比较

这样的太阳电池被广泛用于无人卫星的低功耗应用上。事实上，它们的重量非常小，但可以进行串并联组合以获得足够多的空间电力，这也是它在空间应用中流

行的一个主要因素。硅光伏电池是比较常见的，砷化镓电池可以在比硅更高的温度下操作，可以更有效的利用太阳能聚光器。然而，太阳帆使用了大量的半导体材料以及砷化镓，因此并不总是满足成本效益条件。

阻挡层的半导体金属类型是由在金属基上的一层半导体构成。因此，这可能包括沉积在铜、金或铂的金属基片上的氧化铜层。另外，这个电池可以有一层薄薄的硒化铁沉积在铁板上。在半导体和金属之间的阻挡平面的边界照明处，通过障碍产生一个电势。如果外部电路将半导体与金属连接，就会有电流通过。半导体中入射光能量的电子就会超越带隙，然后它们可以离开边界流入金属并返回到外部电路。如果外部电路是打开的，就建立了一个电位差直到尽可能达到平衡没有电子流动。所产生的每一个光照的电位差通常是 4mV/fc。

阻挡层类型电池的短路电流直接与入射光通量成正比。当在外部电路中引入电阻时，电流和光通量之间的关系不再是线性的，如图 8.11 所示。

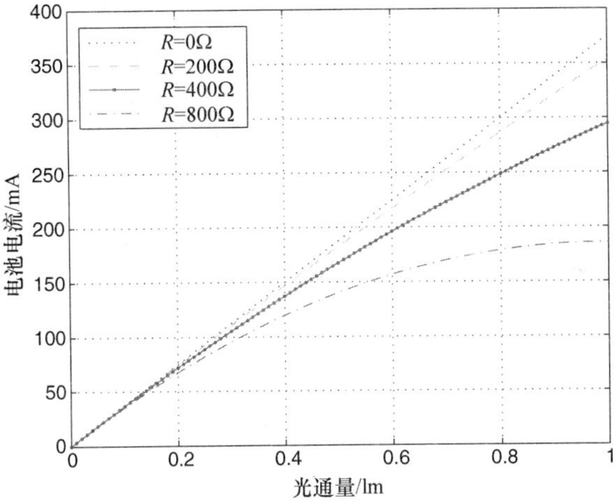

图 8.11　不同负载电阻值下的阻挡层类型的光伏电池的光通量 - 电流关系

尽管光伏电池对高温敏感并且硒电池如果操作超过 60℃ 就会损坏，但这些电池的主要优点是不需要外部偏置电压操作。它们被广泛用于摄影曝光仪表。

8.2.3　太阳电池输出功率模型

太阳电池的等效电路如图 8.12 所示。太阳电池的两个重要特点是具有跨越其终端的无线负载的开路电压输出和无负载的短路电流。电池输出的短路电流直接与光照强度 ϕ 成正比。由于短路电流 I_{sc} 与太阳电池暴露于光的区域大约成正比，因此短路电流的强度 $J_{sc} = I_{sc}/A$ 是常用的测量的特性。当太阳电池连接到一个负载时，电流将流过它的端子

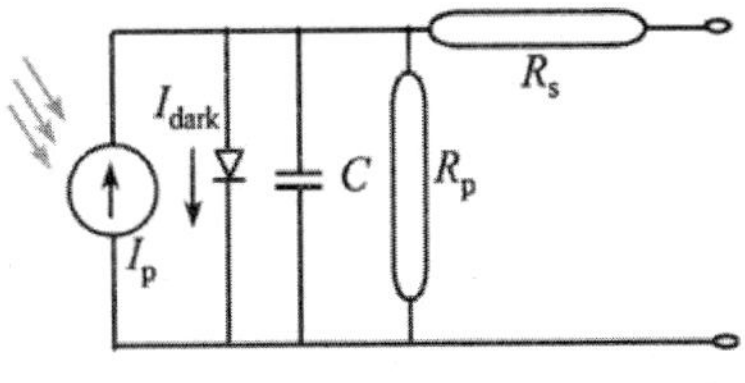

图 8.12　太阳电池的等效电路

并且在这个端子上有积聚的电荷产生电压。这个电流是由光子吸收而引起的短路电流的叠加，由电荷积聚导致的暗电流，从而使流过的端子与短路电流相对。暗电流可以依据电子电荷（q）、端子电压（V）、绝对温度（T）和常量 J_0 表示：

$$J_{\text{dark}}(V)=J_0(e^{qV/kT}-1) \tag{8.2.4}$$

因此，总电流是

$$J=J_{\text{sc}}-J_0(e^{qV/kT}-1) \tag{8.2.5}$$

找到开路电压，将 J 设置为零，例如 $J=0$，得出相应的电压：

$$V_{\text{oc}}=\frac{kT}{q}\ln\left(\frac{J_{\text{sc}}}{J_0}+1\right) \tag{8.2.6}$$

功率密度仅仅是负载电流强度和负载电压的乘积，因此

$$P_{\text{den}}=J_{\text{L}}V_{\text{L}} \tag{8.2.7}$$

太阳电池的效率定义为输出功率除以输入功率，因此

$$\eta=\frac{J_{\max}V_{\max}}{P_{\text{in}}} \tag{8.2.8}$$

通常用填充因数（FF）来表达功率密度，定义为

$$\text{FF}=\frac{J_{\max}V_{\max}}{J_{\text{sc}}V_{\text{oc}}} \tag{8.2.9}$$

就填充因数、短路电流密度和开路端电压而言，太阳电池的效率是

$$\eta=\frac{J_{\text{sc}}V_{\text{oc}}}{P_{\text{in}}}\text{FF} \tag{8.2.10}$$

当考虑一个太阳电池的实际等效电路时，通常包括穿过其终端的并联电阻和串联电阻。此时，负载电流可以通过负载电压 V_{L} 来表示：

$$J_{\text{L}}=J_{\text{sc}}-J_0(e^{q(V_{\text{L}}+J_{\text{L}}AR_{\text{s}})/kT}-1)-\frac{V_{\text{L}}+J_{\text{L}}AR_{\text{s}}}{AR_{\text{p}}} \tag{8.2.11}$$

线性化这个关系：

$$J_{\text{L}}\approx J_{\text{sc}}-J_0\left(e^{qV_{\text{L}}/kT}\left(1+\frac{J_{\text{L}}AR_{\text{s}}}{V_{\text{L}}}\right)-1\right)-\frac{V_{\text{L}}+J_{\text{L}}AR_{\text{s}}}{AR_{\text{p}}} \tag{8.2.12}$$

结合方程右边的所有电荷密度 J_{L} 函数计算：

$$J_{\text{L}}\approx J_{\text{sc}}-J_{\text{L}}\frac{R_{\text{s}}}{R_{\text{p}}}\left(1+\frac{R_{\text{s}}}{V_{\text{L}}}J_0Ae^{qV_{\text{L}}/kT}\right)-J_0(e^{qV_{\text{L}}/kT}-1)-\frac{V_{\text{L}}}{AR_{\text{p}}} \tag{8.2.13}$$

求解 J_{L}：

$$J_{\text{L}}\approx\frac{J_{\text{sc}}-J_0(e^{qV_{\text{L}}/kT}-1)-\dfrac{V_{\text{L}}}{AR_{\text{p}}}}{\left\{1+\dfrac{R_{\text{s}}}{V_{\text{p}}}\left(1+\dfrac{R_{\text{p}}}{V_{\text{L}}}J_0Ae^{qV_{\text{L}}/kT}\right)\right\}} \tag{8.2.14}$$

假设暗电流是恒定的,负载电流表示为

$$I_L = I_{sc} - I_{dark} - \frac{V_L + I_L R_s}{R_p} \tag{8.2.15}$$

因此

$$I_L(1+\frac{R_s}{R_p}) = I_{sc} - I_{dark} - \frac{V_L}{R_p} \tag{8.2.16}$$

求解 I_L：

$$I_L = \frac{I_{sc} - I_{dark} - \frac{V_L}{R_p}}{(1+\frac{R_s}{R_p})} \tag{8.2.17}$$

除了一个修正项所占的暗电流变化，这个表达式类似于 J_L 的表达式，因此可以表达为

$$I_L = \frac{I_{sc} - I_{dark} - \frac{V_L}{R_p}}{(1+\frac{R_s}{R_p}(1+\frac{R_p}{V_L}J_0 A e^{qV_L/kT}))} \tag{8.2.18}$$

由于短路电流与照明成正比，当照明时，就是短路电流，负载电流的方程为

$$I_L = \frac{I_{scn}(\frac{\phi}{\phi_n}) - I_{dark} - \frac{V_L}{R_p}}{(1+\frac{R_s}{R_p}(1+\frac{R_p}{R_L}J_0 A e^{qV_L/kT}))} \tag{8.2.19}$$

传递的输出功率是

$$P_{deli} = V_L I_L = \frac{V_L(I_{scn}(\frac{\phi}{\phi_n}) - I_{dark}) - \frac{V_L^2}{R_p}}{(1+\frac{R_s}{R_p}(1+\frac{R_p}{V_L}J_0 A e^{qV_L/kT}))} \tag{8.2.20}$$

最大时：

$$\frac{d}{dV_L}P_{deli} = \frac{(1+\frac{R_s}{R_p}(1+\frac{R_p}{V_L}J_0 A e^{qV_L/kT}))(I_{scn}(\frac{\phi}{\phi_n}) - I_{dark}) - \frac{2V_L}{R_p}}{(1+\frac{R_s}{R_p}(1+\frac{R_p}{V_L}J_0 A e^{qV_L/kT}))^2}$$
$$- \frac{(R_s J_0 A e^{qV_L/kT}(\frac{q}{kT}-\frac{1}{V_L}))((I_{scn}(\frac{\phi}{\phi_n}) - I_{dark}) - \frac{V_L}{R_p})}{(1+\frac{R_s}{R_p}(1+\frac{R_p}{V_L}J_0 A e^{qV_L/kT}))^2} \tag{8.2.21}$$

求解 V_L：

$$V_L = \frac{R_p}{2}\left(I_{scn}\left(\frac{\phi}{\phi_n}\right) - I_{dark}\right) \times \left(\frac{1+\frac{R_s}{R_p}\left(1+\frac{R_p}{V_L}J_0Ae^{qV_L/kT}\right) - \left(R_sJ_0Ae^{qV_L/kT}\left(\frac{q}{kT}-\frac{1}{V_L}\right)\right)}{\left(1+\frac{R_s}{R_p}\left(1+\frac{R_p}{V_L}J_0Ae^{qV_L/kT}\right) - 0.5\left(R_sJ_0Ae^{qV_L/kT}\left(\frac{q}{kT}-\frac{1}{V_L}\right)\right)\right)}\right) \tag{8.2.22}$$

给出了一个近似的最大值：

$$V_{Lmax} \approx \frac{R_pk}{2}\left(I_{scn}\left(\frac{\phi}{\phi_n}\right) - I_{dark}\right) \tag{8.2.23a}$$

$$V_{Lmax} = \frac{\frac{2-k}{2}\left(I_{scn}\left(\frac{\phi}{\phi_n}\right) - I_{dark}\right)}{\left(1+\frac{R_s}{R_p}\left(1+\frac{R_p}{V_{Lmax}}J_0Ae^{qV_{Lmax}/kT}\right)\right)} \tag{8.2.23b}$$

式中，k 是一个常数，通常是 $1.2 \leqslant k \leqslant 1.4$。

因此，太阳电池提供的最大功率是

$$P_m = \frac{\frac{R_pk(2-k)}{4}\left(I_{scn}\left(\frac{\phi}{\phi_n}\right) - I_{dark}\right)^2}{\left(1+\frac{R_s}{R_p}\left(1+\frac{R_p}{V_{Lmax}}J_0Ae^{qV_{Lmax}/kT}\right)\right)} \tag{8.2.24}$$

一个典型的太阳电池的输出电流密度和功率密度如图 8.13 所示。

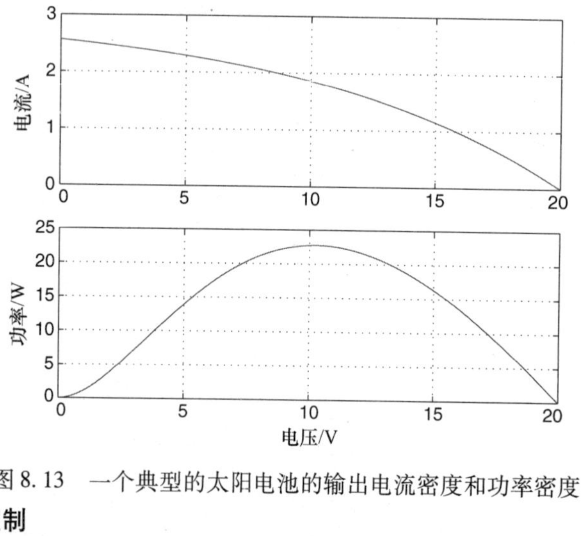

图 8.13　一个典型的太阳电池的输出电流密度和功率密度

8.2.4　MPPT 控制

太阳电池的发电能力是有限的，因此应保证电池在与电池最大功率点（MPP）匹配的条件下工作。最大功率点跟踪（MPPT）控制器采用了 MPPT 算法，从而能够保证这一条件。当太阳电池在这种条件下操作时，由于 MPP 是一个独特和固定的操作点，所以负载功率不需要考虑并且输出电压随负载电阻的变化而变化。因此，MPPT 控制器工作的方式是，太阳电池在其中进行 MPP 操作，而输出电压保持不变。模拟太阳电池主要包括两个步骤：一个用于验证 MPPT 控制器的性能；另一个用于建立稳定的调压控制器。

太阳电池的输出功率与外加电流或电压呈非线性关系，并且存在一个唯一的 MPP。因此，可以通过最大搜索控制器跟踪 MPP 是可能的。MPP 在太阳电池的操作条件下的非线性变化轨迹是不可预测的。MPPT 控制器是至关重要的，当操作条件发生变化时，能够不断地提供尽可能高的负载功率。一般来说，MPPT 控制器被设计为至少两个回路的多环控制器。内环的设计是在其 MPP 上操作太阳电池。然而，一种快速、高效的 MPPT 太阳电池内回路控制方案是基于滑模控制方法的研究。通常情况下，闭环系统包括太阳电池、升压斩波器、电池和控制器。滑模控制用来控制斩波器的占空比，以实现 MPPT。外环采用最大值搜索算法实时估计 MPP，然后给出内环设定点的估计值，在这一点上保证了太阳电池的正常工作。MPPT 控制系统提供了可保持太阳电池实时的 MPP 操作的简单控制方法。仿真显示了在太阳电池操作条件发生变化时，控制器的运行是稳定的。

8.3　波浪能发电

海洋能以多种形式分布在海洋中，包括海洋气流、潮流、热能、地热喷口和海浪。所有的这些形式是某种形式的太阳能、重力和风能的组合，后者是由于太阳能 Coriolis 效应的相互作用。海浪起因于能量传递，首先是从太阳到风，然后从风到水。Komen 等人在 1996 年和 Janssen 在 2004 年解释了这种能量传递的机制。然而，由于海洋往往将能量集中在陆地的海岸附近，因此在靠近海岸线的浅水区域附近有相当高浓度的能量。海浪的能量主要以动能的形式不断转化为势能，反之亦然。海浪的基本特性见表 4.1。

波中的总能量是瞬时势能和动能的总和。前者是由于波粒子的高度高于平均海平面，而后者是由于运动中流体颗粒的速度。总能量也等于最大势能和最大动能，这两种能量存在于同一个波长上。这在一个波长整合的过程中产生波的能量密度。这样，给出海水的密度 $\rho = \rho_{\text{water}}$ 和当地的重力加速度 g，当单波的高度 $H = 2A$ 时，能量的密度可表示为

$$E_{\mathrm{d}} = \frac{\rho g H^2}{8} \tag{8.3.1}$$

为了获得一个单波的功率，要考虑波周期 T，它需要两个连续波波峰或波谷通过固定点的时间。此外，波长是在固定的时间内两个连续的波峰或波谷之间的距离。因此，波的相速度可表示为

$$c = \frac{\lambda}{T} = \frac{2\pi/k}{2\pi/\omega} = \frac{\omega}{k} \tag{8.3.2}$$

对于海浪，波的频率与波数 k 的色散关系如下（Lamb 1932，p. 228）：

$$\omega^2 = gk\tanh(kd) \tag{8.3.3}$$

式中，d 表示水的深度；g 表示当地的重力加速度。对于深水波，例如 $kd>>0$，$\tanh(kd)\approx 1$，因此，深水波遵循：

$$\frac{\omega}{k}\approx\frac{g}{\omega} \tag{8.3.4}$$

然而，kd 很小但不等于0时：

$$\left(\frac{\omega}{k}\right)^2=gd\frac{\tanh(kd)}{kd}$$
$$\frac{\omega}{k}=\sqrt{gh\frac{\tanh(kd)}{kd}} \tag{8.3.5}$$

当 $kd\to 0$ 时：

$$\frac{\omega}{k}\approx\sqrt{gd} \tag{8.3.6}$$

因此，单波的功率可表示为

$$P_{\mathrm{w}}=\frac{\rho gH^2}{8}\frac{\omega}{k} \tag{8.3.7}$$

真实的海浪本质上是随机的，波能量密度（$\mathrm{J/m^2}$）与海面位移的方差 ζ 可表示为

$$E_{\mathrm{d}}=\rho g\langle\zeta^2\rangle \tag{8.3.8}$$

括号表示时间或统计平均值。事实上，海浪是由各种高度的波浪组成的。实际的定义通常是最高波浪三分之一的高度，这被称为有效波高，表示 $H_{1/3}$ 与海表面位移的标准方差的关系是

$$H_{1/3}=4\sqrt{\langle\zeta^2\rangle} \tag{8.3.9}$$

因此，海浪功率由下式给出：

$$P_{\mathrm{w}}=\frac{\rho gH_{1/3}^2}{16}\frac{\omega}{k} \tag{8.3.10}$$

由于波在表面上传播，因此对用来估计能量的传输速率也是有用的，考虑到波浪的自由面下的高度，所做的总功可以估计为

$$W=\int_{-d}^{0}pu\mathrm{d}z \tag{8.3.11}$$

线性伯努利方程给出了压力表达式：

$$p=\rho\frac{\partial\Phi}{\partial t}-\rho gz+P_{\mathrm{atm}} \tag{8.3.12}$$

速度差是

$$\Phi=\frac{gH}{\omega}\frac{\cosh(k(z+d))}{2\cosh kd}\cos(kx-\omega t) \tag{8.3.13}$$

$$u=\frac{\partial\Phi}{\partial x} \tag{8.3.14}$$

因此，平均速率由下式给出：

$$\langle P_{\mathrm{r}}\rangle = \frac{\rho g H^2}{8}\frac{c}{2}(1+2kd\mathrm{cosech}(2kd)) \tag{8.3.15}$$

可以表示为

$$\langle P_{\mathrm{r}}\rangle = \frac{\rho g H^2}{8}c_{\mathrm{g}} \tag{8.3.16}$$

能量流的速度是由给定的群速度的关系所得：

$$c_{\mathrm{g}} = \frac{c}{2}(1+2kd\mathrm{cosech}(2kd)) \tag{8.3.17}$$

当 $kd\to 0$、$c_{\mathrm{g}}\approx c$ 并且深水波 $kd>>0$ 时 $c_{\mathrm{g}}\approx c/2$

8.3.1 波浪能发电转换装置

转换成有用功率的实际波浪能很大程度上取决于能量转化所用的波浪能传递装置的效率。目前使用的波浪能发电转换装置大致分为两类：

1. 摆动式波浪能发电转换装置

这种类型的波浪能发电转换装置，允许波浪设置浮体成谐振的振荡，并将运动依次转换为有用的能量。一个典型的例子是英国 Stephen Salter 教授（Salter 1974）发明的索尔特（Salter）鸭。在这种类型的系统中，主要的困难是将主要部分的振动转化成有用的能量。这将涉及动力输出系统（PTO），该系统必须具有匹配的特征，才能最大限度地将动力从谐振装置传递到发电机。

2. 振荡水柱式波浪能发电转换装置

振荡水柱还包括设置在波振荡的浮体。此外，浮体在自身和波浪上方捕获一定量的空气。因此，空气受到波的振荡压力，然后用来驱动一个特殊的涡轮执行 PTO 作用并传送动力到发电机依次产生电力。自从 20 世纪 70 年代以来，Falcão 广泛地评估了（2010）波能利用的发展状况。

目前在英国、日本、葡萄牙、印度和其他国家研究的这几种波能装置，是利用振荡水柱的工作原理，将波浪能转化为低气压能，进而转化为机械能。在这种情况下，双向空气涡轮机的发展已经成为一个重要的问题。到目前为止已经提出了几种不同配置的自整流式空气涡轮机，包括 Wells 涡轮机（Gato 和 Falcão 1988；Raghunathan 1995；Setoguchi 等人 1998）、导叶 Wells 涡轮机（Gato 和 Falcão 1990）、带间距控制叶片的涡轮机（Sarmento 等人 1990；Salter 1993；Gatoet 等人 1991）、自间距控制叶片的脉冲式水轮机（Kinoue 等人 2002）和其他配置。其中最有前途的涡轮机，目前是 Wells 涡轮机，虽然这种涡轮机与传统的涡轮机相比效率比较低，然而安装在前面的导叶和背后的转子可能更有效地改善涡轮机的性能。

8.3.2 浮体波电位

计算浮体上的波浪力，必须要有与自由表面的波浪运动相对应的速度势。速度势可以假设为三种部分的总和，表面波运动对应的入射速度势、体运动产生的辐射势以及波向外辐射衍射的势。

如果浮体具有六个自由度，那么辐射势由六个分量组成，它们分别与六个方向上运动的大小成正比。如果体的辐射势漂浮在静止的流体中，由于在第 j 方向的单元运动是 ϕ_j，在液固界面的边界条件要求引起的正常电位固体表面上的平移和旋转的流体速度 $\partial\phi_j/\partial n$ 等于各自的平移和旋转速度分量。由于在方向 $n \cdot e_j$ 上单元运动，e_j 是第 j 方向上的单元分量。因此，海浪必须总是从海浪本身辐射出去，在 4.6.4 节中具体讨论了动态浮体的自由度。

计算衍射势时，可以假设主题是静止的，并且辐射势是不存在的。入射和衍射势之和 $\phi_T = \phi_I + \phi_D$ 在物体表面和无穷远处必须满足相应的边界条件，因此

$$\frac{\partial\phi_D}{\partial n} = -\frac{\partial\phi_I}{\partial n} \tag{8.3.18}$$

衍射能是通过求解边界值问题发现的，在 4.6.3 节已经讨论过。因为沿着体表和无穷远处的边界条件下它必须满足拉普拉斯方程。该解决方案一般表示为边界积分方程的形式，源势的叠加必须通过数值边界元法来解决（Newman 和 Lee 2002）。如果假设物体足够小，从而由于入射波而不影响压力场的情况下，衍射效应可以忽略。这是基于 Froude - Krylov 假设，激振力的结果是

$$F^{FK}(t) = \iint p(\phi_I)\boldsymbol{n} \cdot \mathrm{d}S \tag{8.3.19}$$

式中，$p(\phi_I)$ 表示的是由于入射势 ϕ_I 唯一的压力场。

由流体粒子的波动产生的压力场在各种形式的波浪能传输装置中起着关键作用。水波内的压力场可以通过替换速度势 $\Phi = \phi_I$ 和速度分量成不稳定伯努利方程获得相对于时间的欧拉积分来获得，即

$$\frac{p}{\rho} + \frac{\partial\Phi}{\partial t} + \frac{u^2 + v^2 + w^2}{2} + a\Delta z = 0 \tag{8.3.20}$$

利用这个方程,可以得到精确到二阶的压力分布：

$$p = \rho g H \frac{\cosh k(z+d)}{2\cosh kd}\cos(kx - \omega t) - \rho g z + P_{\mathrm{atm}} + \rho g k H^2 \frac{\tanh(kd)}{\sinh^2 kd} p_2 \tag{8.3.21}$$

下式给出了二阶校正的一阶压力分布（$p_2 = 0$）：

$$p_2 = \frac{3}{16}\left(\frac{\cosh(2k(z+d))}{\sinh^2 kd} - \frac{1}{3}\right)\cos(2(kx - \omega t)) - \frac{\cosh(2k(z+d)) - 1}{8} \tag{8.3.22}$$

人们也可以预测基于二阶理论波能，由下式表示：

$$P_{\mathrm{w}} = \frac{\rho g H^2}{8} c\left(1 + \frac{9}{64}\frac{H^2}{k^4 d^6}\right) \tag{8.3.23}$$

8.3.3 最佳动力输出条件

为了说明必须满足从海洋到发电机的最佳功率传输所必须满足的条件，考虑一个由浮体振荡组成的波动力传递装置。对于这样一个振荡体类型的波动力传输装置，升沉方程运动可以表示如下：

$$(M+A_{33})\frac{\mathrm{d}^2h}{\mathrm{d}t^2}+B_{33}\frac{\mathrm{d}h}{\mathrm{d}t}+\rho gS_{\mathrm{wh}}h=F_{\mathrm{wh}}+F_{\mathrm{PTO,h}} \tag{8.3.24}$$

式中，M 是浮子的质量；A_{33}、B_{33}是频率相关的附加质量和在水和辐射波中漂浮体的阻尼；h 是自由度的位移；ρ 是水的密度；g 是重力加速度；S_{wh}表示由水线封闭的平面；F_{wh}是外力刺激升沉运动时作用在浮子的波力；由于入射波和衍射效应，因此，$F_{\mathrm{PTO,h}}$是动力输出系统在起伏体上施加的反作用力，动力输出系统在起伏体上施加的反作用力可以表示为如下形式：

$$F_{\mathrm{PTO,h}}=-B_{\mathrm{PTO}}\frac{\mathrm{d}h}{\mathrm{d}t}-K_{\mathrm{PTO}}h \tag{8.3.25}$$

式中，B_{PTO}和 K_{PTO}是动力输出系统的等效阻尼和刚度。

2002 年，Falnes 提出了随着升沉运动，来自于波浪能量转换器的吸收功率表示为

$$P_{\mathrm{TO}}=\frac{1}{2}\omega^2B_{\mathrm{PTO}}\,|h_0|^2 \tag{8.3.26}$$

式中，h_0 是物体的起伏复振幅，表示为

$$|h_0|^2=\frac{A^2\,|\Gamma_{\mathrm{wh0}}|^2}{(K_{\mathrm{PTO}}+\rho gS_{\mathrm{wh}}-\omega^2\ (M+A_{33}\ (\omega)))^2+\omega^2\ (B_{33}\ (\omega)\ \ +B_{\mathrm{PTO}})^2} \tag{8.3.27}$$

式中，A 是入射波的振幅；Γ_{wh0}是与单位振幅波对应的水动力波激振力幅值；ω 是谐波振荡频率，为了$|h_0|^2$ 的最大化，谐波振荡频率必须等于共振频率：

$$\omega=\omega_{\mathrm{r}}=\omega_{\mathrm{n}}\sqrt{1-2\zeta_{\mathrm{n}}^3}\approx\omega_{\mathrm{n}}=\sqrt{\frac{K_{\mathrm{PTO}}+\rho gS_{\mathrm{wh}}}{M+A_{33}(\omega_{\mathrm{n}})}} \tag{8.3.28}$$

$$B_{33}(\omega_{\mathrm{n}})=B_{\mathrm{PTO}}$$

假设这些第一个被 Evans（1981）推导出来的最优条件满足：

$$|h_0|_{\max}^2\approx\frac{A^2\,|\Gamma_{\mathrm{wh0}}|}{4\omega_{\mathrm{n}}^2B_{\mathrm{PTO}}^2}=\left(\frac{A\,|\Gamma_{\mathrm{wh0}}|}{2\omega_{\mathrm{n}}B_{\mathrm{PTO}}}\right)^2 \tag{8.3.29}$$

$$P_{\mathrm{TO,max}}=\frac{A^2\,|\Gamma_{\mathrm{wh0}}|^2}{8B_{\mathrm{PTO}}} \tag{8.3.30}$$

当$B_{33}(\omega_{\mathrm{n}})=B_{\mathrm{PTO}}$最小时$P_{\mathrm{TO,max}}$最大，起伏体的形状必须选择为最小化流体动力阻尼系数，同时也应该满足最大功率输出条件和最大化的$|\Gamma_{\mathrm{wh0}}|$。对振荡式水柱装置也可以采用类似的分析，尽管在这种情况下空气的截留面积是正比于相对于所述主体的垂荡振幅的波面，而不是相对于平均海平面。1995 年 Evans 和 Porter 提出，作用于动水柱上的水动力与作用于浮体上的水动力相当相似。因此，在振荡水柱的情况下，当满足上述最佳功率传输条件时，设计时可同时最大化等效水动力系数$|\Gamma_{\mathrm{wh0}}|$。

8.3.4 Wells 涡轮机

在振荡水柱型的波浪功率传输装置中，用以发电的特殊涡轮机被称为 Wells 涡

轮机。Wells 涡轮机，以其发明者 Alan Wells 教授的名字命名，它是一种特殊类型的自整流空气涡轮机，即使空气流通过它振荡，也能够维持恒定的旋转方向［见例 Raghunathan、Tan 和 Wells（1982）］。它的提出是基于众所周知的水航工程和航空工程师的升力和推力产生的现象。当在俯冲和俯仰或羽流模式中自由振荡的机翼，在一定条件下功率从气流传递到机翼，该机翼能在气流中持续振荡。在飞机飞行的情况下，这种能量移到一个振荡的机翼可能导致持续的和不希望的振荡，以至于导致灾难性的结构故障。然而在 Wells 涡轮机中，这种现象被用来产生推力，并从振荡流场中汲取功率，其效率与传统的风力机相当。

8.4 潮汐能

近年来，人们在动力学和 MPP 潮汐能系统控制操作方面表现出相当大的兴趣。虽然潮汐动力的控制给控制论提出了几个问题，但是控制潮汐跨越堤坝的可能性是存在的。这类系统应用的是潮汐流的流体力学的近似模型，在堰发电机械的特性中，功率因数的估计是基于标准的发电机及相关的特性。潮汐动力系统分为两个主要群体：潮汐坝或潮汐流。潮汐坝的运行涉及一个阻挡自然潮汐流的屏障。自然潮汐流的流动限制在堤坝两侧产生一个高度差，这个压力头是用来驱动一个低水头水力发电系统的。潮汐流装置依赖于直接提取动能。

一般情况下，动态和控制模型也已经减少到了两类：第一个问题是通过改变叶片的间距来控制涡轮机的特性；而第二个是控制流入河口的流量。在后一种情况下，堤坝或流量是理想化的，并通过堤坝或流量中的瞬时流量是可以控制的。

由于它们的尺寸比较大，船舶涡轮机的输出功率比远大于风力机，因为水是不可压缩的，是空气密度的 800 倍，比空气更密。涡轮机将被部署在整个主河口的深度最大并且当前流速也是最大的地方，目的就是为了最大限度地提高输出功率。从功率方程得出两个结论，$P=\frac{1}{2}\rho AV^3C_p$，其中 ρ 为海水密度（1.025kg/m^3），A 为扫掠面积（m^2），V 为电流速度，C_p 为功率因数。因此，目前的速度和叶片半径是决定涡轮机功率输出的两个主要参数。目前的速度由潮流决定，每个涡轮流量可以通过控制文丘里（Venturi）围带、偏航角和彼此的涡轮机相对位置大幅度提高。在给定船舶涡轮功率输出参数的前提下，最大限度地利用每个涡轮机的流量，以确保最佳的性能。因此，设计控制系统的潮汐能涡轮机有两个选择：①文丘里围带的外壳或流入控制的主动控制；②叶片桨距控制或涡轮特性控制。

大多数发电机在潮汐发电中使用的是感应发电机。由磁场定向控制是控制和最大限度地提高这些发电机的输出功率的最常用的方法。在很大程度上，用于风力能源提取发电的发电机控制方式是相同的，因此 MPPT 方法与此方法相似。

参考文献

Evans DV (1981) Maximum wave-power absorption under motion constraints. Appl Ocean Res 3(4):200–203

Evans DV, Porter R (1995) Hydrodynamic characteristics of an oscillating water column device. Applied Ocean Res 17(3):155–164

Fahrenburch AL, Bube RH (1983) Fundamentals of solar cells: photovoltaic solar energy conversion. Academic Press, Inc., New York

Falcão AFO (2010) Wave energy utilization: a review of the technologies. Renew Sustain Energy Rev 14:899–918

Falnes J (2002) Ocean waves and oscillating systems. Linear interactions including wave-energy extraction. Cambridge University Press, Cambridge

Gato LMC & Falcao AFdeO (1988) Aerodynamics of the Wells Turbine. Int J Mech Sci 30:383–395

Gato LMC & Falcao AFdeO (1990) Performance of the Wells Turbine with a Double Row of Guide Vanes. JSME Int J II 33(2):265–271

Gato LMC, Eca LRC, Falcao AFO (1991) Performance of the Wells Turbine with Variable Pitch Rotor Blades. J Energy Res Technol 113:141–146

Janssen PAEM (2004) The interaction of ocean waves and wind. Cambridge University Press, Cambridge

Kinoue Y, Setoguchi T, Kim TH, Kaneko K (2002) Air turbine using self-pitch-controlled blades for wave energy conversion. In: Proceedings of 12th International Offshore and Polar Engineering Conference, Kitakyushu, Japan, May 26–31, 2002, 668–673

Komen GJ, Cavaleri L, Donelan M, Hasselmann K, Hasselmann S, Janssen PAEM (1996) Dynamics and modelling of ocean waves. Cambridge University Press, Cambridge

Lamb H (1932) Hydrodynamics, 6th edn, Dover Publications, USA

Mazer JA (1997) Solar cells: an introduction to crystalline photovoltaic technology. Kluwer Academic Publishers, Boston

Mulligan WP, Rose DH, Cudzinovic MJ et al (2004) Manufacture of solar cells with 21% efficiency. In: Proceedings of 19th European Photovoltaic Solar Energy Conference (EU PVSEC '04), Paris, France, 387

Newman JN (1977) Marine Hydrodynamics. MIT press, Cambridge

Newman JN and Lee C-H (2002) Boundary-element methods in offshore structure analysis. In: 20th Int'l Conference on Offshore Mech. and Arctic Engineering, ASME: New York, 2001; J Offshore Mechanics and Arctic Engineering, 124:81-89

Raghunathan S (1995) The wells air turbine for wave energy conversion. Prog Aerospace Sci 31:335–386

Raghunathan S, Tan CP, Wells NA (1982) Theory and Performance of a Wells Turbine. AIAA TN 6:157–160

Salter SH (1974) Wave power. Nature 249:720–724

Salter SH (1993) Variable pitch air turbines. In: Proceedings of 1993 european wave energy symposium, 21–24th July, Edinburgh, pp 435–442

Sarmento AJNA, Gato LMC, Falcao AFdeO (1990) Turbine-controlled wave energy absorption by oscillating water column devices. Ocean Eng 17:481–497

Setoguchi T, Takao M, Kaneko K, Inoue M (1998) Effect of guide vanes on the performance of a Wells turbine for wave energy conversion. Int J Offshore Polar Engrg 8(2):155–160

Streetman BG (1995) Solid state electronic devices, 5th edn. Prentice Hall

Sze SM (2011) Physics of semiconductor devices, 3rd edn. Wiley, New York

Weider A, Levy H, Regev I, Ankri L, Goldenberg T, Ehrlich Y, Vladimirsky A, Yosef Z and Cohen M. (2006) SunSailor: solar powered UAV. Technical report, Students Project Report, Faculty of Aerospace Engineering, Technion IIT, Haifa, Israel

图书在版编目（CIP）数据

新能源发电过程的动态建模、仿真和控制/（英）兰詹·文帕（Ranjan Vepa）著；周蓉等译. —北京：机械工业出版社，2018.5

（智能电网关键技术研究与应用丛书）

书名原文：Dynamic Modeling, Simulation and Control of Energy Generation

ISBN 978-7-111-59726-1

Ⅰ. ①新…　Ⅱ. ①兰…　②周…　Ⅲ. ①新能源 - 发电 - 设计　Ⅳ. ①TM61

中国版本图书馆 CIP 数据核字（2018）第 081861 号

机械工业出版社（北京市百万庄大街 22 号　邮政编码 100037）

策划编辑：顾　谦　责任编辑：顾　谦

责任校对：郑　婕　封面设计：鞠　杨

责任印制：常天培

北京圣夫亚美印刷有限公司印刷

2018 年 6 月第 1 版第 1 次印刷

169mm × 239mm · 19 印张 · 373 千字

0001—3000 册

标准书号：ISBN 978 - 7 - 111 - 59726 - 1

定价：89.00元

凡购本书，如有缺页、倒页、脱页，由本社发行部调换

电话服务
服务咨询热线：010 - 88361066
读者购书热线：010 - 68326294
010 - 88379203

网络服务
机 工 官 网：www.cmpbook.com
机 工 官 博：weibo.com/cmp1952
金 书 网：www.golden - book.com
教育服务网：www.cmpedu.com

封面无防伪标均为盗版